JN209665

大学生のための基礎シリーズ 1

数学入門

I. 基礎編

第2版

上村 豊・坪井堅二 著

東京化学同人

はじめに

本書は大学初年度程度の数学基礎を学ぶための書である．初版“数学入門”の刊行は2002年であるから，それから17年余の月日が経過したことになる．ほぼ，成人になるのに要する歳月である．そして，この間の社会の移り変わり，とりわけ情報化指向と人工知能台頭には目を見張るものがある．だが，むしろそうであるがゆえに，実は，人間本来の営みである学術や文化を支える基礎学問を学ぶための，たゆまない拠り所を与える書物の役割が，重要になってきている．

幸いにして,本書は初版出版以来,多くの読者の評価を得て,ここに第2版“数学入門 I. 基礎編”を上梓する．上で述べた理由から，初版の骨格，すなわち“学問形態の一貫性に基づく数学の流れやストーリーを，例題を解きつつ把握し，その全体像を完結した形で俯瞰する高みへと自然に到達できるような構成”に，まったくゆらぎはない．しかしながら，この構成をより強固なものとするために，また17年余の高校教育課程の変化へ対応するために，つぎのように，章立てにも踏み込んだ改訂を行った．

1) 微分方程式の章（第7章）を新設し，科学法則や仮説において問題となる量や変位の導関数を含む方程式の考え方と解析法を追補した．これは微分方程式が高校カリキュラムに取り込まれてきたこと，また，モデリングという手法が数学の健全な応用として発展し，広く社会に浸透してきたことへの対応である．この補訂により，微分（第5章）および積分（第6章）の応用や行列（第9章）の学習動機が得られた．また，これらの相補関係を織り込むことで，本書はより体系的なものとなった．なお，第7章の執筆に際し，東京海洋大学の中島主恵教授に多くの貴重な助言をいただいた．心より感謝申し上げる．

2) 例題を解きつつ数学を読み解いていく形をさらに強化するために，各章章末に“問題”を，また本書末にその“問題の略解および指針”を収録し，読者の便宜を図った．体系を理解し方法を探究するために，楽しみながら取組んでいただければと思う．なお，章末問題の追補は，東京化学同人の住田六連氏の発案に負う．ここに，深甚な謝意を表す．

3) 索引に先立って“本書で使われている数学記号”を掲げた．いろいろな利用価値が期待されるが，本書内容を一望する地図として活用するのも一法と思う．なお，この記号表は東京化学同人の橋本貴子氏の発案による．綿密な編集と併せ，厚く御礼申し上げる．

数学は，深い学問ではあるが，決して難解な学問ではない．はじめのステップを素直に学べば自然につぎのステップが見えてきて，そのステップを楽しめばさらに上のステップへと導かれていく．細かなことを覚える必要はなく，重要な概念と基本となる公式の意味を理解していけば自然に高みに到達できる．数学は本来そういう学問である．筆者はこのような信念に立ち，読者が数学の大きな幹をまっすぐ先へと学べるように本書を執筆した．たとえていうならば，広くて見通しのよい高速道路を走るようにと考えた．こまごまとした公式，技巧的な解法，不自然なつくりものの演習問題に時間を費やすことは，狭くて先の見えないわき道に降りるがごときものであるから，極力排除するようにした．例外があるとすれば，基礎の先を見るためのトピックや歴史的背景にふれたことであるが，これらはすべて脚注にまとめるようにしたので，寄り道をしたくない読者は読み飛ばしていただければよい．

本書は数学の基礎に関する入門書であるが，読者は例題に取組みながら体系や概念を理解して読み進むことにより，数学の本質にふれられると信じている．読者が，楽しみながら数学の基礎を理解し，その先の勉学に生かされることを，切に願っている．

2019 年 7 月

著　　者

目　　次

本書の手引

❏ 定理	定義などを基礎として証明された普遍性をもった事柄．いくつかの例外を除いて，定理には証明をつけてある．なお，証明の終わりは ■ で示した．
❏ 公式	計算法則などの重要な等式．これも証明をつけてあることが多い．証明の終わりはやはり ■ で示した．
❏ 定義	言葉の意味や計算ルールなどの規定．
❍ 注意	補足的な事柄のうち重要と思われるもの．
❏ 例題	内容を理解するための問題．例題にはすべて解答をつけてあり，解答の終わりは，◈ で示した．
❏ 例	定義などの理解を助けるための具体例．

以上の項目には一括して通し番号を付けた．

ギリシャ文字一覧

大文字	小文字	読み方	大文字	小文字	読み方
A	α	アルファ	N	ν	ニュー
B	β	ベータ	Ξ	ξ	クシー，グザイ
Γ	γ	ガンマ	O	o	オミクロン
Δ	δ, ∂	デルタ	Π	π	パイ
E	ε	エプシロン	P	ρ	ロー
Z	ζ	ゼータ	Σ	σ, ς	シグマ
H	η	イータ，エータ	T	τ	タウ
Θ	θ, ϑ	シータ，テータ	Υ	υ	ユプシロン
I	ι	イオタ	Φ	ϕ, φ	ファイ
K	κ	カッパ	X	χ	カイ
Λ	λ	ラムダ	Ψ	ψ, ψ	プサイ，サイ
M	μ	ミュー	Ω	ω	オメガ

1. 数・集合・論証

1.1 実　　数

数 $1, 2, 3, \cdots$ を**自然数**という．二つの自然数の和も積も自然数になる．しかし，$5-9$ のような差は自然数にならない．そこで**整数** $\cdots, -3, -2, -1, 0, 1, 2, 3, \cdots$ まで数の範囲が拡張された．

二つの整数の和，差，積は整数になる．しかし，$5 \div 9$ のような商は整数にならない．そこで，分数やそれを表す小数が導入された．これらをまとめて有理数という．すなわち，整数 m と 0 でない整数 n を用いて $\frac{m}{n}$ の形に表される数を**有理数**という．たとえば

$$-\frac{211}{857} \qquad 1.4142 = \frac{14142}{10000} \qquad 3.14 = \frac{314}{100} \qquad -4 = \frac{4}{-1}$$

などは有理数である．

二つの有理数の加法，減法，乗法，および 0 でない数による除法もまた有理数になる．よって，これらの演算は有理数の範囲で自由に行える．だが，平方根を求める計算は，有理数の範囲内では自由にはできない．たとえば $\sqrt{2}$ は有理数ではない．

❏ 例題 1.1　　$\sqrt{2}$ が有理数でないことを証明せよ．

〔解 答〕　$\sqrt{2}$ が有理数であると仮定すると，自然数 m, n によって $\sqrt{2} = \frac{m}{n}$ と表される．m, n に 1 以外の公約数* があれば，その公約数で約分することができる．よって，m, n は 1 以外に公約数をもたないように取れる．上の式を 2 乗して分母を払うと $2n^2 = m^2$ となる．$2n^2$ は偶数だから m^2 も偶数である．m が奇数なら m^2 も奇数になるから，m は偶数でなければならない．そこで，$n^2 = 2(\frac{m}{2})^2$ となり，n^2 も偶数である．よって，n も偶数でなければならない．したがって，m, n は公約数 2 をもつ．これは，m, n は 1 以外に公約数をもたないことに矛盾する．よって，$\sqrt{2}$ は有理数でない．◈

---

*　m と n をともに割り切る自然数のこと．

上で示したように $\sqrt{2}$ は有理数ではない．また，半径1の円の面積 π も有理数とはならない．そこで，平方根を求める計算や円の面積を求める計算が自由に行えるところまで数の範囲を拡張する必要が生ずる．

$\sqrt{2}$ は

$$1.4142,\ 1.41421,\ 1.414213,\ \cdots$$

と近似される．また π も

$$3.14,\ 3.141,\ 3.1415,\ \cdots$$

のようにして，それにいくらでも近い有理数を求めることができる．このように，有理数ではないが，いくらでもそれに近い有理数がある数を**無理数**という．

有理数と無理数を合わせて**実数**という．このようにして数の範囲を実数まで広げておけば，正の数の平方根を求めることや面積を求める計算が，その範囲で自由に行えるようになる．

実数
- 有理数
  - 整数
  - 整数でない有理数
- 無理数

実数の範囲内においても加法，減法，乗法，0でない数による除法は自由に行われる．これらについて，つぎの法則が成り立つ．

交換法則	$a+b=b+a$,	$ab=ba$
結合法則	$(a+b)+c=a+(b+c)$,	$(ab)c=a(bc)$
分配法則	$a(b+c)=ab+ac$,	$(a+b)c=ac+bc$

上の法則のうちの $ab=ba$ と $(ab)c=a(bc)$ を用いると，m, n を自然数とするとき，

$$a^m\cdot a^n=a^{m+n},\quad (a^m)^n=a^{mn},\quad (ab)^n=a^nb^n$$

が成り立つことが確かめられる．これを，**指数法則**という．

実数のつぎの性質は，方程式を解く際の基礎になる．

a, b が実数で $ab=0$ ならば $a=0$ または* $b=0$

＊　数学においては，“または”は“少なくとも一方は”の意味である．本書でも，常に，この意味で用いている．

実数全体の集合を $\boldsymbol{R}$ で表す．すべての実数が大きさの順に1列に並んでいるとイメージしたときに $\boldsymbol{R}$ を**数直線**とよぶ．このイメージのもとでは，一つの実数を数直線上の1点とみなしている．

実数 a の**絶対値** $|a|$ を，つぎのように定める．

$$|a| = \begin{cases} a & a \geqq 0 \text{ のとき} \\ -a & a < 0 \text{ のとき} \end{cases}$$

たとえば，$|-2.85|=2.85$，$|\sqrt{5}|=\sqrt{5}$ である．絶対値 $|a|$ は実数 a を数直線上の1点とみなしたときの点と原点との距離を表している．

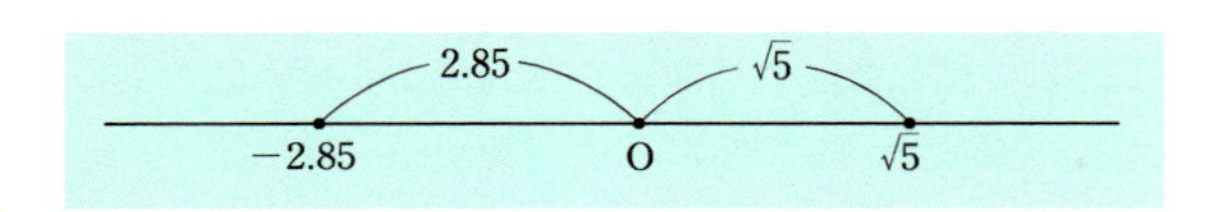

定義よりすぐにわかるように，任意の実数 a に対し $|a| \geqq 0$ である．また，$|a|=0$ なる a は0に限る．

例題 1.2　実数 a, b に対し，つぎの等式を証明せよ．

1) $|ab|=|a||b|$

2) $b \neq 0$ とすると，$\left|\dfrac{a}{b}\right|=\dfrac{|a|}{|b|}$

〔**解 答**〕　1) $ab=0$ のときは a, b のうち少なくとも一つが0であるから $|ab|=0$，$|a||b|=0$ となる．よって $|ab|=|a||b|$ が成り立つ．あとは ① a，$b>0$，② $a, b<0$，③ $a>0$，$b<0$，④ $a<0$，$b>0$，の四つの場合がある．③の場合を考えてみると $|a|=a$，$|b|=-b$，$|ab|=-ab$ となっている．よって，確かに $|ab|=|a||b|$ が成り立っている．他の場合も同様である．

2) 1) において $a=\frac{1}{b}$ とすると $1=\left|\frac{1}{b}\right|\cdot|b|$ となる．よって，$\left|\frac{1}{b}\right|=\frac{1}{|b|}$ を得る．そこで，

$$\left|\frac{a}{b}\right| = \left|a\cdot\frac{1}{b}\right| = |a|\cdot\left|\frac{1}{b}\right| = |a|\cdot\frac{1}{|b|} = \frac{|a|}{|b|}$$

となる．◈

例題1.2の1) で $b=-1$ とすると，任意の実数 a に対し $|-a|=|a|$ となる．これは $|a|$ が a の表す数直線上の点と原点との距離を表していることを思い起こせば当然のことである．

例題 1.3　実数 a に対し，つぎを証明せよ．

1)　$|a|^2=a^2$　　2)　$\sqrt{a^2}=|a|$

〔解 答〕　例題 1.2 の 1) で $b=a$ とすると，$|a^2|=|a|^2$ となる．ところが $a^2 \geqq 0$ であるから，絶対値の定義により $|a^2|=a^2$ である．よって，$|a|^2=a^2$ となる．この式の平方根をとって 2)を得る．◈

二つの実数 a, b に対し，$|a-b|$ は a, b の表す 2 点の距離を表す．

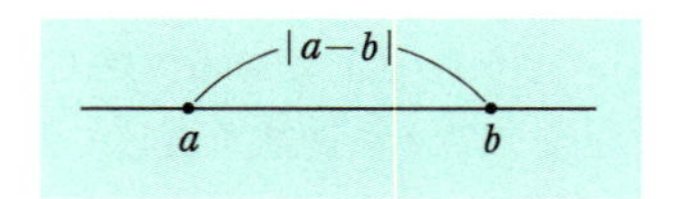

本来，絶対値という概念は，この距離を数式化するためにつくられたものといえる．そのことは，複素数（1.5 節）と複素数平面（1.6 節）を通してみると一層明確になる．

1.2　集　　合

ものの集まりを**集合**といい，集合を構成する個々のものを**要素**，あるいは**元**（げんと読む）という．$A=\{2, 3, 5, 7\}$ は，四つの要素からなる集合である．無限集合は，上のようには書けないから，条件を p とするとき，

$$\{x \mid p\}$$

という記号で表す．たとえば，

（★）　$$A = \{x \mid -1 \leqq x < 5\}$$

は，“A は -1 以上 5 未満の実数の集合である”を意味する．

a が集合 A の要素であるとき，a は A に属するといい

$$a \in A \quad \text{あるいは} \quad A \ni a$$

と書く．また，a が集合 A の要素でないときは

$$a \notin A \quad \text{あるいは} \quad A \not\ni a$$

のように書く．たとえば，A を（★）の集合とすると，$-\frac{1}{3} \in A$，$\pi \in A$，$7 \notin A$ である．上の A においては，要素 x は実数であるという前提が了解されているとした．そうでないときには，

$$A = \{x \in \boldsymbol{R} \mid -1 \leqq x < 5\}$$

と書いて x が実数であることも明記する．

上で用いた $\boldsymbol{R}$ が実数全体の集合を表すことは 1.1 節で述べた．そのほか，よく用いられる記号をまとめておくと，つぎのようである．自然数全体の集合は通常 $\boldsymbol{N}$ で表す．同様に，整数全体の集合は $\boldsymbol{Z}$，有理数全体の集合は $\boldsymbol{Q}$ と書く．

$$
\begin{aligned}
\boldsymbol{N} &= \{n \mid n \text{ は自然数}\} = \{1, 2, 3, \cdots\} \\
\boldsymbol{Z} &= \{n \mid n \text{ は整数}\} = \{\cdots, -2, -1, 0, 1, 2, \cdots\} \\
\boldsymbol{Q} &= \{q \mid q \text{ は有理数}\} = \{\tfrac{m}{n} \mid n, m \in \boldsymbol{Z},\ n \neq 0\}
\end{aligned}
$$

さらに，$[a, b]$，(a, b)，$[a, b)$, $(a, b]$ で数直線上の**区間**を表す．

$$
\begin{aligned}
[a, b] &= \{x \in \boldsymbol{R} \mid a \leqq x \leqq b\} \\
(a, b) &= \{x \in \boldsymbol{R} \mid a < x < b\} \\
[a, b) &= \{x \in \boldsymbol{R} \mid a \leqq x < b\} \\
(a, b] &= \{x \in \boldsymbol{R} \mid a < x \leqq b\}
\end{aligned}
$$

集合 A のすべての要素が B に属すとき，集合 A は B に含まれるといい

$$A \subset B \quad \text{あるいは} \quad B \supset A$$

と書く*．たとえば $\boldsymbol{N} \subset \boldsymbol{Z}$，$\boldsymbol{Z} \subset \boldsymbol{Q}$，$\boldsymbol{Q} \subset \boldsymbol{R}$ である．まとめて書いて

$$\boldsymbol{N} \subset \boldsymbol{Z} \subset \boldsymbol{Q} \subset \boldsymbol{R}$$

二つの集合，A，B の要素がすべて一致しているとき，集合 A と B は等しいといい，$A=B$ と書く．$A=B$ であることは，$A \subset B$ と $B \subset A$ の両方が成り立つことにほかならない．

例題 1.4　　集合 A，B を

$$
\begin{aligned}
A &= \{n \in \boldsymbol{N} \mid n \text{ を 6 で割った余りは 1 または 5 である}\}, \\
B &= \{n \in \boldsymbol{N} \mid n \text{ は 2 の倍数でも 3 の倍数でもない}\}
\end{aligned}
$$

とするとき，$A=B$ であることを証明せよ．

〔**解 答**〕　自然数を，6 で割った余りによって，六つのグループに分ける．

$$
\begin{array}{cccccc}
1, & 2, & 3, & 4, & 5, & 6, \\
7, & 8, & 9, & 10, & 11, & 12, \\
\cdots & \cdots & \cdots & \cdots & \cdots & \cdots
\end{array}
$$

それぞれのグループは，k を自然数または 0 として，

$$6k+1, \quad 6k+2, \quad 6k+3, \quad 6k+4, \quad 6k+5, \quad 6k+6$$

---

*　$A \subseteqq B$ あるいは $B \supseteqq A$ と書く流儀もあるが，本書では常に $A \subset B$ あるいは $B \supset A$ という書き方をする．

と表される．6 で割った余りは，順に 1, 2, 3, 4, 5, 0 である．

さて，$n \in A$ とする．このとき，$n=6k+1$ あるいは $n=6k+5$ と表される．そこで，n は 2 の倍数にも 3 の倍数にもならない．したがって，$n \in B$ である．ゆえに，$A \subset B$.

つぎに，$n \in B$ とする．上のグループのうち，$6k+2$，$6k+4$，$6k+6$ は 2 の倍数である．また，$6k+3$ は 3 の倍数である．そこで，$n \in B$ とすると，$n=6k+1$ または $n=6k+5$ である．したがって，$n \in A$ である．ゆえに，$B \subset A$.

$A \subset B$ と $B \subset A$ の両方が成り立つから，$A=B$ である．◈

二つの集合 A, B に対して，A, B の少なくとも一方に属す要素の集合を A, B の**和集合**とよび，

$$A \cup B$$

と書く．また，A, B の両方に属す要素の集合を A, B の**共通部分**とよび，

$$A \cap B$$

と書く．

❏ 例題 1.5　$A=(-5, 4)$，$B=(2, 7]$ とするとき，$A \cup B$，$A \cap B$ を求めよ．また，$C=[4, 11)$ とするとき，$A \cup C$，$A \cap C$ を求めよ．

〔**解 答**〕　$A \cup B=(-5, 7]$ である．$A \cap B=(2, 4)$ である．また，$A \cup C=(-5, 11)$ である．$A \cap C$ は要素を一つももたない．これを $A \cap C=\phi$ と書く．◈

上の例題でみたように，二つの集合 A, B の両方に属す要素がないときは，$A \cap B$ は要素を一つももたないことになる．そこで，要素を一つももたないものを集合として認めておくと便利である．これを，**空集合**とよび

$$\phi$$

という記号で表す．この記号を用いれば，$A \cap B=\phi$ は A と B は共通部分をもたないことを意味する．空集合は，すべての集合の部分集合であるとする．このようにする理由は例題 1.6 で明らかになる．

集合 U とその部分集合 $A \subset U$ に対し，集合 $\{x \in U \mid x \notin A\}$ を A の U に関する**補集合**といい，$U \backslash A$ と書く．あるいは，U で考えていることがすでに明記されているときは，単に

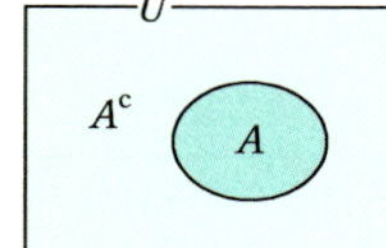

$$A^c$$

と書く*.

例題 1.6 $A \subset B$ ならば $A^c \supset B^c$ となることを証明せよ.

〔解答〕 つぎの図（このような図をベン図という）よりわかる.

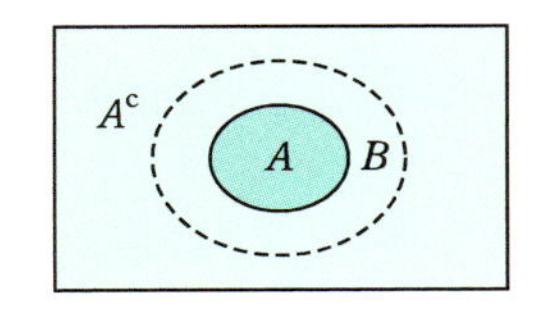

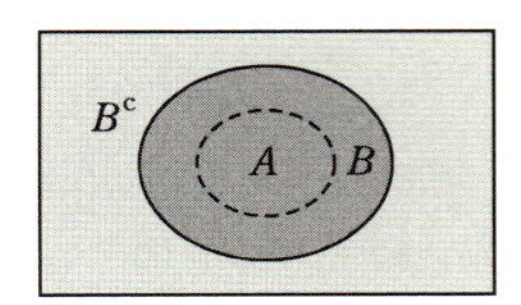

◈

$B=U$ のときも, $B^c=\phi \subset A^c$ より正しい. 空集合はすべての集合の部分集合としたのは, このような理由からである.

一般に, 方程式 $f(x)=0$ の U における解の集合は, $\{x \in U \mid f(x)=0\}$ と書ける. そして, 方程式を解くということは, 方程式の解の集合が何かを調べることを意味する. たとえば, $A=\{x \in \boldsymbol{R} \mid x^2-2x-1=0\}$ は方程式 $x^2-2x-1=0$ の実数解の集合であり, $x^2-2x-1=0$ を解く（これについては第2章で学ぶ）ことは $A=\{1 \pm \sqrt{2}\}$ と表すことといえる. また, $\{x \in \boldsymbol{Z} \mid x^2-2x-1=0\}=\phi$ は, この方程式に整数解がないことを意味する.

また, $f(x)$ を関数とするとき, $\{f(x) \mid x \in A\}$ は関数 f が x が A を動くときの値の取りうる範囲（これを, 関数の値域という. これについては, 第4章で学ぶ）を表す. たとえば, $\{\sin x \mid x \in [0, \pi]\}=[0, 1]$ は, $\sin x$ という関数が $0 \leqq x \leqq \pi$ の範囲で0から1までの値を取ることを意味する.

集合を用いることの第一の意義は, このようなさまざまな数学の問題や解法の意味を統一的にみることにある.

1.3 命題と証明

文章や式で表現されており, 正しいか誤りかを判定できるものを**命題**という. たとえば, 前節の例題 1.6 における

$$A \subset B \quad \text{ならば} \quad A^c \supset B^c$$

は命題である. "$A \subset B$" という条件を p, "$A^c \supset B^c$" という条件を q と書けば, 上の命題は

$$p \quad \text{ならば} \quad q$$

---

* 補集合は高校の教科書では $\bar{A}$ と表されるが, complement（補足物）の頭文字の c を右肩にのせて A^c と書く方が一般的である.

という形の命題である．これを，記号$\Longrightarrow$を用いて* つぎのように書く．

$$p \Longrightarrow q$$

この形の命題においては，条件 p のことを**仮定**，条件 q のことを**結論**という．

例題 1.7　a, b を実数とするとき，つぎの命題が正しいか誤りかを判定し，正しいならば証明し誤りならば反例を挙げよ．

1) $a \geqq b$ ならば $a^2 \geqq b^2$　2) $a \geqq b \geqq 0 \Longrightarrow a^2 \geqq b^2$　3) $|a| \geqq |b| \Longrightarrow a^2 \geqq b^2$

〔解 答〕　命題 1) は正しくない．$a=3$，$b=-5$ とすると，仮定の条件 $a \geqq b$ は成り立つが，$a^2=9$，$b^2=25$ だから結論の条件は成り立たないからである．このように，命題が真でないことを示す例を**反例**という．

命題 2) は正しい．証明は以下の通りである．仮定より，$a+b \geqq 0$，$a-b \geqq 0$ であるから，

$$a^2 - b^2 = (a+b)(a-b) \geqq 0$$

命題 3) は正しい．証明は以下の通りである．絶対値は正か 0 であるから，$|a|$，$|b|$ に 2) を適用して，$|a|^2 \geqq |b|^2$ である．これと，$|a|^2=a^2$，$|b|^2=b^2$（例題 1.3 参照）より 3) が示される．◈

二つの条件 p, q について，命題“$p \Longrightarrow q$”が真であるとき，p は q であるための**十分条件**，q は p であるための**必要条件**という．二つの条件 p, q について二つの命題“$p \Longrightarrow q$”とその逆“$q \Longrightarrow p$”がともに正しいとき，p と q は**同値**である，あるいは，p は q の**必要十分条件**であるといい

$$p \Longleftrightarrow q$$

と書く．もちろん，q は p の必要十分条件であるといってもよい．

例題 1.8　$P=\{x \mid x$ は条件 p をみたす$\}$，$Q=\{x \mid x$ は条件 q をみたす$\}$ とするとき，つぎを証明せよ．

命題“$p \Longrightarrow q$”が正しい　$\Longleftrightarrow$　$P \subset Q$

〔解 答〕　条件 p, q の間の命題“$p \Longrightarrow q$”が正しいとすると，条件 p をみたす x は条件 q をみたすから，$P \subset Q$ が成り立つ．逆に，$P \subset Q$ が成り立つとすると，x が p をみたすならば，$x \in P \subset Q$ より $x \in Q$ となり，x は q をみたす．

◈

---

* 記号$\Longrightarrow$は“ならば”と読む．

命題“$p \Longrightarrow q$”に対して，仮定と結論を入れ替えてできる命題“$q \Longrightarrow p$”を，もとの命題の**逆**という．

例題 1.9 例題 1.7 の各命題の逆は正しいかどうか判定せよ．

〔解答〕 1）の逆は，$a^2 \geqq b^2 \Longrightarrow a \geqq b$ である．$a=-2$，$b=-1$ は仮定はみたすが，結論はみたさない．よって，正しくない．同様に 2)の逆も正しくない．3) の逆は，$a^2 \geqq b^2 \Longrightarrow |a| \geqq |b|$ である．これは正しい．実際，$A \geqq B \geqq 0 \Longrightarrow \sqrt{A} \geqq \sqrt{B}$ が成り立つので，$A=a^2$，$B=b^2$ として $\sqrt{a^2}=|a|$，$\sqrt{b^2}=|b|$（例題 1.3 参照）より，$|a| \geqq |b|$． ◈

例題 1.9 からわかるように，ある命題が正しくても，その逆は必ずしも正しくない．

命題“$p \Longrightarrow q$”に対して，命題“q でない $\Longrightarrow$ p でない”を，もとの命題の**対偶**という．

例題 1.10 ある命題が正しいならば，その対偶も正しい* ことを証明せよ．

〔解答〕 $P=\{x \mid x$ は条件 p をみたす$\}$，$Q=\{x \mid x$ は条件 q をみたす$\}$ とする．例題 1.8 より，命題“$p \Longrightarrow q$”が正しいならば，$P \subset Q$ である．よって，例題 1.6 より，$Q^c \subset P^c$ である．ここで，$P^c=\{x \mid x$ は条件 p をみたさない$\}$ である．したがって，$Q^c \subset P^c$ は例題 1.8 より“q でない $\Longrightarrow$ p でない”を意味する． ◈

仮定が常に成り立たない命題がある．たとえば，実数 a，b について，命題“$a^2<0 \Longrightarrow a^2<b^2$”の仮定は常に成り立たない．このような命題は，正しいということにする．上の命題は，“$a^2 \geqq b^2 \Longrightarrow a^2 \geqq 0$”という正しい命題の対偶であるので，このようにしておかないと，“ある命題が正しいならば，その対偶も正しい”といえなくなるからである．

ある命題の対偶の対偶はもとの命題である．そこで，ある命題の対偶が正しいならば，もとの命題も正しい．このことを利用して，ある命題を証明する際に，その命題の対偶を証明することがある．

---

* 犯人がその場にいなければ実行できない犯罪に関して，命題“x が犯人 $\Longrightarrow$ x は犯行時刻に犯行現場にいた”は正しい．よって，その対偶“x は犯行時刻に犯行現場にいなかった $\Longrightarrow$ x は犯人でない”も正しい．これが，推理小説などでおなじみのアリバイ（不在証明）である．もちろん，はじめの命題の逆“x は犯行時刻に犯行現場にいた $\Longrightarrow$ x が犯人”は誤り．

例題 1.11　整数 n について，“n^2 が偶数 $\Longrightarrow$ n は偶数”を証明せよ．

〔**解答**〕　この命題の対偶は“n が奇数 $\Longrightarrow$ n^2 は奇数”である．これを証明しよう．n が奇数ならば，整数 k により $n=2k+1$ と表される．そこで

$$n^2 = (2k+1)^2 = 4k^2+4k+1 = 4k(k+1)+1$$

ここで，$4k(k+1)$ は偶数である．したがって，n^2 は奇数である．こうして，示すべき命題の対偶が証明された．よって，n^2 が偶数 $\Longrightarrow$ n は偶数が証明された．◈

以上に述べたような仮定から結論を導く命題のほかに，存在に関する命題がある．“$x^5+x+1=0$ は実数解をもつ”や“$x^2=2$ をみたす有理数は存在しない”（これは，例題 1.1 である）が，これに該当する．前者は存在を，後者は非存在を主張している．つぎは，存在定理の典型である．

例題 1.12　**素数*** は無限に多く存在する．これを証明せよ．

〔**解答**〕　素数が無限にはないと仮定し，最大の素数を p とする．すべての素数の積に 1 を加えた数

$$N = (2\cdot3\cdot5\cdot7\cdots\cdots p) + 1$$

を考えると，これは p より大きな数である．この数 N を

$$N = 2^{\alpha}\cdot3^{\beta}\cdots p^{\gamma}$$

と素因数分解する．$\alpha\geqq1$ とすると，N は 2 で割り切れる．ところが，$N=(2\cdot3\cdot5\cdot7\cdots\cdots p)+1$ は 2 で割ると余り 1 となるので 2 で割り切れない．したがって $\alpha=0$ である．同様にして，$\beta=\cdots=\gamma=0$ である．ゆえに $N=1$ となる．これは矛盾である．よって，素数は無限にある．◈

上の例題や例題 1.1 のように，結論の不成立を仮定して矛盾を導く証明方法を**背理法**という．例題 1.11 のように対偶を証明する方法や背理法を総称して，**間接証明法**という．それに対して，例題 1.2 のように直接証明する方法を**直接証明法**という．命題が複雑になれば，これらを組合わせたものも必要になる．

いくつかの正しい命題

$$p_1 \Longrightarrow q_1, \quad p_2 \Longrightarrow q_2, \quad p_3 \Longrightarrow q_3, \quad \cdots$$

があって，“仮定 $p_1, p_2, p_3, \cdots$ のうち少なくとも一つは成り立ち，結論 $q_1, q_2, q_3, \cdots$ のうち二つが同時に成り立つことはない”ものとする．このとき，各命題の逆

* 1 とその数以外では割り切れない 2 以上の自然数を素数といい，自然数を素数の積で表すことを素因数分解という．

$$q_1 \Longrightarrow p_1, \quad q_2 \Longrightarrow p_2, \quad q_3 \Longrightarrow p_3, \quad \cdots$$

もまた正しい.なぜなら,たとえば q_1 なのに p_1 でないとすると $p_2, p_3, \cdots$ のうちのどれかが成り立ち，それを p_2 とすると q_2 が成り立つことになり，q_1 と q_2 が同時に成り立つので，矛盾である．したがって $q_1 \Longrightarrow p_1$ である．他も同様である．

たとえば，三角形 ABC において

$$\mathrm{AB} > \mathrm{AC} \Longrightarrow \angle\mathrm{C} > \angle\mathrm{B}, \quad \mathrm{AB} = \mathrm{AC} \Longrightarrow \angle\mathrm{C} = \angle\mathrm{B},$$
$$\mathrm{AB} < \mathrm{AC} \Longrightarrow \angle\mathrm{C} < \angle\mathrm{B}$$

は正しい命題であり，仮定の三つは AB，AC の大小関係のすべてをつくし，結論のどの二つも両立しないので，命題の逆

$$\angle\mathrm{C} > \angle\mathrm{B} \Longrightarrow \mathrm{AB} > \mathrm{AC}, \quad \angle\mathrm{C} = \angle\mathrm{B} \Longrightarrow \mathrm{AB} = \mathrm{AC},$$
$$\angle\mathrm{C} < \angle\mathrm{B} \Longrightarrow \mathrm{AB} < \mathrm{AC}$$

も正しい．このように，いくつかの正しい命題があって，仮定がすべての場合をつくし，結論のどの二つも両立しないとき，各命題の逆も正しい．この推論も間接証明法の一つであり，**転換法**とよばれる．

つぎの証明法を**数学的帰納法**という．

自然数 n に関する命題がすべての自然数 n に対して成り立つことを証明するには，つぎの①，② を証明すればよい．

① $n=1$ のとき，命題は成り立つ．

② $n=k$ のとき命題が成り立つと仮定すると，$n=k+1$ のときにも命題が成り立つ．

例題 1.13　n を自然数とするとき，つぎの等式を証明せよ．

$$1 - \frac{1}{2} + \frac{1}{3} - \frac{1}{4} + \cdots - \frac{1}{2n} = \frac{1}{n+1} + \frac{1}{n+2} + \cdots + \frac{1}{2n}$$

〔解 答〕　$n=1$ のときは等式は $1-\frac{1}{2}=\frac{1}{2}$ であり，これは明らかに成り立つ．$n=k$ のときに等式が成り立つと仮定すると

$$\left(1-\frac{1}{2}+\frac{1}{3}-\frac{1}{4}+\cdots-\frac{1}{2k}\right) + \frac{1}{2k+1} - \frac{1}{2(k+1)}$$
$$= \left(\frac{1}{k+1}+\frac{1}{k+2}+\cdots+\frac{1}{2k}\right) + \frac{1}{2k+1} - \frac{1}{2(k+1)}$$
$$= \frac{1}{k+2} + \cdots + \frac{1}{2k} + \frac{1}{2k+1} + \frac{1}{2(k+1)}$$

となるから $n=k+1$ のときも等式は成り立つ．よって数学的帰納法により，すべての自然数 n に対して等式は成り立つ．◈

数学的帰納法を用いるときの要点は前ページの②のステップにあり，このステップのところで何らかの等式やアイデアが必要になる．数学的帰納法を用いたとき，どういう等式やアイデアが使われたのかを見直すのは大切なことである．上の例題では，それは $\dfrac{1}{k+1}-\dfrac{1}{2(k+1)}=\dfrac{1}{2(k+1)}$ という等式である．

1.4 整　　式

いくつかの数や文字を掛け合わせてできる式を**単項式**，いくつかの単項式の和や差で書かれる式を**多項式**という．単項式と多項式を合わせて，**整式**という．たとえば

$$x^2-2xy+3y^4, \quad ab^3, \quad ax+by, \quad ax^2+bx+c$$

はみな整式であり，このうち ab^3 だけが単項式である．整式の計算も，実数の計算法則と同様に，つぎの法則にしたがって行われる．

交換法則　$A+B=B+A, \quad AB=BA$
結合法則　$(A+B)+C=A+(B+C), \quad (AB)C=A(BC)$
分配法則　$A(B+C)=AB+AC, \quad (A+B)C=AC+BC$

整式の積を単項式の和の形にすることを，**展開する**という．

❑ 例題 1.14　n を自然数とするとき，つぎの等式を証明せよ．

$$(1-x)(1+x+x^2+\cdots+x^{n-1})=1-x^n$$

〔解 答〕　左辺を，上の法則にしたがって展開すると

$$\begin{aligned}(1-x)(1+x+x^2+\cdots+x^{n-1}) &= (1-x)+(1-x)x+\cdots+(1-x)x^{n-1}\\ &= 1-x+x-x^2+\cdots+x^{n-1}-x^n\\ &= 1-x^n\end{aligned}$$

◈

整式の展開のために，つぎのような**展開公式***がよく用いられる．

❑ 公式 1.15（展開公式）

1) $(a+b)^2=a^2+2ab+b^2, \quad (a-b)^2=a^2-2ab+b^2$
2) $(a+b)(a-b)=a^2-b^2$
3) $(a+b)^3=a^3+3a^2b+3ab^2+b^3,$
   $(a-b)^3=a^3-3a^2b+3ab^2-b^3$
4) $(a+b)(a^2-ab+b^2)=a^3+b^3, \quad (a-b)(a^2+ab+b^2)=a^3-b^3$
5) $(a+b+c)^2=a^2+b^2+c^2+2ab+2bc+2ca$

---

*　**乗法公式**ともいう．

例題 1.16　展開公式 3) を用いて $(a+b)^4=a^4+4a^3b+6a^2b^2+4ab^3+b^4$ となることを証明せよ．

〔解 答〕　展開公式 3) より

$$\begin{aligned}(a+b)^4 &= (a+b)(a^3+3a^2b+3ab^2+b^3)\\ &= a^4+a^3b+3a^3b+3a^2b^2+3a^2b^2+3ab^3+ab^3+b^4\\ &= a^4+4a^3b+6a^2b^2+4ab^3+b^4\end{aligned}$$ ◈

展開公式と上の例題から

$$\begin{aligned}(a+b)^2 &= a^2+2ab+b^2\\ (a+b)^3 &= a^3+3a^2b+3ab^2+b^3\\ (a+b)^4 &= a^4+4a^3b+6a^2b^2+4ab^3+b^4\end{aligned}$$

である．もっと一般的にして，$(a+b)^n$ がどう書けるかを考えてみよう．そのために，自然数 n，j $(n \geqq j)$ に対し ${}_n\mathrm{C}_j$ を

$$ {}_n\mathrm{C}_j = \frac{n(n-1)\cdots(n-j+1)}{j(j-1)\cdots 2\cdot 1} $$

と定義する．また，${}_n\mathrm{C}_0=1$ とする．これを，**二項係数**という．二項係数は

$$ {}_n\mathrm{C}_j = \frac{n!}{j!(n-j)!} $$

とも書ける* ことに注意しよう．

例題 1.17　n，j を自然数で $n \geqq j$ とする．このとき，つぎの等式を証明せよ．

$$ {}_{n+1}\mathrm{C}_j = {}_n\mathrm{C}_j + {}_n\mathrm{C}_{j-1} $$

〔解 答〕　${}_n\mathrm{C}_j$ の定義と $n!\times(n+1)=(n+1)!$ により，

$$\begin{aligned}{}_n\mathrm{C}_j + {}_n\mathrm{C}_{j-1} &= \frac{n!}{j!(n-j)!} + \frac{n!}{(j-1)!(n-(j-1))!}\\ &= n!\left\{\frac{1}{j!(n-j)!} + \frac{1}{(j-1)!(n+1-j)!}\right\}\\ &= n!\left\{\frac{n+1-j}{j!(n+1-j)!} + \frac{j}{j!(n+1-j)!}\right\}\\ &= \frac{(n+1)!}{j!(n+1-j)!} = {}_{n+1}\mathrm{C}_j\end{aligned}$$ ◈

---

*　$n!=n(n-1)\cdots 2\cdot 1$（ただし，$0!=1$ とする）である．

上の例題における二項係数の性質を用いて，**二項定理**といわれる $(a+b)^n$ の展開式が得られる．

❑ 定理 1.18 （二項定理）

$$(a+b)^n = a^n + {}_n\mathrm{C}_1 a^{n-1}b + \cdots + {}_n\mathrm{C}_j a^{n-j}b^j + \cdots + b^n$$

〔証 明〕　数学的帰納法で証明する．$n=1$ のときは右辺は $a+b$ であるから自明な式である．$n=k$ のときに成り立つとすると，例題 1.16 と同じ計算で

$$\begin{aligned}(a+b)^{k+1} &= (a+b)(a+b)^k \\ &= (a+b)(a^k+\cdots+{}_k\mathrm{C}_{j-1}a^{k-(j-1)}b^{j-1}+{}_k\mathrm{C}_j a^{k-j}b^j+\cdots+b^k) \\ &= a^{k+1} + \cdots + ({}_k\mathrm{C}_{j-1}+{}_k\mathrm{C}_j)a^{k+1-j}b^j + \cdots + b^{k+1} \\ &= a^{k+1} + \cdots + {}_{k+1}\mathrm{C}_j a^{k+1-j}b^j + \cdots + b^{k+1}\end{aligned}$$

となり，よって $n=k+1$ のときに成立する．上の最後の等号のところで例題 1.17 の等式を用いた．　▣

❑ 例題 1.19

$h>0$ とするとき，任意の自然数 n について $(1+h)^n \geqq 1+nh$ が成り立つことを証明せよ．

〔解 答〕　二項定理で $a=1$，$b=h$ として

$$(1+h)^n = 1 + {}_n\mathrm{C}_1 h + \cdots\cdots + h^n = 1 + nh + \cdots\cdots + h^n$$

であるから，$h>0$ より $(1+h)^n \geqq 1+nh$ となる．　◈

与えられた整式をいくつかの整式の積に表すことを**因数分解**という．因数分解は展開の逆の操作であるから，公式 1.15 の右辺と左辺を入れかえれば**因数分解の公式**が得られる．

❑ 公式 1.20 （因数分解の公式）

1) $a^2 + 2ab + b^2 = (a+b)^2$,　　$a^2 - 2ab + b^2 = (a-b)^2$
2) $a^2 - b^2 = (a+b)(a-b)$
3) $a^3 + 3a^2b + 3ab^2 + b^3 = (a+b)^3$,
   $a^3 - 3a^2b + 3ab^2 - b^3 = (a-b)^3$
4) $a^3 + b^3 = (a+b)(a^2-ab+b^2)$,　　$a^3 - b^3 = (a-b)(a^2+ab+b^2)$
5) $a^2 + b^2 + c^2 + 2ab + 2bc + 2ca = (a+b+c)^2$

❏ 例題 1.21　$8x^3-1$ を因数分解せよ．

〔解 答〕　公式 1.20 の 4) の 2 番目の式から

$$8x^3-1 = (2x)^3-1^3 = (2x-1)\{(2x)^2+2x\times1+1^2\} = (2x-1)(4x^2+2x+1)$$

◈

2 次方程式を解く際には，つぎの因数分解公式が用いられる．

❏ 公式 1.22

1) $acx^2+(ad+bc)xy+bdy^2 = (ax+by)(cx+dy)$
2) $acx^2+(ad+bc)x+bd = (ax+b)(cx+d)$
3) $x^2+(a+b)x+ab = (x+a)(x+b)$

上の公式の 3) は 2) で $a=c=1$ とし d を a と書き直して得られる．

❏ 例題 1.23　$3x^2+5x-2$ を因数分解せよ．

〔解 答〕　$3x^2+5x-2=(ax+b)(cx+d)$ とおき，公式 1.22 の 2) と見比べて $ac=3$，$ad+bc=5$，$bd=-2$ であればよい．$a=1$，$b=2$，$c=3$，$d=-1$ とすればこの式がみたされるから，$3x^2+5x-2=(x+2)(3x-1)$ と因数分解される．

◈

x についての整式

$$a_nx^n+a_{n-1}x^{n-1}+\cdots+a_1x+a_0$$

において $a_n\neq0$ であるとき n をこの整式の**次数**という．x を整式の**変数**といい，$a_n,\cdots,a_0$ を整式の**係数**という．一般に，整式 A, B が同じ文字についての整式であるとき

$$A = BQ+R \qquad \text{ただし，} R \text{ の次数} < B \text{ の次数}$$

を成り立たせるような整式 Q と R がある．この計算を，**整式の除法**といい，Q を A を B で割ったときの**商**という．また R を**余り**という．特に，$R=0$ のとき，A は B で割り切れるという．整式 A を整式 B で割るためには，整式を累乗の高い順に並べ，整数の割り算と同様の計算を行えばよい．

❏ 例題 1.24　$2x^3+3x^2-3x+5$ を x^2+x-1 で割ったときの商と余りを求めよ．

〔解答〕

$$
\begin{array}{rrll}
 & 2x+1 & \leftarrow Q \\
B \rightarrow \ x^2+x-1 \ ) & 2x^3+3x^2-3x+5 & \leftarrow A \\
 & 2x^3+2x^2-2x & \leftarrow B\times 2x \\
\hline
 & x^2-x+5 & \\
 & x^2+x-1 & \leftarrow B\times 1 \\
\hline
 & -2x+6 & \leftarrow R
\end{array}
$$

より，商 $Q=2x+1$，余り $-2x+6$．◈

整式の除法 $A=BQ+R$ より，

$$\frac{A}{B} = Q + \frac{R}{B}$$

である．たとえば，上の例題から

$$\frac{2x^3+3x^2-3x+5}{x^2+x-1} = 2x+1+\frac{-2x+6}{x^2+x-1}$$

である．

整式 A が x を変数とすることを明示するとき $A(x)$ のように書く．また，変数 x に具体的な数値 a を代入したときの値を $A(a)$ と表す．整式について，つぎの定理が成り立つ．

❑ 定理 1.25（剰余の定理）

整式 $A(x)$ を $x-a$ で割ったときの余りは $A(a)$ に等しい．

〔証明〕　整式の除法により $A(x)=(x-a)Q(x)+R(x)$ となるが，$R(x)$ の次数＜$x-a$ の次数であるから，$R(x)$ の次数は 0，すなわち $R(x)$ は定数である．よって $R(x)=R$ と書き

$$A(x) = (x-a)Q(x)+R$$

となる．この x に関する恒等式の両辺で $x=a$ とすると $A(a)=R$ を得る．よって定理は証明された．▣

上の証明において $R=0$ ということは $A(x)$ が $x-a$ で割り切れるということと同値であるから，つぎの定理が得られる．

❑ 定理 1.26（因数定理）

整式 $A(x)$ が $x-a$ で割り切れるためには $A(a)=0$ となることが必要十分である．

例題 1.27　$3x^3+2x^2-7x+2$ を因数分解せよ．

〔解答〕　$A(x)=3x^3+2x^2-7x+2$ とすると，$A(1)=0$ である．よって，因数定理により $A(x)$ は $x-1$ で割り切れる．実際に割り算をして $3x^3+2x^2-7x+2=(x-1)(3x^2+5x-2)$ となるが，$3x^2+5x-2=(x+2)(3x-1)$ である（例題 1.23 参照）から $x^3+2x^2-7x+2=(x-1)(x+2)(3x-1)$ となる．◈

1.5 複　素　数

負でない実数の平方根は実数の範囲で求まるが，負の数の平方根は実数の範囲では求められない．たとえば，$x^2=-1$ をみたす実数 x は存在しない．また，2次方程式は実数の範囲では解をもつとは限らない．しかし，数の範囲をつぎのように拡張して，負の数に対しても平方根をもつように，また，2次方程式が常に解をもつようにすることができる．

まず，$x^2=-1$ をみたす"新しい数"を数の仲間に含めることとし，i で表す．すなわち

$$i^2 = -1$$

i は $\sqrt{-1}$ とも書かれる．この i を**虚数単位**という．つぎに，a, b を実数として

$$a + bi$$

の形の数を考える．これを**複素数**という．複素数は通常 α, β や z, w のような記号を用いて表される．複素数 $\alpha=a+bi$ に対し a を複素数 α の**実部**，b を複素数 α の**虚部**といい，

$$a = \mathrm{Re}\,\alpha, \quad b = \mathrm{Im}\,\alpha$$

と書く．それぞれ，real，imaginary の頭の二文字を取った記号である．二つの複素数 $a+bi$ と $c+di$ が等しいというのは $a=c$，$b=d$ となることである．特に $a+bi=0$ とは $a=b=0$ のことである．

虚部が 0 である複素数 $a+0i$ は実数 a であるとみなし，複素数は実数の拡張と考えることができる．虚部が 0 でない複素数を**虚数**[*] という．特に，実部が 0 の虚数 $0+bi=bi$,（$b\neq 0$）を**純虚数**という．

---

*　この言葉から複素数は不自然な数というイメージがつくられてしまったのは残念なことである．使いこなしていけば，複素数は数として自然なものであることが実感できるし，次節で述べる複素数平面を用いれば平面の上に実在する数と認識される．人類は負の数を認識するのにも長い文化的進化の歴史を必要としたが，現在多くの方は負の数を不自然な数とは考えていないであろう．複素数も現在では広く諸科学の分野で市民権を得ている．

複素数の加減乗除はつぎのように定義される.

加法	$(a+bi)+(c+di) = (a+c)+(b+d)i$
減法	$(a+bi)-(c+di) = (a-c)+(b-d)i$
乗法	$(a+bi)(c+di) = (ac-bd)+(ad+bc)i$
除法	$\dfrac{a+bi}{c+di} = \dfrac{ac+bd}{c^2+d^2}+\dfrac{bc-ad}{c^2+d^2}i$

ただし，除法においては $c+di=0$ すなわち $c=d=0$ のときを除く．上の定義は，虚数単位 i を一つの文字のように取扱って計算し i^2 がでてきたら -1 とした結果と一致するように定めたものである．実際の計算においては，上の定義を覚えて適用することはせず，この原理にしたがって計算するのが普通である．

❑ 例題 1.28　$\dfrac{1-2i}{5+4i}$ を計算し $a+bi$ の形に表せ．

〔**解 答**〕　分母の虚部の符号を逆にした数 $5-4i$ を分母分子に掛けて

$$\frac{1-2i}{5+4i} = \frac{(1-2i)(5-4i)}{(5+4i)(5-4i)} = \frac{5-14i+8i^2}{25-16i^2} = \frac{-3-14i}{41} = -\frac{3}{41}-\frac{14}{41}i$$

◈

このようにして，複素数に対し，0 で割ることを除いて加減乗除が定義される．加法,乗法については交換法則,結合法則,分配法則(1.1 節参照)が成り立つ．また，実数の場合と同様に，α, β を複素数とするときも，つぎが成り立つ．

$$\alpha\beta = 0 \quad ならば \quad \alpha = 0 \ または \ \beta = 0$$

複素数 $\alpha=a+bi$ に対して，複素数 $a-bi$ を α の**共役複素数**といい，$\bar{\alpha}$ と書く．要するに，$\bar{\alpha}$ は α と虚部の符号だけが異なる複素数である．例題 1.28 のように，複素数の割り算は，分母分子に分母の共役複素数を掛けて計算できる．共役複素数の性質をまとめておく．

❑ 定理 1.29　複素数 α, β に対して，つぎが成り立つ．

1) $\overline{\alpha+\beta} = \bar{\alpha}+\bar{\beta}$,　$\overline{\alpha-\beta} = \bar{\alpha}-\bar{\beta}$,　$\overline{\alpha\beta} = \bar{\alpha}\bar{\beta}$,　$\overline{\left(\dfrac{\alpha}{\beta}\right)} = \dfrac{\bar{\alpha}}{\bar{\beta}}$ $(\beta\neq 0)$

2) $\mathrm{Re}\,\alpha = \dfrac{\alpha+\bar{\alpha}}{2}$,　$\mathrm{Im}\,\alpha = \dfrac{\alpha-\bar{\alpha}}{2i}$

3) $\overline{(\bar{\alpha})} = \alpha$

4) α が実数 $\Longleftrightarrow$ $\bar{\alpha} = \alpha$,　α が純虚数 $\Longleftrightarrow$ $\bar{\alpha} = -\alpha$

〔**証 明**〕　$\alpha=a+bi$，$\beta=c+di$ とすると，加法の定義と共役複素数の定義

から $\overline{\alpha+\beta} = \overline{(a+c)+(b+d)i} = (a+c)-(b+d)i = \bar{\alpha}+\bar{\beta}$ である．他の式の証明も同様である． ▣

❑ 例題 1.30　$f(x)$ を係数が実数である整式とする．すなわち，$a_n, \cdots, a_0$ を実数とし

$$f(x) = a_n x^n + a_{n-1}x^{n-1} + \cdots + a_1 x + a_0$$

とする．このとき，任意の複素数 α に対し $f(\bar{\alpha}) = \overline{f(\alpha)}$ が成り立つことを証明せよ．

〔**解 答**〕　定理 1.29 の 1) より

$$\begin{aligned} \overline{f(\alpha)} &= \overline{a_n\alpha^n + a_{n-1}\alpha^{n-1} + \cdots + a_1\alpha + a_0} \\ &= \overline{a_n}\,\bar{\alpha}^n + \overline{a_{n-1}}\,\bar{\alpha}^{n-1} + \cdots + \overline{a_1}\,\bar{\alpha} + \overline{a_0} \end{aligned}$$

となるが，$a_n, \cdots, a_0$ は実数だから，定理 1.29 の 4) より $\overline{a_n} = a_n, \cdots, \overline{a_0} = a_0$ である．よって

$$\overline{f(\alpha)} = a_n\bar{\alpha}^n + a_{n-1}\bar{\alpha}^{n-1} + \cdots + a_1\bar{\alpha} + a_0 = f(\bar{\alpha})$$ ◈

複素数 $\alpha = a+bi$ に対し $\sqrt{a^2+b^2}$ を α の**絶対値**といい，記号 $|\alpha|$ で表す．すなわち

$$|\alpha| = |a+bi| = \sqrt{a^2+b^2}$$

と定義する．

❑ 定理 1.31　複素数の絶対値はつぎの性質をもつ．

1) $|\alpha| \geqq 0$ であり　$|\alpha| = 0 \iff \alpha = 0$
2) $|\bar{\alpha}| = |\alpha|$
3) $\alpha\bar{\alpha} = |\alpha|^2$
4) $|\alpha\beta| = |\alpha||\beta|$,　$\left|\dfrac{\alpha}{\beta}\right| = \dfrac{|\alpha|}{|\beta|}$　$(\beta \neq 0)$

〔**証 明**〕　1), 2), 3) は絶対値の定義より容易に証明できる．4) の証明をする．3) と定理 1.29 の 1) を用いて

$$|\alpha\beta|^2 = (\alpha\beta)(\overline{\alpha\beta}) = \alpha\beta\bar{\alpha}\bar{\beta} = (\alpha\bar{\alpha})(\beta\bar{\beta}) = |\alpha|^2|\beta|^2 = (|\alpha||\beta|)^2$$

であるから $|\alpha\beta| \geqq 0$, $|\alpha||\beta| \geqq 0$ より $|\alpha\beta| = |\alpha||\beta|$ となる．この式で $\alpha = \frac{1}{\beta}$ として $\left|\frac{1}{\beta}\right| = \frac{1}{|\beta|}$ を得る．よって $|\alpha\beta| = |\alpha||\beta|$ の β のかわりに $\frac{1}{\beta}$ を用いて 4) の 2 番目の等式が得られる． ▣

❏ **例題 1.32**　複素数 α, β に対しつぎの等式を証明せよ．

$$|\alpha+\beta|^2+|\alpha-\beta|^2 = 2(|\alpha|^2+|\beta|^2)$$

〔**解 答**〕　定理 1.31 の 3) と定理 1.29 の 1) より

$$\begin{aligned}|\alpha+\beta|^2+|\alpha-\beta|^2 &= (\alpha+\beta)(\overline{\alpha+\beta})+(\alpha-\beta)(\overline{\alpha-\beta})\\ &= (\alpha+\beta)(\bar{\alpha}+\bar{\beta})+(\alpha-\beta)(\bar{\alpha}-\bar{\beta})\\ &= 2(\alpha\bar{\alpha}+\beta\bar{\beta}) = 2(|\alpha|^2+|\beta|^2)\end{aligned}$$

◈

α が実数，すなわち $b=0$ ならば，複素数としての絶対値は $|\alpha|=\sqrt{a^2}$ となる．実数としての絶対値もこの式をみたす（例題 1.3 参照）から，α が実数のときは，複素数としての絶対値は実数としての絶対値と一致している．したがって，複素数の絶対値は実数の絶対値の拡張になっている．

以上のように，二つの実数を虚数単位 i で結んだ数として複素数を導入することにより，加減乗除ならびに絶対値が実数の場合と同様の計算法則をみたすように定められた．ただし，実数と同じような大小関係を定めることはできない．$i<0$ としても $i>0$ としても $i^2>0$ となるが $i^2=-1$ に反するからである．なお，複素数全体の集合は $\boldsymbol{C}$ と書かれる．1.2 節における記号を用いれば，

$$\boldsymbol{N} \subset \boldsymbol{Z} \subset \boldsymbol{Q} \subset \boldsymbol{R} \subset \boldsymbol{C}$$

となるが，これは数の認識の進化の歴史を端的に表現している．

1.6 複素数平面

複素数 $z=x+yi$ に平面上の点 (x, y) を対応させると（実数が数直線上の点で表されたように）複素数は平面上の点で表すことができる．このように各点が複素数を表しているような平面を**複素数平面**（あるいは，複素平面）という．また，複素数 z のことを，この平面における点とみて，複素数平面上の点 z というように表現することがある*．

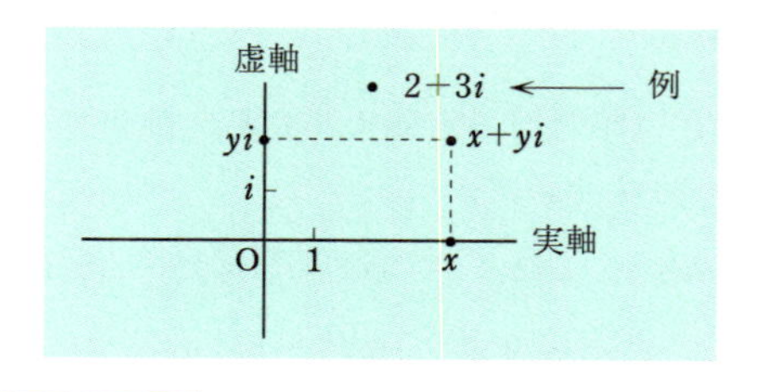

*　i は複素数平面上に実在しており，虚像ではない．愛は虚像ということはあるかもしれないが．

x 軸上の点は実数を表す．また，y 軸上の点は純虚数を表す．そこで，x 軸のことを実軸，y 軸のことを虚軸という．z の共役複素数 $\bar{z}$ は，虚部の符号が逆になっている複素数である．したがって，点 $\bar{z}$ は点 z と実軸に関して対称な点である．また，複素数 z の絶対値は z の原点からの距離を表す．

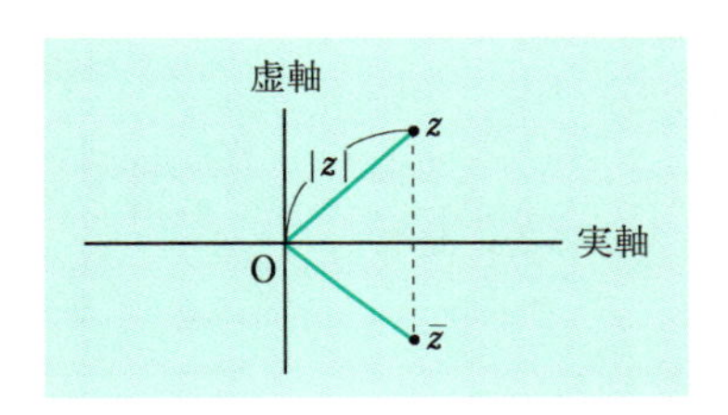

複素数 $z=x+yi$ に複素数 $w=u+vi$ を加えると，その和は $z+w=(x+u)+(y+v)i$ となるから，z の実部が u だけ増え，虚部が v だけ増える．したがって，複素数平面上の4点 O，z，w，$z+w$ は平行四辺形をつくる．このことから，複素数の和 $z+w$ は点 z を w の方向に絶対値 $|w|$ だけ平行移動した点になる．また，差については $z-w=z+(-w)$ と考えれば，複素数の差 $z-w$ は点 z を $-w$ の方向に絶対値 $|w|$ だけ平行移動した点になる．

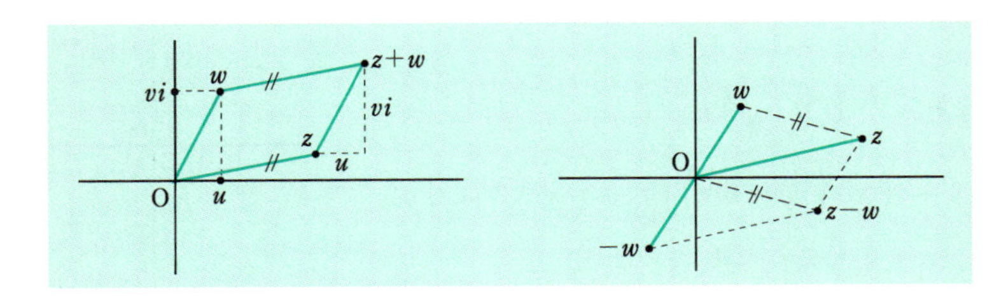

これより，点 z と点 w の距離は原点と点 $z-w$ との距離 $|z-w|$ に等しい．いいかえると，複素数平面上の2点 z，w に対し $|z-w|$ はこの2点の距離を表す．

❏ 例題 1.33　$|z-2i|=3$ をみたす複素数 z を複素数平面上に図示せよ．

〔解答〕　条件 $|z-2i|=3$ は複素数平面上の点 $2i$ からの距離が3であることを意味する．よって，これをみたす z は右図のような円を表す．◈

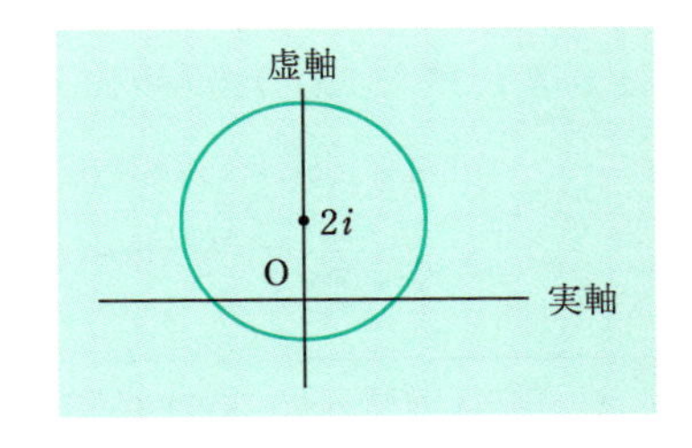

複素数平面上の点 z $(z \neq 0)$ の位置は，z の絶対値 $|z| = r$ と z が実軸の正の部分となす角によって定まる．この角を複素数 z の**偏角**といい，$\arg z$ で表す*．

偏角は，弧度法（360° を 2π として角度を表す方法，4.2 節参照）を用いるのが便利である．そこで，本書においては以下，偏角は弧度法で表す．また，$0 \leqq \arg z < 2\pi$（$=360°$）の範囲で考えるのは一般性を欠いて不便であるので，一般角で考えることにする．そこで，z の偏角を表す一つの角を θ_0 とすると，整数 n により

$$\arg z = \theta_0 + 2n\pi$$

と表される．

複素数 z の絶対値を r とし偏角を θ とすると，z の実部，虚部はそれぞれ $x = r\cos\theta$，$y = r\sin\theta$ となるから（p. 83 参照）

$$z = r(\cos\theta + i\sin\theta) \qquad (r > 0)$$

と書ける．この表し方を複素数の**極形式**という（上図参照）．

❏ 例題 1.34　つぎの複素数を極形式で表せ．

1）$1+\sqrt{3}\,i$　　2）$-1+i$

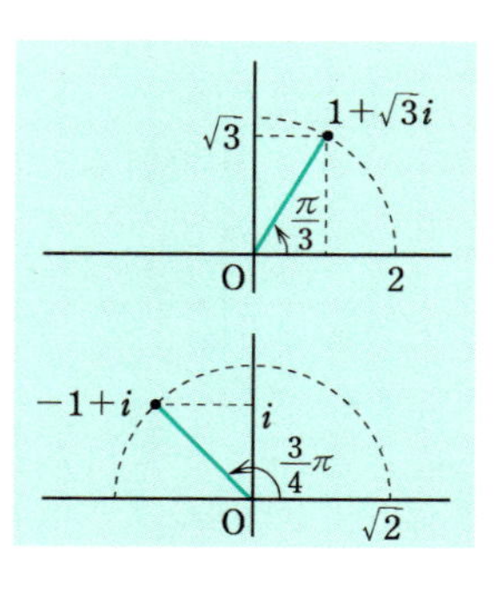

〔解 答〕　1）$1+\sqrt{3}\,i = 2\left(\dfrac{1}{2}+\dfrac{\sqrt{3}}{2}i\right)$

$$= 2\left(\cos\left(\frac{\pi}{3}+2n\pi\right)+i\sin\left(\frac{\pi}{3}+2n\pi\right)\right)$$

2）$-1+i = \sqrt{2}\left(-\dfrac{1}{\sqrt{2}}+\dfrac{1}{\sqrt{2}}i\right)$

$$= \sqrt{2}\left(\cos\left(\frac{3}{4}\pi+2n\pi\right)+i\sin\left(\frac{3}{4}\pi+2n\pi\right)\right)$$

◈

複素数の積と商は極形式を用いて計算すると，意味が明確になる．

❏ 定理 1.35　$z_1 = r_1(\cos\theta_1 + i\sin\theta_1)$，$z_2 = r_2(\cos\theta_2 + i\sin\theta_2)$ のとき

1）$z_1 z_2 = r_1 r_2\{\cos(\theta_1+\theta_2) + i\sin(\theta_1+\theta_2)\}$

2）$\dfrac{z_1}{z_2} = \dfrac{r_1}{r_2}\{\cos(\theta_1-\theta_2) + i\sin(\theta_1-\theta_2)\}$　　$(z_2 \neq 0)$

---

* 偏角を意味する argument の初めの 3 文字を取ってつくられた記号である．

〔証明〕

$$
\begin{aligned}
z_1 z_2 &= r_1 r_2(\cos\theta_1 + i\sin\theta_1)(\cos\theta_2 + i\sin\theta_2)\\
&= r_1 r_2\{(\cos\theta_1\cos\theta_2 - \sin\theta_1\sin\theta_2)\\
&\qquad + i(\sin\theta_1\cos\theta_2 + \cos\theta_1\sin\theta_2)\}
\end{aligned}
$$

と計算される．ところが，三角関数の加法公式（公式 4.6 参照）より

$$
\cos\theta_1\cos\theta_2 - \sin\theta_1\sin\theta_2 = \cos(\theta_1 + \theta_2)
$$

$$
\sin\theta_1\cos\theta_2 + \cos\theta_1\sin\theta_2 = \sin(\theta_1 + \theta_2)
$$

となり，1) を得る．$z_2 \neq 0$ に対し $\cos^2\theta_2 + \sin^2\theta_2 = 1$（4.2 節参照）より

$$
\begin{aligned}
\frac{1}{z_2} &= \frac{1}{r_2(\cos\theta_2 + i\sin\theta_2)} = \frac{1}{r_2}\frac{\cos\theta_2 - i\sin\theta_2}{(\cos\theta_2 + i\sin\theta_2)(\cos\theta_2 - i\sin\theta_2)}\\
&= \frac{1}{r_2}\{\cos(-\theta_2) + i\sin(-\theta_2)\}
\end{aligned}
$$

となる．よって，1) より

$$
\begin{aligned}
\frac{z_1}{z_2} &= \frac{r_1}{r_2}(\cos\theta_1 + i\sin\theta_1)\{\cos(-\theta_2) + i\sin(-\theta_2)\}\\
&= \frac{r_1}{r_2}\{\cos(\theta_1 - \theta_2) + i\sin(\theta_1 - \theta_2)\}
\end{aligned}
$$

となり 2) が証明された． ■

定理 1.35 を用いて，複素数 z に複素数 α を掛けることの図形的な意味を考えてみよう．α の偏角を θ とすると，定理 1.35 の 1) で $z_1 = \alpha$，$z_2 = z$ として

$$
|\alpha z| = |\alpha||z|, \quad \arg(\alpha z) = \arg\alpha + \arg z = \arg z + \theta
$$

が得られる．したがって，複素数 z に複素数 α を掛けると，点 z は原点を中心として角 θ だけ回転され，原点からの距離は $|\alpha|$ 倍される．特に，i を掛けることは，原点を中心として 90° 回転することを意味する．また，$-i$ を掛ける（$=i$ で割る）演算は，原点を中心として $-90°$ 回転する（=時計回りに 90° 回転する）図形的操作である．

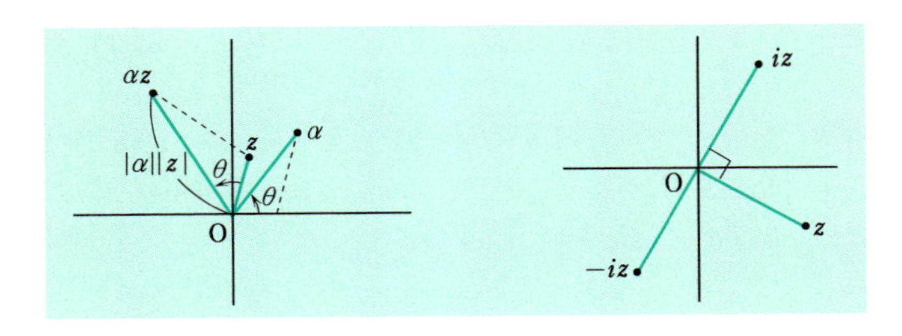

例題 1.36 複素数平面上の点 $2-i$ を原点を中心として 120° 回転した点を表す複素数を求めよ．

〔解 答〕 120° 回転は絶対値 1，偏角 $\frac{2\pi}{3}$ の複素数を掛けることである．よって，

$$\left(\cos\frac{2\pi}{3}+i\sin\frac{2\pi}{3}\right)(2-i) = \left(-\frac{1}{2}+\frac{\sqrt{3}}{2}i\right)(2-i)$$
$$= \left(-1+\frac{\sqrt{3}}{2}\right)+\left(\frac{1}{2}+\sqrt{3}\right)i$$ ◈

定理 1.35 により，つぎの定理が示される．

定理 1.37（ド・モアブルの定理） 整数 n と実数 θ に対して

$$(\cos\theta+i\sin\theta)^n = \cos n\theta + i\sin n\theta$$

〔証 明〕 $n=0,1$ のときは自明である．n が自然数のときに成り立つことを数学的帰納法で証明する．そのために $n=k$ のときに定理の等式が成り立つと仮定すると，定理 1.35 の 1) で $z_1=\cos\theta+i\sin\theta$，$z_2=\cos k\theta+i\sin k\theta$ とした式を用いて

$$(\cos\theta+i\sin\theta)^{k+1} = (\cos\theta+i\sin\theta)(\cos\theta+i\sin\theta)^k$$
$$= (\cos\theta+i\sin\theta)(\cos k\theta+i\sin k\theta)$$
$$= \cos(\theta+k\theta) + i\sin(\theta+k\theta)$$
$$= \cos(k+1)\theta + i\sin(k+1)\theta$$

となり，$n=k+1$ のときも定理の等式が成り立つ．よって，n が自然数のときには定理の等式が成り立つ．

定理 1.35 の 2) で $r_1=r_2=1$，$\theta_1=0$，$\theta_2=\theta$ とした式を用いて

$$(\cos\theta+i\sin\theta)^{-1} = \frac{1}{\cos\theta+i\sin\theta} = \cos(-\theta) + i\sin(-\theta)$$

である．そこで，n が負の整数のときは，$n=-m$（このとき m は自然数）とおいて

$$(\cos\theta+i\sin\theta)^n = (\cos\theta+i\sin\theta)^{-m} = \{(\cos\theta+i\sin\theta)^{-1}\}^m$$
$$= \{\cos(-\theta)+i\sin(-\theta)\}^m = \cos(-m\theta) + i\sin(-m\theta)$$
$$= \cos n\theta + i\sin n\theta$$

となる．よって n が負の整数のときも定理の等式が成り立つ． ▣

1.7 累　乗　根

2乗するとaになる数を，aの**平方根**または**2乗根**という．また，3乗するとaになる数を，aの**立方根**または**3乗根**という．一般に，nを自然数とするとき，$x^n=a$となる数xをaの**n乗根**という．そして，2乗根，3乗根，… をまとめて**累乗根**という．

上の定義における“数”を実数の範囲に限るならば，aのn乗根はaの正負やnが偶数か奇数かにより，あったりなかったりするし，個数も異なる．たとえば8の2乗根は$\pm 2\sqrt{2}$と二つあるが8の3乗根は2の一つだけである．また，-8の2乗根はないが，-8の3乗根は-2（一つだけ）である．しかしながら，数の範囲を複素数まで広げて考えれば，0でない数aのn乗根はいつもn個ある．このことを説明しよう．

はじめに1のn乗根，すなわち$x^n=1$となるxを複素数の範囲で求めてみよう．$n=2$のときはそれは± 1であり，実数の範囲で考えたときと何も変わらない．$n=3$のときはどうだろうか？

❏ 例題 1.38　1の3乗根を，複素数の範囲ですべて求めよ．

〔**解 答**〕　$x=r(\cos\theta+i\sin\theta)$（$r>0$）とおくとド・モアブルの定理（定理1.37）より$x^3=r^3(\cos 3\theta+i\sin 3\theta)$である．また，1を極形式で表すと

$$1 = \cos 2k\pi + i\sin 2k\pi \qquad (k\text{ は整数})$$

となる．よって

$$x^3 = 1 \iff r^3 = 1,\ 3\theta = 2k\pi\ (k\text{ は整数})$$

である．$r^3=1$は$r>0$より$r=1$と解かれる．また，$\theta=\frac{2k\pi}{3}$であるが，

$k=0,1,2$として

$$k = 0\text{ のとき}\qquad x = \cos 0 + i\sin 0 = 1$$

$$k = 1\text{ のとき}\qquad x = \cos\frac{2\pi}{3} + i\sin\frac{2\pi}{3} = -\frac{1}{2} + \frac{\sqrt{3}}{2}i$$

$$k = 2\text{ のとき}\qquad x = \cos\frac{4\pi}{3} + i\sin\frac{4\pi}{3} = -\frac{1}{2} - \frac{\sqrt{3}}{2}i$$

このようにして$1, -\frac{1}{2}+\frac{\sqrt{3}}{2}i, -\frac{1}{2}-\frac{\sqrt{3}}{2}i$の三つの1の3乗根が得られる．$k$を$0,1,2$に限らず他の$k$によって別の解が得られそうであるが，実際には，他のkを用いても，別の解は得られない．

$$k=3 \text{ のとき} \quad x = \cos 2\pi + i \sin 2\pi = 1$$

$$k=4 \text{ のとき} \quad x = \cos \frac{8\pi}{3} + i \sin \frac{8\pi}{3} = -\frac{1}{2} + \frac{\sqrt{3}}{2} i$$

のようにして，すでに得られたものと一致するからである．したがって，1の3乗根は1, $-\frac{1}{2}+\frac{\sqrt{3}}{2}i$, $-\frac{1}{2}-\frac{\sqrt{3}}{2}i$ の三つである．$\omega = -\frac{1}{2}+\frac{\sqrt{3}}{2}i$ とおけば，これらは $1, \omega, \omega^2$ と書かれる．以上により，1の3乗根は1, ω, ω^2 の三つであり，これらを複素平面上に図示すれば，上図のようになる． ◈

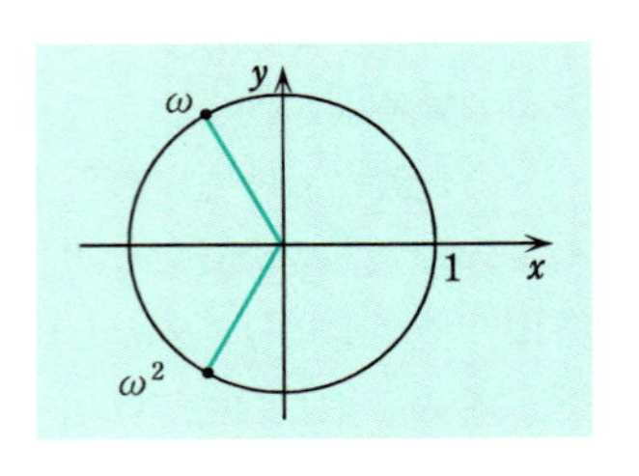

上の例題より，1の3乗根は3個あり，そのうちの一つ（$x=1$）が実数であることがわかった．解答での議論は，$n=4, 5, 6 \cdots$ に対しても適用できるから，つぎの定理が得られる．

❑ **定理 1.39**　1の n 乗根は n 個あり，それらは

$$\xi = \cos \frac{2\pi}{n} + i \sin \frac{2\pi}{n}$$

によって

$$1,\ \xi,\ \xi^2,\ \cdots,\ \xi^{n-1}$$

で与えられる*．

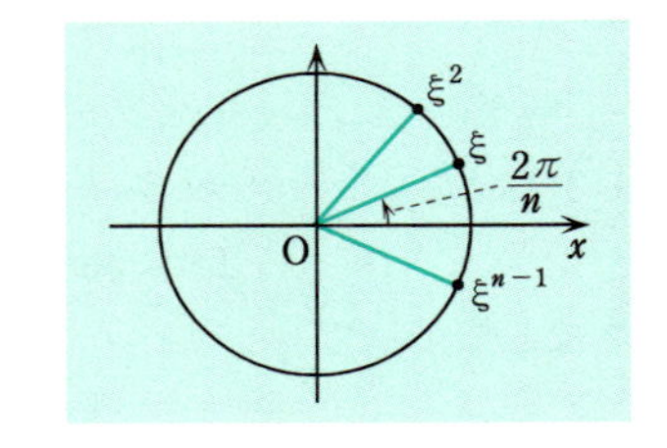

〔証 明〕　$x=r(\cos\theta+i\sin\theta)$（$r>0$）とおくとド・モアブルの定理（定理 1.37）より $x^n=r^n(\cos n\theta+i\sin n\theta)$ である．よって

$$x^n = 1 \iff r^n = 1,\ n\theta = 2k\pi \ (k \text{ は整数})$$

である．$r^n=1$ は $r>0$ より $r=1$ と解かれる．また，$\theta=\frac{2k\pi}{n}$ である．$k=0, 1, 2, \cdots, n-1$ として

$$x = \cos\frac{2k\pi}{n} + i \sin\frac{2k\pi}{n} = \left(\cos\frac{2\pi}{n} + i\sin\frac{2\pi}{n}\right)^k = \xi^k$$

が得られる． ▣

定理 1.39 の ξ を1の**原始 n 乗根**という．

---

* これらの n 個の点は，複素平面上の正 n 角形の頂点を成す．

❑ **例題 1.40**　1の原始 n 乗根はつぎの式をみたすことを示せ．

$$1 + \xi + \xi^2 + \cdots + \xi^{n-1} = 0$$

〔**解 答**〕　例題1.14において $x=\xi$ とおくと，$\xi^n=1$ だから

$$(1-\xi)(1+\xi+\xi^2+\cdots+\xi^{n-1}) = 1 - \xi^n = 0$$

である．ところが，$1-\xi \neq 0$ であるから $1+\xi+\xi^2+\cdots+\xi^{n-1} = 0$ となる．◈

つぎに，複素数 z（ただし $z\neq 0$ とする）の n 乗根を求めることを考えよう．z を極形式で表して

$$z = r(\cos\theta + i\sin\theta) \qquad (r>0)$$

とする．このとき，

$$\alpha = \sqrt[n]{r}\left(\cos\frac{\theta}{n} + i\sin\frac{\theta}{n}\right)$$

とすると，ド・モアブルの定理（定理1.37）により，

$$\alpha^n = r(\cos\theta + i\sin\theta) = z$$

となる．したがって，α は z の n 乗根である．また，ξ を1の原始 n 乗根 $\left(\xi=\cos\dfrac{2\pi}{n}+i\sin\dfrac{2\pi}{n}\right)$ とすると

$$\alpha,\ \alpha\xi,\ \alpha\xi^2,\ \cdots,\ \alpha\xi^{n-1}$$

も z の n 乗根である．逆に x を z の n 乗根とすると，$y=\frac{x}{\alpha}$ は

$$y^n = \left(\frac{x}{\alpha}\right)^n = \frac{x^n}{\alpha^n} = \frac{z}{z} = 1$$

をみたすから y は $1, \xi, \cdots, \xi^{n-1}$ のいずれかである．よって x は $\alpha, \alpha\xi, \cdots, \alpha\xi^{n-1}$ のいずれかである．以上により，つぎの定理が得られる．

❑ **定理 1.41**　0でない複素数 z の n 乗根は n 個あり，それらは n 乗根の一つを α とすると

$$\alpha,\ \alpha\xi,\ \alpha\xi^2,\ \cdots,\ \alpha\xi^{n-1}$$

で与えられる．ただし，ξ は1の原始 n 乗根．

❍ **注意 1.42**　z の n 乗根（の一つ）を $\sqrt[n]{z}$ と書くことがある*．この記号を用いれば z の n 乗根は

---

* 一般には，この書き方はどの n 乗根なのかを指定していない．ただし，z が正の実数のときは正の実数である n 乗根（一つだけある）を取る．それが，$\sqrt[3]{7}$ のように書いていたものである．

$$\sqrt[n]{z},\ \sqrt[n]{z}\,\xi,\ \sqrt[n]{z}\,\xi^2,\ \cdots,\ \sqrt[n]{z}\,\xi^{n-1}$$

と書かれる．特に，$n=2$ のときは $\xi=-1$ であるから，z の平方根は $\pm\sqrt{z}$ の二つである．これらは原点を中心とした対称の位置にある．

例題 1.43　-8 の 6 乗根をすべて求め，複素平面上に図示せよ．

〔解答〕　$-8=(\sqrt{2})^6(\cos\pi+i\sin\pi)$ より

$$\alpha = \sqrt{2}\left(\cos\frac{\pi}{6}+i\sin\frac{\pi}{6}\right) = \sqrt{2}\left(\frac{\sqrt{3}}{2}+\frac{1}{2}i\right)$$

が -8 の 6 乗根の一つである．また，$\xi=\cos\dfrac{\pi}{3}+i\sin\dfrac{\pi}{3}$ であるから，定理 1.35 の 1) より

$$\alpha\xi = \sqrt{2}\left(\cos\frac{\pi}{6}+i\sin\frac{\pi}{6}\right)\left(\cos\frac{\pi}{3}+i\sin\frac{\pi}{3}\right)$$
$$= \sqrt{2}\left(\cos\frac{\pi}{2}+i\sin\frac{\pi}{2}\right) = \sqrt{2}\,i$$

となる．以下同様にして，$\sqrt{2}\left(-\dfrac{\sqrt{3}}{2}\pm\dfrac{1}{2}i\right)$，$-\sqrt{2}\,i$，$\sqrt{2}\left(\dfrac{\sqrt{3}}{2}-\dfrac{1}{2}i\right)$ が -8

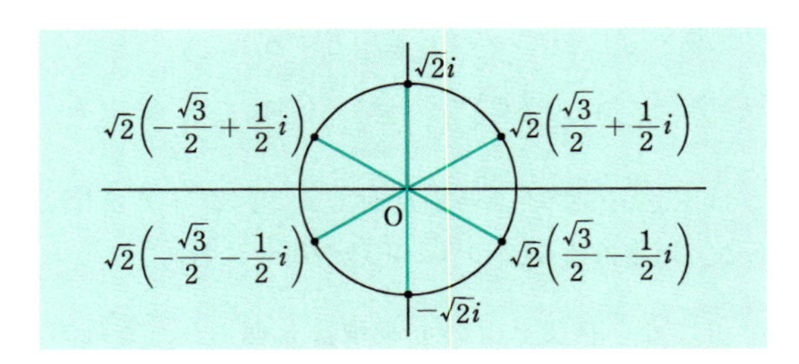

の 6 乗根である．これらを複素数平面上に図示すると上図のように正 6 角形の頂点になる．◈

$a=0$ の n 乗根は 0 のみであるが，$x^n-0=(x-0)(x-0)\cdots(x-0)$ とみることにより 0 という n 乗根は n 回カウントされているとみることができる．このように考えれば，任意の複素数 a の n 乗根は n 個あり，それらは正 n 角形の頂点をなす．このような普遍性や美しさは，数の範囲を複素数まで広げることによって，はじめてみえてくる．

問　題

問 1.1　$n=2, 3, \cdots$とするとき，次の等式を証明せよ．

$$\left(1-\frac{1}{2^2}\right)\left(1-\frac{1}{3^2}\right)\cdots\left(1-\frac{1}{n^2}\right) = \frac{n+1}{2n}$$

問 1.2　$\dfrac{1+\sqrt{3}\,i}{1+i}$を計算し $a+bi$ の形に表せ．また，極形式で表せ．この二つの計算結果を利用して，$\cos\dfrac{\pi}{12}$，$\sin\dfrac{\pi}{12}$の値を求めよ．

問 1.3　等式$\left|\dfrac{z-7}{z+1}\right|=3$をみたす複素数 z を複素平面上に図示せよ．

問 1.4　θ を実数で $\theta \neq 2m\pi$（m は整数）とするとき，つぎを証明せよ．

$$\sin\theta + \sin 2\theta + \cdots + \sin n\theta = \frac{\sin\dfrac{(n+1)\theta}{2}\sin\dfrac{n\theta}{2}}{\sin\dfrac{\theta}{2}}$$

$$1 + \cos\theta + \cos 2\theta + \cdots + \cos n\theta = \frac{\sin\dfrac{(n+1)\theta}{2}\cos\dfrac{n\theta}{2}}{\sin\dfrac{\theta}{2}}$$

2. 方程式・不等式

2.1 恒等式・方程式

二つの数や式を等号で結びつけ，それらが等しいことを表したものを**等式**という．たとえば，$x^2-4=(x+2)(x-2)$ や $x^2+3x+1=2x+2$ は（文字 x を含んだ）等式である．

$x^2-4=(x+2)(x-2)$ は任意の数 x に対して成り立つ．すなわち，文字 x にどのような数（複素数でもよい）を代入しても常に成り立つ．このように，その等式に含まれる文字にどんな値を代入しても（その両辺の式の値が存在する限り）常に成り立つ等式を**恒等式**という．たとえば，例題 1.14 のようなものが代表的な恒等式である．

等式が恒等式であることを示すことを**恒等式を証明する**という．

❏ 例題 2.1　　つぎの恒等式を証明せよ．

$$(x-\alpha)(x-\beta)(x-\gamma)=x^3-(\alpha+\beta+\gamma)x^2+(\alpha\beta+\beta\gamma+\gamma\alpha)x-\alpha\beta\gamma$$

〔**解 答**〕　左辺を展開して

$$\begin{aligned}(x-\alpha)(x-\beta)(x-\gamma) &= x^3-\alpha x^2-\beta x^2-\gamma x^2+\alpha\beta x+\beta\gamma x+\gamma\alpha x-\alpha\beta\gamma \\ &= x^3-(\alpha+\beta+\gamma)x^2+(\alpha\beta+\beta\gamma+\gamma\alpha)x-\alpha\beta\gamma\end{aligned}$$

◈

両辺が整式である等式が恒等式であるかどうかを調べるには，両辺の整式の係数を比較すればよい．そのための根拠はつぎの定理である．

❏ 定理 2.2（係数比較の原理）

等式

$$a_nx^n+a_{n-1}x^{n-1}+\cdots+a_1x+a_0 = b_nx^n+b_{n-1}x^{n-1}+\cdots+b_1x+b_0$$

が恒等式であるためには $a_n=b_n, \cdots, a_0=b_0$ が必要十分である．

〔**証 明**〕　右辺を移項して $c_n=a_n-b_n, \cdots,$ $c_0=a_0-b_0$ とおけば

$$c_nx^n+c_{n-1}x^{n-1}+\cdots+c_1x+c_0=0$$

が恒等式になる．すなわち，$f(x)=c_nx^n+c_{n-1}x^{n-1}+\cdots+c_1x+c_0$ とするとき，任意の x に対し $f(x)=0$ となる．特に，相異なる $n+1$ 個の値 $\alpha_1, \alpha_2, \cdots, \alpha_{n+1}$ に対し $f(\alpha_1)=f(\alpha_2)=\cdots=f(\alpha_{n+1})=0$ である．$f(\alpha_1)=0$ だから，因数定理（定理1.26）より $f(x)$ は $x-\alpha_1$ で割り切れ，したがって，整式 $g(x)$ により $f(x)=(x-\alpha_1)g(x)$ と書ける．ところが $f(\alpha_2)=0$ で $\alpha_2-\alpha_1\neq 0$ だから，$g(\alpha_2)=0$ である．ゆえに，再び因数定理により $g(x)$ は $x-\alpha_2$ で割り切れる．よって $g(x)$ は整式 $h(x)$ により $g(x)=(x-\alpha_2)h(x)$ と書ける．以下，これを繰返し

$$f(x) = a(x-\alpha_1)(x-\alpha_2)\cdots(x-\alpha_n) \qquad (\text{ただし } a \text{ は定数})$$

と書ける．ところが $f(\alpha_{n+1})=0$ だから

$$a(\alpha_{n+1}-\alpha_1)(\alpha_{n+1}-\alpha_2)\cdots(\alpha_{n+1}-\alpha_n) = 0$$

である．$\alpha_1, \alpha_2, \cdots, \alpha_{n+1}$ は相異なるから，これより $a=0$ を得る．したがって，$a(x-\alpha_1)(x-\alpha_2)\cdots(x-\alpha_n)$ を展開して得られる整式 $c_nx^n+c_{n-1}x^{n-1}+\cdots+c_1x+c_0$ の係数 $c_n, \cdots, c_0$ はすべて 0 であり，よって

$$a_n = b_n, \ \cdots\cdots, \ a_0 = b_0$$ ■

例題 2.3　$\omega=-\frac{1}{2}+\frac{\sqrt{3}}{2}i$（例題1.38における1の3乗根）とする．また，$A, B$を任意の数とする．このとき，（$x$についての）つぎの恒等式を証明せよ．

$$(x-A-B)(x-A\omega-B\omega^2)(x-A\omega^2-B\omega) = x^3-3ABx-(A^3+B^3)$$

〔解答〕　ω は $\omega^3=1$ をみたす．よって，$\omega^4=\omega$, $\omega^5=\omega^2$ である．また，例題1.40より $1+\omega+\omega^2=0$ であり，よって $\omega+\omega^2=-1$ となる．さて，証明のためには，両辺の x^3, x^2, x の係数および定数項が等しいことを示せばよい．x^3 の係数は両辺とも1で，確かに等しい．例題2.1の恒等式を用いて

$$\begin{aligned}
\text{左辺の } x^2 \text{ の係数} &= -\{(A+B)+(A\omega+B\omega^2)+(A\omega^2+B\omega)\} \\
&= -\{A(1+\omega+\omega^2)+B(1+\omega+\omega^2)\} \\
&= 0 = \text{右辺の } x^2 \text{ の係数}
\end{aligned}$$

左辺の x の係数

$$\begin{aligned}
&= (A+B)(A\omega+B\omega^2) + (A\omega+B\omega^2)(A\omega^2+B\omega)+(A\omega^2+B\omega)(A+B) \\
&= \omega(1+\omega+\omega^2)A^2 + 3(\omega+\omega^2)AB + \omega(1+\omega+\omega^2)B^2 \\
&= -3AB = \text{右辺の } x \text{ の係数}
\end{aligned}$$

$$\begin{aligned}
\text{左辺の定数項} &= -(A+B)(A\omega+B\omega^2)(A\omega^2+B\omega) \\
&= -(A+B)(A^2-AB+B^2) \\
&= -(A^3+B^3) = \text{右辺の定数項}
\end{aligned}$$ ◆

この節のはじめに例として挙げた $x^2+3x+1=2x+2$ は，x の値によって成り立つことも成り立たないこともある．このような等式を**方程式**といい，等式が成り立つような x の値のことを**方程式の解**という．また，方程式の解を求めることを（その文字について）**方程式を解く**という．

例題 2.4　つぎの方程式を解け．

$$10 - x = \sqrt{x+2}$$

〔**解答**〕　x が上の方程式の解ならば，両辺を 2 乗した方程式

$$(10-x)^2 = x + 2 \qquad \text{すなわち} \qquad x^2 - 21x + 98 = 0$$

の解である．この方程式は $(x-7)(x-14)=0$ と書き直せるから，$x=7$ または $x=14$ と解かれる．

逆に，与えられた方程式において $x=7$ とすれば，左辺$=3=$右辺であるから $x=7$ は $10-x=\sqrt{x+2}$ の解である．しかし $x=14$ とすれば，左辺$=-4\neq 4=$右辺であるから $x=14$ は $10-x=\sqrt{x+2}$ の解ではない．よって，求める解は 7 だけである．◈

上の例題の解答では，両辺を 2 乗した段階で同値性が崩れている．そのことが $x=14$ という解のふりをしたもの（**無縁解**という）が得られた原因である．すなわち，

$$10-x = \sqrt{x+2} \implies (10-x)^2 = x+2$$

であるが，逆は成り立たない．もし，同値性を保ったままで上の例題を解きたいのであれば，

$$\begin{aligned} 10-x = \sqrt{x+2} &\iff (10-x)^2 = x+2 \quad \text{かつ} \quad 10-x \geqq 0 \\ &\iff (x-7)(x-14) = 0 \quad \text{かつ} \quad 10 \geqq x \\ &\iff x = 7 \end{aligned}$$

とすればよい．$10-x\geqq 0$ ならば $\sqrt{(10-x)^2}=10-x$ が成り立つ（例題 1.3 参照）ので，上の同値の初めの $\Longleftarrow$ の部分が得られる．

2.2 代数方程式

$a_n, a_{n-1}, \cdots, a_0$ を与えられた数とするとき，

$$a_n x^n + a_{n-1}x^{n-1} + \cdots + a_1 x + a_0 = 0$$

の形の方程式を（x についての）**代数方程式**という．係数 $a_n, \cdots, a_0$ は，特にこ

とわらない限り，複素数とする*．また，x を（実数だけでなく）複素数でもよいと考えて，この方程式を複素数の範囲で考える．$a_n \neq 0$ のとき，方程式の左辺は n 次の整式であるから，n 次の代数方程式または **n 次方程式**という．

$n=1$ のとき，すなわち 1 次方程式は

$$ax + b = 0 \qquad (a \neq 0)$$

である．これは，$ax=-b$ と変形し両辺を a で割って $x = -\dfrac{b}{a}$ と解かれる．

$n=2$ のとき，すなわち 2 次方程式は

$$ax^2 + bx + c = 0 \qquad (a \neq 0)$$

の形に表される．

$$ax^2 + bx + c = a\left(x + \frac{b}{2a}\right)^2 - \frac{b^2-4ac}{4a}$$

であるから，

$$ax^2+bx+c=0 \iff a\left(x+\frac{b}{2a}\right)^2 = \frac{b^2-4ac}{4a}$$

$$\iff (2ax+b)^2 = b^2-4ac$$

である．したがって，x が $ax^2+bx+c=0$ の解ならば，$2ax+b$ は b^2-4ac の平方根である．定理 1.41 より，$b^2-4ac \neq 0$ ならばこの平方根は二つあり，注意 1.42 で述べたように $\pm\sqrt{b^2-4ac}$ と書かれる．よって，

$$ax^2+bx+c=0 \iff 2ax+b = \pm\sqrt{b^2-4ac}$$

である．$b^2-4ac=0$ のときも，$\sqrt{0}=0$ として，上が成り立つ．こうして 2 次方程式 $ax^2+bx+c=0$ は 1 次方程式 $2ax+b=\pm\sqrt{b^2-4ac}$ に帰着される．この 1 次方程式を解いて，つぎの公式が得られる．

❑ **公式 2.5**（**2 次方程式の解の公式**）　2 次方程式 $ax^2+bx+c=0$ の解は

$$x = \frac{-b\pm\sqrt{b^2-4ac}}{2a}$$

❑ **例題 2.6**　つぎの 2 次方程式を解け．

1）$x^2+x-3=0$　　2）$2x^2-9x+11=0$

---

* 2.2 節から 2.5 節において代数方程式について述べる．2.2 節から 2.4 節で述べる定理などはすべて，係数 $a_n, \cdots, a_0$ が虚数であっても成り立つことを，前もって注意しておく．

〔解 答〕　1) 解の公式より，$x=\dfrac{-1\pm\sqrt{1+12}}{2}=\dfrac{-1\pm\sqrt{13}}{2}$

2) $x=\dfrac{9\pm\sqrt{81-88}}{4}=\dfrac{9\pm\sqrt{-7}}{4}=\dfrac{9\pm\sqrt{7}\,i}{4}$ ◈

α が 2 次方程式 $ax^2+bx+c=0$ の解であるとき，$f(x)=ax^2+bx+c$ とおくと $f(\alpha)=0$ である．よって，因数定理（定理 1.26）より，$f(x)$ は $x-\alpha$ で割り切れる．したがって，$f(x)=a(x-\alpha)(x-\beta)$ となる．β も $f(x)=0$ の解であるから

$$\alpha, \beta \text{ が } ax^2+bx+c=0 \text{ の解} \iff ax^2+bx+c=a(x-\alpha)(x-\beta)$$

2 次方程式が解を一つしかもたないときも，上の議論は $\beta=\alpha$ として成り立つ．よって，

$$ax^2+bx+c=0 \text{ の解が } \alpha \text{ だけ} \iff ax^2+bx+c=a(x-\alpha)^2$$

となる．このとき，α は $ax^2+bx+c=0$ の**重解**であるという．あるいは，$ax^2+bx+c=0$ の解 α の**重複度**は 2 であるという．

2 次方程式は，解をその重複度の分だけ数えることにすれば，常に 2 個の解をもつことになる．このようにして，**2 次方程式 $ax^2+bx+c=0$ は，複素数の範囲で，重複度を込めてちょうど 2 個の解をもつ**．その解を α, β とすると，$ax^2+bx+c=a(x-\alpha)(x-\beta)$ が成り立つ．

3 次以上の代数方程式についても同様の結果が得られる．そのことを最初に証明したのはガウス* であり，結論を一言でいうとつぎのようになる．

❑ 定理 2.7　すべての代数方程式は，複素数の範囲で必ず解をもつ．

この定理にはいろいろな証明法が知られているが，残念ながら，いずれも本書の程度を超えている．ここでは，この定理を認めて先へ進む．

n 次方程式は

$$f(x) = a_nx^n + a_{n-1}x^{n-1} + \cdots + a_1x + a_0$$

とおいて，$f(x)=0$ と表される．定理 2.7 より $f(x)=0$ は（複素数の範囲で）解をもつから，それを α_1 とすると，因数定理（定理 1.26）により，$f(x)$ は $(x-\alpha_1)$ で割り切れる．したがって，$f(x)=(x-\alpha_1)f_1(x)$（$f_1(x)$ は $n-1$ 次の

＊ C. F. Gauss（1777～1855）：この時代における最も偉大な数学者の 1 人．定理 2.7 を証明したのは 1799 年，22 歳のとき．その後もガウスは定理 2.7 の別証明をいくつか発表している．

整式）となる．$n-1$ 次の代数方程式 $f_1(x)=0$ に再び定理2.7を適用すれば，これも解をもつ．それを α_2 として同様の議論を行えば $f_1(x)=(x-\alpha_2)f_2(x)$（$f_2(x)$ は $n-2$ 次の整式）となる．以下同様にして

$$f_2(x) = (x-\alpha_3)f_3(x),\ \cdots,\ f_{n-1}(x) = (x-\alpha_n)f_n(x)$$

ここで，$f_{n-1}(x)$ は1次の整式だから，$f_n(x)$ は定数である．この定数を A とおけば $f(x)=(x-\alpha_1)(x-\alpha_2)\cdots(x-\alpha_n)A$ となる．これは恒等式であるから，係数比較の原理（定理2.2）により，この両辺の x^n の係数は等しい．したがって，$a_n=A$ となる．よって，つぎが得られる．

$$f(x) = a_n(x-\alpha_1)(x-\alpha_2)\cdots(x-\alpha_n)$$

このようにして，つぎのことが証明された．

❑ 定理 2.8（代数学の基本定理）　n 次方程式

$$a_nx^n + a_{n-1}x^{n-1} + \cdots + a_1x + a_0 = 0$$

は，複素数の範囲でちょうど n 個の解をもつ．それを $\alpha_1, \alpha_2, \cdots, \alpha_n$ とすると，恒等式

$$a_nx^n + a_{n-1}x^{n-1} + \cdots + a_1x + a_0 = a_n(x-\alpha_1)(x-\alpha_2)\cdots(x-\alpha_n)$$

が成り立つ．

上の定理における n 個の解 $\alpha_1, \cdots, \alpha_n$ は等しいものがあってもよい．α_i に等しいものが k 個あるとき，α_i は方程式の $\boldsymbol{k}$ **重解**であるという．あるいは，α_i の**重複度**は k であるという．k 重解は k 個に数えることにすれば，n 次方程式は（複素数の範囲で）ちょうど n 個の解をもつというのが，上の定理の主張である．

❑ 例題 2.9　つぎの方程式を解け．

1）$x^3+x^2+x-3=0$　　2）$x^4-x^3-3x^2+5x-2=0$

〔**解 答**〕　1）$x=1$ が解であることがわかる．よって因数定理により，方程式の左辺は $(x-1)$ で割り切れ，$x^3+x^2+x-3=(x-1)(x^2+2x+3)$ となる．そこで，

$$x^3+x^2+x-3 = 0 \iff x = 1 \text{ または } x^2+2x+3 = 0$$

である．後者の2次方程式は，解の公式により $x=-1\pm\sqrt{2}\,i$ と解かれる．したがって，$x=1, -1\pm\sqrt{2}\,i$ が解である．ちなみに，定理2.8における恒等式は

$$x^3 + x^2 + x - 3 = (x-1)\{x-(-1+\sqrt{2}\,i)\}\{x-(-1-\sqrt{2}\,i)\}$$

2) $x=1$ が解であることがわかり，$x^4-x^3-3x^2+5x-2=(x-1)^3(x+2)$ と因数分解される．よって，$x=1, -2$ が解である．解 1 は 3 重解. ◈

定理 2.8 により，n 次方程式は，複素数の範囲で（重複度も込めて）n 個の解をもつ．では，実際に 3 次以上の方程式を解くには，どのようにしたらよいだろうか？上の例題のように，n 次方程式は解が一つ得られればその解 α による因子 $x-\alpha$ で方程式の左辺を割ることにより，$n-1$ 次方程式を解くことに帰着されるが，これはきわめて特殊な（幸運な）場合である．そこで，2 次方程式のように，解を求める公式が望まれる．このことに関しては 2.4 節で述べる.

2.3 解と係数の関係・判別式

前節で学んだように

$$\alpha, \beta \text{ が } ax^2+bx+c=0 \text{ の解} \iff ax^2+bx+c = a(x-\alpha)(x-\beta)$$

である．この等式は恒等式だから,

$$a(x-\alpha)(x-\beta) = a\{x^2-(\alpha+\beta)x+\alpha\beta\}$$

と展開し，これと ax^2+bx+c の係数を比較することにより解 α, β と係数 a, b, c とのつぎのような関係式が得られる.

❑ **定理 2.10**（**2 次方程式の解と係数の関係**） 2 次方程式 $ax^2+bx+c=0$ の解を α, β とすると

$$\alpha+\beta = -\frac{b}{a}, \qquad \alpha\beta = \frac{c}{a}$$

が成り立つ.

❑ **例題 2.11** x, y についての次の方程式を解け.

$$\begin{cases} x+y = 4 \\ xy = 1 \end{cases}$$

〔**解 答**〕 解と係数の関係から，求める x, y は 2 次方程式 $t^2-4t+1=0$ の 2 解である．これを解いて $t=2\pm\sqrt{3}$ となる．よって,

$$\begin{cases} x = 2+\sqrt{3} \\ y = 2-\sqrt{3} \end{cases} \qquad \begin{cases} x = 2-\sqrt{3} \\ y = 2+\sqrt{3} \end{cases}$$

◈

❑ **例題 2.12** 3 次方程式 $ax^3+bx^2+cx+d=0$ の解と係数の関係を求めよ.

〔**解 答**〕 $ax^3+bx^2+cx+d=0$ の解を α, β, γ とすると，定理 2.8 より

$$ax^3+bx^2+cx+d = a(x-\alpha)(x-\beta)(x-\gamma)$$

である．この右辺は例題 2.1 より

$$a\{x^3-(\alpha+\beta+\gamma)x^2+(\alpha\beta+\beta\gamma+\gamma\alpha)x-\alpha\beta\gamma\}$$

と展開されるから，係数を比較して

$$b = -a(\alpha+\beta+\gamma), \quad c = a(\alpha\beta+\beta\gamma+\gamma\alpha), \quad d = -a\alpha\beta\gamma$$

である．したがって，

$$\alpha+\beta+\gamma = -\frac{b}{a}, \quad \alpha\beta+\beta\gamma+\gamma\alpha = \frac{c}{a}, \quad \alpha\beta\gamma = -\frac{d}{a}$$

◈

n 次方程式

$$a_nx^n + a_{n-1}x^{n-1} + \cdots + a_1x + a_0 = 0$$

に対する解と係数の関係も，同様の方法で求められる．すなわち，方程式の解を $\alpha_1, \alpha_2, \cdots, \alpha_n$ とすると，定理 2.8 より，

$$a_nx^n + a_{n-1}x^{n-1} + \cdots + a_1x + a_0 = a_n(x-\alpha_1)(x-\alpha_2)\cdots(x-\alpha_n)$$

である．この右辺を展開して，係数比較（定理 2.2）をすると，

$$\alpha_1 + \alpha_2 + \cdots\cdots + \alpha_{n-1} + \alpha_n = -\frac{a_{n-1}}{a_n}$$

$$\alpha_1\alpha_2 + \cdots + \alpha_1\alpha_n + \alpha_2\alpha_3 + \cdots\cdots + \alpha_{n-1}\alpha_n = \frac{a_{n-2}}{a_n}$$

$$\vdots$$

$$\alpha_1\alpha_2\cdots\cdots\alpha_{n-1}\alpha_n = (-1)^n\frac{a_0}{a_n}$$

の n 個の式を得る．これを n 次方程式の**解と係数の関係**という．

上の関係式の左辺の n 個の式を，$\alpha_1, \cdots, \alpha_n$ の**基本対称式**という．たとえば，α, β の基本対称式は $\alpha+\beta, \alpha\beta$ であり，α, β, γ の基本対称式は

$$\alpha + \beta + \gamma, \quad \alpha\beta + \beta\gamma + \gamma\alpha, \quad \alpha\beta\gamma$$

である．

一般に，$\alpha_1, \cdots, \alpha_n$ の整式は，任意の α_i, α_j を入れ替えても式の形が変わらないとき**対称式**といわれる．たとえば，$\alpha^2+\beta^2$ は α, β の対称式であり，

$$\alpha^2\beta^2 + \beta^2\gamma^2 + \gamma^2\alpha^2, \qquad (\alpha-\beta)^2(\beta-\gamma)^2(\gamma-\alpha)^2$$

は α, β, γ の対称式である．証明は省略するが，**任意の n 変数の対称式は n 変数の基本対称式の整式として表される．** たとえば，

$$\alpha^2+\beta^2 = (\alpha+\beta)^2-2\alpha\beta$$
$$\alpha^2\beta^2+\beta^2\gamma^2+\gamma^2\alpha^2 = (\alpha\beta+\beta\gamma+\gamma\alpha)^2-2\alpha\beta\gamma(\alpha+\beta+\gamma)$$

である．

例題 2.13　3 次方程式 $x^3+px+q=0$ の解を α,β,γ とするとき，つぎを p, q で表せ．

1) $\alpha^2+\beta^2+\gamma^2$　　2) $\alpha^2\beta^2+\beta^2\gamma^2+\gamma^2\alpha^2$　　3) $(\alpha-\beta)^2(\beta-\gamma)^2(\gamma-\alpha)^2$

〔**解 答**〕　3 次方程式の解と係数の関係（例題 2.12 参照）より

$$\alpha+\beta+\gamma = 0,\quad \alpha\beta+\beta\gamma+\gamma\alpha = p,\quad \alpha\beta\gamma = -q$$

である．そこで，展開公式 1.15 の 5)を用いて

1) $\alpha^2+\beta^2+\gamma^2=(\alpha+\beta+\gamma)^2-2(\alpha\beta+\beta\gamma+\gamma\alpha)=-2p$

2) $\alpha^2\beta^2+\beta^2\gamma^2+\gamma^2\alpha^2=(\alpha\beta+\beta\gamma+\gamma\alpha)^2-2\alpha\beta\gamma(\alpha+\beta+\gamma)=p^2$

となる．

3) $(\alpha-\beta)(\alpha-\gamma)=\alpha^2-(\beta+\gamma)\alpha+\beta\gamma=\alpha^2-2(\beta+\gamma)\alpha+\alpha\beta+\beta\gamma+\gamma\alpha$

であるが，$\alpha+\beta+\gamma=0$ より $\beta+\gamma=-\alpha$ だから

$$(\alpha-\beta)(\alpha-\gamma) = \alpha^2+2\alpha^2+p = p+3\alpha^2$$

が得られる．同様にして $(\beta-\gamma)(\beta-\alpha)=p+3\beta^2$，$(\gamma-\alpha)(\gamma-\beta)=p+3\gamma^2$ であるから，1), 2) の結果を用いて

$$\begin{aligned}-(\alpha-\beta)^2(\beta-\gamma)^2(\gamma-\alpha)^2 &= (p+3\alpha^2)(p+3\beta^2)(p+3\gamma^2)\\ &= p^3+3(\alpha^2+\beta^2+\gamma^2)p^2+9(\alpha^2\beta^2+\beta^2\gamma^2+\gamma^2\alpha^2)p+27(\alpha\beta\gamma)^2\\ &= p^3+3(-2p)p^2+9p^2p+27(-q)^2 = 4p^3+27q^2\end{aligned}$$

となる．よって，

$$(\alpha-\beta)^2(\beta-\gamma)^2(\gamma-\alpha)^2 = -(4p^3+27q^2)$$ ◈

解の公式 2.5 より，2 次方程式の解が重解であるためには $b^2-4ac=0$ が必要十分である．$D=b^2-4ac$ とすれば

$$ax^2+bx+c=0 \text{ の解が重解} \iff D=0$$

である．D を 2 次方程式の**判別式**という．

3 次方程式 $x^3+px+q=0$ の解を α,β,γ とする．この中に重解（2 重解あるいは 3 重解）があるためには $(\alpha-\beta)^2(\beta-\gamma)^2(\gamma-\alpha)^2=0$ が必要十分である．ところが，例題 2.13 の 3) より，これは係数 p, q により $-(4p^3+27q^2)=0$ と表せる．そこで，$\Delta=-(4p^3+27q^2)$ とおくと，

$$x^3+px+q=0 \text{ が重解をもつ} \iff \Delta=0$$

である．Δ を3次方程式 $x^3+px+q=0$ の**判別式**という．

2.4　3次方程式・4次方程式の解法[*1]

3次方程式

$$ax^3+bx^2+cx+d=0 \qquad (a\neq 0)$$

の解の公式を導出しよう．2次方程式のときの変形の真似をして

$$ax^3+bx^2+cx+d = a\left(x+\frac{b}{3a}\right)^3+\left(c-\frac{b^2}{3a}\right)\left(x+\frac{b}{3a}\right)+\left(d-\frac{bc}{3a}+\frac{2b^3}{27a^2}\right)$$

と書き直す．この式は恒等式であり[*2]

$$p = \frac{1}{a}\left(c-\frac{b^2}{3a}\right) \qquad q = \frac{1}{a}\left(d-\frac{bc}{3a}+\frac{2b^3}{27a^2}\right)$$

とおくと

$$ax^3+bx^2+cx+d = a\left\{\left(x+\frac{b}{3a}\right)^3+p\left(x+\frac{b}{3a}\right)+q\right\}$$

と書かれる．そこで，$y=x+\frac{b}{3a}$ とおけば

$$ax^3+bx^2+cx+d=0 \iff y^3+py+q=0$$

となる．

さて，$y^3+py+q=0$ を解く．$p=0$ ならば，これは $y^3=-q$ であるから $-q$ の3乗根（1.7節参照）が解となる．そこで，以下において，$p\neq 0$ と仮定する．例題2.3の恒等式に注意して，数 A, B を

$$-(A^3+B^3) = q, \qquad -3AB = p$$

をみたすようにとる．もし，このような A, B が得られれば，

$$(y-A-B)(y-A\omega-B\omega^2)(y-A\omega^2-B\omega) = y^3+py+q$$

となるから，$y^3+py+q=0$ は $y=A+B,\ A\omega+B\omega^2,\ A\omega^2+B\omega$ と解かれる．ところが，

＊1　2.4節と2.5節は入門書としての程度を超えた内容を含んでいる．2.6節へ飛んで読み進むのも一つの方法でしょう．

＊2　証明は右辺を展開してなされる．

$$-(A^3+B^3)=q,\ -3AB=p \implies A^3+B^3=-q,\ A^3B^3=-\frac{p^3}{27}$$

であるから，例題 2.11 と同様にして，$t=A^3$ は 2 次方程式

$$t^2+qt-\frac{p^3}{27}=0$$

の解である．逆に，この 2 次方程式の解 t を取ってきて $A=\sqrt[3]{t}$，$B=-\frac{p}{3A}$ とすると，A, B は $-(A^3+B^3)=q$, $-3AB=p$ をみたす．よって，$y^3+py+q=0$ は $y=A+B$，$A\omega+B\omega^2$，$A\omega^2+B\omega$ と解かれた．$y=x+\frac{b}{3a}$ で x を定めることにより，つぎの公式が得られる．

❑ **公式 2.14**（**3 次方程式の解の公式***） 3 次方程式 $ax^3+bx^2+cx+d=0$ の解は，定数

$$p=\frac{1}{a}\left(c-\frac{b^2}{3a}\right), \qquad q=\frac{1}{a}\left(d-\frac{bc}{3a}+\frac{2b^3}{27a^2}\right)$$

による 2 次方程式 $t^2+qt-\frac{p^3}{27}=0$ の解 t の 3 乗根を A とし，$B=-\frac{p}{3A}$ とすると

$$A+B-\frac{b}{3a}, \qquad A\omega+B\omega^2-\frac{b}{3a}, \qquad A\omega^2+B\omega-\frac{b}{3a}$$

で与えられる．ただし，$\omega=-\frac{1}{2}+\frac{\sqrt{3}}{2}i$ である．

この公式において，$p=0$ のときは，A を $-q$ の 3 乗根にとり $B=0$ とすればよい．$p\neq 0$ ならば，2 次方程式 $t^2+qt-\frac{p^3}{27}=0$ の解を一つ取ってきて t とすると t は 0 でない．よって，その 3 乗根は三つある（定理 1.41）．そのうちの一つを A とし $B=-\frac{p}{3A}$ とおけば $ax^3+bx^2+cx+d=0$ の 3 解が上の公式で求まる．

❑ **例題 2.15** 3 次方程式 $8x^3+24x^2-12x+7=0$ を解け．

〔**解 答**〕 3 次方程式の解の公式 2.14 を用いる．$a=8$，$b=24$，$c=-12$，$d=7$ より $p=-\frac{9}{2}$，$q=\frac{35}{8}$ と計算される．そこで，t の 2 次方程式は $t^2+\frac{35}{8}t+\frac{27}{8}=0$ すなわち $8t^2+35t+27=0$ である．これは $(t+1)(8t+27)=0$ と書けるから $t=-1$ が解（の一つ）である．そこで，$A=-1$ とする．このとき，$B=$

---

* 通常，カルダーノ（G. Cardano：1501〜1576，イタリア人）の公式とよばれるが，最初に発見したのが誰なのかについては諸説あるようだ．

$-\frac{p}{3A}=\frac{1}{3}\times\left(-\frac{9}{2}\right)=-\frac{3}{2}$ となる．よって，公式2.14より，

$$A+B-\frac{b}{3a} = -1-\frac{3}{2}-1 = -\frac{7}{2}$$

$$A\omega+B\omega^2-\frac{b}{3a} = -\omega-\frac{3}{2}\omega^2-1 = \frac{1}{4}(1+\sqrt{3}\,i)$$

$$A\omega^2+B\omega-\frac{b}{3a} = -\omega^2-\frac{3}{2}\omega-1 = \frac{1}{4}(1-\sqrt{3}\,i)$$

以上により，与えられた3次方程式の解は $x=-\frac{7}{2}$，$\frac{1}{4}(1\pm\sqrt{3}\,i)$．◈

4次方程式の解法について，その原理を紹介しておく．最高次の係数が1である場合

$$x^4+ax^3+bx^2+cx+d = 0$$

を扱えば十分であるが，さらに $y=x+\frac{a}{4}$ とおけば y については3次の項の消滅した

$$y^4+py^2+qy+r = 0$$

の形の方程式になる．これを $y^4=-py^2-qy-r$ と書き直し，t を定数として，両辺に $ty^2+\frac{t^2}{4}$ を加えると

$$\left(y^2+\frac{t}{2}\right)^2 = (t-p)y^2-qy+\left(\frac{t^2}{4}-r\right)$$

が得られる．t の値は，右辺が $(ky+l)^2$（これを完全平方式という）の形になるように定める．そのことは，右辺=0とした y の2次方程式が重解をもつことと同値であるから，t の値としては，判別式 $D=0$ とした

$$q^2-4(t-p)\left(\frac{t^2}{4}-r\right) = 0$$

の解を用いればよい．すなわち，3次方程式

$$t^3-pt^2-4rt+(4pr-q^2) = 0$$

の一つの解を t とすると

$$\left(y^2+\frac{t}{2}\right)^2 = (t-p)\left(y-\frac{q}{2(t-p)}\right)^2$$

となる．これより，

$$y^2+\frac{t}{2} = \pm\sqrt{t-p}\left(y-\frac{q}{2(t-p)}\right)$$

である．この（y についての）二つの2次方程式を解いて，四つの解が得られる．以上をフェラーリ[*1]の解法という．

このようにして，4次以下の方程式に対しては，解の公式が16世紀中ごろまでに得られた．そこで，5次以上の方程式についても解の公式が得られると考えるのは自然であり，当時の数学者たちがその発見にやっきになったことは想像に難くない．しかし，実は，5次以上の方程式には解の公式は存在しない．正確にいえば，5次以上の方程式を加減乗除と累乗根を求める演算（代数的演算という）で解くという一般的解法は存在しない．このことは，19世紀前半に，アーベル[*2]により証明され，続いてガロワ[*3]による理論（ガロワ理論）で，代数的演算のからくりが明確にされた．

2.5 実係数代数方程式

n 次方程式

$$a_n x^n + a_{n-1}x^{n-1} + \cdots + a_1 x + a_0 = 0$$

は，係数 $a_n, \cdots, a_0$ がすべて実数であるとき**実係数 n 次方程式**という．実係数 n 次方程式の虚数解は必ず共役な複素数と対になって出てくる．すなわち，

❑ 定理 2.16

実係数 n 次方程式が虚数解 $\beta+\gamma i$（$\gamma\neq 0$）をもつならば，共役複素数 $\beta-\gamma i$ もこの方程式の解である．

〔**証明**〕　$f(x)=a_n x^n + a_{n-1}x^{n-1}+\cdots+a_1 x+a_0$ とするとき，例題1.30より，任意の複素数 x に対し $f(\bar{x})=\overline{f(x)}$ である．よって，$x=\beta+\gamma i$ として $f(\beta-\gamma i)=\overline{f(\beta+\gamma i)}$ となる．これより $f(\beta+\gamma i)=0$ ならば $f(\beta-\gamma i)=\bar{0}=0$ となる．■

上の定理における $\beta+\gamma i$ と $\beta-\gamma i$ を**共役な虚数解**という．

---

*1　L. Ferrari（1522～1565）：イタリアの数学者．

*2　N. H. Abel（1802～1829）：ノルウェーの数学者．代数学・解析学における不朽の業績を挙げたが，肺結核により26歳で早世．

*3　E. Galois（1811～1832）：フランスの数学者．20歳で決闘にて倒れる．決闘前夜，友人に遺した手紙と遺稿をリュービル（J. Liouville：1809～1882）が整理して1846年に発表したものがガロワ理論として，現代代数学の礎を成している．

❑ 例題 2.17　α を実係数 2 次方程式 $ax^2+bx+c=0$ の虚数解とするとき，α の実部 $\mathrm{Re}\,\alpha$ と絶対値 $|\alpha|$ を a, b, c で表せ．

〔解 答〕　まず $\mathrm{Re}\,\alpha=\frac{\alpha+\bar{\alpha}}{2}$（定理 1.29 の 2)）に注意する．さて，定理 2.16 より $\bar{\alpha}$ も $ax^2+bx+c=0$ の解である．よって，解と係数の関係（定理 2.10）より，$\alpha+\bar{\alpha}=-\frac{b}{a}$ である．したがって，$\mathrm{Re}\,\alpha=-\frac{b}{2a}$ となる．

同様にして，解と係数の関係から $\alpha\bar{\alpha}=\frac{c}{a}$ であるから，定理 1.31 の 3) から $|\alpha|^2=\frac{c}{a}$ となる．$|\alpha|\geqq 0$（定理 1.31 の 1)）であるから $|\alpha|=\sqrt{\frac{c}{a}}$.　◈

実係数 2 次方程式 $ax^2+bx+c=0$ の解が実数解であるか共役な虚数解であるかは，実際にその方程式を解かなくても，判別式 $D=b^2-4ac$ の符号を調べればわかる．すなわち，つぎの定理が成り立つ．

❑ 定理 2.18　実係数 2 次方程式 $ax^2+bx+c=0$ は，その判別式を D とすれば

1) $D>0 \iff$ 異なる二つの実数解をもつ
2) $D=0 \iff$ 実数の重解をもつ
3) $D<0 \iff$ 共役な虚数解をもつ

〔証 明〕　2 次方程式の解の公式 2.5 より，$ax^2+bx+c=0$ の解は

$$x = \frac{-b\pm\sqrt{D}}{2a}$$

である．係数 a, b, c は実数だから D も実数であり，$D>0$ ならば $\sqrt{D}$ は正の数，$D=0$ ならば $\sqrt{D}=0$，$D<0$ ならば $\sqrt{D}$ は純虚数となる．よって，転換法（1.3 節参照）により，定理が証明された．　▣

❑ 例題 2.19　p, q を実数として，3 次方程式 $x^3+px+q=0$ について考える．$\Delta=-(4p^3+27q^2)$ とおくとき，つぎのことを証明せよ．

1) $\Delta>0 \iff$ 相異なる三つの実数解をもつ
2) $\Delta=0 \iff$ 解はすべて実数で，重解をもつ
3) $\Delta<0 \iff$ 一つの実数解と共役な虚数解をもつ

〔解 答〕　3 次方程式の解の公式 2.14 を利用する．そのために，t の 2 次方程式 $t^2+qt-\frac{p^3}{27}=0$ の判別式を D とすると $D=q^2+\frac{4}{27}p^3=-\frac{1}{27}\Delta$ である．

$\Delta>0$ を仮定する．このとき，$D<0$ であり，よって定理 2.18 より，解 t は虚数である．よってその 3 乗根 A も虚数である．p, q が実数だから t の共役複素

数 $\bar{t}$ も $t^2+qt-\frac{p^3}{27}=0$ の解であり，解と係数の関係（定理 2.10）より $|t|^2=t\bar{t}=-\frac{p^3}{27}$ である（例題 2.17 参照）．$t=A^3$ より $|t|=|A^3|=|A|^3$ である（定理 1.31 の 3)参照）から

$$A\bar{A} = |A|^2 = |t|^{\frac{2}{3}} = \sqrt[3]{|t|^2} = \sqrt[3]{-\frac{p^3}{27}} = \sqrt[3]{\left(-\frac{p}{3}\right)^3} = -\frac{p}{3}$$

となり*，$\bar{A}=-\frac{p}{3A}$ を得る．これより，解の公式 2.14 における $B=-\frac{p}{3A}$ は A の共役複素数になる．すなわち $B=\bar{A}$．よって，$x^3+px+q=0$ の解を x_1, x_2, x_3 とすると，$x_1=A+B=A+\bar{A}(=2\,\mathrm{Re}\,A)$ は実数である．また，$\bar{A}\omega^2=\bar{A}\bar{\omega}=\overline{A\omega}$ より

$$x_2 = A\omega + B\omega^2 = A\omega + \bar{A}\omega^2 = A\omega + \overline{A\omega} = 2\,\mathrm{Re}(A\omega)$$

となるから x_2 は実数である．同様にして $x_3=A\omega^2+B\omega$ も実数である．こうして，$\varDelta>0$ ならば解はすべて実数である．2.3 節で学んだように，$x^3+px+q=0$ が重解をもつことは $\varDelta=0$ と同値であるからこれらは重解でない．

$\varDelta\leqq 0$ とすると $D\geqq 0$ であるから $t^2+qt-\frac{p^3}{27}=0$ の解は実数である．よって，その 3 乗根は実数にとれる．ゆえに，$B=-\frac{p}{3A}$ も実数になり，よって $x_1=A+B$ は実数である．また，

$$\overline{x_2} = \overline{A\omega+B\omega^2} = A\bar{\omega}+B\overline{\omega^2} = A\omega^2+B\omega = x_3$$

である．これが実数なら $x_2=x_3$ より $x^3+px+q=0$ は重解をもつことになり，よって $\varDelta=0$ である．したがって，$\varDelta<0$ ならば x_1 は実数で x_2 と x_3 は共役な虚数解である．また $\varDelta=0$ ならば重解をもつから x_2, x_3 は等しく，共に実数でなければならない．よって，転換法（1.3 節参照）により証明が完了した．◈

代数学の基本定理（定理 2.8）より，n 次の整式は複素数の範囲では n 個の 1 次式の積の形に因数分解された．係数が実数であるとき，n 次の整式 $f(x)$ を，実数の範囲で因数分解することを考える．定理 2.16 より，$\beta+\gamma i$ が実係数 n 次方程式の虚数解ならば，$\beta-\gamma i$ もこの方程式の解であり，したがって，因数定理より $f(x)$ は $\{x-(\beta+\gamma i)\}$ でも $\{x-(\beta-\gamma i)\}$ でも割り切れる．よって，

$$\begin{aligned}\{x-(\beta+\gamma i)\}\{x-(\beta-\gamma i)\} &= \{(x-\beta)-\gamma i\}\{(x-\beta)+\gamma i\}\\ &= (x-\beta)^2+\gamma^2\end{aligned}$$

で割り切れる．したがって，

$$f(x) = \{(x-\beta)^2+\gamma^2\}f_1(x)$$

となる．ただし $f_1(x)$ は $n-2$ 次の整式である．$f(x)$ の係数が実数であるから，

---

*　$\varDelta>0$ より $4p^3+27q^2<0$ だから $p<0$ であることに注意．

$f_1(x)$ の係数も実数になる．ゆえに，$f_1(x)=0$ が虚数解をもてば，共役な虚数解と対になって現れる．したがって，$\beta+\gamma i$ が $f(x)=0$ の k 重解ならば $\beta-\gamma i$ も $f(x)=0$ の k 重解であり，よって，$f(x)$ は $\{(x-\beta)^2+\gamma^2\}^k$ で割り切れる．そこで，$f(x)=0$ の相異なる虚数解を

$$\beta_1\pm\gamma_1 i,\ \ \beta_2\pm\gamma_2 i,\ \ \cdots,\ \ \beta_t\pm\gamma_t i$$

とし，その重複度をそれぞれ $n_1, n_2, \cdots, n_t$ とすれば $f(x)$ は

$$\{(x-\beta_1)^2+\gamma_1{}^2\}^{n_1}\{(x-\beta_2)^2+\gamma_2{}^2\}^{n_2}\cdots\{(x-\beta_t)^2+\gamma_t{}^2\}^{n_t}$$

で割り切れる．また，$f(x)=0$ の相異なる実数解を

$$a_1,\ \ a_2,\ \ \cdots,\ \ a_s$$

とし，その重複度をそれぞれ $m_1, m_2, \cdots, m_s$ とすると，$f(x)$ は

$$(x-a_1)^{m_1}(x-a_2)^{m_2}\cdots(x-a_s)^{m_s}$$

で割り切れる．よって，係数が実数である n 次の整式 $f(x)=ax^n+\cdots$ は

$$f(x)\ =\ a(x-a_1)^{m_1}\cdots(x-a_s)^{m_s}\{(x-\beta_1)^2+\gamma_1{}^2\}^{n_1}\cdots\{(x-\beta_t)^2+\gamma_t{}^2\}^{n_t}$$

と因数分解される．

$$(x-\beta_1)^2+\gamma_1{}^2\ =\ x^2+b_1x+c_1,\ \ \cdots,\ \ (x-\beta_t)^2+\gamma_t{}^2\ =\ x^2+b_tx+c_t$$

と展開して，つぎの結論が得られる．

❑ 定理 2.20　係数が実数である n 次の整式 $f(x)=ax^n+\cdots+a_0$ は

$$f(x)\ =\ a(x-a_1)^{m_1}\cdots(x-a_s)^{m_s}(x^2+b_1x+c_1)^{n_1}\cdots(x^2+b_tx+c_t)^{n_t}$$

と因数分解される．上の定理で $a;\ a_1, \cdots, a_s;\ b_1, \cdots, b_t;\ c_1, \cdots, c_t$ は実数であり，2 次の項はこれ以上（実数の範囲では）因数分解できない．また，両辺の $m_1, \cdots, m_s;\ n_1, \cdots, n_t$ は自然数であり，右辺の次数 $=m_1+\cdots+m_s+2(n_1+\cdots+n_t)$ は左辺の次数 n に等しい．

❑ 例題 2.21　n が奇数ならば，実係数 n 次方程式は少なくとも一つ実数解をもつ．これを証明せよ．

〔解 答〕　もし，解が虚数解のみならば，$m_1=\cdots=m_s=0$ だから $2(n_1+\cdots+n_t)=n$ となり，n は偶数になる．◈

2.6 不　等　式

実数 b が実数 a より大きいとき $a<b$ または $b>a$ と書く．実数の大小関係は，つぎの基本的性質をもつ．

択一性　$a<b$, $a=b$, $a>b$ の三つのうち，どれか一つだけが成り立つ

推移性　$a<b$, $b<c \implies a<c$

加法性　$a<b \implies a+c<b+c$

乗法性　$a<b$ で c が正数 $\implies ac<bc$, $\dfrac{a}{c}<\dfrac{b}{c}$

　　　　　$a<b$ で c が負数 $\implies ac>bc$, $\dfrac{a}{c}>\dfrac{b}{c}$

二つの実数 a, b が $a<b$ であるか，または $a=b$ であるとき（すなわちどちらか一方が成り立つとき）$a\leqq b$ あるいは $b\geqq a$ と書く*.

二つの式を不等号 $>$, $\leqq$ などで結びつけることにより，数や式の大小関係を表した式を**不等式**という．たとえば，

$$-2<7, \qquad x^2+y\leqq 0, \qquad a^2+b^2\geqq 0$$

などが不等式である．等式の場合と同様に，不等式についても左辺，右辺，両辺という用語を用いる．また，二つの不等式 $a<b$ と $b<c$ が同時に成り立つことを一つにまとめて $a<b<c$ と書くこともある．これも不等式というが，2本分の不等式である．

上の四つの基本的性質は公理であり，他の不等式の性質はすべてこれらから導かれる．特に，つぎのことは，不等式に関する変形や不等式の証明のために重要であるので，定理としてまとめておく．

❏ 定理 2.22

1) $a<b \iff b-a>0$
2) a が実数ならば　$a^2\geqq 0$．等号が成り立つのは $a=0$ のとき
3) a, b が正数のとき　$a<b \iff a^2<b^2$
4) $a\geqq 0$, $b\geqq 0$ のとき　$a\leqq b \iff a^2\leqq b^2$

〔**証 明**〕　1) $a<b$ ならば，加法性により，$a-a<b-a$ であり，したがって $b-a>0$．逆に，$b-a>0$ ならば $b-a+a>0+a$ より $b>a$．

2) $a>0$ ならば，乗法性により，$a\cdot a>0\cdot a$．ゆえに，$a^2>0$．$a<0$ ならば，$a\cdot a>0\cdot a$．よって，この場合も $a^2>0$．また，$a=0 \iff a^2=0$

*　この定義より，$4\leqq 7$ という不等式は正しい．不当式だといいたくなるかもしれないが．なお，$a\leqq b$ を $a\le b$ あるいは，$a\leqslant b$ と書くこともある．

3) $a, b>0$ だから $a+b>0$ である．よって，

$$b^2-a^2>0 \iff (b+a)(b-a)>0 \iff b-a>0$$

である．これと 1) より 3) が示された．

4) $a=b=0$ なら $a \leqq b \iff a^2 \leqq b^2$ は自明である．a, b のいずれか一方が正なら $b+a>0$ だから $b-a \geqq 0$ と $(b+a)(b-a)=b^2-a^2 \geqq 0$ とは同値である．よって $a \leqq b \iff a^2 \leqq b^2$ である．■

例題 2.23（相加相乗平均の不等式）　$a>0$，$b>0$ のとき，

$$\frac{a+b}{2} \geqq \sqrt{ab}$$

である* ことを証明せよ．等号が成り立つのは，どのようなときか．

〔解 答〕　不等式の両辺は正であるから，定理 2.22 の 4) より，両辺を 2 乗した $\left(\frac{a+b}{2}\right)^2 \geqq ab$ を証明すればよい．ところが，

$$\left(\frac{a+b}{2}\right)^2 - ab = \frac{1}{4}\{(a+b)^2-4ab\} = \frac{1}{4}(a-b)^2 \geqq 0$$

であるから $\left(\frac{a+b}{2}\right)^2 \geqq ab$ である．よって $\frac{a+b}{2} \geqq \sqrt{ab}$ が証明された．等号が成り立つのは，$a=b$ のときである．◈

例題 2.24　不等式 $(ac+bd)^2 \leqq (a^2+b^2)(c^2+d^2)$ を証明せよ．等号が成り立つのは，どのようなときか．

〔解 答〕　右辺から左辺を引いてこれを展開すると

$$(a^2+b^2)(c^2+d^2)-(ac+bd)^2 = a^2d^2+b^2c^2-2abcd = (ad-bc)^2$$

である．定理 2.22 の 2) より $(ad-bc)^2 \geqq 0$ であり，等号は $ad-bc=0$ のときに成り立つ．$ad-bc \neq 0$ なら $(ad-bc)^2>0$ であり，よって，定理 2.22 の 1) より，$(ac+bd)^2<(a^2+b^2)(c^2+d^2)$ である．◈

例題 2.24 は任意の実数 a, b, c, d に対して成り立つ．このように，文字がどのような数であっても成り立つ不等式を**絶対不等式**という．これは，等式における恒等式に対応している．これに対し $x-1>0$ は一つの不等式であるが，この不等式は $x>1$ であるときに限り成り立つ．このように，ある限られた範囲の数に対してのみ成り立つ不等式を**条件つき不等式**という．これは，等式における方

*　この式の左辺を相加平均，右辺を相乗平均というためにこの不等式を相加相乗平均の不等式という．

程式に対応する．

条件つき不等式に対して，その不等式を成り立たせる数の集合を求めることを，**不等式を解く**という．

❑ 例題 2.25　不等式 $2x^2-5x-3\leqq 0$ を解け．

〔**解 答**〕　$2x^2-5x-3=0$ を解けば，$x=-\frac{1}{2}$，3 が解であり，$2x^2-5x-3=(2x+1)(x-3)$ と因数分解されるから，題意の不等式は $(2x+1)(x-3)\leqq 0$ と書ける．これが成り立つのはつぎの場合である．

$$2x+1\geqq 0,\ x-3\leqq 0 \qquad \text{または} \qquad 2x+1\leqq 0,\ x-3\geqq 0$$

第 1 の場合は $x\geqq -\frac{1}{2}$，$x\leqq 3$ より $-\frac{1}{2}\leqq x\leqq 3$ である．第 2 の場合は $x\leqq -\frac{1}{2}$，$x\geqq 3$ より起こり得ない．よって，$-\frac{1}{2}\leqq x\leqq 3$ が解である．◈

2 次式 ax^2+bx+c $(a\neq 0)$ において，a, b, c を実数とすると，その判別式 $D=b^2-4ac>0$ ならば，$ax^2+bx+c=a(x-\alpha)(x-\beta)$ （α, β は実数）と因数分解されるから，上の例題と同様の議論により，ax^2+bx+c は正にも負にもなる．よって，2 次式 ax^2+bx+c が定符号であるためには $D\leqq 0$ でなければならない．逆に，$D\leqq 0$ とするとき，変形

$$ax^2+bx+c = a\left(x+\frac{b}{2a}\right)^2-\frac{b^2-4ac}{4a}$$

（2.2 節参照）より，$a>0$ ならば第 1 項$\geqq 0$，第 2 項$\geqq 0$ となるから，任意の実数 x に対して $ax^2+bx+c\geqq 0$ となる．また，$a<0$ ならば第 1 項$\leqq 0$，第 2 項$\leqq 0$ となるから，任意の実数 x に対して $ax^2+bx+c\leqq 0$ となる．$ax^2+bx+c=0$ となるのは，$D=0$ で $x=-\frac{b}{2a}$ のときに限る．以上をまとめて，

❑ 定理 2.26　a, b, c を実数（ただし $a\neq 0$）とするとき，

1) すべての実数 x に対し $ax^2+bx+c>0 \iff a>0,\ D=b^2-4ac<0$
2) すべての実数 x に対し $ax^2+bx+c<0 \iff a<0,\ D=b^2-4ac<0$
3) すべての実数 x に対し $ax^2+bx+c\geqq 0 \iff a>0,\ D=b^2-4ac\leqq 0$
   等号は $D=0$ のときにのみ成り立ち，そのとき $x=-\frac{b}{2a}$ である．
4) すべての実数 x に対し $ax^2+bx+c\leqq 0 \iff a<0,\ D=b^2-4ac\leqq 0$
   等号は $D=0$ のときにのみ成り立ち，そのとき $x=-\frac{b}{2a}$ である．

実数の絶対値に関する不等式の証明では，$|a|^2=a^2$ や $\sqrt{a^2}=|a|$ （例題 1.3）を利用する．つぎの不等式は，実数の絶対値に関する最も基本的なものである．

❑ 定理 2.27　a, b を実数とするとき，

$$|a+b| \leqq |a|+|b|$$

〔**証明**〕　両辺 $\geqq 0$ であるから，定理 2.22 の 4) より，両辺を 2 乗した

$$|a+b|^2 \leqq |a|^2+2|a||b|+|b|^2$$

を証明すればよい．ところが，$|a+b|^2=(a+b)^2$，$|ab|=|a||b|$ だから，

$$\begin{aligned} |a|^2+2|a||b|+|b|^2-|a+b|^2 &= a^2+2|ab|+b^2-(a+b)^2 \\ &= 2(|ab|-ab) \end{aligned}$$

絶対値の定義から $ab \leqq |ab|$ だから，$2(|ab|-ab) \geqq 0$ であり，題意の不等式が証明された．▣

❑ 例題 2.28　a, b を実数とするとき，$|a|-|b| \leqq |a-b|$ を証明せよ．また，$|a|-|b| \leqq |a+b|$ を証明せよ．

〔**解答**〕　定理 2.27 における a の代わりに $a-b$ を用いて $|(a-b)+b| \leqq |a-b|+|b|$ が得られる．したがって，$|a| \leqq |a-b|+|b|$ である．両辺から $|b|$ を引いて $|a|-|b| \leqq |a-b|$ となる．この式の b の代わりに $-b$ を用いて（$|-b|=|b|$ より）$|a|-|b| \leqq |a+b|$ が得られる．◈

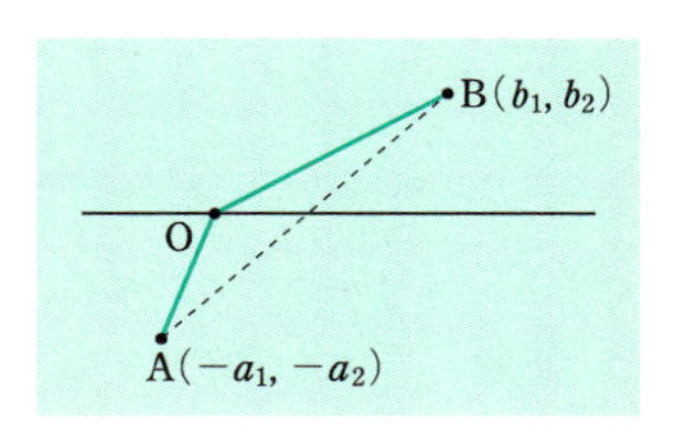

定理 2.27 の不等式を**三角不等式**という．その呼称の由来について説明しておく．右図のような平面上の三角形 OAB を考え，O を座標* の原点にとり，点 A の座標を $(-a_1, -a_2)$，点 B の座標を (b_1, b_2) とすると，OA の長さは $\sqrt{a_1{}^2+a_2{}^2}$，OB の長さは $\sqrt{b_1{}^2+b_2{}^2}$，AB の長さは $\sqrt{(a_1+b_1)^2+(a_2+b_2)^2}$ となる．三角形の 2 辺の長さの和は他の 1 辺の長さより大きいから

$$\sqrt{(a_1+b_1)^2+(a_2+b_2)^2} \leqq \sqrt{a_1{}^2+a_2{}^2}+\sqrt{b_1{}^2+b_2{}^2}$$

が成り立つ．この式で $a_2=b_2=0$，とし $a_1=a$，$b_1=b$ と書けば，

$$\sqrt{(a+b)^2} \leqq \sqrt{a^2}+\sqrt{b^2}$$

が得られるが，任意の実数 a に対し $\sqrt{a^2}=|a|$ である（例題 1.3 参照）から，これは $|a+b| \leqq |a|+|b|$ すなわち定理 2.27 の不等式にほかならない．

上で，図形的考察で示した不等式を，計算により証明してみよう．

＊　座標については第 8 章で詳しく学ぶ．

例題 2.29　a_1, a_2, b_1, b_2 を実数とするとき，つぎの不等式を証明せよ．

$$\sqrt{(a_1+b_1)^2+(a_2+b_2)^2} \leqq \sqrt{a_1{}^2+a_2{}^2}+\sqrt{b_1{}^2+b_2{}^2}$$

〔**解 答**〕　両辺 $\geqq 0$ であるから，両辺を 2 乗した

$$(a_1+b_1)^2+(a_2+b_2)^2 \leqq a_1{}^2+a_2{}^2+2\sqrt{a_1{}^2+a_2{}^2}\sqrt{b_1{}^2+b_2{}^2}+b_1{}^2+b_2{}^2$$

を示せばよい．左辺を展開し，共通の部分を引きさることにより，この不等式は

$$a_1b_1+a_2b_2 \leqq \sqrt{a_1{}^2+a_2{}^2}\sqrt{b_1{}^2+b_2{}^2}$$

と同値である．以下，この不等式を証明する．もし，$a_1b_1+a_2b_2 \leqq 0$ ならば，左辺 $\leqq 0$ で右辺 $\geqq 0$ であるから，この不等式は成り立つ．もし，$a_1b_1+a_2b_2 \geqq 0$ ならば，この不等式は，両辺を 2 乗した

(★)　$$(a_1b_1+a_2b_2)^2 \leqq (a_1{}^2+a_2{}^2)(b_1{}^2+b_2{}^2)$$

と同値であるが，これは例題 2.24 より成り立つ．こうして，いずれの場合にも $a_1b_1+a_2b_2 \leqq \sqrt{a_1{}^2+a_2{}^2}\sqrt{b_1{}^2+b_2{}^2}$ が成り立つ．◈

上の例題の鍵になった不等式（★）は，つぎのように一般化できる．

定理 2.30（シュワルツの不等式）　$a_1, \cdots, a_n$，$b_1, \cdots, b_n$ を実数とするとき

$$(a_1b_1+a_2b_2+\cdots+a_nb_n)^2 \leqq (a_1{}^2+a_2{}^2+\cdots+a_n{}^2)(b_1{}^2+b_2{}^2+\cdots+b_n{}^2)$$

である．等号が成り立つのは，$a_1 : b_1 = a_2 : b_2 = \cdots = a_n : b_n$ のときに限る．

〔**証 明**〕　t を実数とするとき，

$$(ta_1+b_1)^2+(ta_2+b_2)^2+\cdots+(ta_n+b_n)^2 \geqq 0$$

である．この左辺を展開して，

$$(a_1{}^2+a_2{}^2+\cdots+a_n{}^2)t^2+2(a_1b_1+a_2b_2+\cdots+a_nb_n)t+(b_1{}^2+b_2{}^2+\cdots+b_n{}^2) \geqq 0$$

であるから

$$A = a_1{}^2+\cdots+a_n{}^2,\quad B = 2(a_1b_1+\cdots+a_nb_n),\quad C = b_1{}^2+\cdots+b_n{}^2$$

とおくと $At^2+Bt+C \geqq 0$ である．$a_1=\cdots=a_n=0$ の場合を除けば，この式の左辺は t の 2 次式であり，これがすべての実数 t に対して成り立つから，定理 2.26 の 3)により

$$D = 4(a_1b_1+\cdots+a_nb_n)^2-4(a_1{}^2+\cdots+a_n{}^2)(b_1{}^2+\cdots+b_n{}^2) \leqq 0$$

となる．これを書き直したものが，題意の不等式である．$a_1=\cdots=a_n=0$ の場合には，題意の不等式は $0=0$ で成り立っている．こうして，不等式の証明が完了

した．等号が成り立つのは，$D=0$ の場合であるから

$$(ta_1+b_1)^2+\cdots+(ta_n+b_n)^2=0$$

はただ一つの実数解 t_0 をもつ．したがって，

$$t_0a_1+b_1=\cdots=t_0a_n+b_n=0 \quad よって \quad a_1:b_1=\cdots=a_n:b_n\ (=1:-t_0)$$

のときに限り等号が成り立つ． ■

定理 2.30 の不等式の $n=2$ の場合が，例題 2.29 の解答の中の（★）である．これらの不等式は，**シュワルツの不等式***とよばれる．

例題 2.29 において，$n=2$ の場合のシュワルツの不等式（★）を利用して，平面（2 次元）における三角不等式を証明した．まったく同じ筋道をたどって空間（3 次元）やそれ以上の次元に対するつぎの三角不等式を証明することができる．

❑ **定理 2.31（三角不等式）**　$a_1,\cdots,a_n,\ b_1,\cdots,b_n$ を実数とするとき

$$\sqrt{(a_1+b_1)^2+\cdots+(a_n+b_n)^2} \leqq \sqrt{a_1{}^2+\cdots+a_n{}^2}+\sqrt{b_1{}^2+\cdots+b_n{}^2}$$

定理 2.27 は数直線上（1 次元）の三角不等式であり，これの平面（2 次元）への一般化が例題 2.29 の不等式であり，空間（3 次元）やそれ以上の次元への一般化が定理 2.31 の不等式である．もちろん，この定理で $n=1$ とすれば定理 2.27 が，また $n=2$ とすれば例題 2.29 の不等式が得られる．

実数には，この節の初めに述べた四つの性質をもつ大小関係があり，その四つの性質から定理 2.22 のような不等式の性質が導かれた．1.5 節の最後でも述べたが，複素数はこのような大小関係をもち得ない．もし，そのような大小関係があれば定理 2.22 の 2) の不等式 $a^2\geqq 0$ が任意の複素数に対し成り立つことになるが，$i^2=-1$ によりそうはなっていない．このように，不等式の両辺には複素数があることは，意味をなさない．たとえば，$1+3i>2-i$ は意味がない．ただし，両辺が実数であればよいので，複素数の絶対値 $|\ \ |$ による

$$|1+3i|>|2-i|$$

のような不等式は意味をもつ．複素数の絶対値の定義（1.5 節参照）から，この式の左辺は $\sqrt{10}$ であり右辺は $\sqrt{5}$ であるから，この不等式は成り立っている．

＊　H. A. Schwarz (1843～1921)：近代関数論の構築に貢献した数学者．

例題 2.32　α, β を複素数とするとき，不等式 $|\alpha+\beta| \leqq |\alpha|+|\beta|$ を証明せよ．

〔解答〕　$\alpha = a_1 + a_2 i$，$\beta = b_1 + b_2 i$ とおく．このとき，複素数の絶対値の定義（1.5 節参照）から，$|\alpha| = \sqrt{a_1^2 + a_2^2}$，$|\beta| = \sqrt{b_1^2 + b_2^2}$ である．また，$\alpha+\beta = (a_1+b_1)+(a_2+b_2)i$ より，$|\alpha+\beta| = \sqrt{(a_1+b_1)^2+(a_2+b_2)^2}$ である．よって，不等式 $|\alpha+\beta| \leqq |\alpha|+|\beta|$ は例題 2.29 の不等式（平面の三角不等式）にほかならない．◈

絶対値は距離の数式化だった（1.1 節および 1.6 節参照）から，絶対値に関する不等式は図形的な意味をもつ．たとえば，前に述べた不等式 $|1+3i| > |2-i|$ は下の左図のように $1+3i$ が $2-i$ よりも複素数平面上で原点から遠くにあることを意味している．また，例題 2.32 は例題 2.29 と同様に，三角形の 2 辺の長さの和が他の 1 辺の長さより大きいこと（下の右図参照）を意味している．

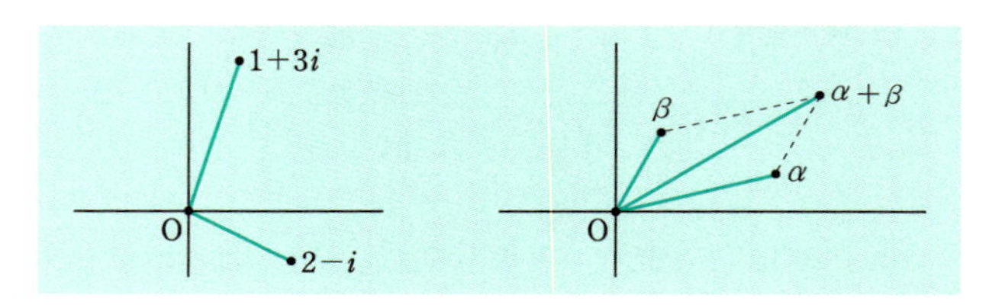

問　題

問 2.1　つぎの恒等式を証明せよ．

1）$\dfrac{x^2-4x+1}{x^3+1} = \dfrac{2}{x+1} - \dfrac{x+1}{x^2-x+1}$

2）$\dfrac{1}{2!} + \dfrac{2}{3!} + \cdots + \dfrac{n}{(n+1)!} = 1 - \dfrac{1}{(n+1)!}$　　ただし，n は自然数

問 2.2　つぎの方程式を解け．

1）$9x^2-6x+1=0$　　2）$x^3-3x^2+4=0$　　3）$x^3+3x+1=0$

問 2.3　つぎの不等式を証明せよ．

1）$1 + \dfrac{1}{\sqrt{2}} + \dfrac{1}{\sqrt{3}} + \cdots + \dfrac{1}{\sqrt{n}} < 2\sqrt{n}$　　ただし，n は自然数

2）$\left|\dfrac{\alpha-\beta}{1-\bar{\alpha}\beta}\right| < 1$　ただし，α, β は $|\alpha|<1$，$|\beta|<1$ をみたす複素数

3. 数 列 と 級 数

3.1 数　列

ある規則によって何番めの値はいくらであるかが定まる数の列を**数列**という．数列を一般的に表現するには

$$a_1,\ a_2,\ a_3,\ \cdots,\ a_n,\ \cdots$$

のように表す．これを単に，$\{a_n\}$ と表すこともある．数列の一つ一つの数を**項**といい，n 番めの項 a_n を，この数列の**第 n 項**という．第 1 項 a_1 を**初項**ともいう．

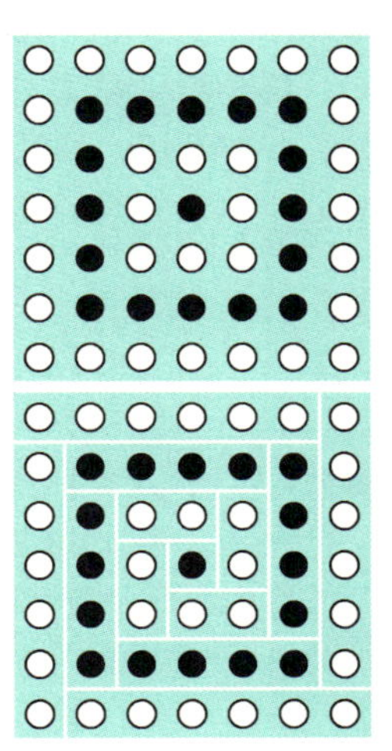

❑ **例題 3.1**　右上の図は，碁石を正方形の形になるように並べたものである．中央に碁石を 1 個おき，そのまわりに並べた白 8 個を 1 周めとすると，2 周めには黒が 16 個，3 周めには白が 24 個並ぶ*．この規則にしたがって，黒と白の碁石を交互に並べるとき，n 周めに並ぶ碁石の個数 a_n を求めよ．また，n 周めまでに並ぶ碁石の個数 b_n を求めよ．

〔解 答〕　$a_1=8$，$a_2=16$，$a_3=24$，$a_4=32$，… である．$a_1=2\times4$，$a_2=4\times4$，$a_3=6\times4$，$a_4=8\times4$，… と考える（右下の図参照）と，n 周めは $2n\times4$ 個の碁石が並ぶから，$a_n=8n$ である．また，

1 周めまでに並ぶ碁石の個数 … 3^2

2 周めまでに並ぶ碁石の個数 … 5^2

3 周めまでに並ぶ碁石の個数 … 7^2

⋮

---

*　この例題では，碁石が白であるか黒であるかは問題でない．単に図をわかりやすくするためであるが，のちにでてくるこの例題のつづき（例題 3.17）では碁石に白黒をつける必要がある．

となるから，$b_n=(2n+1)^2$ である．◈[*1]

数列の各項は，その番号を表す自然数 n によって定まるから，a_n は n の関数[*2]とみることができる．このように考えたとき，a_n を**一般項**という．

$a_1, a_2, \cdots, a_n, \cdots$ の番号 $1, 2, \cdots, n, \cdots$ を数列 a_n の**添え字**という．一般項の添え字には n のほかに k や i や j などがよく用いられるが，誤解が生じない限り，何でもよい．添え字が動く範囲を明記したい場合には，$\{a_n\}_{n=1}^{\infty}$，$\{b_j\}_{j=0}^{30}$ のように書く．それぞれ，

$$a_1,\ a_2,\ \cdots,\ a_n,\ \cdots$$

$$b_0,\ b_1,\ \cdots,\ b_{30}$$

を表している．一般には，数列といえば，項の個数が無限である．本書においても，以後，数列といったら**無限数列**であるものとし，上の $\{b_j\}_{j=0}^{30}$ のように項の個数が有限のものを考えるときは，**有限数列**ということにする．

例題 3.2　数列 $\frac{2}{3}, -\frac{4}{5}, \frac{6}{7}, -\frac{8}{9}, \cdots$ がどのような規則でつくられているかを考え，一般項を添え字 n を用いて表せ．

〔解 答〕　分子の数列 $2, 4, 6, 8, \cdots$ の一般項は $2n$．分母の数列 $3, 5, 7, 9, \cdots$ の一般項は $(2n+1)$．また，符号は＋と－が交互に変わるから $(-1)^{n-1}$．よって，上の数列の一般項は $(-1)^{n-1}\frac{2n}{2n+1}$ と表される．◈

例題 3.1 の数列 $a_n=8n$ では，各項とすぐ前の項との差は常に 8 である．

$$8\underbrace{\quad}_{8}16\underbrace{\quad}_{8}24\underbrace{\quad}_{8}32\quad\cdots$$

このように，各項がすぐ前の項に一定の数 d を加えたものに等しい数列を**等差数列**という．式で書けば，等差数列とは

$$a_{n+1} = a_n + d \quad \text{すなわち} \quad a_{n+1} - a_n = d \qquad (n=1, 2, \cdots)$$

をみたす数列のことである．この一定の差 d を**公差**という．

初項が a，公差が d の等差数列の第 n 項は

$$a\underbrace{\quad}_{d}a+d\underbrace{\quad}_{d}a+2d\underbrace{\quad}_{d}\cdots\underbrace{\quad}_{d}a+(n-1)d\quad\cdots$$

より，初項 a に d を $(n-1)$ 回加えたものである．よって

---

*1　この解答は一例を与えたまでで，いろいろな考え方がある．たとえば，b_n の方を先に出して，$a_n=b_n-b_{n-1}=(2n+1)^2-(2n-1)^2=8n$ とするのも一つの解き方である．

*2　関数については第 4 章で詳しく学ぶ．

❏ 定理 3.3（等差数列の一般項）　等差数列は初項 a と公差 d とで定まり，その一般項は次式で与えられる．

$$a_n = a + (n-1)d$$

❏ 例題 3.4　6 で割ると 5 余る自然数を小さい順から並べた数列の一般項を求めよ．

〔解 答〕　上の数列は

$$5,\ 11,\ 17,\ 23,\ \cdots\cdots$$

であり，これは，初項が 5，公差が 6 の等差数列である．よって，一般項は，

$$a_n = 5 + (n-1)\cdot 6 = 6n - 1$$ ◈

各項がすぐ前の項に一定の数 r を掛けたものに等しい数列を**等比数列**という．式で書けば，等比数列とは

$$a_{n+1} = ra_n \quad \text{すなわち} \quad \frac{a_{n+1}}{a_n} = r \qquad (n=1, 2, \cdots)$$

をみたす数列のことである．この一定の比 r を**公比**という．

初項が a，公比が r の等比数列の第 n 項は

$$\underbrace{a\quad ar}_{r}\ \underbrace{\quad ar^2}_{r}\ \underbrace{\quad\cdots}_{r}\ \underbrace{\quad ar^{n-1}}_{r}\quad \cdots$$

より，初項 a に r を $(n-1)$ 回掛けたものである．よって

❏ 定理 3.5（等比数列の一般項）　等比数列は初項 a と公比 r とで定まり，その一般項は次式で与えられる．

$$a_n = ar^{n-1}$$

❏ 例題 3.6　4 万円を 5 年間貯金する．年利率が 5% で 1 年 1 期の複利法* とすると，5 年後の元利合計はいくらになるか．

〔解 答〕　n 年後の元利合計の額を a_n とすると，$n+1$ 年後の元利合計 a_{n+1} は，元金 a_n と利息 $a_n \times 0.05$ の和であるから，$a_{n+1} = a_n + a_n \times 0.05 = 1.05\,a_n$ である．よって，

$$a_1 = 4\times 1.05 \text{ 万円},\ a_2 = 4\times(1.05)^2 \text{ 万円},\ \cdots,\ a_5 = 4\times(1.05)^5 \text{ 万円}$$

ゆえに答は，1 円未満を四捨五入して，51051 円． ◈

---

* 期間の末ごとに利息を元金に繰入れ，その合計額をつぎの期間の元金として，それに利息をつける方法．それにしても，年利率が 5% というのは昨今（2019 年 7 月現在）では，非現実的になってしまった．

この節のはじめに述べたように，数列とは何らかの規則により定まる数の列である．この規則の代表的なものは，各項がすぐ前の項から一定の関係により定まるという規則である．例題 3.6 でも，$a_{n+1}=1.05\,a_n$ により，a_{n+1} は a_n から定められた．このように，隣り合う項の間に成り立つ関係式を**漸化式**という．初項と漸化式が与えられると，数列の各項はつぎつぎに計算される．このようにして数列を定める仕方を，数列の**帰納的定義**という．

例題 3.7　つぎで定まる数列 $\{a_n\}$ の一般項を求めよ．

$$a_1 = 4,\ \ a_{n+1} = 3a_n - 4 \qquad (n=1, 2, \cdots)$$

〔解 答〕　漸化式 $a_{n+1}=3a_n-4$ を $a_{n+1}-\alpha=3(a_n-\alpha)$ の形に変形することを考えると，$-3\alpha+\alpha=-4$ より $\alpha=2$ となる．このようにして，漸化式 $a_{n+1}=3a_n-4$ は $a_{n+1}-2=3(a_n-2)$ の形に変形される．この形から，a_n-2 は，初項が 2，公比が 3 の等比数列となる．よって，定理 3.5 より，$a_n-2=2\cdot3^{n-1}$ となる．ゆえに，$a_n=2\cdot3^{n-1}+2$.　◈

漸化式が $a_{n+1}=pa_n+q$ の形（すなわち a_{n+1} が a_n の 1 次式）の場合には，例題 3.7 と同様の方法で，一般項を求める（n で表す）ことができる．しかしながら，これは特殊な（幸運に恵まれた）場合であり，一般には，数列 a_n が帰納的に定義されても，一般項を n で表すことは不可能である*.

例題 3.8　$a_1=\frac{1}{3}$，$a_{n+1}=\frac{5}{2}a_n(1-a_n)$（$n=1, 2, \cdots$）で定められる数列の a_2, a_3, a_4 を計算せよ．a_n は n が大きくなるとき，どのようになるかを予想せよ．

〔解 答〕　$a_2=\frac{5}{2}\cdot\frac{1}{3}\cdot\frac{2}{3}=\frac{5}{9}$，$a_3=\frac{5}{2}\cdot\frac{5}{9}\cdot\frac{4}{9}=\frac{50}{81}$，$a_4=\frac{5}{2}\cdot\frac{50}{81}\cdot\frac{31}{81}=\frac{3875}{6561}$
と計算される．これ以上は，手計算では，計算する気にならない．また，これらの数値に規則性はない．

計算することをあきらめて，この計算がグラフ上で何を行ったことに相当するかをみてみよう．そのために，$f(x)=\frac{5}{2}x(1-x)$ とおく．このとき，漸化式は，$a_{n+1}=f(a_n)$ と書ける．a_2 は $a_2=f(a_1)$ だから，$x=\frac{1}{3}$ のときの f の値である．この a_2 を x 軸上にプロットするには，$y=a_2$ と補助直線 $y=x$ との交点を求め

* 数学を使えば，たいていのことが計算できるというのはまったくの誤解である．実際には，たいていの場合は計算できないのであり，授業では計算できるものをみせているだけである．計算できない，それではどうするか？というところから，数学の本当の面白さがスタートする．

て，その点から x 軸に垂線をおろせばよい．そのときの x 座標が a_2 である．同様のことを，今度は a_2 を出発点として行うと，a_2 上の f の点から，水平線を引き，それと直線 $y=x$ との交点の x 座標（$=y$ 座標）が a_3 である．この操作を繰返し行う．計算とは異なり，方法を理解すれば，どんどん a_n を図示できる．（グラフ[*1]をもっと大きく書かないと点を書きづらいが．）このようにして，n が増加していくにつれて数列 a_n が n がどのように変動するかを，グラフの上で追跡できる．

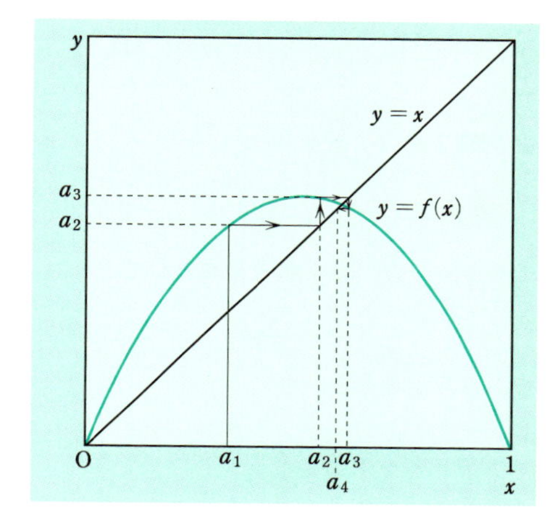

図で，どんどん a_n の動きを追うことにより，a_n は $y=f(x)$ と $y=x$ との交点の x 座標 $\left(=\frac{3}{5}\right)$ に近づいていくと予想される．この予想は正しいが，その証明については，例題 3.26（3.3 節）で述べる．この例題では，予想できればそれでよしとしよう．◈

例題 3.8 で用いたグラフ上での数列の追跡法を，“くもの巣”という．$a_{n+1}=f(a_n)$ の漸化式で定まる数列の挙動を知るのに，有効な手段である．読者は，例題 3.7 の数列に対して同様の追跡を行い，例題 3.7 の解法における漸化式の変形の意味を把握されることをお勧めする[*2]．

3.2 数 列 の 和

数列 $a_1, a_2, \cdots, a_n, \cdots$ の n 項めまでの和を，記号 $\sum$ を用いて[*3]

$$\sum_{k=1}^{n} a_k$$

と表す．すなわち

$$\sum_{k=1}^{n} a_k = a_1 + a_2 + \cdots + a_n$$

＊1　$y=\frac{5}{2}x(1-x)$ のグラフについては例題 4.2 を参照して下さい．

＊2　例題 3.8 の数列は，“世代の重ならない種”の個体数の数理科学モデルにその源をおく．そのモデル上は，係数の $\frac{5}{2}$ は増殖率を表すが，この数をいろいろ取り替えて得られる数列はカオス研究にとっても重要な出発点の一つであった．

＊3　英語の Sum（和）の頭文字の S にあたるギリシャ文字で，シグマと読む．

である．ここの k の文字のところ（2 箇所）は，そろっていさえすれば，どの文字を用いてもよく，$\sum_{i=1}^{n} a_i$，$\sum_{j=1}^{n} a_j$ などと書いてもよい．

この節では，与えられた数列に対し $\sum_{k=1}^{n} a_k$ を求める方法を考える．

例題 3.9 $\sum_{k=1}^{n} k$ を n で表せ．

〔解答〕

$$\sum_{k=1}^{n} k = 1 + 2 + \cdots\cdots + (n-1) + n$$

である．一方，書く順番を逆にして

$$\sum_{k=1}^{n} k = n + (n-1) + \cdots\cdots + 2 + 1$$

である．これらを，縦に加えて

$$\begin{aligned} 2\sum_{k=1}^{n} k &= (1+n) + \{2+(n-1)\} + \cdots\cdots + \{(n-1)+2\} + (n+1) \\ &= (n+1) \times n = n(n+1) \end{aligned}$$

が得られる．これを 2 で割って

(★)
$$\sum_{k=1}^{n} k = \frac{n(n+1)}{2}$$
◈*

例題 3.10 $\sum_{k=1}^{n} r^{k-1}$ を n で表せ．

〔解答〕 例題 1.14 より，$(1-r)(1+r+r^2+\cdots\cdots+r^{n-1})=1-r^n$ であるから，$r\neq1$ ならば

(★★)
$$\sum_{k=1}^{n} r^{k-1} = 1 + r + r^2 + \cdots\cdots + r^{n-1} = \frac{1-r^n}{1-r}$$

である．また，$r=1$ のときは，各項はすべて 1 となるから，

$$\sum_{k=1}^{n} 1 = 1 + 1 + \cdots\cdots + 1 = n$$

である． ◈

---

* ガウス（定理 2.7 の脚注参照）は，10 歳のとき，1 から 100 までの整数の和（いうまでもなく，例題 3.9 の $n=100$ の場合）をたちどころに計算してみせて，教師を驚かせたという．この手の話はまゆつばものが多いけれど，これはどうやら実話（real story）であるらしい．驚いた教師は，確か，ビュットネルという名前でした．すごく寝つきのよさそうな名前で，うらやましい．

数列 $a_1, a_2, \cdots, a_n, \cdots$ と数列 $b_1, b_2, \cdots, b_n, \cdots$ に対して，つぎの公式が成り立つ．いずれも，和を書き下すことによって，容易に確かめることができる．

❑ **公式 3.11（$\sum$ の和・定数倍）**　数列 $\{a_n\}$，$\{b_n\}$ について

1)　$\displaystyle\sum_{k=1}^{n}(a_k+b_k) = \sum_{k=1}^{n}a_k + \sum_{k=1}^{n}b_k$

2)　$\displaystyle\sum_{k=1}^{n}ca_k = c\sum_{k=1}^{n}a_k$　　ただし，c は定数

定理 3.3 より，等差数列は $a_n=pn+q$ と n の 1 次式で与えられる．よって，等差数列の和は，公式（★）と公式 3.11 から計算される．

❑ **例題 3.12**　初項 3，公差 4 の等差数列の第 n 項までの和を求めよ．

〔**解 答**〕　定理 3.3 より，$a_n=3+4(n-1)=4n-1$ である．よって，第 n 項までの和は，公式 3.11 を用いて計算して

$$\sum_{k=1}^{n}a_k = \sum_{k=1}^{n}(4k-1) = 4\sum_{k=1}^{n}k - \sum_{k=1}^{n}1 = 4\frac{n(n+1)}{2} - n = 2n^2+n \quad ◈$$

定理 3.5 より，初項が a，公比が r の等比数列は $a_n=ar^{n-1}$ と書ける．よって，この数列の和は，式（★★）と公式 3.11 から計算される．結果は，つぎのようになる*．

❑ **公式 3.13（等比数列の和）**　初項 a，公比 r の等比数列の第 n 項までの和は

$$r\neq 1 \text{ のとき}\quad \sum_{k=1}^{n}ar^{k-1} = \frac{a(1-r^n)}{1-r}$$

$$r=1 \text{ のとき}\quad \sum_{k=1}^{n}ar^{k-1} = na$$

〔**証 明**〕　$r\neq 1$ のとき，公式 3.11 の 2) と式（★★）から

* この公式は，解析学の基礎の計算公式として，きわめて重要である．その証明は式（★★）に帰着するが，もとをただせば，例題 1.14 から得られる．例題 1.14 の展開を身につけておけば，この公式を忘れてもすぐに導き出すことができる．

$$\sum_{k=1}^{n} ar^{k-1} = a\sum_{k=1}^{n} r^{k-1} = a\frac{(1-r^n)}{1-r}$$

$r=1$ のときは，a を n 個足すのだから na である． ■

❑ **例題 3.14**　第1年度から毎年度初めに a 円ずつ積みたてると，n 年度末には元利合計はいくらになるか．年利率 r で1年1期の複利法で計算せよ．

〔解 答〕　各年度初めの元金は，1年ごとに利息がついて $(1+r)$ 倍になる．そこで

第1年度の元金 a 円 ── n 年間預ける　$\longrightarrow$ $a(1+r)^n$ 円
第2年度の元金 a 円 ── $n-1$ 年間預ける $\longrightarrow$ $a(1+r)^{n-1}$ 円
⋮
第 n 年度の元金 a 円 ── 1年間預ける　$\longrightarrow$ $a(1+r)$ 円

である．よって，求める元利合計 S は

$$S = a(1+r)^n + a(1+r)^{n-1} + \cdots + a(1+r)$$

これは，初項 $a(1+r)$，公比 $1+r$ の第 n 項までの和である．よって，公式3.13より

$$S = \frac{a(1+r)\{1-(1+r)^n\}}{1-(1+r)} = \frac{a(1+r)\{(1+r)^n-1\}}{r}$$ ◈

記号 Σ は，いろいろな使われ方をする．たとえば，$n>m$ のとき，第 $m+1$ 項から第 n 項までの和は

$$\sum_{k=m+1}^{n} a_k = a_{m+1} + \cdots\cdots + a_n$$

と表せる．したがって，$n>m$ のとき

$$\sum_{k=1}^{n} a_k - \sum_{k=1}^{m} a_k = \sum_{k=m+1}^{n} a_k$$

という変形がなされる．また

(★)
$$\sum_{k=1}^{n} a_{k+1} = \sum_{k=2}^{n+1} a_k$$

も正しい．そのことは，両辺を書き下せば（両方とも $a_2+a_3+\cdots+a_{n+1}$ であるから）自明である．あるいは，上の式は，$k+1=j$ とする（添え字をずらす）と，$k: 1\to n \Longleftrightarrow j: 2\to n+1$ より

$$\sum_{k=1}^{n} a_{k+1} = \sum_{j=2}^{n+1} a_j = \sum_{k=2}^{n+1} a_k$$

となる（最後の等式は，添え字を表す文字を変えただけ）ことから，記号のやり

くりだけで得られる*.

例題3.9の結果を基礎として，$\sum_{k=1}^{n} k^2$ や $\sum_{k=1}^{n} k^3$ などを求めることができる．これらを公式としておく．

❑ 公式 3.15

$$1)\ \sum_{k=1}^{n} k^2 = \frac{n(n+1)(2n+1)}{6} \qquad 2)\ \sum_{k=1}^{n} k^3 = \left\{\frac{n(n+1)}{2}\right\}^2$$

〔証明〕　恒等式 $(k+1)^3-k^3=3k^2+3k+1$ が成り立つ．この式の両辺を $k=1$ から n まで足し合わせると，公式3.11より

$$\sum_{k=1}^{n}(k+1)^3 - \sum_{k=1}^{n}k^3 = \sum_{k=1}^{n}(3k^2+3k+1) = 3\sum_{k=1}^{n}k^2 + 3\sum_{k=1}^{n}k + \sum_{k=1}^{n}1$$

が得られる．左辺は（★）より，

$$\sum_{k=1}^{n}(k+1)^3 - \sum_{k=1}^{n}k^3 = \sum_{k=2}^{n+1}k^3 - \sum_{k=1}^{n}k^3 = (n+1)^3 - 1^3$$

と計算される．よって，公式（★）を用いて

$$3\sum_{k=1}^{n}k^2 = (n+1)^3 - 1 - 3\sum_{k=1}^{n}k - \sum_{k=1}^{n}1 = (n+1)^3 - 3\cdot\frac{n(n+1)}{2} - (n+1)$$

$$= \frac{1}{2}(n+1)\{2(n+1)^2-3n-2\} = \frac{1}{2}n(n+1)(2n+1)$$

これを3で割って1)が得られる．2)は恒等式 $(k+1)^4-k^4=4k^3+6k^2+4k+1$ を用いて同様の方法で得られる．▣

❑ 例題 3.16　和 $\sum_{k=1}^{n}(2k-1)^2$ を求めよ．

〔解答〕　$\sum_{k=1}^{n}(2k-1)^2 = \sum_{k=1}^{n}(4k^2-4k+1) = 4\sum_{k=1}^{n}k^2 - 4\sum_{k=1}^{n}k + \sum_{k=1}^{n}1$

の右辺に公式3.15の1)と公式（★）を代入して

$$\sum_{k=1}^{n}(2k-1)^2 = \frac{2}{3}n(n+1)(2n+1) - 2n(n+1) + n$$

$$= \frac{n}{3}\{2(2n^2+3n+1)-6(n+1)+3\} = \frac{4n^3-n}{3}$$

◈

最後に，まとめの問題を2題解いてみよう．

---

* しかし，こんな変形に数列の和の計算の面白さや本質があるわけではない．Σの嫌いな人は，Σを排除して書き下す方法で徹底すればよいと思う．

例題 3.17　例題 3.1 において，39 周めまでに並んだ白石の数を求めよ．

〔解 答〕　k が 1, 3, ……39 のときの白石の数の和を求める．$k=2j-1$ とすると k：1, 3, …, 39 $\iff$ j：1 → 20 であるから，求める和は $8k=8(2j-1)$ を足して

$$\sum_{j=1}^{20} 8(2j-1) = 16\sum_{j=1}^{20} j - 8\sum_{j=1}^{20} 1 = 16\cdot\frac{20\times 21}{2} - 8\times 20 = 3200$$ ◈

例題 3.18　$\dfrac{1}{(k-1)k}=\dfrac{1}{k-1}-\dfrac{1}{k}$ であることを利用して，$\displaystyle\sum_{k=2}^{n}\frac{1}{(k-1)k}$ を求めよ．

〔解 答〕　$$\sum_{k=2}^{n}\frac{1}{(k-1)k} = \frac{1}{1\cdot 2}+\frac{1}{2\cdot 3}+\cdots\cdots+\frac{1}{(n-1)n}$$

$$= \left(\frac{1}{1}-\frac{1}{2}\right)+\left(\frac{1}{2}-\frac{1}{3}\right)+\cdots\cdots+\left(\frac{1}{n-1}-\frac{1}{n}\right) = 1-\frac{1}{n}$$ ◈

この節では，数列の和の計算法について学んだ．数列の和を取る操作は，離散している量の総和を求めることである．この考え方を，連続的な量の総和を求めることに発展させることにより，定積分の概念が生まれる．そのことについては，第 6 章で学ぶ．

3.3 数列の極限

この節では，数列の項の番号 n が大きくなるにしたがって，a_n の値がどのようになっていくかということについて考える．

例題 3.19　つぎの数列が n を大きくしていくときに，どのようになるかを調べよ．

1) $1,\ -\dfrac{1}{2},\ \dfrac{1}{3},\ -\dfrac{1}{4},\ \cdots\cdots,\ \dfrac{(-1)^{n-1}}{n},\ \cdots\cdots$

2) $\dfrac{2}{3},\ \dfrac{4}{5},\ \dfrac{6}{7},\ \dfrac{8}{9},\ \cdots\cdots,\ \dfrac{2n}{2n+1},\ \cdots\cdots$

3) $1,\ 4,\ 9,\ 16,\ \cdots\cdots,\ n^2,\ \cdots\cdots$

4) $\dfrac{3}{2},\ -\dfrac{5}{4},\ \dfrac{7}{6},\ -\dfrac{9}{8},\ \cdots\cdots,\ (-1)^{n-1}\dfrac{2n+1}{2n},\ \cdots\cdots$

〔解 答〕　1) $\dfrac{(-1)^{n-1}}{n}$ は，n を大きくしていくと，正負の値を交互にとりながら，0 に限りなく近づいていく．

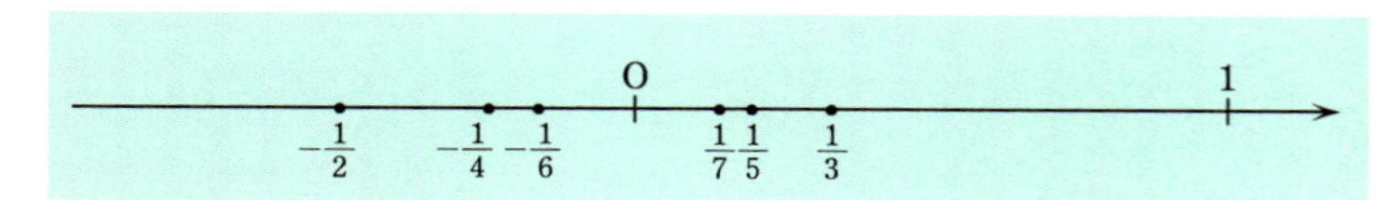

2) $\dfrac{2n}{2n+1}=1-\dfrac{1}{2n+1}$ だから，$a_n=\dfrac{2n}{2n+1}$ は n を大きくしていくと，1 に限りなく近づいていく．

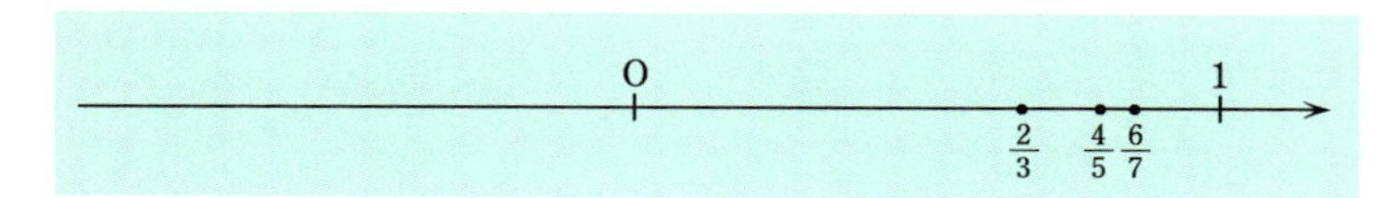

3) n を大きくしていくと，n^2 の値は限りなく大きくなる．

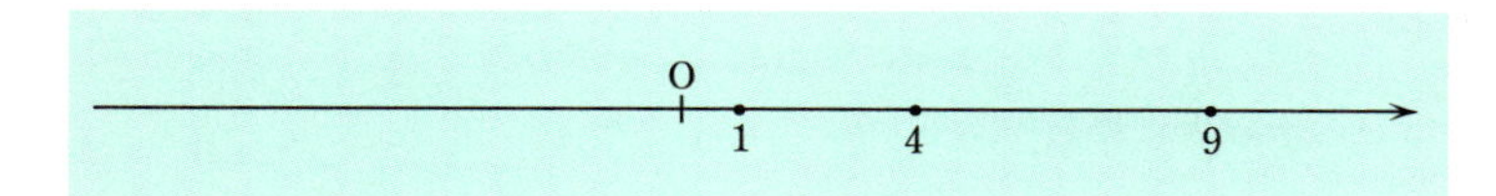

4) $(-1)^{n-1}\dfrac{2n+1}{2n}=(-1)^{n-1}+(-1)^{n-1}\dfrac{1}{2n}$ であり，$(-1)^{n-1}\dfrac{1}{2n}$ は，n を大きくしていくと，0 に限りなく近づいていく．よって，奇数項 $\frac{3}{2}, \frac{7}{6}, \frac{11}{10}, \cdots$ は 1 に限りなく近づいていく．一方，偶数項 $-\frac{5}{4}, -\frac{9}{8}, -\frac{13}{12}, \cdots$ は -1 に限りなく近づいていく．

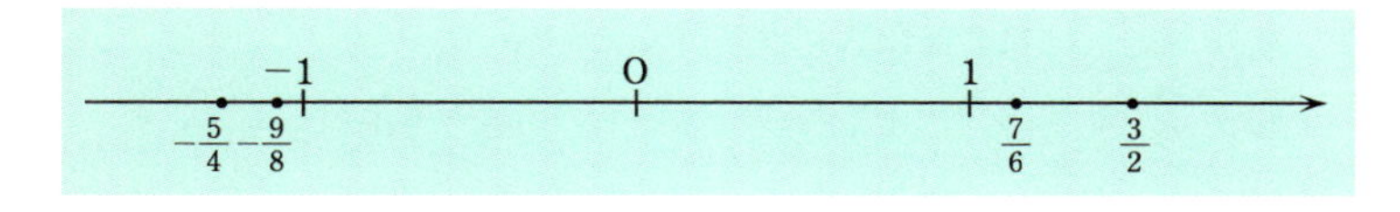

◈

一般に，数列 $\{a_n\}$ において，n が大きくなるにつれて，a_n が一定の値 α に限りなく近づくとき，数列 $\{a_n\}$ は α に**収束する**といい

$$\lim_{n\to\infty} a_n = \alpha \quad \text{または} \quad n\to\infty \text{ のとき } a_n\to\alpha$$

と書く*．上の一定の値 α を，数列 $\{a_n\}$ の**極限値**という．

例題 3.19 では，1)，2) の数列は収束し，それぞれ極限値は 0, 1 である．すなわち

$$\lim_{n\to\infty}\frac{(-1)^{n-1}}{n} = 0, \quad \lim_{n\to\infty}\frac{2n}{2n+1} = 1$$

である．　数直線上に数列 $\{a_n\}$ と α をとってみればわかる（例題 3.19 の図参

* ∞ は**無限大**と読む．しかし，∞ という数があるわけではない．

照）ように，$\{a_n\}$ が α に収束することは，a_n と α の距離 $|a_n-\alpha|$ が，$n\to\infty$ のときに限りなく 0 に近づくことにほかならない．よって，つぎが成り立つ．

❑ 定理 3.20 $$\lim_{n\to\infty} a_n = \alpha \iff \lim_{n\to\infty} |a_n-\alpha| = 0$$

数列 $\{a_n\}$ は，同じ数を繰返しとってもかまわない．たとえば

$$-2, -2, -2, \cdots\cdots, -2, \cdots\cdots$$

も数列である．この数列は -2 に収束する．すなわち $\lim_{n\to\infty} -2 = -2$ である．

数列 a_n が収束しないとき，a_n は**発散する**という．例題 3.19 の 3)，4)の数列は収束しない．すなわち，発散する．しかし，“発散”の仕方はかなり違う．3)の数列は n を大きくするとき，a_n は限りなく大きくなる．このように，数列 $\{a_n\}$ において，n が大きくなるにつれて a_n が限りなく大きくなるとき，数列 $\{a_n\}$ は**正の無限大に発散する**といい

$$\lim_{n\to\infty} a_n = \infty \quad \text{または} \quad n\to\infty \text{ のとき } a_n\to\infty$$

と書く．例題 3.19 の 3)の数列は $\lim_{n\to\infty} n^2 = \infty$ である．

これに対して，数列 $\{3-n\}$ は $n\to\infty$ のとき，負で絶対値は限りなく大きくなる．これを $\lim_{n\to\infty}(3-n) = -\infty$ のように書く．すなわち，一般に，数列 $\{a_n\}$ において，n が大きくなるにつれて a_n が負でその絶対値 $|a_n|$ が限りなく大きくなるとき，数列 $\{a_n\}$ は**負の無限大に発散する**といい

$$\lim_{n\to\infty} a_n = -\infty \quad \text{または} \quad n\to\infty \text{ のとき } a_n\to-\infty$$

と書く．数列 $\{a_n\}$ が正（負）の無限大に発散することを，$\{a_n\}$ の極限が ∞ $(-\infty)$ であるということもある*.

例題 3.19 の 4)の数列のように，収束もしないし，正の無限大にも負の無限大にも発散しない数列は，**振動**するという．以上をまとめると

収束	$\lim_{n\to\infty} a_n = \alpha$	
発散	$\lim_{n\to\infty} a_n = \infty$	（正の無限大に発散）
	$\lim_{n\to\infty} a_n = -\infty$	（負の無限大に発散）
	振動	

* そういうだけで，∞ や $-\infty$ という数が存在するわけではないことを，今一度注意しておく．

数列の極限の計算は，極限値に関するつぎの性質を用いてなされる．

❑ 定理 3.21　数列 $\{a_n\}$，$\{b_n\}$ が収束するならば，数列 $\{ca_n\}$（ただし c は定数），$\{a_n \pm b_n\}$，$\{a_nb_n\}$，$\left\{\dfrac{a_n}{b_n}\right\}$ も収束して

1) $\lim_{n\to\infty} ca_n = c\lim_{n\to\infty} a_n$

2) $\lim_{n\to\infty}(a_n+b_n) = \lim_{n\to\infty} a_n + \lim_{n\to\infty} b_n,\quad \lim_{n\to\infty}(a_n-b_n) = \lim_{n\to\infty} a_n - \lim_{n\to\infty} b_n$

3) $\lim_{n\to\infty}(a_nb_n) = \lim_{n\to\infty} a_n\cdot\lim_{n\to\infty} b_n,\quad \lim_{n\to\infty}\dfrac{a_n}{b_n} = \dfrac{\lim_{n\to\infty} a_n}{\lim_{n\to\infty} b_n}$

が成り立つ．ただし，除法の計算のときは，$\lim_{n\to\infty} b_n \neq 0$ を仮定する．

❑ 例題 3.22　つぎの極限値を求めよ．

1) $\lim_{n\to\infty}\dfrac{2n^2-3}{3n^2+1}$　2) $\lim_{n\to\infty}\left(\dfrac{n+2}{n}\right)\left(2-\dfrac{3}{n^3}\right)$　3) $\lim_{n\to\infty}(\sqrt{n+2}-\sqrt{n})$

〔解 答〕　1) 定理 3.21 を用いて

$$\lim_{n\to\infty}\frac{2n^2-3}{3n^2+1} = \lim_{n\to\infty}\frac{2-\dfrac{3}{n^2}}{3+\dfrac{1}{n^2}} = \frac{\lim_{n\to\infty}\left(2-\dfrac{3}{n^2}\right)}{\lim_{n\to\infty}\left(3+\dfrac{1}{n^2}\right)} = \frac{2}{3}$$

2) $\lim_{n\to\infty}\dfrac{n+2}{n}=\lim_{n\to\infty}\left(1+\dfrac{2}{n}\right)=1$ である．また，$\lim_{n\to\infty}\left(2-\dfrac{3}{n^3}\right)=2$ である．よって，定理 3.21 3) の第 1 式を用いて，

$$\lim_{n\to\infty}\left(\frac{n+2}{n}\right)\left(2-\frac{3}{n^3}\right) = \lim_{n\to\infty}\left(\frac{n+2}{n}\right)\lim_{n\to\infty}\left(2-\frac{3}{n^3}\right) = 1\times 2 = 2$$

3) 数列の分母・分子に $\sqrt{n+2}+\sqrt{n}$ を掛けて

$$\sqrt{n+2}-\sqrt{n} = \frac{n+2-n}{\sqrt{n+2}+\sqrt{n}} = \frac{2}{\sqrt{n+2}+\sqrt{n}}$$

である．$n\to\infty$ のとき，$\sqrt{n+2}+\sqrt{n}\to\infty$ であるから，

$$\lim_{n\to\infty}(\sqrt{n+2}-\sqrt{n}) = 0$$

◈

上の例題の 3) において $a_n = \sqrt{n+2}-\sqrt{n}$ とおくと $a_n>0$ であるが $\lim_{n\to\infty}a_n \geqq 0$ となる．このように，等号のついていない不等式が，極限値を考えるとき，等号付きの不等式となることは一般的なことであり，極限値についての不等式を扱う際の注意事項となる．

ここで，等比数列

$$r,\ r^2,\ r^3,\ \cdots\cdots,\ r^n,\ \cdots\cdots$$

の極限について述べておく．r の値によって，つぎのようになる．

❏ 定理 3.23（$\{r^n\}$ の極限）

1）$r>1$ のとき，$\lim_{n\to\infty} r^n = \infty$

2）$r=1$ のとき，$\lim_{n\to\infty} r^n=1$

3）$|r|<1$ のとき，$\lim_{n\to\infty} r^n=0$

4）$r\leqq -1$ のとき，$\{r^n\}$ は振動し，$\lim_{n\to\infty} r^n$ は存在しない

〔**証 明**〕 1）$r-1=h$ とおくと，$h>0$ である．二項定理より

$$r^n = (1+h)^n \geqq 1+nh \qquad (n=1,2,\cdots)$$

が成り立つ（例題 1.19 参照）．ここで，$h>0$ であるから

$$\lim_{n\to\infty}(1+nh) = \infty \quad \text{ゆえに} \quad \lim_{n\to\infty} r^n = \infty$$

2）$r^n=1$ より $\lim_{n\to\infty} r^n=\lim_{n\to\infty} 1=1$

3）$0<r<1$ のときは $r=\dfrac{1}{s}$ とおくと $s>1$．そこで，1）より，$n\to\infty$ のとき，$s^n\to\infty$ である．よって

$$r^n = \frac{1}{s^n} \to 0$$

$r=0$ のときは，明らかに，$\lim_{n\to\infty} r^n=0$ である．$-1<r<0$ のときは，$r=-s$ とおくと $0<s<1$ であり，$r^n=(-s)^n=(-1)^n s^n$ である．$0<r<1$ のときの結果から，$s^n\to 0$ であるので，$r^n\to 0$ である．

4）$r=-1$ のとき，$r^n=(-1)^n$ は振動する．$r<-1$ のときは，$|r|>1$ であるから，1）の結果から $\lim_{n\to\infty}|r|^n=\infty$ であるが，r^n の符号は交互に変わる．よって，$\{r^n\}$ は振動する． ■

❏ 例題 3.24 つぎの極限値を求めよ．ただし 3）の a は正数．

1）$\lim_{n\to\infty}\dfrac{3^n-2^n}{3^n+2^n}$ 2）$\lim_{n\to\infty}\dfrac{5^n}{n!}$ 3）$\lim_{n\to\infty}\dfrac{a^n}{n!}$

〔**解 答**〕 1）分母分子を 3^n で割って $n\to\infty$ とすると，定理 3.23 の 3）より $\left(\frac{2}{3}\right)^n\to 0\,(n\to\infty)$ であるから

$$\lim_{n\to\infty}\frac{3^n-2^n}{3^n+2^n} = \lim_{n\to\infty}\frac{1-\left(\frac{2}{3}\right)^n}{1+\left(\frac{2}{3}\right)^n} = \frac{1-0}{1+0} = 1$$

2) $n!=1\cdot 2\cdots(n-1)n$ と書いて変形し，$\frac{5}{7}<\frac{5}{6}, \frac{5}{8}<\frac{5}{6}, \cdots, \frac{5}{n}<\frac{5}{6}$ を用いて

$$\frac{5^n}{n!} = \frac{5\cdot5\cdot5\cdot5\cdot5\cdot5\cdot5\cdots\cdots5\cdot5}{1\cdot2\cdot3\cdot4\cdot5\cdot6\cdot7\cdots(n-1)\cdot n} = \frac{5^5}{5!}\times\frac{5}{6}\cdot\frac{5}{7}\cdots\frac{5}{n-1}\cdot\frac{5}{n}$$

$$< \frac{5^5}{5!}\times\frac{5}{6}\cdot\overbrace{\frac{5}{6}\cdots\frac{5}{6}\cdot}^{n-5\text{個}}\frac{5}{6} = \frac{5^5}{5!}\left(\frac{5}{6}\right)^{n-5}$$

が得られる．また，$0<\frac{5^n}{n!}$ であるから，$0<\frac{5^n}{n!}<\frac{5^5}{5!}\left(\frac{5}{6}\right)^{n-5}$ である．ここで，$n\to\infty$ として，定理 3.23 の 3) より

$$0 \leqq \lim_{n\to\infty}\frac{5^n}{n!} \leqq \lim_{n\to\infty}\frac{5^5}{5!}\left(\frac{5}{6}\right)^{n-5} = \frac{5^5}{5!}\lim_{n\to\infty}\left(\frac{5}{6}\right)^{n-5} = 0 \quad \text{ゆえに} \lim_{n\to\infty}\frac{5^n}{n!} = 0$$

3) $\frac{a}{m+1}<1$ となる m をとってくると

$$\frac{a^n}{n!} = \frac{a\cdot a\cdots a\cdot a\cdots\cdots\cdots a\cdot a}{1\cdot2\cdots m\cdot(m+1)\cdots(n-1)\cdot n} < \frac{a^m}{m!}\times\left(\frac{a}{m+1}\right)^{n-m}$$

となる．これに 2) と同様の議論を行い，$\lim_{n\to\infty}\frac{a^n}{n!}=0$ を得る． ◆

❏ **例題 3.25**　$a_1=2,\ a_{n+1}=\frac{1}{3}(a_n-4)$ $(n=1,2,\cdots)$ で定められる数列 $\{a_n\}$ について，$\lim_{n\to\infty} a_n$ を求めよ．

〔**解 答**〕　例題 3.7 と同様にして，漸化式を $a_{n+1}+2=\frac{1}{3}(a_n+2)$ と変形して，等比数列の一般項の公式（定理 3.5）を用いることにより，数列 $\{a_n\}$ の一般項は，$a_n=4\cdot\left(\frac{1}{3}\right)^{n-1}-2$ となる．したがって，定理 3.23 の 3) より

$$\lim_{n\to\infty} a_n = \lim_{n\to\infty} 4\cdot\left(\frac{1}{3}\right)^{n-1} - 2 = 0 - 2 = -2$$ ◆

帰納的定義による数列 $\{a_n\}$ の一般項が n で表せないときは，その極限を求めるためには，極限 α を予想し，$\lim_{n\to\infty} a_n-\alpha=0$ を示すのが常道である．

❏ **例題 3.26**　例題 3.8 の数列 $\{a_n\}$ は $\frac{3}{5}$ に収束することを示せ．

〔**解 答**〕　例題 3.8 の解答と同様に，$f(x)=\frac{5}{2}x(1-x)$ とおくと，$a_{n+1}=f(a_n)$ である．また，$\alpha=\frac{3}{5}$ とおく．このとき

$$\begin{aligned} f(x)-f(\alpha) &= \frac{5}{2}x(1-x)-\frac{5}{2}\alpha(1-\alpha) \\ &= \frac{5}{2}(x-\alpha)\{(1-\alpha)-x\} = (x-\alpha)\left(1-\frac{5}{2}x\right) \end{aligned}$$

である．そこで，α は $\alpha=f(\alpha)$ をみたす（正の）値であったことを思い出して

$$(\bigstar)\qquad a_{n+1}-\alpha = f(a_n)-f(\alpha) = (a_n-\alpha)\left(1-\frac{5}{2}a_n\right)$$

が得られる．

一方，$\frac{1}{2}\leqq x\leqq\frac{5}{8}$ のとき $f\left(\frac{1}{2}\right)\geqq f(x)\geqq f\left(\frac{5}{8}\right)$ であることがグラフ（下の図と例題 4.2 参照）からわかる．よって，$f\left(\frac{1}{2}\right)=\frac{5}{8}$，$f\left(\frac{5}{8}\right)=\frac{75}{128}\geqq\frac{1}{2}$ より $\frac{1}{2}\leqq f(x)\leqq\frac{5}{8}$ となり，したがって，

$$\frac{1}{2}\leqq a_n\leqq\frac{5}{8}\implies\frac{1}{2}\leqq a_{n+1}\leqq\frac{5}{8}$$

である．これと $\frac{1}{2}\leqq a_2\leqq\frac{5}{8}$ より $\frac{1}{2}\leqq a_n\leqq\frac{5}{8}\,(n=2,3,\cdots)$ である[*1]．これより，

$$-\frac{9}{16}\leqq 1-\frac{5}{2}a_n\leqq-\frac{1}{4}\qquad(n=2,3,\cdots)$$

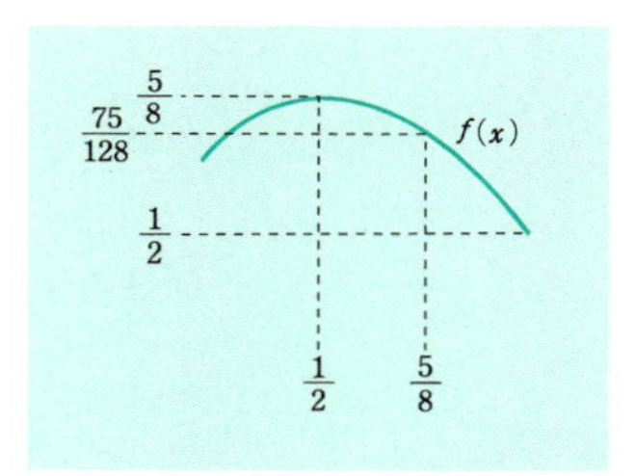

が示され，ゆえに

$$\left|1-\frac{5}{2}a_n\right|\leqq\frac{9}{16}\qquad(n=2,3,\cdots)$$

となる．

そこで，(★) より，$n=2,3,\cdots$ に対し

$$|a_{n+1}-\alpha|=|a_n-\alpha|\left|1-\frac{5}{2}a_n\right|\leqq\frac{9}{16}|a_n-\alpha|$$

が得られる．よって，$n=2,3,\cdots$ に対し

$$|a_n-\alpha|\leqq\frac{9}{16}|a_{n-1}-\alpha|\leqq\left(\frac{9}{16}\right)^2|a_{n-2}-\alpha|\leqq\cdots\cdots\leqq\left(\frac{9}{16}\right)^{n-2}|a_2-\alpha|$$

この式で $n\to\infty$ として，定理 3.23 の 3) より，$\lim_{n\to\infty}|a_n-\alpha|=0$ が証明された．よって，定理 3.20 から $\lim_{n\to\infty}a_n=\alpha$ である．◇

これまでみてきた収束する数列においては，極限値が計算できる，あるいは予想できて，その結果として数列が収束することが示された．しかし，一般には，極限値がどのような値になるかを知るには，数や式に対する深い考察を要するから，極限値を知る前に，与えられた数列が収束するか否かを判定する必要がある[*2]．

項の番号につれて単調に増加（あるいは減少）する数列に対して，収束するか否かを判定する方法を考えてみる．数列 $\{a_n\}$ が，$a_n\leqq a_{n+1}$ $(n=1,2,\cdots)$ をみたすとする．さらに，この数列のすべての項 a_n が，n に無関係な定数 U より小

＊1　数学的帰納法による．

＊2　就職先（極限値）を決める前に，就職するか大学院に進学するか（収束するか発散するか）を決断するようなもの．大学院進学は発散ではなく，発展というべきか？

さいとする．すなわち

$$a_1 \leqq a_2 \leqq \cdots\cdots \leqq a_{n-1} \leqq a_n \leqq a_{n+1} \leqq \cdots\cdots < U$$

とする．この状況を数直線上に描けば

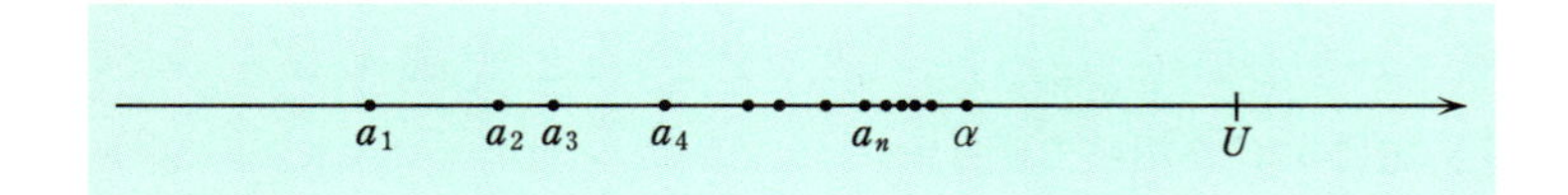

となる．この図より，このような数列は，ある有限の値 α に収束し，その極限値は $\lim_{n\to\infty} a_n = \alpha \leqq U$ をみたすことが了解されよう．実際，つぎの定理が成り立つ．

❑ 定理 3.27（単調数列の収束）

1) 数列 $\{a_n\}$ が，$a_n \leqq a_{n+1}$ $(n=1,2,\cdots)$ をみたすとする．さらに，$a_n < U$ $(n=1,2,\cdots)$ となる n に無関係な定数 U があるとする．このとき，$\{a_n\}$ は収束し，$\lim_{n\to\infty} a_n \leqq U$ となる．

2) 数列 $\{a_n\}$ が，$a_n \geqq a_{n+1}$ $(n=1,2,\cdots)$ をみたすとする．さらに，$a_n > L$ $(n=1,2,\cdots)$ となる n に無関係な定数 L があるとする．このとき，$\{a_n\}$ は収束し，$\lim_{n\to\infty} a_n \geqq L$ となる．

❑ 例題 3.28　$a_1 = 1$，$a_{n+1} = a_n + \dfrac{1}{(n+1)^2}$　$(n=1,2,\cdots)$　で定められる数列 $\{a_n\}$ が収束することを，定理 3.27 を用いて証明せよ．

〔解 答〕　漸化式より，明らかに $a_n < a_{n+1}$ であるから，数列 $\{a_n\}$ は定理 3.27 の 1)の初めの仮定をみたす．また，書き下せば

$$a_n = 1 + \frac{1}{4} + \frac{1}{9} + \cdots + \frac{1}{n^2} = 1 + \sum_{k=2}^{n} \frac{1}{k^2}$$

である．ここで，$\dfrac{1}{k^2} < \dfrac{1}{(k-1)k}$ であることに注意すると，例題 3.18 より

$$a_n = 1 + \sum_{k=2}^{n} \frac{1}{k^2} < 1 + \sum_{k=2}^{n} \frac{1}{(k-1)k} = 1 + 1 - \frac{1}{n} < 1 + 1 = 2 \quad (n=1,2,\cdots)$$

が得られる．よって数列 $\{a_n\}$ は，$U=2$ として，定理 3.27 の 1)の仮定をみたす．ゆえに，数列 $\{a_n\}$ は収束する．定理 3.27 より，$\lim_{n\to\infty} a_n \leqq 2$ である．◈

例題 3.28 の数列 $\{a_n\}$ は収束することがわかったが，そこでの考察では，極

限値については，2以下であるという以上の情報は得られていない．実は，この極限値は $\frac{\pi^2}{6}=1.64493\cdots$ である*が，それを証明することは，収束することの証明よりはるかに難解である．

例題 3.29 $a_n=\left(1+\frac{1}{n}\right)^n$ $(n=1,2,\cdots)$ とするとき，数列 $\{a_n\}$ が収束することを，定理3.27を用いて証明せよ．

〔解答〕 二項定理（定理1.18）より

$$a_n = \left(1+\frac{1}{n}\right)^n = 1 + {}_nC_1\cdot\frac{1}{n} + {}_nC_2\cdot\frac{1}{n^2} + \cdots\cdots + {}_nC_n\cdot\frac{1}{n^n}$$

$$= 1 + \sum_{j=1}^{n}\frac{n(n-1)\cdots(n-j+1)}{j!}\cdot\frac{1}{n^j}$$

であるが，この展開式の一般項は

$$\frac{n(n-1)\cdots(n-j+1)}{j!}\cdot\frac{1}{n^j} = \frac{1}{j!}\cdot\frac{n}{n}\cdot\frac{n-1}{n}\cdots\cdots\frac{n-(j-1)}{n}$$

$$= \frac{1}{j!}\left(1-\frac{1}{n}\right)\left(1-\frac{2}{n}\right)\cdots\cdots\left(1-\frac{j-1}{n}\right)$$

と書かれるから

$$a_n = 1 + \sum_{j=1}^{n}\frac{1}{j!}\left(1-\frac{1}{n}\right)\left(1-\frac{2}{n}\right)\cdots\cdots\left(1-\frac{j-1}{n}\right)$$

となる．上の一般項は，n が大きくなると増加する．また，展開式の項の数も n が増えると増加する．したがって，$a_n<a_{n+1}$ $(n=1,2,\cdots)$ となる．

上の展開式から，$n\geqq 2$ のとき

$$a_n < 1 + \frac{1}{1!} + \frac{1}{2!} + \cdots\cdots + \frac{1}{n!}$$

となるが，$j!=1\cdot 2\cdots\cdots j>\underbrace{2\cdot 2\cdots\cdots 2}_{j-1\text{個}}=2^{j-1}$ であるから，等比数列の和の公式（公式3.13）より

$$a_n < 1+1+\frac{1}{2}+\frac{1}{2^2}+\cdots\cdots+\frac{1}{2^{n-1}} = 1+\frac{1-\frac{1}{2^n}}{1-\frac{1}{2}} = 1+2\left(1-\frac{1}{2^n}\right) < 3$$

---

* これを $1+\frac{1}{4}+\frac{1}{9}+\cdots+\frac{1}{n^2}+\cdots=\frac{\pi^2}{6}$ と書く．この書き方は，次節で説明する．この式を最初に発見したのは，オイラー（L. Euler：1707～1783）である．

が得られる．そこで，$U=3$ として定理 3.27 の 1) を適用して，数列 $\{a_n\}$ が収束して $\lim_{n\to\infty}\left(1+\frac{1}{n}\right)^n \leqq 3$ であることが示された． ◈

例題 3.29 により，数列 $\left\{\left(1+\frac{1}{n}\right)^n\right\}$ が収束することがわかった．この極限値を，**自然対数の底**（または，ネピア* の数）といい，文字 e で表す．すなわち

$$e = \lim_{n\to\infty}\left(1+\frac{1}{n}\right)^n$$

大きな n に対し，$\left(1+\frac{1}{n}\right)^n$ の値を実際に計算すると，つぎのようになる．

n	10	100	1000	10000	100000
$\left(1+\frac{1}{n}\right)^n$	2.59374⋯	2.70481⋯	2.71692⋯	2.71814⋯	2.71826⋯

この表から e の大体の値はわかる．さらに，数値計算して，

$$e = 2.718281828459045235360 28\cdots$$

である．また，e は無理数である．このことは，のちに例題 5.49 で証明する．

e は，円周率 π と並んで，現代科学にとって不可欠な数である．上の定義は，一見しただけでは意味が取りづらいので，複利法で意味を説明しておく．非現実的な話であるが，年利率 100％ で一定額（元金）を銀行に 1 年間預けると，1 年後には 2 倍になる．年利率 100％ の 6 カ月複利法（1 年 2 期の複利法）ならば，半年の利率は 50％ であるから，半年後に 1.5 倍になり，それがもう 1 度 1.5 倍されるから，1 年後には $(1.5)^2=2.25$ 倍になる．年利率 100％ の 4 カ月複利法（1 年 3 期の複利法）ならば 4 カ月の利率は $\frac{1}{3}$ であるから，1 年後には $\left(1+\frac{1}{3}\right)^3$ になる．同様に，年利率 100％ の 3 カ月複利法（1 年 4 期の複利法）ならば，1 年後には $\left(1+\frac{1}{4}\right)^4$ になり，年利率 100％ で 1 年 n 期の複利法ならば，1 年後には

* J. Napier（1550～1617）：対数を導入した人です．なお，e の定義の仕方はいろいろあります．ここで与えた定義はコーシー（A. L. Cauchy：1789～1857）によるものです．コーシーは極限の厳密な定義を始めて与え，これをもとにそれまで曖昧性が残っていた数学を確固たるものとした最初の人です．このことにより，数学は大きな変貌を遂げることになり，他の科学と異なる独自の道を歩み始めます．コーシーは，複素数を変数とする関数，すなわち複素関数の理論の創始者でもあり，近代解析学の父にあたります．おとうさーん．

$\left(1+\frac{1}{n}\right)^n$ になる．直感的に，n が大きくなれば，1年後の元利合計が大きくなることは明らかであろう．n を大きくすれば，元利合計は限りなく大きくなるか？上でみたように，そんなことはなく，e 倍が限界というわけである．

3.4 級　数

数列 $a_1, a_2, \cdots, a_n, \cdots\cdots$ が与えられたとき，

$$a_1 + a_2 + \cdots + a_n + \cdots$$

の形の式を**無限級数**または単に**級数**という．以下では，簡単のために，級数という．級数は，記号 $\sum$ を用いて

$$\sum_{n=1}^{\infty} a_n$$

とも書く．

級数 $\sum_{n=1}^{\infty} a_n$ における第 n 項までの和

$$S_n = \sum_{k=1}^{n} a_k = a_1 + a_2 + \cdots + a_n$$

を，この級数の**部分和**という．部分和により

$$S_1,\ S_2,\ \cdots S_n,\ \cdots$$

という数列が得られる．この数列 $\{S_n\}$ が収束するとき，級数 $\sum_{n=1}^{\infty} a_n$ は**収束する**といい，極限 $\lim_{n\to\infty} S_n$ を $\sum_{n=1}^{\infty} a_n$ と表す．すなわち

$$\sum_{n=1}^{\infty} a_n = \lim_{n\to\infty}\sum_{k=1}^{n} a_k = \lim_{n\to\infty} S_n$$

これを，級数 $\sum_{n=1}^{\infty} a_n$ の**和**という*．書き下せば，$a_1+a_2+\cdots+a_n+\cdots$ である．同様に，数列 $S_1, S_2, \cdots, S_n, \cdots$ が発散するとき，級数 $\sum_{n=1}^{\infty} a_n$ は**発散する**という．

❑ **例題 3.30**　つぎの級数が収束するかどうかを調べ，収束するならば，その和を求めよ．

---

*　記号 $\sum_{n=1}^{\infty} a_n$ は級数そのものを表すときにも，級数の和を表すときにも使われる．紛らわしいが，どちらの意味で用いているかは文脈から判断できる．

1) $\displaystyle\sum_{n=1}^{\infty}\frac{1}{4n^2-1}$　　2) $\displaystyle\sum_{n=1}^{\infty}\frac{1}{n}$

〔解答〕　1) 部分和を求めると，例題3.18と同様の計算で

$$S_n = \sum_{k=1}^{n}\frac{1}{4k^2-1} = \frac{1}{2}\sum_{k=1}^{n}\left(\frac{1}{2k-1}-\frac{1}{2k+1}\right) = \frac{1}{2}\left(1-\frac{1}{2n+1}\right)$$

である．よって，級数 $\displaystyle\sum_{n=1}^{\infty}\frac{1}{4n^2-1}$ は収束し，その和は

$$\sum_{n=1}^{\infty}\frac{1}{4n^2-1} = \lim_{n\to\infty}S_n = \lim_{n\to\infty}\frac{1}{2}\left(1-\frac{1}{2n+1}\right) = \frac{1}{2}(1-0) = \frac{1}{2}$$

2) $S_1=1$，$S_2=1+\frac{1}{2}$，$S_4=1+\frac{1}{2}+\left(\frac{1}{3}+\frac{1}{4}\right)>1+\frac{1}{2}+\left(\frac{1}{4}+\frac{1}{4}\right)=1+\frac{2}{2}$，
$S_8=1+\frac{1}{2}+\left(\frac{1}{3}+\frac{1}{4}\right)+\left(\frac{1}{5}+\frac{1}{6}+\frac{1}{7}+\frac{1}{8}\right)>1+\frac{1}{2}+\left(\frac{1}{4}+\frac{1}{4}\right)+\left(\frac{1}{8}+\frac{1}{8}+\frac{1}{8}+\frac{1}{8}\right)=1+\frac{3}{2}$
である．同様にして，$S_{2^m}>1+\frac{m}{2}$ となる．よって $\lim S_{2^m}=\infty$ である．$S_1<S_2<S_3<\cdots<S_n<\cdots$ であるから，$\displaystyle\lim_{n\to\infty}S_n=\infty$ が得られ，

$$\sum_{n=1}^{\infty}\frac{1}{n} = 1+\frac{1}{2}+\frac{1}{3}+\cdots+\frac{1}{n}+\cdots = \infty$$

となる*1．◈

例題3.30の3)の級数を**調和級数**という．調和級数は発散する．ちなみに，例題3.28より，級数 $\displaystyle\sum_{n=1}^{\infty}\frac{1}{n^2}$ は収束する．調和級数の発散と対比されたい*2．

級数の和は，部分和による数列 $\{S_n\}$ の極限であるから，級数に関する法則は極限に関する法則から得られる．たとえば，定理3.21から，つぎが得られる．

❑ 定理 3.31

1) 級数 $\displaystyle\sum_{n=1}^{\infty}a_n$，$\displaystyle\sum_{n=1}^{\infty}b_n$ が収束するとき，級数 $\displaystyle\sum_{n=1}^{\infty}ca_n$（ただし，$c$ は定数），$\displaystyle\sum_{n=1}^{\infty}(a_n\pm b_n)$ は収束して

$$\sum_{n=1}^{\infty}ca_n = c\sum_{n=1}^{\infty}a_n, \quad \sum_{n=1}^{\infty}(a_n\pm b_n) = \sum_{n=1}^{\infty}a_n\pm\sum_{n=1}^{\infty}b_n$$

2) 級数 $\displaystyle\sum_{n=1}^{\infty}a_n$ が収束するならば $\displaystyle\lim_{n\to\infty}a_n=0$

---

*1　例題6.37を用いて，このことの別証明が得られる．
*2　より一般の場合については章末の問3.3を参照．

〔証明〕　1) 級数 $\sum_{n=1}^{\infty} a_n$ の和を S とする．このとき，c を定数とすると，公式 3.11 と定理 3.21 より

$$\lim_{n\to\infty}\sum_{k=1}^{n}(ca_k) = \lim_{n\to\infty}c\sum_{k=1}^{n}a_k = c\lim_{n\to\infty}\sum_{k=1}^{n}a_k = cS$$

である．よって，級数 $\sum_{n=1}^{\infty} ca_n$ も収束して $\sum_{n=1}^{\infty} ca_n = c\sum_{n=1}^{\infty} a_n$ が成り立つ．級数 $\sum_{n=1}^{\infty}(a_n+b_n)$ についても同様に証明される．

2) 級数 $\sum_{n=1}^{\infty} a_n$ の部分和を S_n とおくと，項 a_n は $a_n = S_n - S_{n-1}$ $(n \geqq 2)$ と表される．よって，級数 $\sum_{n=1}^{\infty} a_n$ が収束するとき，その和を S と書けば，定理 3.21 より $\lim_{n\to\infty} a_n = \lim_{n\to\infty}(S_n - S_{n-1}) = \lim_{n\to\infty} S_n - \lim_{n\to\infty} S_{n-1} = S - S = 0$ である．■

定理 3.31 の 2) の対偶を考えると，$\{a_n\}$ が 0 に収束しないならば，級数 $\sum_{n=1}^{\infty} a_n$ は収束しないという命題が得られる．これより，たとえば，$\sum_{n=1}^{\infty}\frac{n}{n+1}$ のような級数は $\left(\lim_{n\to\infty}\frac{n}{n+1} = 1 \text{ だから}\right)$ 発散することがわかる．なお，定理 3.31 の 2) の逆は成り立たない．実際，調和級数 $\sum_{n=1}^{\infty}\frac{1}{n}$ の第 n 項 $a_n = \frac{1}{n}$ は $\lim_{n\to\infty} a_n = 0$ をみたすが，例題 3.30 の 3) で学んだように，この級数は収束しない．

定理 3.5 より，等比数列は $\{ar^{n-1}\}$ と表された．これからつくられた級数

$$\sum_{n=1}^{\infty} ar^{n-1} = a + ar + ar^2 + \cdots + ar^{n-1} + \cdots$$

を**等比級数**という．$a=0$ ならば，各項は 0 であるから，この級数は 0 に収束する．以下 $a \neq 0$ とする．このとき，つぎの定理で示すように，等比級数の収束は公比 r の絶対値が 1 より小さいかどうかで判定される．

❏ 定理 3.32　$a \neq 0$ のとき，等比級数 $\sum_{n=1}^{\infty} ar^{n-1} = a + ar + ar^2 + \cdots + ar^{n-1} + \cdots$ は

1) $|r| < 1$ ならば収束して，その和は $\sum_{n=1}^{\infty} ar^{n-1} = \frac{a}{1-r}$ である．
2) $|r| \geqq 1$ ならば発散する．

〔証明〕　1) $|r| < 1$ とすると，部分和 $S_n = \sum_{k=1}^{n} ar^{k-1}$ は，公式 3.13 より，$S_n = \frac{a(1-r^n)}{1-r}$ と書ける．定理 3.23 より $\lim_{n\to\infty} r^n = 0$ であるから $\lim_{n\to\infty} S_n = \frac{a}{1-r}$ となる．

2）定理 3.23 より，$|r| \geqq 1$ のとき，等比級数の第 n 項 ar^{n-1} は $\lim_{n\to\infty} ar^{n-1}=0$ をみたさない．したがって，定理 3.31 の 2）（の対偶）により，$\sum_{n=1}^{\infty} ar^{n-1}$ は発散する．■

等比級数の例として，**アキレスと亀のパラドックス*** を考えてみよう．アキレスはギリシャ神話の英雄であるが，そのアキレスが先に行く亀を追いかけても追いつけないことがつぎのように“証明される”というのが，アキレスと亀のパラドックスである．

A 地点にいるアキレスが 10 m 先の B 地点にいる亀を追いかけるとする．仮に，アキレスは秒速 10 m で走り，亀は秒速 0.1 m で進んで行くとする．このとき，1 秒後にはアキレスは初めに亀のいた B 地点に到達するが，そのときには亀はその先の C 地点に行ってしまっている．さらにアキレスが C 地点に到達したときには亀はさらにその先の D 地点に行ってしまっている．これをいくら繰返してもアキレスは亀に追いつけない．したがって，アキレスはいつまでも亀に追いつけない．

この“アキレスはいつまでも亀に追いつけない”という結論が正しいことはあり得ない．実際，アキレスと亀の速度差は毎秒 9.9 m であるから，$\frac{10}{9.9}=\frac{100}{99}$ 秒後にはアキレスは亀に追いつくのである．それでは上の“証明”はどこが間違っているのであろうか？

実は，この“証明”の間違いは，最後の“したがって”の部分にある．“いくら繰返しても追いつけない”は“いつまでも追いつけない”と同じではない．これは，無限個の和が有限の数を生じうるという級数の性質に原因がある．このことは，つぎのように“繰返し”にかかる時間をきちんと計算してみればわかる．A 地点と B 地点の間の距離が 10 m であったからその間をアキレスが走るのに要する時間は 1 秒であり，その間に亀は 0.1 m 進む．つぎに，その 0.1 m をアキレスが走るのに要する時間は 0.01 秒であり，その間に亀は 0.001 m 進む．つぎに，その 0.001 m をアキレスが走るのに要する時間は 0.0001 秒であり，その間に亀は 0.00001 m 進む．以下これの繰返しであるから，この繰返しをすべて行う，すなわち，アキレスが亀に追いつくのに要する時間は，等比級数の和の公式（定理 3.32）より

---

* 常識に反する結論を**パラドックス**（paradox，日本語では，逆理，逆説）という．paradox は反常識的であっても正しい結論を意味する場合も多いが，一般には，簡単には反論できない誤った結論を意味する．

$$1+0.01+0.0001+\cdots = \frac{1}{1-0.01} = \frac{100}{99}\text{秒}$$

となる．これは速度差から求めた結論と同じである．

つぎに小数，特に，循環小数を考えてみよう．小数のある部分から先が同じ数字列の繰返しになる小数を**循環小数**といい，繰返す部分を**循環部分**という．このとき，循環部分の初めの数字の上と終わりの数字の上に点を付けて繰返しを表す．たとえば，

$$1.25000\cdots = 1.25\dot{0},\quad 0.33333\cdots = 0.\dot{3},\quad -6.2349349349\cdots = -6.2\dot{3}4\dot{9}$$

はそれぞれ循環部分が 0，3，349 の循環小数である．特に 0 を循環部分とする循環小数は**有限小数**ともいい，循環部分 0 を略して表す．したがって，たとえば，$1.25\dot{0}=1.25$ である．

循環小数は等比級数で表されるから，等比級数の和の公式を用いて，分数になおすことができる．

例題 3.33　つぎの循環小数を分数になおせ．

1) $0.\dot{3}$　　2) $-6.2\dot{3}4\dot{9}$

〔解 答〕　1) 循環小数 $0.\dot{3}$ は

$$0.\dot{3} = 0.3+0.03+0.003+0.0003+0.00003+\cdots$$

と，初項が 0.3，公比が 0.1 の等比級数であるから，等比級数の和の公式より

$$0.\dot{3} = \frac{0.3}{1-0.1} = \frac{1}{3}$$

2) 1) と同様にして

$$\begin{aligned}-6.2\dot{3}4\dot{9} &= -(6.2+0.0349+0.0000349+0.0000000349+\cdots)\\ &= -\left(\frac{62}{10}+\frac{0.0349}{1-0.001}\right) = -\left(\frac{62}{10}+\frac{349}{9990}\right) = -\frac{62287}{9990}\end{aligned}$$

◆

上の例題と同様に

$$0.\dot{1} = \frac{1}{9},\quad 0.\dot{0}\dot{1} = \frac{1}{99},\quad 0.\dot{0}0\dot{1} = \frac{1}{999},\quad 0.\dot{0}00\dot{1} = \frac{1}{9999}$$

であるから，たとえば

$$0.00\dot{7} = \frac{7}{9\times10^2},\quad 0.000\dot{5}7\dot{2} = \frac{572}{999\times10^3},\quad 0.\dot{3}00\dot{1} = \frac{3001}{9999\times10^0}$$

となる．このように循環小数の循環部分は常に $\frac{p}{9\cdots9\times10^k}$ という形となる．一方，循環小数からその循環部分を除いたものは $\frac{q}{10^l}$ という形になるからこれらを足し

て通分すると，循環小数は常に $\frac{m}{9\cdots9\times10^n}$ という形である．また，逆に $\frac{m}{9\cdots9\times10^n}$ という形の分数は常に循環小数で表されることがわかる．

このように，循環小数は常に有理数となるが，逆に有理数は常に循環小数で表されることがつぎのようにわかる．有理数を $\frac{q}{p}$（p は自然数，q は整数）とする．このとき，$p+1$ 個の自然数

$$9,\ 99,\ 999,\ \cdots,\ \underbrace{999\cdots9}_{p+1\text{ 個}}$$

を p で割った余りをそれぞれ $r_1, r_2, \cdots, r_{p+1}$ とすると，$r_1, r_2, \cdots, r_{p+1}$ は p 個の数 $0, 1, 2, \cdots, p-1$ のいずれかであるから，$r_1, r_2, \cdots, r_{p+1}$ の中に必ず値の等しいものが存在する．たとえば，$r_2=r_4$ とすると，99 を p で割った余りと 9999 を p で割った余りが等しいから，$9999-99=9900$ は p で割り切れ，$9900=p\times s$（s は自然数）という形になる．ゆえに，

$$\frac{q}{p} = \frac{qs}{ps} = \frac{qs}{99\times10^2}$$

となり，これは上でみたように循環小数で表される．このように有理数であることと循環小数で表されることは同値であるから，たとえば，$\sqrt{2}$（これは例題 1.1 で学んだように無理数であった）の小数表示 1.414213562373095⋯ には循環部分は決して現れない．

問　　題

問 3.1　つぎの極限値を求めよ．

1）$\displaystyle\lim_{n\to\infty}\left(\frac{1+2+\cdots+n}{n+2}-\frac{n}{2}\right)$　　2）$\displaystyle\lim_{n\to\infty}(2^n+3^n)^{\frac{1}{n}}$

問 3.2　つぎの級数が収束するかどうかを調べ，収束するならば，その和を求めよ．

1）$\displaystyle\sum_{n=1}^{\infty}\left(\frac{1}{2^n}-\frac{1}{3^{n+1}}\right)$　　2）$\displaystyle\sum_{n=1}^{\infty}\frac{n(n-1)}{8n^2+1}$　　3）$\displaystyle\sum_{n=1}^{\infty}\frac{1}{n(n+3)}$

問 3.3　$s>1$ とするとき，級数 $\displaystyle\sum_{n=1}^{\infty}\frac{1}{n^s}$ は収束することを定理 3.27 を用いて証明せよ．

問 3.4　数列 $\{a_n\}$ が二つの条件 $a_1\geqq a_2\geqq a_3\geqq\cdots>0$，$\displaystyle\lim_{n\to\infty}a_n=0$ をみたすとき

$$a_1 - a_2 + a_3 - a_4 + \cdots$$

は収束する．これを証明せよ．

4. 関　　　　数

4.1 合成関数・逆関数

D という集合の要素に対して E という集合の要素がただ一つ定まるとき，この対応を D から E への**写像**という．特に，D を実数の区間あるいはいくつかの区間の和集合とするとき，D から実数への写像を **D を定義域とする関数**，あるいは **D 上定義された関数**という．関数は，通常 f とか g などの文字で表され，x に対応する値を $f(x)$ のように書く*.

数 $f(x)$ のとりうる値の範囲を関数 $f(x)$ の**値域**という．この値域(集合)を E と書くとき，関数 f は D から E への写像である．これを $f: D \to E$ と表す．さらに，D の要素 x が写像（関数）f によって E の要素 $f(x)$ に移るということを

$$D \ni x \longmapsto f(x) \in E$$

と表す．より一般に，集合 U が値域 E を含むときも $f: D \to U$ と表す．

$f(x)$ が n 次の**整式**

$$a_n x^n + a_{n-1}x^{n-1} + \cdots + a_1 x + a_0 \qquad (a_n \neq 0)$$

のとき，$f(x)$ を **n 次関数**という．特に 0 次関数は定数項 a_0 のみとなるが，このように定義域内のすべての点を定数に写す関数を**定数関数**という．さらに，整式と整式の比（整式÷整式）で表される関数

$$f(x) = \frac{a_n x^n + a_{n-1}x^{n-1} + \cdots + a_1 x + a_0}{b_m x^m + b_{m-1}x^{m-1} + \cdots + b_1 x + b_0}$$

を**有理関数**あるいは**分数関数**という．特に分母が定数関数 b_0（$b_0 \neq 0$）ならば n 次関数となる．整数が有理数の特別な場合であるのと同様に，n 次関数は有理関数の特別な場合である．

関数 $g(x)$ の値域が関数 $f(x)$ の定義域に含まれるとき，$f(x)$ と $g(x)$ の写像

---

* この意味では，関数 $f(x)$ といういい方より関数 f といういい方が理にかなっている．しかし，関数の変数が x であることを明記したときには，関数 $f(x)$ といういい方の方がよく用いられる．本書でもこの慣習に倣い，しばしば関数 $f(x)$ という．

としての合成写像，すなわち，x に対して $f(g(x))$ を対応させる写像を**合成関数**という．合成関数 $f(g(x))$ は $(f\circ g)(x)$ とも表される．

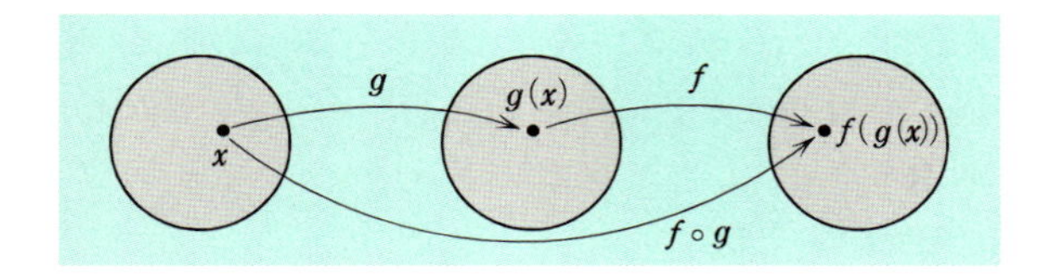

❏ **例題 4.1**　$f(x)=2x+1$，$g(x)=x^3$ とするとき，合成関数 $f\circ g$ および $g\circ f$ を求めよ．$f\circ g=g\circ f$ は成り立つか．

〔**解答**〕　$(f\circ g)$ は $f(g(x))=2x^3+1$，$(g\circ f)$ は $g(f(x))=(2x+1)^3$ となる．これより，$g\circ f\neq f\circ g$ である．◈

変数 x の値が増加するにつれて関数 $f(x)$ の値も増加するとき，すなわち，$x<y$ ならば $f(x)<f(y)$ となるとき，関数 $f(x)$ は**単調増加**であるという．逆に，$x<y$ ならば $f(x)>f(y)$ となるとき，関数 $f(x)$ は**単調減少**であるという．単調増加あるいは単調減少のとき，関数 $f(x)$ は**単調関数**あるいは**単調**であるという．

写像 $f: D\to E$ に対して写像 $g: E\to D$ が存在して，

$$g(f(x)) = x, \quad f(g(y)) = y$$

が任意の $x\in D$ と任意の $y\in E$ に対して成り立つとき，g を f の**逆写像**といい，f^{-1} で表す．特に，f が関数のときは f^{-1} を f の**逆関数**という．f の逆写像（したがって，逆関数）は存在すればただ一つである．実際，写像 $h: E\to D$ が存在して，$h(f(x))=x$，$f(h(y))=y$ が任意の $x\in D$，$y\in E$ に対して成り立つとすると，任意の $y\in E$ に対して $h(y)=f^{-1}(f(h(y)))=f^{-1}(y)$ であるから，h は f^{-1} と一致する．

区間 D 上定義された関数 $f(x)$ が単調関数ならば，値域 E 内の各点 y に対して $y=f(x)$ となる $x\in D$ が**ただ一つ**だけ存在する*．このとき，$x=g(y)$ によって関数 $g: E\to D$ を定義すれば，g は f の逆関数となる．実際，各点 $x\in D$ に対して，$y=f(x)$ とおけば，$g(f(x))=g(y)=x$ が成り立ち，同様に，各点 $y\in E$ に対して，$y=f(x)$ とおけば，$f(g(y))=f(x)=y$ が成り立つ．

関数 f の定義域・値域と，逆関数 f^{-1} の定義域・値域との間には，つぎの関

*　E は f の値域だから $y=f(x)$ となる $x\in D$ が少なくとも一つは必ず存在することに注意せよ．

係が成り立つ.

$$f^{-1}(x) \text{ の定義域} = f(x) \text{ の値域}, \quad f^{-1}(x) \text{ の値域} = f(x) \text{ の定義域}$$

$f(x)=x+2$（ただし，$f(x)$ の定義域は実数全体）に対し，$f(x)$ の値域は実数全体である．任意の実数 y に対して $f(x)=x+2=y$ となる x は $x=y-2$ とただ一つだけ存在する．したがって，$f^{-1}(x)=x-2$ である．$f^{-1}(x)$ の定義域，値域は共に実数全体である．

$f(x)=x^2$ の値域は $0 \leqq y$ であるが，$0 \leqq y$ である y に対して $f(x)=x^2=y$ となる x は $x^2=1 \iff x=\pm 1$ であるからただ一つにはならない．したがって，このままでは $f(x)$ の逆関数は定義できない．しかし，$f(x)$ の定義域を $0 \leqq x$ に**制限**すると，この範囲において $f(x)$ は単調増加となり，$f(x)=x^2=y$ となる x はただ一つとなる．このとき，$f^{-1}(x)$ は x の**平方根** $\sqrt{x}$ である．同様にして，n 次関数 $f(x)=x^n$ は $0 \leqq x$ に制限すると，$f(x)=x^n=y$ となる x がただ一つ定まる．こうして得られた $f(x)=x^n$ の逆関数を $\sqrt[n]{x}$ と表し，x の $\boldsymbol{n}$ **乗根**という．

平面内の二つの数直線を1点Oで互いに垂直に交わるようにして，それぞれ $\boldsymbol{x}$ **軸**，$\boldsymbol{y}$ **軸**という．また，これらをまとめて**座標軸**といい，平面を $\boldsymbol{xy}$ **平面**，座標軸の交わる点Oを原点という（第8章参照）．D 上で定義された関数 $f(x)$ に対して，xy 平面内の点 $(x, f(x))$ $(x \in D)$ をつないでできる xy 平面内の曲線を $f(x)$ の**グラフ**という．

関数 $f(x)$ は $f(-x)=f(x)$ となるとき**偶関数**，$f(-x)=-f(x)$ となるとき**奇関数**という．$f(x)$ が偶関数のときにはグラフ上の任意の点 $(x, f(x))$ と y 軸に対して対称な点 $(-x, f(x))$ は $(-x, f(-x))$ に等しく，したがって，$f(x)$ のグラフ上の点となる．これは**偶関数のグラフは $\boldsymbol{y}$ 軸対称**であることを示している．また，$f(x)$ が奇関数のときにはグラフ上の任意の点 $(x, f(x))$ と原点に関して対称な点 $(-x, -f(x))$ は $(-x, f(-x))$ に等しく，したがって，$f(x)$ のグラフ上の点となる．これは**奇関数のグラフは原点対称**であることを示している．

❏ 例題 4.2　$f(x)=\frac{5}{2}x(1-x)$ のグラフを書け．

〔**解 答**〕　$f(x)=-\frac{5}{2}\left(x-\frac{1}{2}\right)^2+\frac{5}{8}$ (p. 33参照)

となるから，求めるグラフは $y=-\frac{5}{2}x^2$ のグラフを x 軸方向に $\frac{1}{2}$，y 軸方向に $\frac{5}{8}$ 平行移動して，右図のようになる．

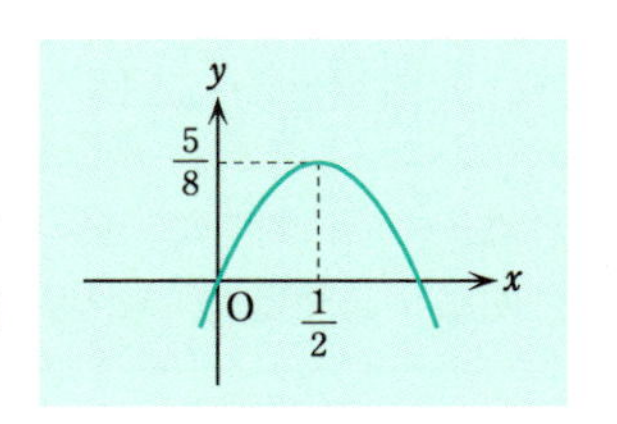

◈

逆関数のグラフについては，つぎのことがわかる．

❑ 定理 4.3

$y=f(x)$ のグラフと $y=f^{-1}(x)$ のグラフは直線 $y=x$ に関して線対称である．

〔証 明〕 図で説明する．

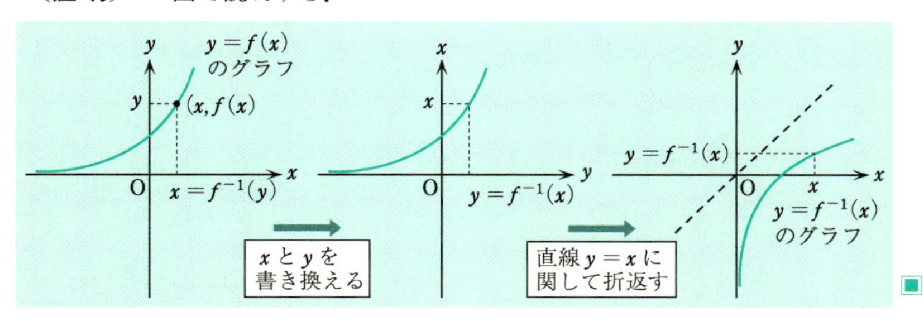

■

定理 4.3 を $f(x)=x^n$ に適用すると，$y=f(x)=x^n$ $(0\leqq x)$ とその逆関数 $y=f^{-1}(x)=\sqrt[n]{x}$ のグラフはつぎの図のように直線 $y=x$ に関して対称となる．

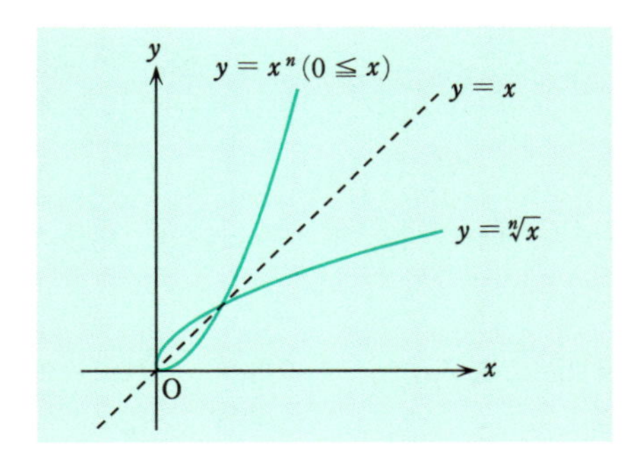

n 乗根と有理関数の合成関数を**無理関数***という．たとえば

$$\sqrt{1+2x-x^2}, \quad \sqrt[5]{(3x+1)^3}, \quad \sqrt{\frac{x-1}{2x+1}}, \quad \frac{1}{1+\sqrt[3]{x+1}}$$

は無理関数である．無理関数は根号の中身が 0 以上になるように x に対して定義される．たとえば，$\sqrt[5]{(3x+1)^3}$ は $3x+1\geqq 0$ すなわち $x\geqq -\frac{1}{3}$ に対して定義される．$\sqrt[5]{(3x+1)^3}$ は $(3x+1)^{\frac{3}{5}}$ とも書かれる（4.4 節参照）．

---

* 実数は有理数か無理数かのいずれかであるが，関数には有理関数，無理関数以外のさまざまな関数がある．これらについては次節以降で学ぶ．

4.2　三角関数

この節では，三角関数について学ぶ．まず，角について考えてみよう．角はその大きさだけが必要で方向を考えなくてもよい場合もあるが，角を回転としてとらえる場合には，二つの回転方向を区別する必要が生じる．xy 平面内においては**反時計回りを正の方向**とし，**時計回りを負の方向**とする．また，何回転してもよいこととすれば，正負すべての実数に対してその角が定義される．このようにすべての実数に対して定義された角を**一般角**という．たとえば，つぎの図のようになる．

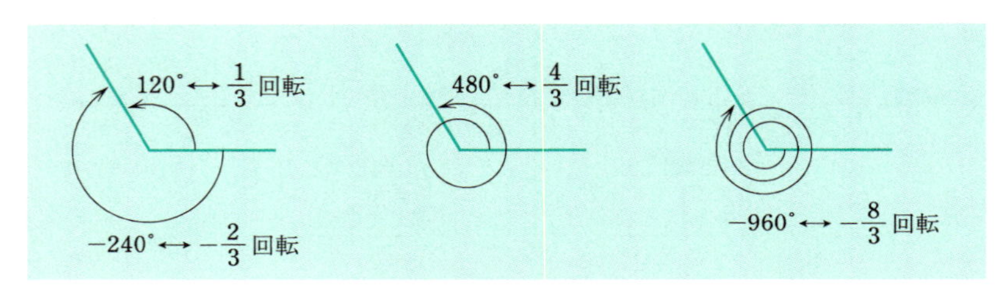

360° を 2π（π は円周率）として角度を表す方法を**弧度法**といい，**ラジアン**という単位を用いる．すなわち，

$$360^\circ = 2\pi\ \text{ラジアン} \iff 1\ \text{ラジアン} = \frac{360^\circ}{2\pi} = \frac{180^\circ}{\pi} = 57.29\cdots^\circ$$

である．単位のラジアンはしばしば省略する．たとえば，$\frac{\pi}{6}$ ラジアンを単に $\frac{\pi}{6}$ と書く．本書においても，以後，特に断らない限り，単位のラジアンは省略する．

例題 4.4　1）弧度法で表されたつぎの角は，それぞれ何度か．

$$\frac{\pi}{6},\ \frac{\pi}{3},\ \pi,\ \frac{4\pi}{3},\ -\frac{\pi}{6},\ \frac{20\pi}{3},\ (2n+1)\pi$$

2）つぎの角度を弧度法で表せ．

$$45^\circ,\ 90^\circ,\ 120^\circ,\ 150^\circ,\ 225^\circ,\ -315^\circ,\ 180^\circ+n\times360^\circ$$

〔解 答〕　1）$\pi=180^\circ$ であるから

$$\frac{\pi}{6}=30^\circ,\ \frac{\pi}{3}=60^\circ,\ \pi=180^\circ,\ \frac{4\pi}{3}=240^\circ,\ -\frac{\pi}{6}=-30^\circ,\ \frac{20\pi}{3}=1200^\circ,$$

$$(2n+1)\pi=180^\circ+n\times360^\circ$$

2）1）と逆に考えて

$$45^\circ=\frac{\pi}{4},\ 90^\circ=\frac{\pi}{2},\ 120^\circ=\frac{2\pi}{3},\ 150^\circ=\frac{5\pi}{6},\ 225^\circ=\frac{5\pi}{4},\ -315^\circ=-\frac{7\pi}{4},$$

$$180^\circ+n\times360^\circ=(2n+1)\pi$$

◆

角を弧度法で表すと，半径1・中心角 2π の扇形，すなわち，単位円の面積は π であるから，$0 \leqq \theta \leqq 2\pi$ のとき，つぎが成り立つ（下図参照）.

$$\text{半径1・中心角}\ \theta\ \text{の扇形の面積} = \pi\frac{\theta}{2\pi} = \frac{\theta}{2}$$

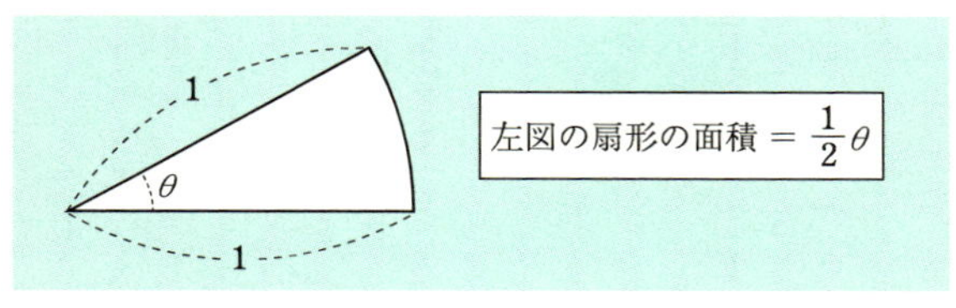

上記の弧度法による扇形の面積の表示は第5章において三角関数の微分の基本公式を求める際に用いる．したがって，公式を用いて三角関数の微分あるいは積分を求める場合には，角は弧度法で表す必要がある*．そのような理由により，この本では，以下においては角は常に弧度法で表すことにする．

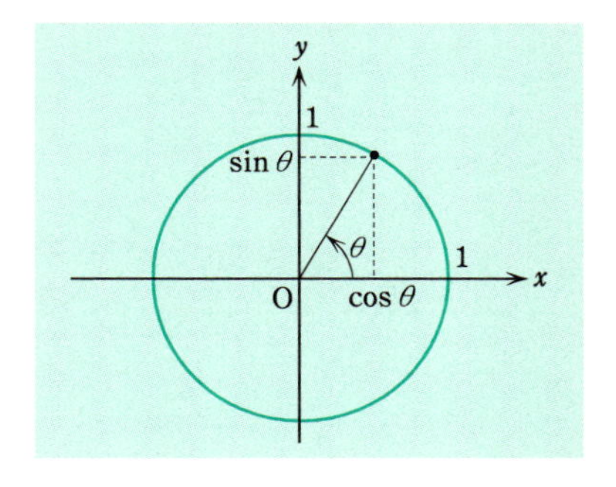

単位円周上にあって x 軸の正の方向から測った角が θ である点の x 座標を $\cos\theta$，y 座標を $\sin\theta$ と表す（右図参照）．したがって，任意の実数 θ に対してつぎの公式が成り立つ．

$$\cos^2\theta + \sin^2\theta = 1$$

ここで，$\cos^2\theta$，$\sin^2\theta$ はそれぞれ $(\cos\theta)^2$，$(\sin\theta)^2$ を表す．

上で定義した $\sin\theta$ を θ の**正弦**（サイン），$\cos\theta$ を θ の**余弦**（コサイン）という．さらに，θ の**正接**（タンジェント）$\tan\theta$，**余接**（コタンジェント）$\cot\theta$，**正割**（セカント）$\sec\theta$，**余割**（コセカント）$\mathrm{cosec}\,\theta$ がつぎのように定義される．

$$\tan\theta=\frac{\sin\theta}{\cos\theta},\quad \cot\theta=\frac{\cos\theta}{\sin\theta}=\frac{1}{\tan\theta},\quad \sec\theta=\frac{1}{\cos\theta},\quad \mathrm{cosec}\,\theta=\frac{1}{\sin\theta}$$

---

* 三角形について考えるときは，著者なども，小学校以来身につけてきた度数法で考えますが，微分積分を考える際には，度数法では“やってられない”のです．約360日で太陽のまわりを1周する地球人が1周を360という数で表す（これは1年が約360日の地球人には便利）のは他の星の宇宙人には無意味ですが，弧度法はどの宇宙人も使える宇宙規格なのです．

以上の正弦，余弦，正接，余接，正割，余割の六つを合わせて**三角関数**という．たとえば，以下が成り立つ．

$\frac{\pi}{6}=30^\circ$	$\sin\frac{\pi}{6}=\frac{1}{2}$ $\cot\frac{\pi}{6}=\sqrt{3}$	$\cos\frac{\pi}{6}=\frac{\sqrt{3}}{2}$ $\sec\frac{\pi}{6}=\frac{2}{\sqrt{3}}$	$\tan\frac{\pi}{6}=\frac{1}{\sqrt{3}}$ $\operatorname{cosec}\frac{\pi}{6}=2$
$\frac{\pi}{4}=45^\circ$	$\sin\frac{\pi}{4}=\frac{1}{\sqrt{2}}$ $\cot\frac{\pi}{4}=1$	$\cos\frac{\pi}{4}=\frac{1}{\sqrt{2}}$ $\sec\frac{\pi}{4}=\sqrt{2}$	$\tan\frac{\pi}{4}=1$ $\operatorname{cosec}\frac{\pi}{4}=\sqrt{2}$
$\frac{\pi}{3}=60^\circ$	$\sin\frac{\pi}{3}=\frac{\sqrt{3}}{2}$ $\cot\frac{\pi}{3}=\frac{1}{\sqrt{3}}$	$\cos\frac{\pi}{3}=\frac{1}{2}$ $\sec\frac{\pi}{3}=2$	$\tan\frac{\pi}{3}=\sqrt{3}$ $\operatorname{cosec}\frac{\pi}{3}=\frac{2}{\sqrt{3}}$
$\frac{\pi}{2}=90^\circ$	$\sin\frac{\pi}{2}=1$ $\cot\frac{\pi}{2}=0$	$\cos\frac{\pi}{2}=0$ $\sec\frac{\pi}{2}$：定義されない	$\tan\frac{\pi}{2}$：定義されない $\operatorname{cosec}\frac{\pi}{2}=1$
$\frac{2\pi}{3}=120^\circ$	$\sin\frac{2\pi}{3}=\frac{\sqrt{3}}{2}$ $\cot\frac{2\pi}{3}=-\frac{1}{\sqrt{3}}$	$\cos\frac{2\pi}{3}=-\frac{1}{2}$ $\sec\frac{2\pi}{3}=-2$	$\tan\frac{2\pi}{3}=-\sqrt{3}$ $\operatorname{cosec}\frac{2\pi}{3}=\frac{2}{\sqrt{3}}$
$\pi=180^\circ$	$\sin\pi=0$ $\cot\pi$：定義されない	$\cos\pi=-1$ $\sec\pi=-1$	$\tan\pi=0$ $\operatorname{cosec}\pi$：定義されない

三角関数を用いて直角三角形の辺の長さの比が表される．

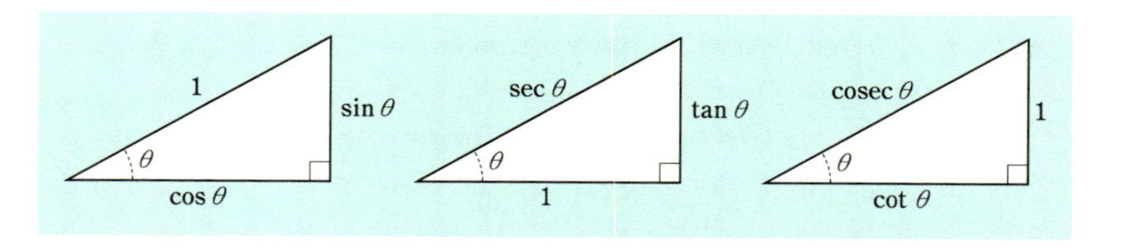

点 $(\cos\theta,\ \sin\theta)$ と x 軸に関して対称な点は $(\cos(-\theta),\ \sin(-\theta))$，$y$ 軸に関して対称な点は $(\cos(\pi-\theta),\ \sin(\pi-\theta))$ と表されるから，つぎが成り立つ．

❑ 定理 4.5 任意の実数 θ に対し

$$\sin(-\theta) = -\sin\theta, \quad \cos(-\theta) = \cos\theta$$
$$\sin(\pi-\theta) = \sin\theta, \quad \cos(\pi-\theta) = -\cos\theta$$

定理 4.5 より，$f(x)=\sin x$ は奇関数であり，よって，グラフは原点対称となる．また，$f(x)=\cos x$ は偶関数であり，よって，グラフは y 軸対称となる．

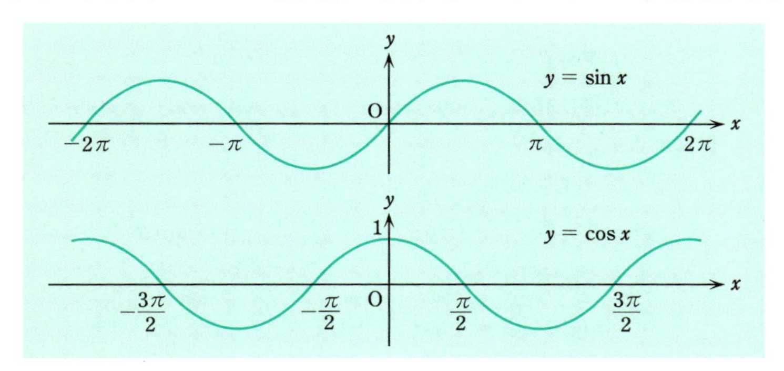

三角関数においては，つぎの公式が基本となる．

❑ 公式 4.6（加法公式） 任意の実数 θ，φ に対して

1) $\sin(\theta+\varphi) = \sin\theta\cos\varphi + \cos\theta\sin\varphi$
2) $\cos(\theta+\varphi) = \cos\theta\cos\varphi - \sin\theta\sin\varphi$
3) $\tan(\theta+\varphi) = \dfrac{\tan\theta+\tan\varphi}{1-\tan\theta\tan\varphi}$

〔**証 明**〕 はじめに, 2) を示す, 角 θ の単位円周上の点を A, 角 φ の単位円周上の点を B とする．このとき，点 A の座標 $(\cos\theta, \sin\theta)$，点 B の座標 $(\cos\varphi, \sin\varphi)$

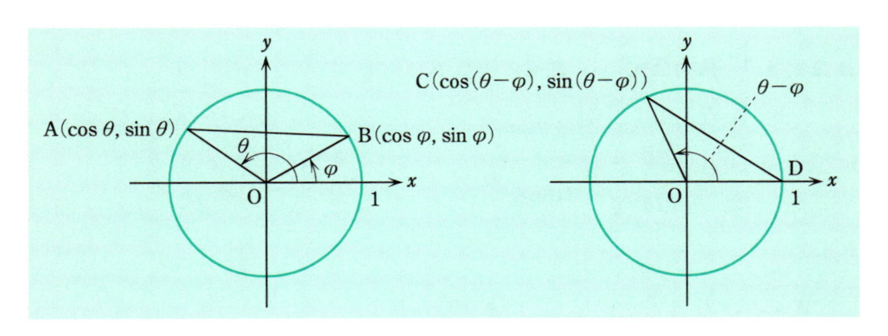

と表されるから，2 点 A，B の距離の 2 乗は，公式 4.4 を用いて

$$AB^2 = (\cos\theta - \cos\varphi)^2 + (\sin\theta - \sin\varphi)^2 = 2 - 2(\cos\theta\cos\varphi + \sin\theta\sin\varphi)$$

と計算される．一方，三角形 BOA を原点のまわりに $-\varphi$ だけ，点 B が前ページの右図の点 D(1, 0) に重なるように，回転したときの A の位置を点 C とすると，

$$CD^2 = (\cos(\theta-\varphi)-1)^2 + \sin^2(\theta-\varphi) = 2 - 2\cos(\theta-\varphi)$$

である．$AB^2 = CD^2$ であるから，つぎが得られる．

$$\cos(\theta-\varphi) = \cos\theta\cos\varphi + \sin\theta\sin\varphi$$

この式で $-\varphi$ を φ と書き直して，$\cos(-\varphi) = \cos\varphi$，$\sin(-\varphi) = -\sin\varphi$ を用いれば，2) が得られる．

2) で $\varphi = \pm\frac{\pi}{2}$ とすると，$\cos\frac{\pi}{2} = 0$，$\sin\frac{\pi}{2} = 1$ から

$$\cos\left(\theta+\frac{\pi}{2}\right) = -\sin\theta,\quad \cos\left(\theta-\frac{\pi}{2}\right) = -\sin\theta$$

また，ここで θ を $\theta\pm\frac{\pi}{2}$ として

$$\sin\left(\theta+\frac{\pi}{2}\right) = \cos\theta,\quad \sin\left(\theta-\frac{\pi}{2}\right) = \cos\theta$$

が得られる．よって，すでに証明した 2) で θ を $\theta-\frac{\pi}{2}$ として 1) が得られる．

3) は 1) と 2) から，つぎのように示される．

$$\tan(\theta+\varphi) = \frac{\sin(\theta+\varphi)}{\cos(\theta+\varphi)} = \frac{\sin\theta\cos\varphi + \cos\theta\sin\varphi}{\cos\theta\cos\varphi - \sin\theta\sin\varphi}$$

$$= \frac{\dfrac{\sin\theta}{\cos\theta} + \dfrac{\sin\varphi}{\cos\varphi}}{1 - \dfrac{\sin\theta\sin\varphi}{\cos\theta\cos\varphi}} = \frac{\tan\theta + \tan\varphi}{1 - \tan\theta\tan\varphi}$$

こうして，公式 4.6 の証明が完了した． ■

加法公式で $\theta = \varphi$ とおいて以下の公式が得られる．

❏ **公式 4.7（倍角公式）** 任意の実数 θ に対して

1) $\sin 2\theta = 2\sin\theta\cos\theta$
2) $\cos 2\theta = \cos^2\theta - \sin^2\theta = 2\cos^2\theta - 1 = 1 - 2\sin^2\theta$
3) $\tan 2\theta = \dfrac{2\tan\theta}{1-\tan^2\theta}$

公式 4.7 の 2) を書き直して，つぎが得られる．

❏ 公式 4.8（半角公式） 任意の実数 θ に対して

$$\sin^2\theta = \frac{1-\cos 2\theta}{2}, \quad \cos^2\theta = \frac{1+\cos 2\theta}{2}$$

❏ 例題 4.9 1）$\cos\frac{\pi}{12}$ および $\sin\frac{\pi}{8}$ の値を求めよ．

2）$0 \leqq x \leqq 2\pi$ のとき，$3\sin x - 4\cos x$ の最大値を求めよ．

〔**解 答**〕 1）加法公式（公式 4.6）より

$$\cos\frac{\pi}{12} = \cos\left(\frac{\pi}{3}-\frac{\pi}{4}\right) = \cos\frac{\pi}{3}\cos\frac{\pi}{4} + \sin\frac{\pi}{3}\sin\frac{\pi}{4}$$
$$= \frac{1}{2}\frac{1}{\sqrt{2}} + \frac{\sqrt{3}}{2}\frac{1}{\sqrt{2}} = \frac{\sqrt{2}+\sqrt{6}}{4}$$

半角公式（公式 4.8）より

$$\sin^2\frac{\pi}{8} = \frac{1-\cos 2\cdot\frac{\pi}{8}}{2} = \frac{1-\cos\frac{\pi}{4}}{2} = \frac{1-\frac{1}{\sqrt{2}}}{2} = \frac{2-\sqrt{2}}{4}$$

である．したがって，$\sin\frac{\pi}{8}>0$ より，$\sin\frac{\pi}{8}=\frac{\sqrt{2-\sqrt{2}}}{2}$ である．

2）$\sqrt{3^2+4^2}=5$ より，$\left(\frac{3}{5}, \frac{4}{5}\right)$ は単位円周上の点であるから，$\cos\alpha=\frac{3}{5}$，$\sin\alpha=\frac{4}{5}$ となる角 α が存在する．したがって，加法公式より

$$3\sin x - 4\cos x = 5(\sin x\cos\alpha - \cos x\sin\alpha) = 5\sin(x-\alpha)$$

となる*．これは $x-\alpha=\frac{\pi}{2}$ のとき最大値 5 をとる． ◈

加法公式より，つぎの公式が得られる．この公式は名前の通り，積を和･差に書きかえるときに用いられる．

❏ 公式 4.10（積和公式） 任意の実数 x，y に対して

$$1)\ \sin x\cos y = \frac{1}{2}\{\sin(x+y)+\sin(x-y)\}$$
$$2)\ \sin x\sin y = \frac{1}{2}\{\cos(x-y)-\cos(x+y)\}$$
$$3)\ \cos x\cos y = \frac{1}{2}\{\cos(x+y)+\cos(x-y)\}$$

積和の公式を逆に考えると，つぎの和･差を積に直す公式が得られる．

---

* この変形を**単振動合成**という．

❑ 公式 4.11（和積公式）　任意の実数 x，y に対して

$$\begin{aligned}
&1)\ \sin x + \sin y = 2\sin\frac{x+y}{2}\cos\frac{x-y}{2}\\
&2)\ \sin x - \sin y = 2\sin\frac{x-y}{2}\cos\frac{x+y}{2}\\
&3)\ \cos x + \cos y = 2\cos\frac{x+y}{2}\cos\frac{x-y}{2}\\
&4)\ \cos x - \cos y = -2\sin\frac{x+y}{2}\sin\frac{x-y}{2}
\end{aligned}$$

〔**証 明**〕　積和公式の 1) で，$x+y=\theta$，$x-y=\varphi$ とおくと，$x=\frac{\theta+\varphi}{2}$，$y=\frac{\theta-\varphi}{2}$ であるから

$$\sin\frac{\theta+\varphi}{2}\cos\frac{\theta-\varphi}{2} = \frac{1}{2}\{\sin\theta+\sin\varphi\}$$

となる．この式の両辺を 2 倍し，θ, φ をそれぞれ x, y と書き直して，和積公式 4.11 の 1) が得られる．2)～4) も，同様に証明される．■

❑ 例題 4.12　方程式 $\sin x\sin 3x + 1 = 0$ を解け．

〔**解 答**〕　公式 4.10 の 2) と公式 4.7 の 2) より，

$$\begin{aligned}
\sin x\sin 3x &= \frac{1}{2}\{\cos(x-3x)-\cos(x+3x)\} = \frac{1}{2}\{\cos 2x-\cos 4x\}\\
&= \frac{1}{2}\{\cos 2x-(2\cos^2 2x-1)\} = \frac{1}{2}\{\cos 2x-2\cos^2 2x+1\}
\end{aligned}$$

である．よって $\sin x\sin 3x+1=0 \iff 2\cos^2 2x-\cos 2x-3=0$ である．さらにこれを因数分解して，$(2\cos 2x-3)(\cos 2x+1)=0$ となるから，x が方程式をみたすためには，$\cos 2x+1=0$，すなわち $\cos 2x=-1$ が必要十分である．ゆえに $2x=(2n+1)\pi$，よって $x=(2n+1)\frac{\pi}{2}$（ただし，n は整数）．◈

以下において，三角形の辺と角の関係について述べておく．

❑ 定理 4.13　三角形 ABC に対してつぎが成り立つ．

正弦定理　$$\frac{\mathrm{BC}}{\sin\angle\mathrm{A}} = \frac{\mathrm{CA}}{\sin\angle\mathrm{B}} = \frac{\mathrm{AB}}{\sin\angle\mathrm{C}} = 2R$$

（ただし R は三角形 ABC の外接円の半径）

余弦定理　$$\mathrm{AB}^2 + \mathrm{AC}^2 - 2\,\mathrm{AB}\cdot\mathrm{AC}\cos\angle\mathrm{A} = \mathrm{BC}^2$$

〔**証明**〕　まず，$\angle A \leqq \frac{\pi}{2}$ とする．このとき，線分CDが外接円の直径となるように外接円上の点Dをとると（図a参照），$\angle D = \angle A$ であり*，$\angle CBD$ は直角であるから，

$$BC = 2R\sin\angle D = 2R\sin\angle A \qquad よって \qquad \frac{BC}{\sin\angle A} = 2R$$

となる．つぎに，$\angle A \geqq \frac{\pi}{2}$ とする．このとき，同様に線分CDが外接円の直径となるように外接円上の点Dをとると（図b参照），$\angle D = \pi - \angle A$ であり，$\angle CBD$ は直角であるから，

$$BC = 2R\sin\angle D = 2R\sin(\pi - \angle A) = 2R\sin\angle A$$

$$よって \qquad \frac{BC}{\sin\angle A} = 2R$$

となる．同様に，$\frac{CA}{\sin\angle B} = \frac{AB}{\sin\angle C} = 2R$ が示される．こうして，正弦定理が証明された．

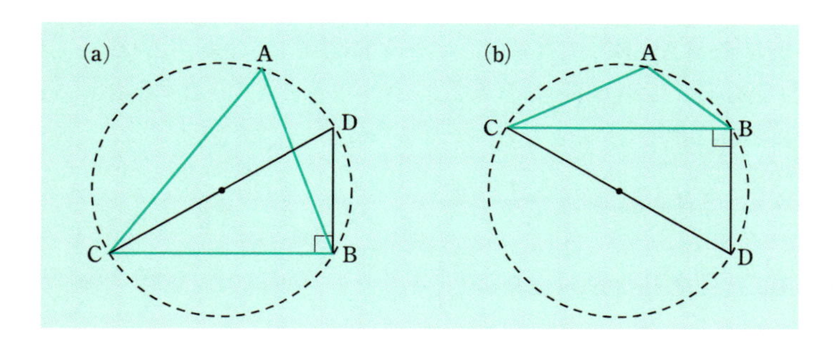

つぎに，Cから辺AB（あるいはその延長線上）に下ろした垂線の足をDとするとき，$\angle A \leqq \frac{\pi}{2}$ ならば $AD = AC\cos\angle A$（図c, d参照），$\angle A \geqq \frac{\pi}{2}$ ならば $AD = AC\cos(\pi - \angle A) = -AC\cos\angle A$（図e参照）となり，いずれの場合にも

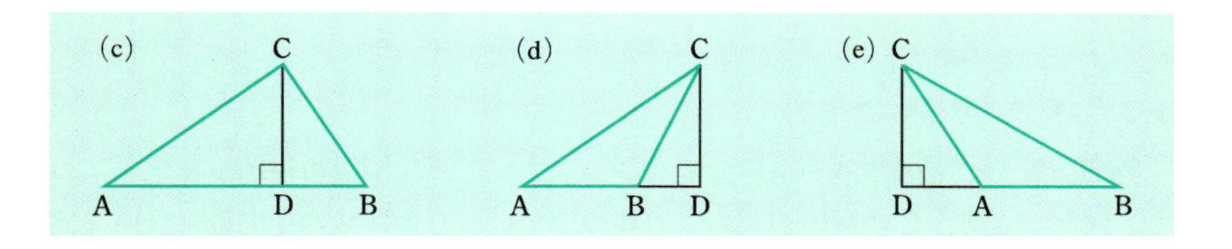

---

* 円周角の定理から．

$AD^2=AC^2\cos^2\angle A$ が成り立つ．また，$\angle A \leqq \frac{\pi}{2}$，$\angle B \leqq \frac{\pi}{2}$ なら $DB=AB-AD$（図 c），$\angle A \leqq \frac{\pi}{2}$，$\angle B \geqq \frac{\pi}{2}$ なら $DB=AD-AB$（図 d），$\angle A \geqq \frac{\pi}{2}$，$\angle B \leqq \frac{\pi}{2}$ なら $DB=AB+AD$（図 e）となり，いずれの場合にも $DB^2=(AB-AC\cos\angle A)^2$ が成り立つ．したがって，

$$AC^2 - AD^2 + DB^2 = CD^2 + DB^2 = BC^2$$

より，つぎが成り立つ．

$$\begin{aligned} AC^2-AC^2\cos^2\angle A+(AB-AC\cos\angle A)^2 &= AB^2+AC^2-2\,AB\cdot AC\cos\angle A \\ &= BC^2 \end{aligned}$$

以上により，余弦定理も示された．　■

❏ 例題 4.14　　三角形 ABC について，つぎの問いに答えよ．

1）$AB=2$，$\angle A=\frac{\pi}{4}$，$\angle B=\frac{5\pi}{12}$ のとき，辺 AC，BC の長さを求めよ．

2）$AB=2$，$AC=3$，$\angle A=\frac{\pi}{3}$ のとき，BC の長さを求めよ．

〔解 答〕　1）三角形 ABC の外接円の半径を R とすれば，正弦定理より次式が得られる．

（★）　$2R\sin\angle A=BC$,　　（★）　$2R\sin\angle B=AC$,　　（★）　$2R\sin\angle C=AB$

ここで，$AB=2$，$\angle A=\frac{\pi}{4}$，$\angle B=\frac{5\pi}{12}$，$\angle C=\pi-\angle A-\angle B=\frac{\pi}{3}$ であるから，（★）より $2R=\frac{AB}{\sin\angle C}=\frac{4}{\sqrt{3}}$ となる．これを（★），（★）に代入して

$$BC = 2R\sin\angle A = \frac{4}{\sqrt{3}}\frac{1}{\sqrt{2}} = \frac{4}{\sqrt{6}},$$

$$AC = 2R\sin\angle B = 2R\sin\left(\frac{\pi}{4}+\frac{\pi}{6}\right) = 2R\left(\sin\frac{\pi}{4}\cos\frac{\pi}{6}+\cos\frac{\pi}{4}\sin\frac{\pi}{6}\right)$$

$$= \frac{4}{\sqrt{3}}\left(\frac{1}{\sqrt{2}}\frac{\sqrt{3}}{2}+\frac{1}{\sqrt{2}}\frac{1}{2}\right) = \sqrt{2} + \frac{2}{\sqrt{6}}$$

2）余弦定理より

$$BC^2 = AB^2 + AC^2 - 2\,AB\cdot AC\cos\angle A = 2^2+3^2-2\times2\times3\times\frac{1}{2} = 7$$

したがって，$BC=\sqrt{7}$　◆

4.3　逆 三 角 関 数

有理関数や無理関数の不定積分の計算のために，三角関数の逆関数を学んでおくと便利である．この目的のために，この節では，三角関数の逆関数について述べる．

正弦関数 $f(x)=\sin x$ の値域は $[-1,1]$ であるが，たとえば，0（これは値域

に入っている）に対して，$x=n\pi$（nは自然数）ならば $f(x)=\sin x=0$ となるから，$f(x)=0$ となる x はただ一つには決まらない．このように，三角関数をその定義域全体で考えると逆関数 $f^{-1}(x)$ は定義できないが，$f(x)=\sin x$ は，定義域を閉区間 $\left[-\frac{\pi}{2}, \frac{\pi}{2}\right]$ に制限すると $[-1,1]$ を値域にもつ単調増加関数となる．したがって，$[-1,1]$ を定義域とし $\left[-\frac{\pi}{2}, \frac{\pi}{2}\right]$ を値域とする逆関数 $f^{-1}(x)$ が定義される．それを**逆正弦関数**といい $\sin^{-1} x$ または $\arcsin x$ と書く*．

同様に $f(x)=\cos x$ は定義域を閉区間 $[0, \pi]$ に制限すると $[-1,1]$ を値域にもつ単調減少関数となる．したがって，$[-1,1]$ を定義域とし $[0, \pi]$ を値域とする逆関数 $f^{-1}(x)$ が定義される．それを**逆余弦関数**といい $\cos^{-1} x$ または $\arccos x$ と書く．定理 4.3 より $\sin^{-1} x$，$\cos^{-1} x$ のグラフはそれぞれ下図(a)，(b) のようになる．

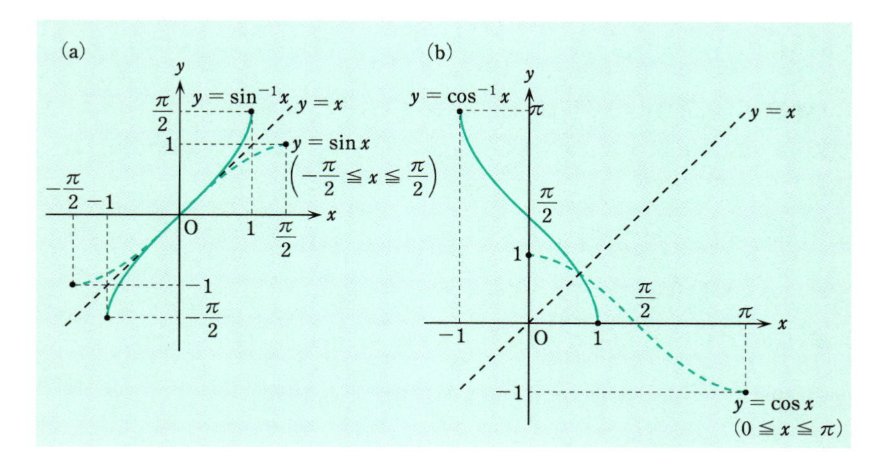

関数 $f(x)=\tan x$ は定義域を開区間 $\left(-\frac{\pi}{2}, \frac{\pi}{2}\right)$ に制限すると $\boldsymbol{R}$（ここで $\boldsymbol{R}$ は実数全体の集合，p. 3 参照）を値域にもつ単調増加関数となる．したがって，$\boldsymbol{R}$ を定義域とし $\left(-\frac{\pi}{2}, \frac{\pi}{2}\right)$ を値域とする逆関数 $f^{-1}(x)$ が定義される．それを**逆正接関数**といい $\tan^{-1} x$ または $\arctan x$ と書く．定理 4.3 より $\tan^{-1} x$ のグラフはつぎのようになる．

---

* $\sin^{-1} x$，$\arcsin x$ はそれぞれ，サイン・インバース，アーク・サインと読む．なお，$\sin^{-1} x$ は $\dfrac{1}{\sin x}$ ではない！

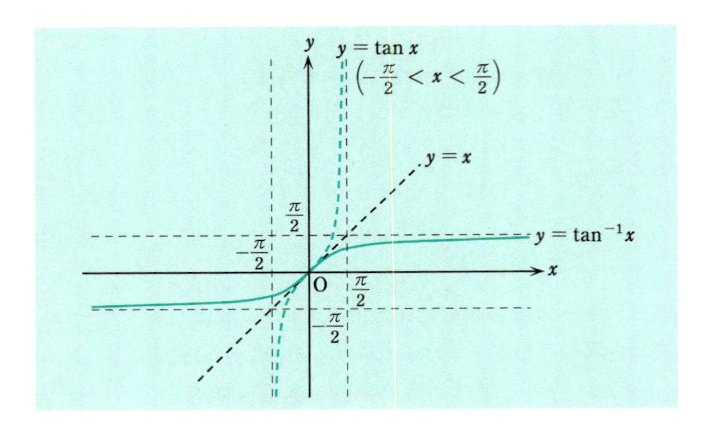

例題 4.15　　つぎの値を求めよ．

1） $\sin^{-1}\dfrac{1}{2}$　　2） $\cos^{-1}0$　　3） $\tan^{-1}(-1)$　　4） $\cos^{-1}\left(-\dfrac{1}{2}\right)$

〔解 答〕　$\sin^{-1}y=x \Longleftrightarrow \sin x=y,\ -\frac{\pi}{2}\leqq x\leqq\frac{\pi}{2}$ である．そこで，$\sin^{-1}y$ を求めるには，x に関する三角方程式 $\sin x=y$ を，$-\frac{\pi}{2}\leqq x\leqq\frac{\pi}{2}$ の範囲で解けばよい．

1） $\sin\frac{\pi}{6}=\frac{1}{2},\ -\frac{\pi}{2}\leqq\frac{\pi}{6}\leqq\frac{\pi}{2}$ であるから，$\sin^{-1}\frac{1}{2}=\frac{\pi}{6}$.

2） $\cos\frac{\pi}{2}=0,\ 0\leqq\frac{\pi}{2}\leqq\pi$ であるから，$\cos^{-1}0=\frac{\pi}{2}$.

3） $\tan\left(-\frac{\pi}{4}\right)=-1,\ -\frac{\pi}{2}<-\frac{\pi}{4}<\frac{\pi}{2}$ であるから，$\tan^{-1}(-1)=-\frac{\pi}{4}$.

4） $\cos\frac{2\pi}{3}=-\frac{1}{2},\ 0\leqq\frac{2\pi}{3}\leqq\pi$ であるから，$\cos^{-1}\left(-\frac{1}{2}\right)=\frac{2\pi}{3}$. ◈

例題 4.16　　つぎの値を求めよ．

1） $\sin\left(\cos^{-1}\dfrac{1}{3}\right)$　　2） $\sin\left(2\sin^{-1}\dfrac{3}{7}\right)$　　3） $\cos(\tan^{-1}2)$

〔解 答〕　1） $0\leqq\cos^{-1}\frac{1}{3}\leqq\pi$ より $\sin\left(\cos^{-1}\frac{1}{3}\right)\geqq0$ である．したがって，

$$\sin\left(\cos^{-1}\tfrac{1}{3}\right) = \sqrt{\sin^2\left(\cos^{-1}\tfrac{1}{3}\right)} = \sqrt{1-\cos^2\left(\cos^{-1}\tfrac{1}{3}\right)}$$

$$= \sqrt{1-\left(\tfrac{1}{3}\right)^2}=\frac{2\sqrt{2}}{3}$$

2) $-\frac{\pi}{2} \leqq \sin^{-1}\frac{3}{7} \leqq \frac{\pi}{2}$ より $\cos\left(\sin^{-1}\frac{3}{7}\right) \geqq 0$ である．したがって

$$\cos\left(\sin^{-1}\frac{3}{7}\right) = \sqrt{\cos^2\left(\sin^{-1}\frac{3}{7}\right)} = \sqrt{1-\sin^2\left(\sin^{-1}\frac{3}{7}\right)}$$
$$= \sqrt{1-\left(\frac{3}{7}\right)^2} = \frac{\sqrt{40}}{7} = \frac{2\sqrt{10}}{7}$$

よって，倍角公式により，

$$\sin\left(2\sin^{-1}\frac{3}{7}\right) = 2\sin\left(\sin^{-1}\frac{3}{7}\right)\cos\left(\sin^{-1}\frac{3}{7}\right)$$
$$= 2\cdot\frac{3}{7}\cdot\frac{2\sqrt{10}}{7} = \frac{12\sqrt{10}}{49}$$

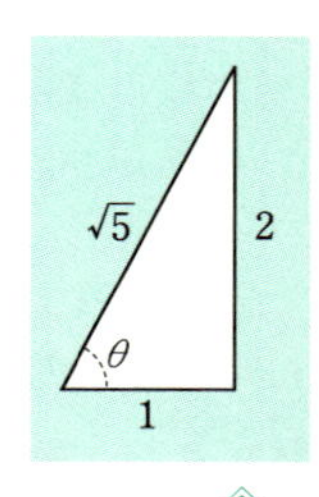

3) $\theta=\tan^{-1}2$ とおくと，θ は直角をつくる 2 辺の長さが 1, 2 の直角三角形の一つの角で表される．この直角三角形の斜辺の長さは $\sqrt{5}$ である（右図参照）．ゆえに，$\cos(\tan^{-1}2)=\frac{1}{\sqrt{5}}$. ◈

❑ 例題 4.17　3 辺 AB, BC, AC の長さがそれぞれ 2, 3, 4 である三角形 ABC の三つの角を求めよ．

〔解 答〕　余弦定理（定理 4.13）よりつぎが得られる．

$$\cos\angle A = \frac{AB^2+AC^2-BC^2}{2\,AB\cdot AC} = \frac{2^2+4^2-3^2}{2\times2\times4} = \frac{11}{16} \iff \angle A = \cos^{-1}\frac{11}{16}$$

$$\cos\angle B = \frac{AB^2+BC^2-AC^2}{2\,AB\cdot BC} = \frac{2^2+3^2-4^2}{2\times2\times3} = -\frac{1}{4} \iff \angle B = \cos^{-1}\left(-\frac{1}{4}\right)$$

$$\cos\angle C = \frac{AC^2+BC^2-AB^2}{2\,AC\cdot BC} = \frac{4^2+3^2-2^2}{2\times4\times3} = \frac{7}{8} \iff \angle C = \cos^{-1}\frac{7}{8}$$ ◈

三角関数の公式 $\cos^2 x+\sin^2 x=1$ に対応して，つぎが成り立つ．

❑ 公式 4.18　$[-1,1]$ 内の任意の x に対してつぎの等式が成り立つ．

$$\cos^{-1}x + \sin^{-1}x = \frac{\pi}{2}$$

〔証 明〕　$\theta=\cos^{-1}x$ とおくと，$\cos\theta=x$, $0\leqq\theta\leqq\pi$ が成り立つ．このとき，

$$-\frac{\pi}{2} \leqq \frac{\pi}{2}-\theta \leqq \frac{\pi}{2} \quad かつ \quad \sin\left(\frac{\pi}{2}-\theta\right)=\cos\theta=x$$

であるから定義により $\frac{\pi}{2}-\theta=\sin^{-1}x$ となる．したがって，

$$\cos^{-1}x + \sin^{-1}x = \theta + \frac{\pi}{2} - \theta = \frac{\pi}{2}$$

となる． ▣

4.4 指数関数・対数関数

a を 1 でない正の定数とする．このとき，実数全体を定義域とする関数 a^x が，つぎの性質により定まる．

1) $a^x>0, \quad a^{-x} = \dfrac{1}{a^x}$
2) m, n が自然数なら $a^{\frac{m}{n}} = \sqrt[n]{a^m}$
3) $1<a$ なら a^x は単調増加，$0<a<1$ なら a^x は単調減少

上の性質 1) で $x=0$ として，$a^0=1$ であることがわかる．また，性質 2) で $n=m=1$ として，$a^1=a$ であることがわかる．また，上の性質からすべての実数 x に対して a^x が定まる．たとえば，$x=\sqrt{2}=1.4142\cdots$ とすると，

$$1.4 = \frac{14}{10},\ 1.41 = \frac{141}{100},\ 1.414 = \frac{1414}{1000},\ \cdots$$

であるから

$$1.4 < \sqrt{2} < 1.5 \implies 2^{1.4} = \sqrt[10]{2^{14}} < 2^{\sqrt{2}} < 2^{1.5} = \sqrt[10]{2^{15}}$$
$$\implies 2.6\cdots<2^{\sqrt{2}}<2.8\cdots$$
$$1.41 < \sqrt{2} < 1.42 \implies 2^{1.41} = \sqrt[100]{2^{141}} < 2^{\sqrt{2}} < 2^{1.42} = \sqrt[100]{2^{142}}$$
$$\implies 2.65\cdots < 2^{\sqrt{2}} < 2.67\cdots$$
$$1.414 < \sqrt{2} < 1.415 \implies 2^{1.414} = \sqrt[1000]{2^{1414}} < 2^{\sqrt{2}} < 2^{1.415} = \sqrt[1000]{2^{1415}}$$
$$\implies 2.664\cdots < 2^{\sqrt{2}} < 2.666\cdots$$

というように $2^{\sqrt{2}}$ の値がいくらでも正確に定まる．

a を 1 でない正の定数とするとき，このようにして定まる関数 a^x を a を**底**とする**指数関数**という．指数関数の値域は，正の実数全体である．指数関数はつぎの性質をもつ．

❑ **公式 4.19**（**指数法則**）　a, b を任意の正の数，x, y を任意の実数とするとき，

$$(ab)^x = a^x b^x, \quad a^x a^y = a^{x+y}, \quad (a^x)^y = a^{xy}$$

指数関数 $f(x)=a^x$ は，実数全体を定義域とし，正の実数全体を値域とする単

調関数である[*1]から，正の実数全体を定義域とし，実数全体を値域とする逆関数 $f^{-1}(x)$ が定義される．この逆関数を $\log_a x$ で表し，a を**底**とする**対数関数**という．対数関数はつぎの性質をもつ．

❑ 公式 4.20　a, b を 1 と異なる正数とするとき，任意の正数 x, y に対し，つぎが成り立つ．

1) $y = \log_a x \iff x = a^y$　特に，$\log_a 1 = 0$
2) $\log_a x$ は $1<a$ なら単調増加，$0<a<1$ なら単調減少
3) $\log_a xy = \log_a x + \log_a y$,　$\log_a \frac{y}{x} = \log_a y - \log_a x$
4) $\log_a (x^y) = y \log_a x$
5) $\log_b x = \dfrac{\log_a x}{\log_a b}$　**（底の変換公式）**

10 を底とする対数関数 $\log_{10} x$ を**常用対数**という．

❑ 例題 4.21　放射性物質である ^{14}C（炭素 14）は，一定の比率で崩壊し，5730 年たつと量が半分[*2]になるという．^{14}C の量が $\frac{1}{10}$ になるのは，はじめから数えて何年めか．$\log_{10} 2 = 0.3010$ として計算せよ．

〔**解 答**〕　1 年で，α 倍になるとすると，$\alpha^{5730} = \frac{1}{2}$ である．これより，$\alpha = \left(\frac{1}{2}\right)^{\frac{1}{5730}}$ となる．n 年後に $\frac{1}{10}$ になったとすると，$\alpha^n = \frac{1}{10}$ である．したがって

$$\left(\frac{1}{2}\right)^{\frac{n}{5730}} = \frac{1}{10} = 10^{-1}$$

この両辺の常用対数をとって $\log_{10}\left(\frac{1}{2}\right)^{\frac{n}{5730}} = \log_{10}(10^{-1})$．よって，公式 4.20 の 3)，4) から，$-\dfrac{n}{5730}\log_{10} 2 = -1$ となる．ゆえに

$$n = \frac{5730}{\log_{10} 2} = \frac{5730}{0.3010} = 19036.5\cdots$$

以上により，^{14}C の量が $\frac{1}{10}$ になるのは，およそ 19040 年後である．◈

指数関数と対数関数は互いに他の逆関数だから，定理 4.3 より，両者のグラフはつぎの図のように直線 $y = x$ に関して対称となる．

---

*1　実数全体を $(-\infty, \infty)$，正の実数全体を $(0, \infty)$ と書けば，$a^x : (-\infty, \infty) \to (0, \infty)$ である．

*2　このように放射性物質の量（＝原子核の個数）が半分になる時間を，**半減期**という．バリウム 140 は約 13 日，プルトニウム 239 は約 24000 年というように，半減期は物質により，かなりの差がある．

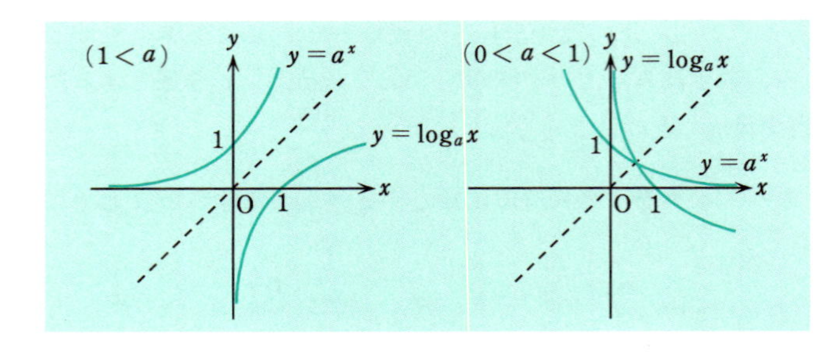

3.3 節（p. 71）で，実数 e を $e=\lim_{n\to\infty}\left(1+\frac{1}{n}\right)^n$ によって定めた．指数関数 a^x の底を $a=e$ とした関数 e^x は，後に微分の章（第 5 章）で学ぶように，特別な意味をもつ．$e=2.718\cdots$ であったから，$e>1$ であり，したがって，e^x は（実数全体で定義された）単調増加関数である．また，その値域は正の実数全体になる．これらの事実は，関数 e^x のグラフを記憶しておけば，いつでも思い出すことができる．

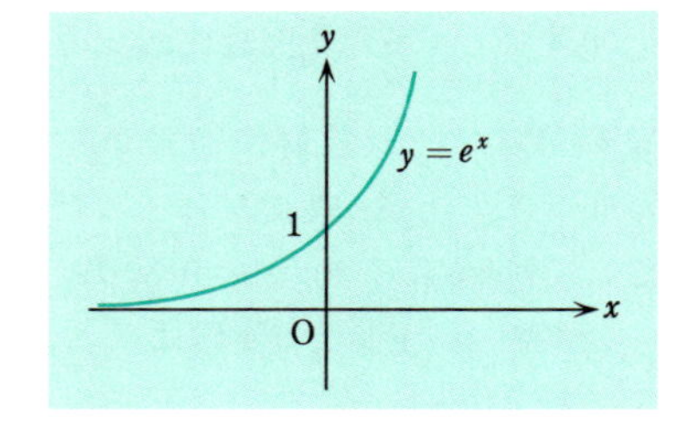

関数 e^x の逆関数，すなわち e を底とする対数関数 $\log_e x$ を**自然対数**という．本書においては今後，対数関数といったら，この自然対数 $\log_e x$ のことをさすものとする．また，この関数を底を省略して単に $\log x$ と書く*．

公式 4.20 の書き直しにすぎないが，関数の記号 $\log x$ に慣れる意味で，対数関数の性質をまとめておく．

❑ 定理 4.22　$\log x$ は正の実数全体を定義域とし実数全体を値域とする単調増加関数で，任意の正数 x, y に対し

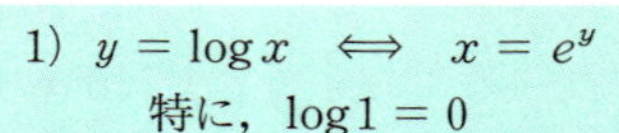

1）$y = \log x \iff x = e^y$
　特に，$\log 1 = 0$
2）$\log(xy) = \log x + \log y$
　$\log\frac{y}{x} = \log y - \log x$
3）$\log(x^y) = y \log x$

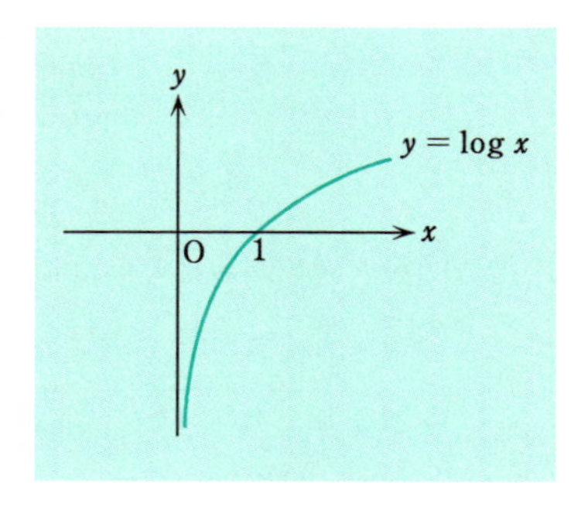

---

*　$\log_e x$ を $\ln x$ と書く流儀もある．この書き方は，工学の分野などで好まれるようである．また，常用対数を単に $\log x$ と書くこともある．

ここで，対数関数の性質より $a^x=e^{\log(a^x)}=e^{x\log a}$ であるから，対数関数の底の変換も用いてつぎが成り立つことがわかる．

$$a^x = e^{x\log a}, \quad \log_a x = \frac{\log x}{\log a}$$

このように，すべての指数関数，対数関数は自然対数の底による指数関数，対数関数に書き換えられる．

例題 4.23 関数 $\sinh x$，$\cosh x$，$\tanh x$ をつぎのように定義する．

$$\sinh x = \frac{e^x-e^{-x}}{2},\ \cosh x = \frac{e^x+e^{-x}}{2},\ \tanh x = \frac{\sinh x}{\cosh x} = \frac{e^x-e^{-x}}{e^x+e^{-x}}$$

これらの関数のグラフを書け．また，つぎを証明せよ．

1) $\cosh^2 x-\sinh^2 x=1$

2) $\mathrm{sech}\, x=\dfrac{1}{\cosh x}$ とするとき，$1-\tanh^2 x=\mathrm{sech}^2 x$

3) $\cosh^2 x=\dfrac{1+\cosh 2x}{2}$

4) 関数 $\log\sqrt{\dfrac{1+x}{1-x}}$ の逆関数は $\tanh x$ となる．

〔解 答〕 グラフは下図のようになる．

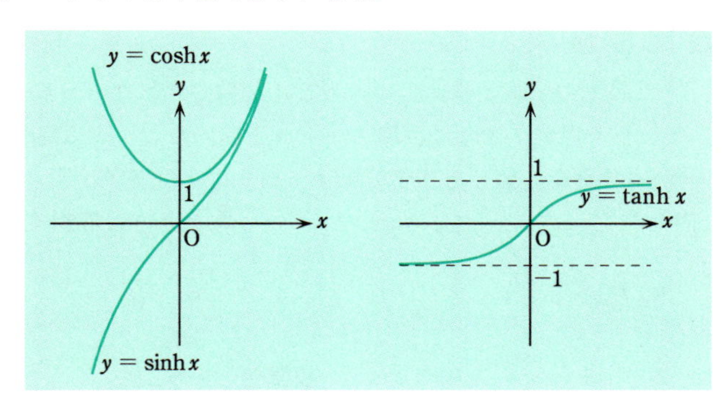

1) $e^xe^{-x}=e^{x-x}=e^0=1$ を用いて

$$\cosh^2 x - \sinh^2 x = \left(\frac{e^x+e^{-x}}{2}\right)^2 - \left(\frac{e^x-e^{-x}}{2}\right)^2$$

$$= \frac{\{(e^x)^2+2e^xe^{-x}+(e^{-x})^2\}-\{(e^x)^2-2e^xe^{-x}+(e^{-x})^2\}}{4}$$

$$= \frac{4e^xe^{-x}}{4} = 1$$

2) は 1) の等式 $\cosh^2 x$ で割って得られる.

3)　1) と同様に

$$\cosh^2 x = \left(\frac{e^x+e^{-x}}{2}\right)^2 = \frac{e^{2x}+2+e^{-2x}}{4} = \frac{1+\cosh 2x}{2}$$

4) 実数 y に対し

$$y = \log\sqrt{\frac{1+x}{1-x}} \iff e^y = \sqrt{\frac{1+x}{1-x}} \iff e^{2y} = \frac{1+x}{1-x}$$

$$\iff e^{2y}-1 = (e^{2y}+1)x \iff x = \frac{e^{2y}-1}{e^{2y}+1} = \frac{e^y-e^{-y}}{e^y+e^{-y}}$$

$$\iff x = \tanh y$$ ◈

例題 4.23 において定義した sinh はサインハイパーボリック, cosh はコサインハイパーボリック, tanh はタンジェントハイパーボリックとよばれ, これらをまとめて**双曲線関数**[*1] という.

4.1 節からここまで学んできた関数をふりかえってみると, n 次関数[*2], 有理関数, 無理関数, 三角関数, 逆三角関数, 指数関数, 対数関数である. このうち, 前半の三つを**代数関数**という. また, 後半の四つを**初等超越関数**という. これらおよびこれらの加減乗除と合成から得られる関数を**初等関数**とよぶ.

4.5 関数の極限

3.3 節で学んだ数列の極限と類似の考え方で, 関数の極限を考える. a を区間 I の点とし, $f(x)$ を区間 I または区間 I から a を除いたところで定義された関数とする. x が a と異なる値をとりながら a に限りなく近づくとき, $f(x)$ が一定の値 b に限りなく近づくことを, $f(x)$ は $x \to a$ のとき b に**収束する**といい

$$\lim_{x\to a} f(x) = b \quad \text{または} \quad x \to a \text{ のとき } f(x) \to b$$

と表す. この b を, $x \to a$ のときの $f(x)$ の**極限値**という.

$\lim_{x\to a} f(x) = b$ であることは, 関数 $f(x)$ のグラフ上の点 P の x 座標が a に近づくときに, P が点 A (a, b) に限りなく近づくことである.

---

*1　例題 4.23 の 1) で示したように, 点 $(x, y) = (\cosh t, \sinh t)$ は, 双曲線 (ハイパーボラ, hyperbola) $x^2-y^2=1$ (8.3 節参照) の上の点である. このことから, これらの関数を双曲線関数とよぶ.

*2　これは有理関数の特別な場合であった.

❏ 例題 4.24　つぎの極限値を求めよ．

1) $\lim_{x\to 0}(x^2+2x+3)$　　2) $\lim_{x\to 3}\dfrac{x-3}{x^2-x-6}$　　3) $\lim_{x\to 9}\dfrac{\sqrt{x}-3}{x-\sqrt{x}-6}$

〔**解答**〕　1) x の値が 0 と異なる値をとりながら 0 に限りなく近づくとき，$f(x)=x^2+2x+3$ の値の変化の様子は，右図のようになる．よって

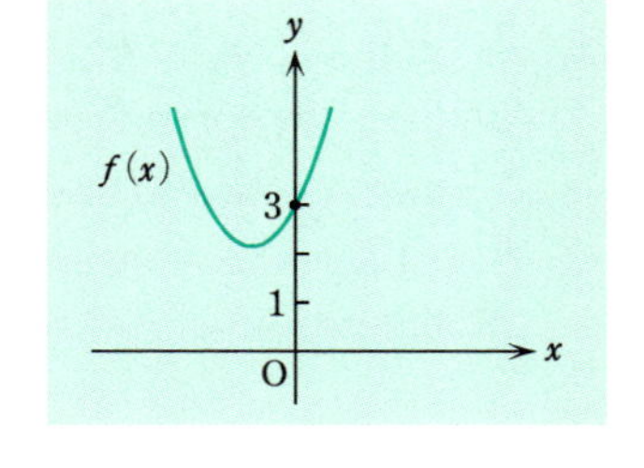

$$\lim_{x\to 0}(x^2+2x+3) = 3$$

となる．ちなみに，数値の変化はつぎの表のようである．

x	-0.1	-0.01	-0.001	→	0	←	0.001	0.01	0.1
$f(x)$	2.81	2.9801	2.998	→	3	←	3.002	3.0201	3.21

2) $x^2-x-6=(x+2)(x-3)$ だから

$$\frac{x-3}{x^2-x-6} = \frac{x-3}{(x+2)(x-3)} = \frac{1}{x+2}$$

となる．よって

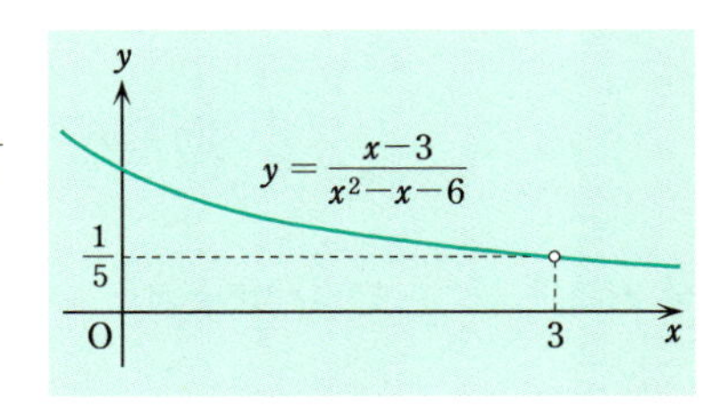

$$\lim_{x\to 3}\frac{x-3}{x^2-x-6} = \frac{1}{5}$$

3) $\sqrt{x}=t$ とおくと，$x\to 9 \iff t\to 3$ である．したがって，2) より

$$\lim_{x\to 9}\frac{\sqrt{x}-3}{x-\sqrt{x}-6} = \lim_{t\to 3}\frac{t-3}{t^2-t-6} = \frac{1}{5}$$ ◈

上の例題の 2)，3) においては，関数は，それぞれ $x=3$，$x=9$ で定義されていない．このように，関数 $f(x)$ について $x\to a$ の極限を求める際には，$f(x)$ の $x\neq a$ における値だけを考える．$f(x)$ は $x=a$ で定義されている必要はないことに注意しよう．

数列の極限値に対するのと同様に，関数の極限値に対しても，つぎの定理が成り立つ．

❏ 定理 4.25（**極限値と加減乗除**）　関数 $f(x)$，$g(x)$ が $x \to a$ のとき収束するならば，関数 $cf(x)$（ただし c は定数），$f(x) \pm g(x)$，$f(x)g(x)$，$\frac{f(x)}{g(x)}$ も $x \to a$ のとき収束して

$$1)\ \lim_{x\to a} cf(x) = c\lim_{x\to a} f(x)$$

$$2)\ \lim_{x\to a}\{f(x)+g(x)\} = \lim_{x\to a} f(x) + \lim_{x\to a} g(x),$$

$$\lim_{x\to a}\{f(x)-g(x)\} = \lim_{x\to a} f(x) - \lim_{x\to a} g(x)$$

$$3)\ \lim_{x\to a}\{f(x)g(x)\} = \lim_{x\to a} f(x)\cdot\lim_{x\to a} g(x), \qquad \lim_{x\to a}\frac{f(x)}{g(x)} = \frac{\lim_{x\to a} f(x)}{\lim_{x\to a} g(x)}$$

をみたす．ただし，除法の計算のときは，$\lim_{x\to a} g(x) \neq 0$ と仮定する．

さらに，つぎが成り立つ．

❏ 定理 4.26　$\lim_{x\to a} g(x) = b$，$\lim_{x\to b} f(x) = f(b)$ ならば*，$\lim_{x\to a} f(g(x)) = f(b)$，すなわち

$$\lim_{x\to a} f(g(x)) = f\left(\lim_{x\to a} g(x)\right)$$

❏ 例題 4.27　つぎの極限値を求めよ．ただし，3) の a は正定数．

1) $\displaystyle\lim_{x\to 1}\left(x\log x + 2\tan^{-1}\frac{2x}{x+1}\right)$　　2) $\displaystyle\lim_{x\to 0}\frac{e^{2x}-e^x}{e^{2x}-1}$　　3) $\displaystyle\lim_{h\to 0}\frac{\sqrt{a+h}-\sqrt{a}}{h}$

〔**解 答**〕　1）定理 4.22 より $\lim_{x\to 1}\log x = 0$ となることがわかる．また，$\lim_{x\to 1}\frac{2x}{x+1} = 1$ であるから，定理 4.26 と $\tan^{-1}1 = \frac{\pi}{4}$（例題 4.15 参照）より

$$\lim_{x\to 1}\tan^{-1}\frac{2x}{x+1} = \tan^{-1}1 = \frac{\pi}{4}$$

である．よって，定理 4.25 より

$$\lim_{x\to 1}\left(x\log x + 2\tan^{-1}\frac{2x}{x+1}\right) = \lim_{x\to 1} x\cdot\lim_{x\to 1}\log x + 2\lim_{x\to 1}\tan^{-1}\frac{2x}{x+1}$$

$$= 1\cdot 0 + 2\cdot\frac{\pi}{4} = \frac{\pi}{2}$$

---

*　f に対するこの条件が成り立つとき，$f(x)$ は $x=b$ で連続であるという．（4.6 節参照）

2) $e^{2x}=(e^x)^2$ を用いて，定理 4.25 より

$$\lim_{x\to 0}\frac{e^{2x}-e^x}{e^{2x}-1} = \lim_{x\to 0}\frac{e^x(e^x-1)}{(e^x+1)(e^x-1)} = \lim_{x\to 0}\frac{e^x}{e^x+1} = \frac{\lim_{x\to 0}e^x}{\lim_{x\to 0}e^x+1} = \frac{1}{2}$$

3) 分母・分子に $\sqrt{a+h}+\sqrt{a}$ を掛けて，定理 4.25 を用いて

$$\lim_{h\to 0}\frac{\sqrt{a+h}-\sqrt{a}}{h} = \lim_{h\to 0}\frac{(\sqrt{a+h}-\sqrt{a})(\sqrt{a+h}+\sqrt{a})}{h(\sqrt{a+h}+\sqrt{a})}$$

$$= \lim_{h\to 0}\frac{h}{h(\sqrt{a+h}+\sqrt{a})} = \lim_{h\to 0}\frac{1}{(\sqrt{a+h}+\sqrt{a})} = \frac{1}{2\sqrt{a}}$$ ◈

例題 4.24 の 2)，3) や例題 4.27 の 2)，3) のように $x\to a$ のときの分母・分子の極限が両方とも 0 であるような極限は $\frac{0}{0}$ 型の不定形という．$\frac{0}{0}$ 型の不定形の極限の計算では，約分ができる場合には，約分を行ったあとに，定理 4.25 を用いればよい．しかし，初等超越関数の $\frac{0}{0}$ 型の不定形の極限の計算では，一般には，約分ができない．そこで，いくつかの基本的な公式が必要になる．三角関数の極限計算においては，つぎの公式が基本となる．

❏ 公式 4.28　$$\lim_{\theta\to 0}\frac{\sin\theta}{\theta} = 1$$

〔証 明〕　$\dfrac{\sin(-\theta)}{-\theta}=\dfrac{-\sin\theta}{-\theta}=\dfrac{\sin\theta}{\theta}$ であるから，$\dfrac{\sin\theta}{\theta}$ は偶関数である．そこで $\theta>0$ で $\theta\to 0$ のときに証明すればよい．また，$\theta\to 0$ とするから，θ が $0<\theta<\frac{\pi}{2}$ をみたすときを考えればよい．下図（AB=AC=1，$\angle$ABD=$\frac{\pi}{2}$ とする）より

三角形 ABC の面積 ＜ 扇形 ABC の面積 ＜ 三角形 ABD の面積

が成り立つ．ところが

三角形 ABC の面積 ＝ $\frac{1}{2}\sin\theta$

扇形 ABC の面積 ＝ $\frac{1}{2}\theta$

三角形 ABD の面積 ＝ $\frac{1}{2}\tan\theta=\frac{1}{2}\frac{\sin\theta}{\cos\theta}$

であるから

$$\frac{1}{2}\sin\theta < \frac{1}{2}\theta < \frac{1}{2}\frac{\sin\theta}{\cos\theta}$$

よって　$$\cos\theta < \frac{\sin\theta}{\theta} < 1$$

が得られる．4.2 節で学んだ $\cos x$ のグラフ（p. 85 参照）より，$\theta\to 0$ のとき

$\cos\theta\to 1$ であるから $\theta>0$ で $\theta\to 0$ とするとき，$\frac{\sin\theta}{\theta}\to 1$ である．よって，$\lim_{\theta\to 0}\frac{\sin\theta}{\theta}=1$ が成り立つ．■

❏ 例題 4.29　つぎの極限値を求めよ．

1) $\lim_{h\to 0}\frac{\sin\frac{h}{2}}{h}$　2) $\lim_{\theta\to 0}\frac{1-\cos\theta}{\theta^2}$　3) $\lim_{x\to 0}\frac{\tan x}{x}$

〔解 答〕　1) $\frac{h}{2}=\theta$ とおいて

$$\lim_{h\to 0}\frac{\sin\frac{h}{2}}{h} = \lim_{\theta\to 0}\frac{\sin\theta}{2\theta} = \frac{1}{2}\lim_{\theta\to 0}\frac{\sin\theta}{\theta} = \frac{1}{2}$$

2) 半角公式（公式 4.8）より

$$\lim_{\theta\to 0}\frac{1-\cos\theta}{\theta^2} = \lim_{\theta\to 0}\frac{2\sin^2\frac{\theta}{2}}{\theta^2} = \frac{1}{2}\lim_{\theta\to 0}\frac{\sin^2\frac{\theta}{2}}{\left(\frac{\theta}{2}\right)^2}$$

である．よって，$\frac{\theta}{2}=x$ とおいて

$$\lim_{\theta\to 0}\frac{1-\cos\theta}{\theta^2} = \frac{1}{2}\lim_{x\to 0}\left(\frac{\sin x}{x}\right)^2 = \frac{1}{2}\left(\lim_{x\to 0}\frac{\sin x}{x}\right)^2 = \frac{1}{2}$$

3) $\tan x=\frac{\sin x}{\cos x}$ より

$$\lim_{x\to 0}\frac{\tan x}{x} = \lim_{x\to 0}\frac{\sin x}{x}\frac{1}{\cos x} = \lim_{x\to 0}\frac{\sin x}{x}\cdot\lim_{x\to 0}\frac{1}{\cos x} = 1$$ ◈

$\frac{0}{0}$ 型の不定形の極限値は，分母と分子が 0 に収束する“強さ”のバランスによって定まる．たとえば，$\lim_{x\to 0}\frac{x^2}{x}=0$ は，分子が 0 に行く“強さ”が分母が 0 に行く“強さ”より勝っていることを意味している．公式 4.28 は，大ざっぱにいえば，x が 0 に行くとき $\sin x$ が 0 に収束する“強さ”が x が 0 に収束する“強さ”と同じ程度であることを示している．

❏ 例題 4.30　つぎの極限値は存在するか．

1) $\lim_{x\to 0}\frac{x(x+1)}{|x|}$　2) $\lim_{t\to 1}\frac{1}{(t-1)^2}$　3) $\lim_{x\to 0}\sin\frac{1}{x}$

〔解 答〕

1) $f(x) = \frac{x(x+1)}{|x|} = \begin{cases} x+1 & x>0 \\ -x-1 & x<0 \end{cases}$

である．よって，x を正の方から $x \to 0$ とすると $f(x)$ は 1 に限りなく近づき，x を負の方から $x \to 0$ とすると $f(x)$ は -1 に限りなく近づく（図 a）．したがって，$\lim_{x \to 0} \frac{x(x+1)}{|x|}$ は存在しない．

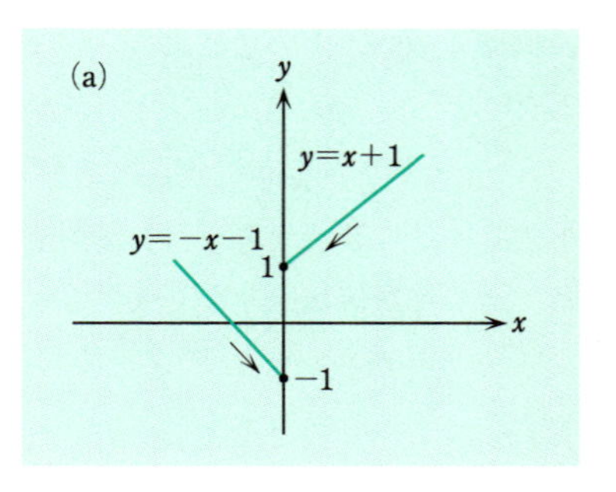

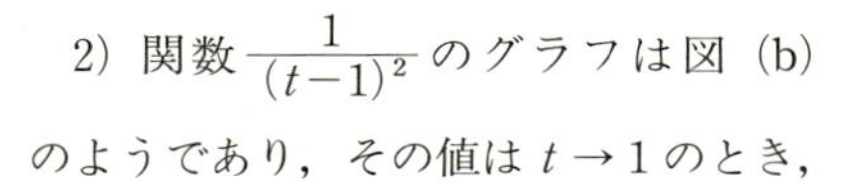

2）関数 $\frac{1}{(t-1)^2}$ のグラフは図（b）のようであり，その値は $t \to 1$ のとき，限りなく大きくなる．よって $\lim_{t \to 1} \frac{1}{(t-1)^2}$ は存在しない．

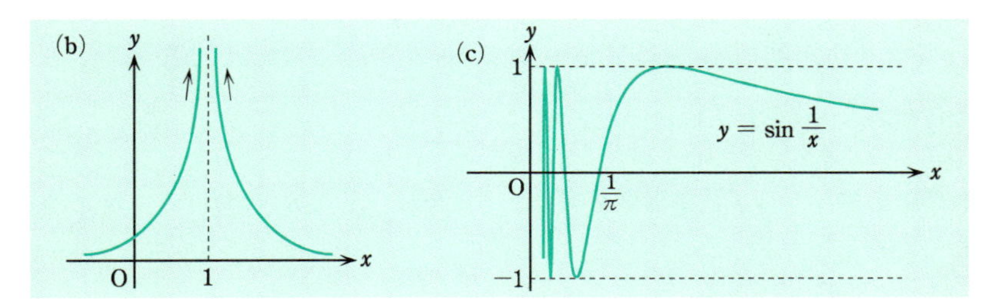

3）関数 $\sin \frac{1}{x}$ のグラフは図(c)のようである．これは $x \to 0$ のとき振動を限りなく繰返すだけであり，よって $\lim_{x \to 0} \sin \frac{1}{x}$ は存在しない． ◈

この例題でみたように，$\lim_{x \to a} f(x)$ は存在するとは限らない．$\lim_{x \to a} f(x)$ が存在しないことを，$f(x)$ は $x \to a$ のとき，収束しない（または，極限値をもたない）という．

例題 4.30 の 1）では，片側から近づけたときの極限値は存在している．一般に，x が a の右側から a に近づくときの $f(x)$ の極限値を**右側極限値**といい，$\lim_{x \to a+0} f(x)$ で表す．同様に，x が a の左側から a に近づくときの $f(x)$ の極限値を**左側極限値**といい，$\lim_{x \to a-0} f(x)$ で表す*．$\lim_{x \to a} f(x)$ が存在するためには，$\lim_{x \to a+0} f(x)$ と $\lim_{x \to a-0} f(x)$ の両方が存在して，$\lim_{x \to a+0} f(x) = \lim_{x \to a-0} f(x)$ となることが必要十分である．例題 4.30 の 1）では，右側極限値（=1）も左側極限値（=-1）も存在するが，両者の値が異なるので，極限値は存在しない．

---

* この表記において $a=0$ のときは $0+0$，$0-0$ をそれぞれ $+0$，-0 と書く．

例題 4.30 の 2) のように $x \to a$ のときに $f(x)$ の値が限りなく大きくなることを

$$\lim_{x \to a} f(x) = \infty \qquad \text{または} \qquad x \to a \text{ のとき } f(x) \to \infty$$

と表し，$x \to a$ のとき $f(x)$ は無限大に発散するという．同様に，$f(x)$ の値が負でその絶対値が限りなく大きくなることを

$$\lim_{x \to a} f(x) = -\infty \qquad \text{または} \qquad x \to a \text{ のとき } f(x) \to -\infty$$

と表し，$x \to a$ のとき $f(x)$ はマイナス無限大に発散するという．たとえば

$$\lim_{x \to a+0} \frac{1}{x-a} = \infty, \qquad \lim_{x \to -\frac{\pi}{2}+0} \tan x = -\infty$$

である．後者については p. 92 の図参照.

$x \to a$ のかわりに，$x \to \infty$ あるいは $x \to -\infty$ のときの極限 $\lim_{x \to \infty} f(x)$，$\lim_{x \to -\infty} f(x)$ についても同様に考える．

❑ 例題 4.31　つぎの極限値を求めよ．ただし，7) と 8) における a は正の定数．

1) $\displaystyle\lim_{x \to \infty} \frac{3x^2-2x+1}{x^2+x+1}$　2) $\displaystyle\lim_{x \to \infty} e^x$　3) $\displaystyle\lim_{x \to -\infty} e^x$　4) $\displaystyle\lim_{x \to \infty} \log x$

5) $\displaystyle\lim_{x \to +0} \log x$　6) $\displaystyle\lim_{x \to \infty} \tan^{-1} x$　7) $\displaystyle\lim_{x \to \infty} x^a$　8) $\displaystyle\lim_{x \to +0} x^a$

〔解 答〕　1) $x \to \infty$ のとき，分母・分子ともに無限大になる*．分母・分子を x^2 で割って

$$\lim_{x \to \infty} \frac{3x^2-2x+1}{x^2+x+1} = \lim_{x \to \infty} \frac{3-\frac{2}{x}+\frac{1}{x^2}}{1+\frac{1}{x}+\frac{1}{x^2}} = \frac{3}{1} = 3$$

2)，3) e^x のグラフ（p. 96 の図参照）より

$$\lim_{x \to \infty} e^x = \infty, \qquad \lim_{x \to -\infty} e^x = 0$$

4)，5) $\log x$ のグラフ（p. 96 の図参照）より

$$\lim_{x \to \infty} \log x = \infty, \qquad \lim_{x \to +0} \log x = -\infty$$

6) $\tan^{-1} x$ のグラフ（p. 92 の図参照）より

$$\lim_{x \to \infty} \tan^{-1} x = \frac{\pi}{2}$$

7) 上に示した 2), 4) の結果より，

---

*　このような極限を $\frac{\infty}{\infty}$ 型の不定形という．

$$\lim_{x\to\infty} x^\alpha = \lim_{x\to\infty} e^{\log(x^\alpha)} = \lim_{x\to\infty} e^{\alpha\log x} = \infty$$

8) 上に示した 3),5) の結果より,

$$\lim_{x\to+0} x^\alpha = \lim_{x\to+0} e^{\log(x^\alpha)} = \lim_{x\to+0} e^{\alpha\log x} = 0$$ ◈

3.3 節において，自然対数の底 e を，数列の極限として

$$e = \lim_{n\to\infty}\left(1+\frac{1}{n}\right)^n$$

で定義した．上の定義の n は実数でおきかえても成り立つ．すなわち

❏ 公式 4.32* $\displaystyle\lim_{x\to\infty}\left(1+\frac{1}{x}\right)^x = e, \quad \lim_{x\to-\infty}\left(1+\frac{1}{x}\right)^x = e$

〔証 明〕　まず，$x\to\infty$ のときを考える．x に対し $n \leqq x < n+1$ なる自然数 n をとると

$$1+\frac{1}{n+1} < 1+\frac{1}{x} \leqq 1+\frac{1}{n}$$

である．これらは 1 より大きいから，$n \leqq x < n+1$ より

(★) $$\left(1+\frac{1}{n+1}\right)^n < \left(1+\frac{1}{x}\right)^n \leqq \left(1+\frac{1}{x}\right)^x < \left(1+\frac{1}{x}\right)^{n+1} \leqq \left(1+\frac{1}{n}\right)^{n+1}$$

が得られる．$x\to\infty$ のとき，$n\to\infty$ である．そこで，この不等式の左辺の $n\to\infty$ の極限をとると

$$\lim_{n\to\infty}\left(1+\frac{1}{n+1}\right)^n = \lim_{n\to\infty}\frac{\left(1+\frac{1}{n+1}\right)^{n+1}}{1+\frac{1}{n+1}} = \frac{e}{1} = e$$

となる．ここで，$\lim_{n\to\infty}\left(1+\frac{1}{n+1}\right)^{n+1} = \lim_{j\to\infty}\left(1+\frac{1}{j}\right)^j = e$ を用いた．同様にして

$$\lim_{n\to\infty}\left(1+\frac{1}{n}\right)^{n+1} = \lim_{n\to\infty}\left(1+\frac{1}{n}\right)^n\left(1+\frac{1}{n}\right) = e$$

である．よって，(★)より

$$\lim_{x\to\infty}\left(1+\frac{1}{x}\right)^x = e$$

---

* この公式の 2 式をあわせて，$\lim_{x\to\pm\infty}\left(1+\frac{1}{x}\right)^x = e$ と書く．

が証明された．一方，$x \to -\infty$ のときは，$x=-y$ とおけば

$$\left(1+\frac{1}{x}\right)^x = \left(1-\frac{1}{y}\right)^{-y} = \left(\frac{y}{y-1}\right)^y = \left(1+\frac{1}{y-1}\right)^{y-1}\left(1+\frac{1}{y-1}\right)$$

となるので，$x \to -\infty \Longleftrightarrow y \to \infty$ より

$$\lim_{x\to-\infty}\left(1+\frac{1}{x}\right)^x = \lim_{y\to\infty}\left(1+\frac{1}{y-1}\right)^{y-1}\left(1+\frac{1}{y-1}\right) = e\cdot 1 = e$$

■

公式 4.32 で $\frac{1}{x}=h$ とおくことにより，つぎが得られる．

❏ 公式 4.33 $$\lim_{h\to0}(1+h)^{\frac{1}{h}} = e$$

公式 4.33 は，指数関数や対数関数の不定形の極限値計算の基本となる．

❏ 例題 4.34 つぎの極限値を求めよ．

1) $\displaystyle\lim_{x\to1}\frac{\log x}{x-1}$ 2) $\displaystyle\lim_{h\to0}\frac{e^h-1}{h}$

〔解 答〕 1) $x=1+h$ とおくと，定理 4.22 の 3) より

$$\frac{\log x}{x-1} = \frac{\log(1+h)}{h} = \frac{1}{h}\log(1+h) = \log(1+h)^{\frac{1}{h}}$$

である．また，$x\to1 \Longleftrightarrow h\to0$ であるから，定理 4.26 より

$$\lim_{x\to1}\frac{\log x}{x-1} = \lim_{h\to0}\log(1+h)^{\frac{1}{h}} = \log\left(\lim_{h\to0}(1+h)^{\frac{1}{h}}\right) = \log e = 1$$

2) $e^h=x$ とおくと，$h=\log x$ である．よって，1) を用いて

$$\lim_{h\to0}\frac{e^h-1}{h} = \lim_{x\to1}\frac{x-1}{\log x} = \lim_{x\to1}\frac{1}{\frac{\log x}{x-1}} = \frac{1}{1} = 1$$

◈

$\displaystyle\lim_{x\to a}f(x)=b$ が成り立てば，特別な $x\to a$ の近づき方に対しても上の式は成り立つ．たとえば，公式 4.32 において $x=n$（n は自然数）として，$n\to\infty$ とすると e の定義式である $\displaystyle\lim_{n\to\infty}\left(1+\frac{1}{n}\right)^n=e$ が得られる．このような関数の極限と数列の極限との関係を一般的に述べれば，つぎのようになる．

❏ **定理 4.35**　$\lim_{x\to a} f(x)=b$ であるとき，$\lim_{n\to\infty} x_n=a$（ただし $x_n\neq a$）ならば，$\lim_{n\to\infty} f(x_n)=b$ である．これは，$a=\infty$ の場合も成り立つ．特に*

$$\lim_{x\to\infty} f(x) = b \implies \lim_{n\to\infty} f(n) = b$$

が成り立つ．

❏ **例題 4.36**　つぎの極限値を求めよ．

1) $\lim_{n\to\infty} n\sin\frac{1}{n}$　　2) $\lim_{n\to\infty}\{\log(n+1)-\log n\}$

〔解 答〕　1) $x_n=\frac{1}{n}$ として定理 4.35 を用いると，公式 4.28 より

$$\lim_{n\to\infty} n\sin\frac{1}{n} = \lim_{n\to\infty}\frac{\sin\frac{1}{n}}{\frac{1}{n}} = \lim_{x\to 0}\frac{\sin x}{x} = 1$$

2) 定理 4.22 で述べた $\log x$ の性質から

$$\lim_{x\to\infty}\{\log(x+1)-\log x\} = \lim_{x\to\infty}\log\frac{x+1}{x}$$

$$= \lim_{x\to\infty}\log\left(1+\frac{1}{x}\right) = \lim_{t\to+0}\log(1+t) = 0$$

となる．よって，定理 4.35 より

$$\lim_{n\to\infty}\{\log(n+1)-\log n\} = \lim_{x\to\infty}\{\log(x+1)-\log x\} = 0$$ ◈

定理 4.35 の逆は，成り立たない．たとえば，$\lim_{n\to\infty}\sin\left(2\pi n+\frac{\pi}{2}\right)=1$ であるが，$\lim_{x\to\infty}\sin\left(2\pi x+\frac{\pi}{2}\right)$ は存在しない．

4.6 連 続 関 数

これまで学んできた関数のほとんどは，そのグラフがどこにも切れ目がなくつながっている．一般に，関数 $f(x)$ のグラフが定義域における点 $x=a$ でつながっていることを正確にいい表すために，関数 $f(x)$ は $\lim_{x\to a} f(x)$ が存在して，その値が $f(a)$ に一致するとき，$x=a$ において**連続**であるという．すなわち

連続の定義　関数 $f(x)$ は $\lim_{x\to a} f(x)=f(a)$ をみたすとき，
$x=a$ において**連続**であるという．

---

*　$a=\infty$，$x_n=n$ の場合．

関数 $f(x)$ が，定義域における点 $x=a$ において連続でないとき，$f(x)$ は $x=a$ において**不連続**であるという．

例題 4.37　　つぎの関数は $x=0$ において連続かどうかを調べよ．ただし，2), 3), 4) における関数は，いずれも $x=0$ での値は 1 であると定めるものとする．

1) x^2+2x+3　　2) $\dfrac{\sin x}{x}$　　3) $\dfrac{x(x+1)}{|x|}$　　4) $\dfrac{1}{|x|}$

〔解 答〕　1) $f(x)=x^2+2x+3$ とおくと，例題 4.24 の 1) より $\lim_{x\to 0} f(x)=3=f(0)$ が成り立つ．よって x^2+2x+3 は $x=0$ で連続である．

2) $f(x)=\frac{\sin x}{x}$ とおくと，公式 4.28 より $\lim_{x\to 0} f(x)=1$ が成り立つ．$f(0)=1$ と定めたから，この値は $f(0)$ と一致する．よって，$\frac{\sin x}{x}$ は $x=0$ で連続である．

3) 例題 4.30 の 1) より，この関数の $x\to 0$ のときの極限値は存在しない．よって，$\frac{x(x+1)}{|x|}$ は $x=0$ で連続でない．すなわち，$\frac{x(x+1)}{|x|}$ は $x=0$ で不連続である．

4) 例題 4.30 の 2) と同様に，この関数の $x\to 0$ のときの極限値は存在しない．よって，$\frac{1}{|x|}$ は $x=0$ で不連続である．◇

関数 $f(x)$ が，定義域 D におけるどの点においても連続であるとき，$f(x)$ は D において連続である，あるいは，$f(x)$ は D における**連続関数**であるという．4.2〜4.4 節で学んできた初等関数は，すべておのおのの定義域における連続関数である．たとえば，x^3，$\sin x$，e^x は実数全体 $\boldsymbol{R}$ における連続関数である．また，$\cos^{-1} x$ は，区間 $[-1, 1]$ における連続関数，$\log x$ は区間 $(0, \infty)$（正の実数全体）における連続関数である．

つぎの定理は，関数がどこにおいて連続になるかを調べるときの基本となる．

定理 4.38

1) $f(x), g(x)$ が $x=a$ において連続ならば，$f(x)\pm g(x)$，$f(x)g(x)$ も $x=a$ において連続である．さらに，$g(a)\neq 0$ ならば $\dfrac{f(x)}{g(x)}$ も $x=a$ において連続である．

2) $g(x)$ が $x=a$ において連続，$f(y)$ が $y=g(a)$ において連続ならば，合成関数 $f(g(x))$ は $x=a$ において連続である．

〔証明〕 1) は定理 4.25 を用いて，2) は定理 4.26 を用いて証明される．どちらの証明も類似の方法でなされるので，2) のみ証明する．$g(a)=b$, $f(b)=c$ とおくと，仮定により $\lim_{x\to a} g(x)=b$, $\lim_{x\to b} f(x)=c$ である．よって，定理 4.26 により

$$\lim_{x\to a} f(g(x)) = c = f(b) = f(g(a))$$

となる．ゆえに，$f(g(x))$ は $x=a$ において連続である． ■

定理 4.38 より，二つの連続関数の和，差，積，合成は連続関数になる．また，商は分母が零にならないところで，連続関数になる．

例題 4.39 つぎの関数がどのような範囲において連続になるかを調べよ．

1) $\dfrac{x^2+1}{x^2+2x-3}$ 2) $\tan x$ 3) $\sqrt{e^x-3}$ 4) $\dfrac{\log x}{x+1}$

〔解答〕 1) 分子，分母とも実数全体 $\boldsymbol{R}$ における連続関数であるから，定理 4.38 の 1) より，与えられた関数は分母を零にする点を除けば連続である．分母 $x^2+2x-3=(x-1)(x+3)$ は $x=1, -3$ で零になる．よって，与えられた関数は，$x=1$ および $x=-3$ を除いたすべての点で連続である．

2) 1) と同様に $\cos x=0$ の解，すなわち，$x=n\pi+\frac{\pi}{2}$ (n は整数) を除いたすべての点で連続である．

3) $f(x)=\sqrt{y-3}$, $y=g(x)=e^x$ とおくと，関数 $\sqrt{e^x-3}$ は g と f の合成関数 $f(g(x))$ である．$g(x)$ は $\boldsymbol{R}$ において連続であり，$f(y)$ は $y\geqq 3$ において連続である．よって，定理 4.38 の 2) より，関数 $\sqrt{e^x-3}$ は $e^x\geqq 3$ をみたす x の範囲で連続である．e^x は単調増加関数である（4.4 節参照）から，$e^x\geqq 3 \iff x\geqq\log 3$ となる．ゆえに，$\sqrt{e^x-3}$ は，区間 $x\geqq\log 3$ において連続である．

4) 分子 $\log x$ は，$x>0$ で連続である．分母 $x+1$ もこの範囲で連続であり，零にならない．よって $\dfrac{\log x}{x+1}$ は $x>0$ で連続である． ◈

連続関数の一般的かつ重要な性質を二つ学んでおく．

関数 $f(x)$ が区間 $[a, b]$ において連続ならば，この関数のグラフは切れ目なくつながっている．したがって，図から，つぎの定理が了解される．

❏ 定理 4.40（中間値の定理）

関数 $f(x)$ が区間 $[a, b]$ において連続で，$f(a) \neq f(b)$ ならば，
$f(a)$ と $f(b)$ の間の任意の値 k に対して

$$f(c) = k$$

となるような c が a と b の間に（少なくとも一つ）存在する．

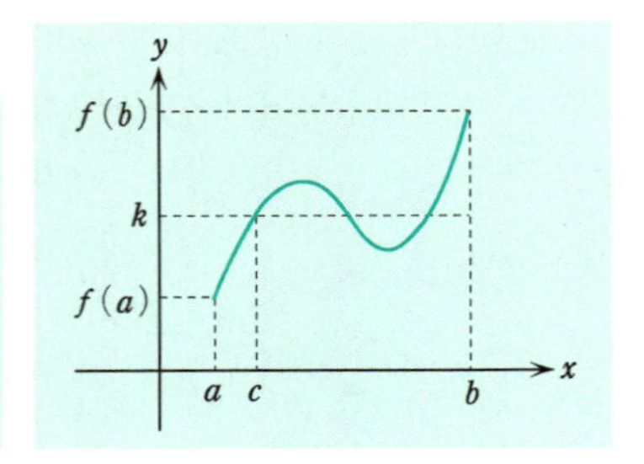

❏ 例題 4.41　方程式 $x^5-5x+1=0$ は，区間 $(0,1)$ と区間 $(1,2)$ において，それぞれ実数解をもつことを示せ．

〔解答〕　$f(x)=x^5-5x+1$ とおくと $f(0)=1$，$f(1)=-3<0$ である．ゆえに，中間値の定理から，区間 $(0,1)$ において（少なくとも一つ）実数解をもつ．同様に，$f(1)=-3<0$，$f(2)=23>0$ であるから，区間 $(1,2)$ において（少なくとも一つ）実数解をもつ．（例題 5.32 参照．）◈

つぎも，連続関数の一般的かつ重要な性質である．

❏ 定理 4.42

関数 $f(x)$ が区間 $[a, b]$ において連続ならば，$f(x)$ はこの区間において最大値および最小値をとる．

この定理も，つぎのようなグラフから，直感的に納得できる．

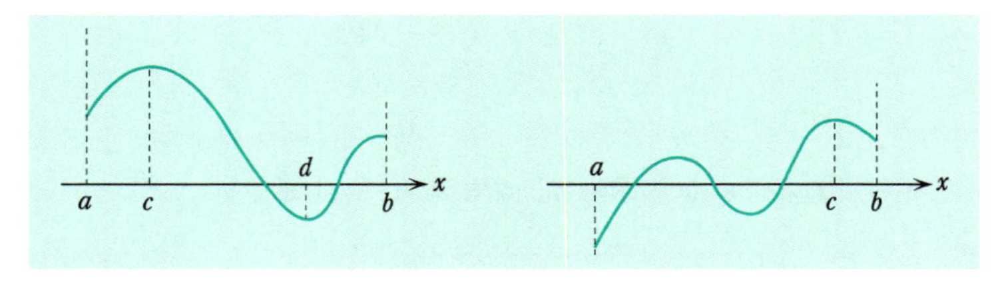

左の図では，$f(x)$ は c で最大値をとり，d で最小値をとる．一方，右の図では，c で最大値をとり，端の点 a で最小値をとる．

❏ 例題 4.43　定理 4.42 は，考える区間を (a, b) としても成り立つかどうかを調べよ．

〔解答〕　成り立たない．たとえば，$f(x)=x^2+1$ を，区間 $(-1,2)$ で考えると最小値は $f(0)=1$ であるが，最大値はない．◈

定理 4.40 と定理 4.42 は，グラフに関する考察により，直感的には明らかなことのようにみえる．しかしながら，その認識の根幹をなすのは，実数を表す直線（実直線）に切れ目がないという性質である．この，実数の連続性といわれる性質を証明すること，および，その性質に基づいて定理 4.40 や定理 4.42 を厳密に（視覚的直感にたよらずに）証明すること* は，本書の意図から相当逸脱するから，断念せざるをえない．興味ある読者は，微分積分学の書物を参照されたい．

問　題

問 4.1　つぎの関数 $f(x)$，$g(x)$ に対し，合成関数 $(f\circ g)(x)$ を求めよ．

1）$f(x)=x^3$，$g(x)=2x-1$　　2）$f(x)=\dfrac{1}{x^2+1}$，$g(x)=\dfrac{x}{3}$

3）$f(x)=2^x$，$g(x)=-3x^2$　　4）$f(x)=\dfrac{1}{x^n}$，$g(x)=x^2+x+1$

問 4.2　つぎの関数 $f(x)$ の逆関数 $f^{-1}(x)$ を求め，そのグラフを書け．

1）$f(x)=-2x+2$　　2）$f(x)=x^3+1$ $(x\geqq 0)$

3）$f(x)=e^x-2$　　4）$f(x)=x^2+x-3$ $(x\geqq 0)$

問 4.3　つぎの方程式をみたす x, y（ただし，$\theta<x, y<2\pi$）の値を求めよ．

$$\begin{cases} \sin(x+y) = \sin x+\sin y \\ \cos(x+y) = \cos x+\cos y \end{cases}$$

問 4.4　つぎの値を求めよ．ただし，6) では $-1<x<1$ とする．

1）$\sin^{-1}\dfrac{1}{\sqrt{2}}$　　2）$\tan^{-1}(-\sqrt{3})$　　3）$\cos^{-1}\left(-\dfrac{\sqrt{3}}{2}\right)$　　4）$\sin(\tan^{-1}3)$

5）$\cos(\sin^{-1}x)$　　6）$\tan(2\tan^{-1}x)$　　7）$\log(e^{-2})$　　8）$e^{2\log 3}$

問 4.5　$\sinh x$ の逆関数は $\log(x+\sqrt{x^2+1})$ であることを示せ．

問 4.6　単位円に内接する正 n 角形の面積および周長を n で表せ．また，それらの $n\to\infty$ のときの極限値を求めよ．

問 4.7　つぎの関数がどのような範囲において連続になるかを調べよ．ただし，4) においては，$x=\pm 1$ での値はそれぞれ ± 1 であると定める．

1）$\dfrac{1}{\sqrt{-x^2+3x+4}}$　　2）$\dfrac{\sin(e^x)}{x^2+1}$　　3）$\dfrac{\log(x-1)}{x^2-3}$　　4）$\dfrac{2x-a}{x^2-1}$

---

* そのためには，関数の極限に関しても，もう少し厳密に考える必要がある．関数の極限の厳密な定義を与え，実数の連続性から定理 4.40 や定理 4.42 を厳密に示したのはワイエルシュトラス（K. Weierstrass : 1815〜1897）である．そのために，定理 4.42 をワイエルシュトラスの定理とよぶことがある．

5. 微　　分

5.1 微 分 の 概 念

16 km 離れた駅間を 12 分で走行する電車の平均速度は，時速 80 km である．また，山のふもとから水平距離で 1732 m 離れたところに高さ 1000 m の頂上をもつ山（右図参照）の平均斜度は，ほぼ 30°である．さらに，体積 1.08×10^{27} cm^3 の物体である地球の質量は 5.97×10^{27} g*1 であるから，地球の平均密度（＝比重）は，約 5.5 g/cm^3 である．これらはいずれも，割合（＝比）を与えている．

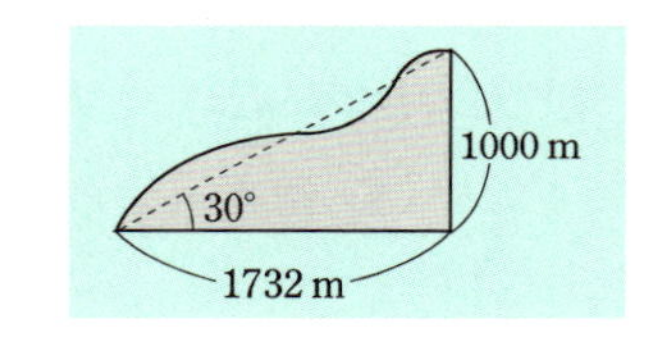

しかし，一般には，電車は等速で走行するわけではないから，速度は時刻により異なってくる．そこで，瞬間の速度であることを示す場合には，“瞬間速度”という用語が平均速度と区別するために，日常用語として用いられる．また，山の稜線も直線でありえないから，斜度は場所によって異なる．そこで，最大の斜度を表すときは，“最大斜度”という用語が用いられる．さらに，地球の密度は深さにより異なる．その密度はそれぞれの深さで測定されており*2，中心部で最大の密度（15 g/cm^3 ほど）になる．

このような時刻や場所に関して一定ではあるとは限らない割合（＝比）については，平均の数値だけではなく，それぞれの時刻や場所におけるデータが必要になる．それぞれの時刻での瞬間速度や，それぞれの場所での斜度や，それぞれの深さでの密度というデータである．これらのデータをどのように計算すればよいかを統一的に扱うのが，微分の概念である．

❑ **例題 5.1**　16 km 離れた S 駅から T 駅へ走行する電車の，S 駅を発車してから t 分後における位置（S 駅からの距離）が $\frac{1}{54}t^2(18-t)$ km であるとき，発車してから 4 分後の速度を求めよ．ただし，$0\leqq t\leqq12$ とする．

---

*1　万有引力定数の測定結果と重力からの帰結．
*2　地震波速度の分布からの推定．

〔解答〕　$f(t)=\frac{1}{54}t^2(18-t)$ とおく．短い時間，たとえば4分から4.5分までの平均速度は，4分から4.5分までに進んだ距離 $f(4.5)-f(4)$ を，時間 $4.5-4$ 分で割ることにより

$$\frac{f(4.5)-f(4)}{4.5-4}=\frac{395}{216}=1.8287\cdots$$

となる．もっと短い時間をとって，平均速度を求めていくと

$$\frac{f(4.1)-f(4)}{4.1-4}=1.78870\cdots$$

$$\frac{f(4.01)-f(4)}{4.01-4}=1.77888\cdots$$

$$\frac{f(4.001)-f(4)}{4.001-4}=1.77788\cdots$$

$$\frac{f(4.0001)-f(4)}{4.0001-4}=1.77778\cdots$$

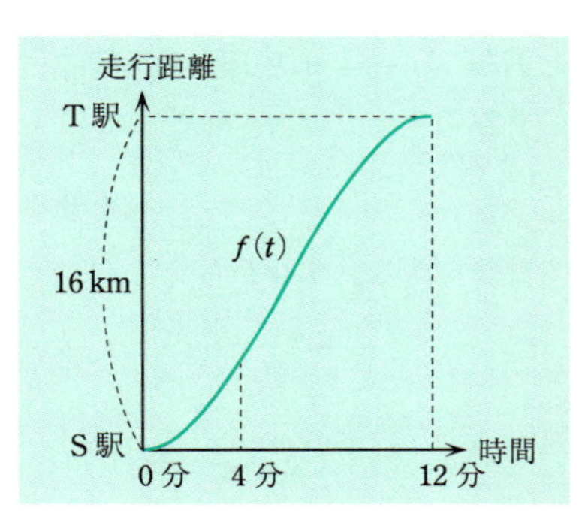

と計算される．つぎに3.5分から4分までの平均速度を求めると，

$$\frac{f(4)-f(3.5)}{4-3.5}=\frac{f(3.5)-f(4)}{3.5-4}=\frac{371}{216}=1.71759\cdots$$

となる．同様に

$$\frac{f(3.9)-f(4)}{3.9-4}=1.76648\cdots$$

$$\frac{f(3.99)-f(4)}{3.99-4}=1.77666\cdots$$

$$\frac{f(3.999)-f(4)}{3.999-4}=1.77766\cdots$$

$$\frac{f(3.9999)-f(4)}{3.9999-4}=1.77776\cdots$$

である．このように，時間をどんどん短くしていくことにより瞬間の速度が求まるということが認識される．

そこで，上の計算を一般にして，4分から $4+h$ 分までの平均速度を求めると

$$\frac{f(4+h)-f(4)}{(4+h)-4}=\frac{1}{54}\frac{(4+h)^2(14-h)-4^2\cdot 14}{h}$$

$$=\frac{1}{54}\frac{h(-h^2+6h+96)}{h}=-\frac{1}{54}h^2+\frac{1}{9}h+\frac{16}{9}$$

と計算される．この計算は $h<0$ でも成り立つことに注意しよう．さて，ここで h を 0 に近づけると

$$\lim_{h\to 0}\frac{f(4+h)-f(4)}{h} = \lim_{h\to 0}\left(-\frac{1}{54}h^2+\frac{1}{9}h+\frac{16}{9}\right) = \frac{16}{9}$$

となり，平均速度は $\frac{16}{9}$ に収束する．よって求める速度は，$\frac{16}{9}=1.77777\cdots$km/分である．時速に直せば，$\frac{320}{3}=106.666\cdots$km/時となる．◈

例題 5.1 の 4 分を一般の a 分にして，a 分における速度を求める計算も，例題の解答の 4 分を a 分に直すことにより

$$\lim_{h\to 0}\frac{f(a+h)-f(a)}{h}$$

で計算できる．すなわち

$$\begin{aligned}\frac{f(a+h)-f(a)}{h} &= \frac{1}{54}\frac{(a+h)^2(18-a-h)-a^2(18-a)}{h}\\ &= \frac{1}{54}\frac{h\{-h^2+(18-3a)h+(36a-3a^2)\}}{h}\\ &= \frac{1}{54}\{-h^2+(18-3a)h+(36a-3a^2)\}\end{aligned}$$

より

$$\begin{aligned}\lim_{h\to 0}\frac{f(a+h)-f(a)}{h} &= \lim_{h\to 0}\frac{1}{54}\{-h^2+(18-3a)h+(36a-3a^2)\}\\ &= \frac{1}{54}(36a-3a^2) = \frac{a(12-a)}{18}\end{aligned}$$

となる．もちろん，この計算の答で $a=4$ とすれば，例題 5.1 の解 $\frac{16}{9}$ になる．

ここで，例題 5.1 の関数 f のグラフ，すなわち曲線

$$y = f(x) = \frac{1}{54}x^2(18-x)$$

の接線について考えてみよう．

❑ **例題 5.2**　曲線 $y = f(x) = \frac{1}{54}x^2(18-x)$ 上の点 $(9, \frac{27}{2})$ における接線の傾きを求めよ．

〔**解 答**〕　以下で，$a=9$ とし

$$A = (a, f(a)) = (9, \tfrac{27}{2})$$

とする．また，x 座標が $a+h$ である曲線上の点 $(a+h, f(a+h))$ を P とする．このとき

$$\frac{f(a+h)-f(a)}{h}$$

は直線APの傾きを表している．ここで h を0に近づけるとき，点Pは曲線上を動いて，点Aに近づく．極限

$$\lim_{h\to 0}\frac{f(a+h)-f(a)}{h} = \frac{a(12-a)}{18}$$

はPが点Aに近づいたときの直線APの傾きであるから，曲線の点Aにおける接線の傾きを与える．よって，求める接線の傾きは $\frac{a(12-a)}{18}$ で $a=9$ とした $\frac{3}{2}$ である． ◆

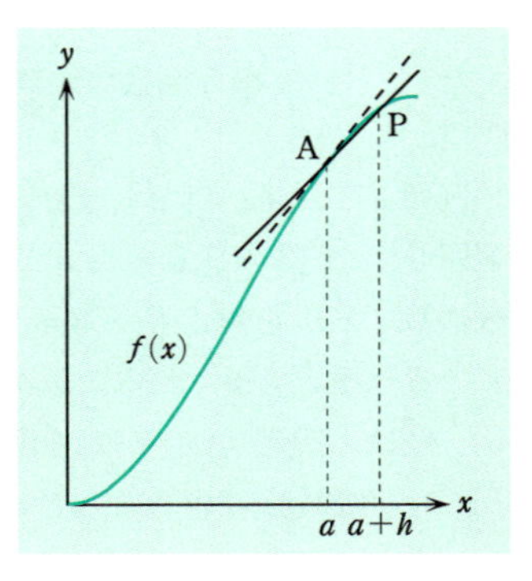

例題5.2より，この節の初めに述べた山の斜度の問題も微分係数（以下の定義5.3参照）から求まることが理解できる．実際，もし，山の稜線の高さ y が水平距離 x の関数として，$y=\frac{1}{54}x^2(18-x)$ で与えられるとすると，点 $(9, \frac{27}{2})$ での斜度 θ は $\tan\theta=\frac{3}{2}$ をみたすから

$$\theta = \tan^{-1}\frac{3}{2} = 0.982\cdots \text{ラジアン} = 56.3\cdots^\circ$$

と計算される（逆三角関数については，4.3節参照）．

このようにして，この節の初めに例として挙げた速度も，斜面の斜度も，極限値

$$\lim_{h\to 0}\frac{f(a+h)-f(h)}{h}$$

を用いて求まる．この極限値は，関数のグラフでみれば，接線の傾きとみなされることがわかった*．この極限値を関数 $f(x)$ の $x=a$ における微分係数という．そして，この極限値（＝微分係数）が存在するとき，関数 f は $x=a$ で微分可能であるという．以上をまとめると

❑ 定義 5.3（微分係数）

関数 $f(x)$ が，その定義域内の点 $x=a$ において極限値

$$\lim_{h\to 0}\frac{f(a+h)-f(a)}{h} \quad \left(= \lim_{x\to a}\frac{f(x)-f(a)}{x-a}\right)$$

をもつとき，$f(x)$ は $x=a$ で**微分可能**であるといい，この極限値を $f(x)$ の $x=a$ における**微分係数**という．

$f(x)$ が $x=a$ で微分可能であるとき，f の $x=a$ における微分係数を $f'(a)$ と書く．すなわち

---

* このように，一見すると無関係な問題を，抽象化というフィルターを通すことによって，統一的に扱うのは数学の特性である．

微分係数の定義 $f'(a) = \lim_{h \to 0} \frac{f(a+h)-f(a)}{h}$

例題5.1以来，例として扱ってきた関数 $f(x)=\frac{1}{54}x^2(18-x)$ は，考えている範囲 $0 \leqq a \leqq 12$ の任意の点 a で微分可能であり，$f'(a)=\frac{a(12-a)}{18}$ となる．a に微分係数 $f'(a)$ を対応させる写像は，一つの関数になる．そこで，文字 a を変数 x で置き換えて得られる関数 $f'(x)=\frac{x(12-x)}{18}$ を，関数 $f(x)$ の導関数という．

一般に，関数 $f(x)$ がある区間 I の任意の点で微分可能であるとき，$f(x)$ は I において微分可能であるという．$f(x)$ は I で微分可能であれば，I における点 x に微分係数 $f'(x)$ を対応させると，区間 I を定義域とする（一つの）新しい関数が得られる．この関数 f' を f の**導関数**という．すなわち，導関数 f' は，微分係数の定義の a を x におきかえたつぎの式* によって定義される．

導関数の定義 $f'(x) = \lim_{h \to 0} \frac{f(x+h)-f(x)}{h}$

上の式で，h は x の変化量，$f(x+h)-f(x)$ はそれに伴う値 $y=f(x)$ の変化量を表している．これらを，それぞれ，記号 Δx，Δy で表すと，f の導関数は

$$f'(x) = \lim_{\Delta x \to 0} \frac{\Delta y}{\Delta x} = \lim_{\Delta x \to 0} \frac{f(x+\Delta x)-f(x)}{\Delta x}$$

と表される．関数 $f(x)$ の導関数 $f'(x)$ を，つぎのようにも表す．

$$y', \quad \frac{dy}{dx}, \quad \frac{d}{dx}f(x), \quad \frac{df}{dx}$$

❏ **例題 5.4** 導関数の定義にしたがって，つぎの関数を微分せよ．

1) x^3-x 2) $\sin x$ 3) $\sqrt{x}$ 4) e^x

〔**解 答**〕 1) $f(x)=x^3-x$ とすると，$(x+h)^3=x^3+3hx^2+3h^2x+h^3$ より $f(x+h)-f(x)=h(3x^2+3hx+h^2-1)$ である．したがって

$$f'(x) = \lim_{h \to 0} \frac{f(x+h)-f(x)}{h} = \lim_{h \to 0}(3x^2+3hx+h^2-1) = 3x^2-1$$

---

* 導関数を求めることを**微分する**という．微分（および積分）は，ニュートン（I. Newton : 1643～1727）とライプニッツ（G. W. Leibniz : 1646～1716）によりその学問的基盤が（それぞれ 1665～1666 年，1672～1675 年ごろに）築かれたが，ここでの定義の表現が一般的に定着したのはコーシー（A. L. Cauchy : 1789～1857）の研究以後のことである．

2）和積公式（公式 4.11）の 2）より，$\sin(x+h)-\sin x=2\sin\frac{h}{2}\cos(x+\frac{h}{2})$ である．よって，

$$(\sin x)' = \lim_{h\to 0}\frac{\sin(x+h)-\sin x}{h} = \lim_{h\to 0}2\frac{\sin\frac{h}{2}}{h}\cos\left(x+\frac{h}{2}\right)$$

$$= 2\lim_{h\to 0}\frac{\sin\frac{h}{2}}{h}\lim_{h\to 0}\cos\left(x+\frac{h}{2}\right) = \cos x$$

この最後の極限計算は例題 4.29 の 1）参照．

3）同様に

$$(\sqrt{x})' = \lim_{h\to 0}\frac{\sqrt{x+h}-\sqrt{x}}{h} = \frac{1}{2\sqrt{x}}$$

である．この最後の極限計算は例題 4.27 の 3）参照．

4）指数法則（公式 4.19）により $e^{x+h}=e^xe^h$ だから，$e^{x+h}-e^x=e^x(e^h-1)$ である．よって，導関数の定義から

$$(e^x)' = \lim_{h\to 0}\frac{e^{x+h}-e^x}{h} = e^x\lim_{h\to 0}\frac{e^h-1}{h}$$

となる．ところが，例題 4.34 の 2）より $\lim_{h\to 0}\dfrac{e^h-1}{h}=1$ であるから $(e^x)'=e^x$

◈

例題 5.4 の 1）と同様に，微分の定義から，つぎの公式が得られる．

❑ **公式 5.5**　$n=1,2,\cdots$ とする* とき，$(x^n)' = nx^{n-1}$

〔**証明**〕　二項定理（定理 1.18）により

$$(x+h)^n = x^n + nx^{n-1}h + \frac{1}{2}n(n-1)x^{n-2}h^2 + \cdots + nxh^{n-1}+h^n$$

である．この右辺の x^n を移項して，両辺を h で割って

$$\frac{(x+h)^n-x^n}{h} = nx^{n-1} + \frac{1}{2}n(n-1)x^{n-2}h + \cdots + nxh^{n-2} + h^{n-1}$$

が得られる．したがって，$(x^n)' = \lim_{h\to 0}\dfrac{(x+h)^n-x^n}{h} = nx^{n-1}$ ▣

微分の計算を定義から行うことは，微分の意味を理解するためのよい練習であるが，関数が複雑になると，この種の計算は面倒なものになる．そこで，いろい

* この公式は n が任意の実数であっても成り立つが，それは公式 5.18 の 3）で示す．

ろな公式を用意しておいて，それらを組合わせて系統立てて行うとよい．この計算法については5.3節で述べる．

5.2 微分可能な関数の性質

この節では，微分可能な関数の性質について学ぶ．微分の定義からわかることを理論的に導き出すのが目的であるから，微分の計算の習得を急ぐ読者は，先に5.3節を読まれるのも一法であろう．

はじめに，関数が連続であること（これについては，4.6節で学んだ）と微分可能であることの関係を明確にしておく．

❑ 定理 5.6 関数 $f(x)$ が微分可能ならば，$f(x)$ は連続である．

〔証 明〕 $f(x)$ が $x=a$ で微分可能ならば

$$\lim_{x\to a} f(x) - f(a) = \lim_{x\to a}\left\{(x-a)\cdot\frac{f(x)-f(a)}{x-a}\right\}$$

$$= \lim_{x\to a}(x-a)\cdot\lim_{x\to a}\frac{f(x)-f(a)}{x-a} = 0\times f'(a) = 0$$

したがって，$\lim_{x\to a} f(x) = f(a)$ である．ゆえに $f(x)$ は連続である． ▣

つぎの例題が示すように，定理5.6の逆は成り立たない．

❑ 例題 5.7 関数 $f(x)=|x|$ は $x=0$ において連続であるが，微分可能ではない．これを示せ．

〔解 答〕 $f(x)=|x|$ のグラフは右図のようになり $\lim_{x\to 0} f(x)=0=f(0)$ が成り立つ．よって，$f(x)=|x|$ は $x=0$ で連続である．つぎに，$x=0$ で微分可能かどうかを調べる．定義5.3にしたがって，極限値

$$(\bigstar) \qquad \lim_{h\to 0}\frac{f(h)-f(0)}{h} = \lim_{h\to 0}\frac{|h|}{h}$$

があるかどうかを調べると，$h>0$ ならば $\frac{|h|}{h}=1$ であり，$h<0$ ならば $\frac{|h|}{h}=-1$ であるから

$$\lim_{h\to +0}\frac{f(h)-f(0)}{h} = \lim_{h\to +0} 1 = 1, \qquad \lim_{h\to -0}\frac{f(h)-f(0)}{h} = \lim_{h\to -0} -1 = -1$$

となる．よって，極限値（★）は存在しない．以上により，関数 $f(x)=|x|$ は $x=0$ において微分可能でない*． ◈

定理 5.6 と例題 5.7 より，微分可能という性質は連続性より強い性質であることがわかる．例題 5.7 を少し一般的に考えれば図のように折れ線グラフで表される関数も，角の点において連続であるが微分可能でない．このように，直感的には微分可能という性質は連続という性質より滑らかなものを表現している．

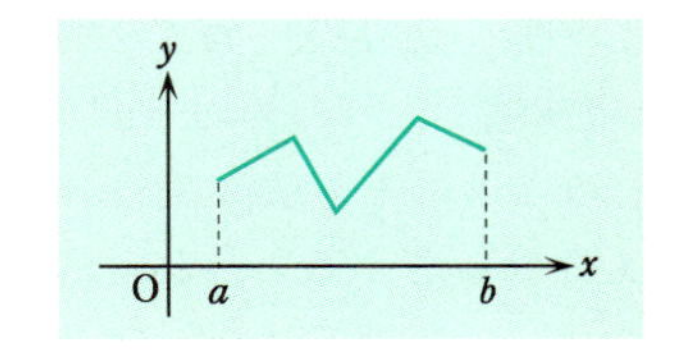

微分の応用に関しては 5.5 節でまとめて扱うが，応用として第一に挙げるべきは，最大・最小問題であろう．そのための原理は，つぎで与えられる．

❑ 定理 5.8

> $f(x)$ を，開区間 (a, b) で微分可能な関数とする．この区間の任意の x に対し $f(c) \geqq f(x)$ が成り立つような c $(a<c<b)$ が存在すれば，$f'(c)=0$ が成り立つ．$f(c) \leqq f(x)$ のときも同様に，$f'(c)=0$ が成り立つ．

〔証 明〕　微分係数の定義（p. 115 参照）より

$$f'(c) = \lim_{h\to 0}\frac{f(c+h)-f(c)}{h}$$

である．ここで，仮定 $f(c) \geqq f(x)$ より，常に $f(c+h)-f(c) \leqq 0$ である．よって，$h>0$ ならば $\frac{f(c+h)-f(c)}{h} \leqq 0$ である．ゆえに $h>0$ で $h\to 0$ とした極限値（右側極限値）は

$$\lim_{h\to +0}\frac{f(c+h)-f(c)}{h} \leqq 0$$

をみたす．同様に，左側極限値は

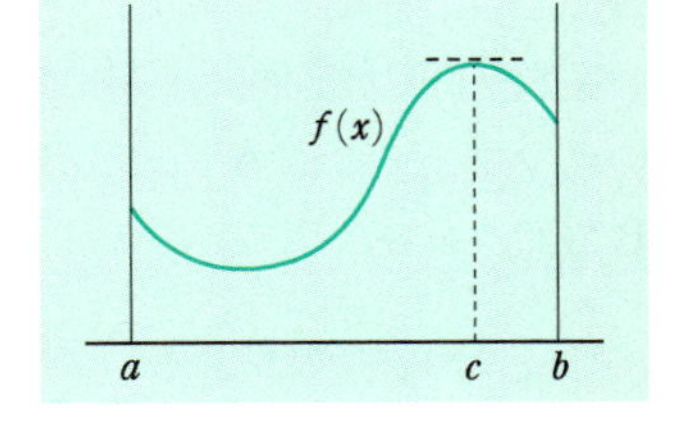

$$\lim_{h\to -0}\frac{f(c+h)-f(c)}{h} \geqq 0$$

---

* $f(x)=|x|$ は $x=0$ 以外の x では微分可能です．そこで，健全な感性の人は，$x=0$ の 1 点くらいでけちけちしたことをいうなといわれるかもしれません．実は，連続関数でありながら，その定義域のすべての点で微分可能ではないという関数もある（ワイエルシュトラスの例や高木貞治による高木関数が有名）ので，一般には "1 点くらいで" とはいえないのです．

をみたす．この二つより $f'(c)=0$ が得られる．$f(c)\leqq f(x)$ のときも同様である．■

例題 5.9　直線 $y=x$ と曲線 $y=x^3$ を，区間 $0\leqq x\leqq 1$ で考える．この直線と曲線上の y 座標の差が最大となる x の値を求めよ．

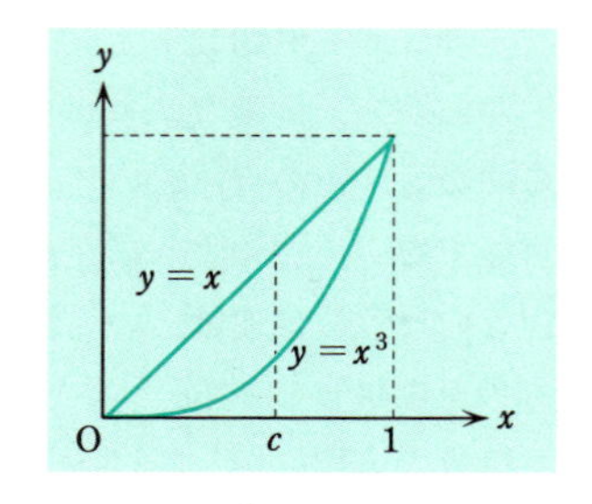

〔解 答〕　$f(x)=x-x^3$ $(0\leqq x\leqq 1)$ が最大になるところを求める．$x=c$ $(0<c<1)$ で最大になるとすると，定理5.8より，$f'(c)=0$ である．例題5.4の1)より，$f'(x)=3x^2-1$ であるから，$f'(c)=0 \Longleftrightarrow 3c^2=1$ となり，$0<c<1$ より $c=\frac{1}{\sqrt{3}}$ となる．よって，$x=\frac{1}{\sqrt{3}}$ において直線 $y=x$ と曲線 $y=x^3$ の y 座標の差が最大となる．◈

5.1節で学んだように，関数 $f(x)$ のグラフ $y=f(x)$ の $x=a$ での接線の傾きは，微分係数 $f'(a)$ で与えられた．そこで，例題5.9で得られた解 $c=\frac{1}{\sqrt{3}}$ における曲線 $y=x^3$ の接線の傾きは，そこにおける x^3 の微分係数で与えられる．公式5.5より，$(x^3)'=3x^2$ であるから $3c^2=1$ となり，$c=\frac{1}{\sqrt{3}}$ における曲線 $y=x^3$ の接線の傾きは1である．この傾きは，直線 $y=x$ の傾きと一致している．この状況を図示すれば，右図のようであり，曲線 $y=x^3$ $(0\leqq x\leqq 1)$ の $x=c=\frac{1}{\sqrt{3}}$ における接線は，この曲線の始点 $(0,0)$ と終点 $(1,1)$ を結んだ直線に平行になる．このことは，つぎのように一般化される．

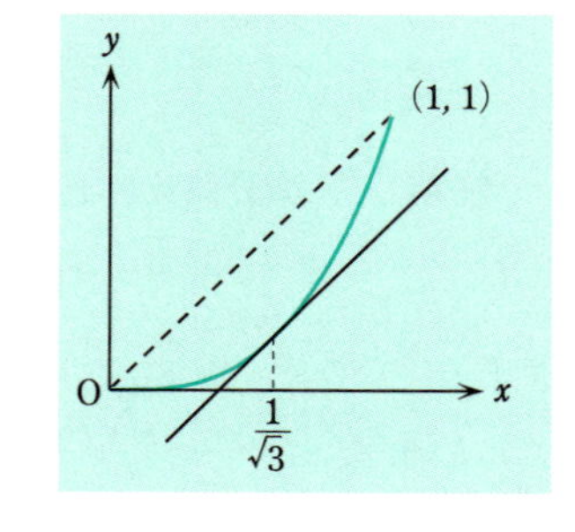

関数 $f(x)$ が区間 $[a,b]$ で連続，区間 (a,b) で微分可能であるとき，$f(x)$ のグラフ上の2点A $(a,f(a))$，B $(b,f(b))$ を結ぶ直線に平行な接線を，A，Bの間にあるグラフ上の点C $(c,f(c))$ でひくことができる．

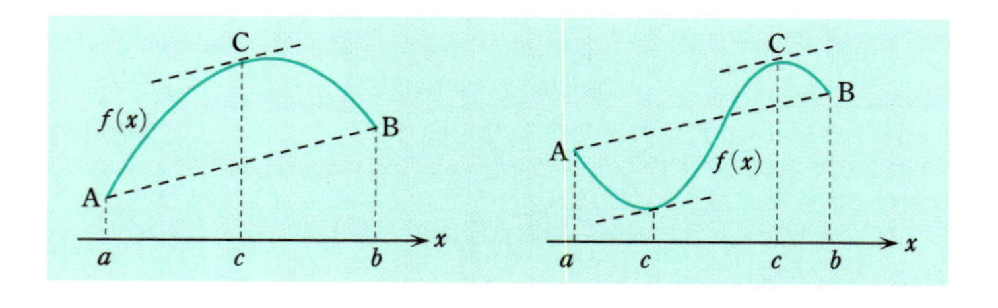

上の事実を**平均値の定理**という．点Cは前ページの左下図では一つであるが，右下図では二つあり，一般には，一つとは限らない．直線ABおよびC $(c, f(c))$ における接線の傾きは，それぞれ

$$\frac{f(b)-f(a)}{b-a}, \qquad f'(c)$$

であるから，平均値の定理はつぎのように述べることができる．

❑ 定理 5.10 (平均値の定理)

関数 $f(x)$ が区間 $[a, b]$ で連続，区間 (a, b) で微分可能ならば

$$\frac{f(b)-f(a)}{b-a} = f'(c) \qquad (a<c<b)$$

をみたす c が存在する．

〔証 明〕 直線ABの方程式は

$$y = f(a) + \frac{f(b)-f(a)}{b-a}(x-a)$$

である．関数 $f(x)$ とこの直線との差を $F(x)$ とする．すなわち

$$F(x) = f(x)-f(a)-\frac{f(b)-f(a)}{b-a}(x-a)$$

とおく．簡単な計算により，$F(a)=F(b)=0$ であることがわかる．

さて，仮定から $f(x)$ は区間 $[a, b]$ で連続であるから，定理 4.38 により，$F(x)$ は区間 $[a, b]$ で連続である．したがって，定理 4.42 より，$F(x)$ は区間 $[a, b]$ において最大値 M と最小値 m をとる．

第1の場合：最大値 M も最小値 m も端の点 a または b でとるとき，このときは，$F(a)=F(b)=0$ から $M=m=0$ となる．最大値＝最小値＝0 ということは，$F(x)\equiv 0$ すなわち F は 0 という定数関数になる．定数関数は微分すると 0 である* から，区間 (a, b) における任意の c について $F'(c)=0$ である．

第2の場合：最大値 M，最小値 m のうち少なくとも一方を，内部の点 c $(a<c<b)$ でとるとき，このときは，定理 5.8 より，その点 c で $F'(c)=0$ であることがわかる．

上のいずれの場合も，$F'(c)=0$ なる c $(a<c<b)$ が存在する．ところが，$f(x)$ の微分は $f'(x)$ であり，$k(x-a)$ (k は定数) の微分は k であるから，$F(x)$ の微分は

---

* 導関数の定義 (p. 116) から，直ちにわかる．

$$F'(x) = f'(x) - \frac{f(b)-f(a)}{b-a}$$

となる．したがって，$F'(c)=0$ は，定理における条件式と同値である．こうして定理は証明された．■

❑ 例題 5.11　例題 5.1 の電車の平均速度を求めよ．電車の速度計がこの平均速度をさすのは，発車してから何分後か．

〔解 答〕　16 km を 12 分で走行するから，平均分速は $\frac{4}{3}$ km（＝平均時速 80 km）である．発車後 t 分後の速度は $f(t)=\frac{1}{54}t^2(18-t)$ の微分で与えられるから，求める t は

$$f'(t) = \frac{t(12-t)}{18} = \frac{4}{3}$$

の解として求められる．2 次方程式の解の公式（公式 2.5）によってこれを解いて，$t=6\pm2\sqrt{3}$ となる．これらは $0<t<12$ をみたすので，求めるものである．ゆえに，$6\pm2\sqrt{3}$ 分後に平均速度をさす．◆

5.3 微分の計算法

本節では，導関数の計算のための基本的な公式と，公式の適用例を挙げる．

❑ 公式 5.12　関数 $f(x)$，$g(x)$ が微分可能ならば

1) **微分の線形性***　λ，μ を定数とするとき，関数 $\lambda f(x)+\mu g(x)$ は微分可能で

$$\{\lambda f(x)+\mu g(x)\}' = \lambda f'(x) + \mu g'(x)$$

2) **積の微分公式**　$f(x)$ と $g(x)$ の積 $f(x)g(x)$ も微分可能で

$$\{f(x)g(x)\}' = f'(x)g(x) + f(x)g'(x)$$

3) **商の微分公式**　$g(x)\neq0$ のとき，商 $\frac{f(x)}{g(x)}$ も微分可能で

$$\left\{\frac{f(x)}{g(x)}\right\}' = \frac{f'(x)g(x)-f(x)g'(x)}{\{g(x)\}^2}$$

〔証 明〕　1) 導関数の定義により

$$\{\lambda f(x)+\mu g(x)\}' = \lim_{h\to0}\frac{\{\lambda f(x+h)+\mu g(x+h)\}-\{\lambda f(x)+\mu g(x)\}}{h}$$

$$= \lim_{h\to0}\left\{\lambda\frac{f(x+h)-f(x)}{h} + \mu\frac{g(x+h)-g(x)}{h}\right\}$$

---

*　線形性の意味については，第 9 章で述べます．なお，この公式は $(\lambda f(x))'=\lambda f'(x)$，$(f(x)\pm g(x))'=f'(x)\pm g'(x)$ という二つの内容をもっています．

である．仮定より，関数 $f(x)$，$g(x)$ は微分可能だから，極限

$$\lim_{h\to 0}\frac{f(x+h)-f(x)}{h} = f'(x), \quad \lim_{h\to 0}\frac{g(x+h)-g(x)}{h} = g'(x)$$

が存在する．したがって，定理 4.25 の 1), 2) より

$$\begin{aligned}\lim_{h\to 0}\left\{\lambda\frac{f(x+h)-f(x)}{h}+\mu\frac{g(x+h)-g(x)}{h}\right\} &= \lambda\lim_{h\to 0}\frac{f(x+h)-f(x)}{h}+\mu\lim_{h\to 0}\frac{g(x+h)-g(x)}{h}\\ &= \lambda f'(x)+\mu g'(x)\end{aligned}$$

となる．ゆえに，$\{\lambda f(x)+\mu g(x)\}'=\lambda f'(x)+\mu g'(x)$．

2) 導関数の定義と $f(x)g(x+h)$ を引いて足すという式変形により

$$\begin{aligned}\{f(x)g(x)\}' &= \lim_{h\to 0}\frac{f(x+h)g(x+h)-f(x)g(x)}{h}\\ &= \lim_{h\to 0}\frac{f(x+h)g(x+h)-f(x)g(x+h)+f(x)g(x+h)-f(x)g(x)}{h}\\ &= \lim_{h\to 0}\left\{\frac{f(x+h)-f(x)}{h}\cdot g(x+h)+f(x)\cdot\frac{g(x+h)-g(x)}{h}\right\}\end{aligned}$$

となる．g は微分可能だから，定理 5.6 により，連続であり，$\lim_{h\to 0}g(x+h)=g(x)$ が成り立つ．よって．定理 4.25 の 3) より，上の式の極限は $f'(x)g(x)+f(x)g'(x)$ に等しい．ゆえに，$\{f(x)g(x)\}'=f'(x)g(x)+f(x)g'(x)$．

3) 2) と同様にして，定理 4.25 の 3) の第 2 式を用いて

$$\begin{aligned}\left\{\frac{f(x)}{g(x)}\right\}' &= \lim_{h\to 0}\frac{\dfrac{f(x+h)}{g(x+h)}-\dfrac{f(x)}{g(x)}}{h}\\ &= \lim_{h\to 0}\frac{\dfrac{f(x+h)g(x)-f(x)g(x+h)}{h}}{g(x)g(x+h)}\\ &= \lim_{h\to 0}\frac{\dfrac{f(x+h)-f(x)}{h}\cdot g(x)-f(x)\cdot\dfrac{g(x+h)-g(x)}{h}}{g(x)g(x+h)}\\ &= \frac{f'(x)g(x)-f(x)g'(x)}{\{g(x)\}^2}\end{aligned}$$

■

❑ 例題 5.13　　つぎの関数を微分せよ．ただし，4) における a は正定数．

1) $3x^4-5x+2$　　2) $\sqrt{x}\sin x$　　3) $\dfrac{3x+1}{x^2-1}$　　4) $\dfrac{e^x}{e^x+a}$

〔**解答**〕　1) 公式 5.5 より，$(x^4)'=4x^3$，$(x)'=1$ であり，$(1)'=0$ である．よって，公式 5.12 の 1) より

$$(3x^4-5x+2)' = 3(x^4)'-5(x)'+2(1)' = 12x^3-5$$

2) 例題 5.4 より，$(\sin x)'=\cos x$，$(\sqrt{x})'=\frac{1}{2\sqrt{x}}$ であるから，公式 5.12 の 2) より

$$(\sqrt{x}\sin x)' = (\sqrt{x})'\sin x+\sqrt{x}(\sin x)' = \frac{\sin x}{2\sqrt{x}}+\sqrt{x}\cos x$$

3) 公式 5.12 の 3) より

$$\left(\frac{3x+1}{x^2-1}\right)' = \frac{(3x+1)'(x^2-1)-(3x+1)(x^2-1)'}{(x^2-1)^2}$$

$$= \frac{3(x^2-1)-(3x+1)2x}{(x^2-1)^2} = -\frac{3x^2+2x+3}{(x^2-1)^2}$$

4) 例題 5.4 より，$(e^x)'=e^x$ であるから，公式 5.12 の 3) より

$$\left(\frac{e^x}{e^x+a}\right)' = \frac{(e^x)'(e^x+a)-e^x(e^x+a)'}{(e^x+a)^2}$$

$$= \frac{e^x(e^x+a)-e^x\cdot e^x}{(e^x+a)^2} = \frac{ae^x}{(e^x+a)^2}$$ ◈

例題 5.13 の 1) と同様にして，整式の導関数は

$(a_nx^n+a_{n-1}x^{n-1}+\cdots+a_1x+a_0)' = na_nx^{n-1}+(n-1)a_{n-1}x^{n-2}+\cdots+a_1$

と計算される．また，有理関数の導関数は，この式と公式 5.12 の 3) により計算される．

合成関数の微分について，つぎが成り立つ．

❑ 公式 5.14（合成関数の微分公式）　　f，g が微分可能ならば

$$\{f(g(x))\}' = f'(g(x))g'(x)$$

〔**補足**〕　5.1 節で述べたように，$y=f(u)$ の導関数 $f'(u)$ は $\frac{dy}{du}$ とも書かれる．同様に，$u=g(x)$ とすれば，$g'(x)=\frac{du}{dx}$ である．よって，上の公式は

$$\frac{dy}{dx} = \frac{dy}{du}\cdot\frac{du}{dx}$$

と表される．左辺は右辺の du を“約分*”した式になっている．

〔証明〕 $k \neq 0$ に対し

$$(\star) \qquad \alpha(k) = \frac{f(u+k)-f(u)}{k} - f'(u)$$

とおく．このとき，$f(u)$ は u で微分可能だから

$$(\star) \qquad \lim_{k\to 0}\alpha(k) = \lim_{k\to 0}\frac{f(u+k)-f(u)}{k} - f'(u) = f'(u)-f'(u) = 0$$

である．($\star$) の両辺に k を掛けて分母を払えば

$$f(u+k) - f(u) = k(f'(u)+\alpha(k))$$

となる．$\alpha(0)=0$ と定めると，この式は $k=0$ のときも成立している．

さて，$u=g(x)$ とし，$h\neq 0$ に対し $k=g(x+h)-g(x)$ とおくと $g(x+h)=g(x)+k=u+k$ であるから

$$\begin{aligned} f(g(x+h))-f(g(x)) &= f(u+k)-f(u) = k(f'(u)+\alpha(k)) \\ &= (g(x+h)-g(x))(f'(u)+\alpha(k)) \end{aligned}$$

となる．よって

$$\frac{f(g(x+h))-f(g(x))}{h} = \frac{g(x+h)-g(x)}{h}(f'(u)+\alpha(k))$$

である．この式で $h\to 0$ とする．$g(x)$ は x で微分可能だから，定理 5.6 より x で連続であり，よって，$h\to 0$ のとき $k\to 0$ である．したがって，($\star$) より，$h\to 0$ のとき $\alpha(k)\to 0$ である．ゆえに

$$\begin{aligned} \lim_{h\to 0}\frac{f(g(x+h))-f(g(x))}{h} &= \lim_{h\to 0}\frac{g(x+h)-g(x)}{h}\times(f'(u)+0) \\ &= g'(x)f'(u) = f'(g(x))g'(x) \end{aligned}$$ ■

❏ 例題 5.15 つぎの関数を微分せよ．ただし，4) の a は定数．

1) $(3x-1)^5$ 2) $\sin(2x^2+1)$ 3) $\sqrt{\dfrac{1-x}{1+x}}$ 4) $(e^x+a)^2$

---

* あくまで，形式的な意味である．

〔解答〕　1) $f(u)=u^5$, $g(x)=3x-1$ として公式5.14を用いる．$f'(u)=5u^4$ であるから $f'(g(x))=5(3x-1)^4$ である．ゆえに

$$\{(3x-1)^5\}' = 5(3x-1)^4(3x-1)' = 5(3x-1)^4\cdot 3 = 15(3x-1)^4$$

2) $f(u)=\sin u$, $g(x)=2x^2+1$ として公式5.14を用いる．例題5.4の2) より $f'(u)=\cos u$ であるから，$f'(g(x))=\cos(2x^2+1)$ である．ゆえに

$$\{\sin(2x^2+1)\}' = \{\cos(2x^2+1)\}(2x^2+1)' = 4x\cos(2x^2+1)$$

3) $f(u)=\sqrt{u}$, $g(x)=\frac{1-x}{1+x}$ として公式5.14を用いる．例題5.4の3) より $f'(u)=\frac{1}{2\sqrt{u}}$ である．よって，商の微分公式を用い，$1+x>0$ に注意して

$$\left(\sqrt{\frac{1-x}{1+x}}\right)' = \frac{1}{2\sqrt{\frac{1-x}{1+x}}} \times \left(\frac{1-x}{1+x}\right)' = \frac{1}{2\sqrt{\frac{1-x}{1+x}}} \times \frac{-2}{(1+x)^2}$$

$$= -\frac{1}{\sqrt{(1-x)(1+x)}\,(1+x)} = -\frac{1}{(1+x)\sqrt{1-x^2}}$$

4) $f(u)=u^2$, $g(x)=e^x+a$ として公式5.14より

$$\{(e^x+a)^2\}' = 2(e^x+a)(e^x+a)' = 2(e^x+a)e^x$$

◈

関数 f の導関数がわかっているとき，f の逆関数の導関数は，つぎの公式により計算される．

❑ 公式5.16（逆関数の微分公式）　$x=f(y)$ は y で微分可能とし，f の逆関数を $y=f^{-1}(x)$ とする．このとき，$f'(f^{-1}(x))\,(=f'(y))\neq 0$ ならば，$y=f^{-1}(x)$ は x で微分可能で

$$\{f^{-1}(x)\}' = \frac{1}{f'(f^{-1}(x))} \quad \left(= \frac{1}{f'(y)}\right) \qquad \text{すなわち} \qquad \frac{dy}{dx} = \frac{1}{\frac{dx}{dy}}$$

〔証明〕　$f^{-1}(x)=y$, $f^{-1}(x+h)=y+k$ とおくと，$f(y)=x$, $f(y+k)=x+h$ より $h=f(y+k)-f(y)$ である．よって，$h\neq 0$ のとき $k\neq 0$ だから，

$$\frac{f^{-1}(x+h)-f^{-1}(x)}{h} = \frac{k}{f(y+k)-f(y)} = \frac{1}{\frac{f(y+k)-f(y)}{k}}$$

が成り立つ．ここで $h\to 0$ とする．f は微分可能だから定理5.6より連続でありしたがって，その逆関数 f^{-1} も連続である*．これにより，$h\to 0$ のとき，$k=$

* 連続関数の逆関数は連続関数である．このことは，定理4.3からわかる．

$f^{-1}(x+h)-f^{-1}(x)\to 0$ となる．よって

$$\{f^{-1}(x)\}' = \lim_{h\to 0}\frac{f^{-1}(x+h)-f^{-1}(x)}{h} = \frac{1}{\displaystyle\lim_{k\to 0}\frac{f(y+k)-f(y)}{k}} = \frac{1}{f'(f^{-1}(x))}$$

■

❑ **例題 5.17**　つぎの関数を微分せよ．

1) $\log x$　　2) $\sin^{-1}x$

〔**解答**〕　1) $y=\log x\,(x>0)\iff x=e^y$ である（定理 4.22 参照）．よって，$f(y)=e^y$，$f^{-1}(x)=\log x$ として公式 5.16 が適用される．例題 5.4 の 4) より $(e^y)'=e^y$ であるから

$$(\log x)' = \frac{dy}{dx} = \frac{1}{\frac{dx}{dy}} = \frac{1}{e^y} = \frac{1}{x}$$

が得られる．以上により，$(\log x)' = \frac{1}{x}$

2) 4.3 節で学んだように，$y=\sin^{-1}x \iff x=\sin y,\ -\frac{\pi}{2}\leqq y\leqq\frac{\pi}{2}$ である．例題 5.4 の 2) より，$(\sin y)'=\cos y=\pm\sqrt{1-\sin^2 y}$ であるが，$-\frac{\pi}{2}\leqq y\leqq\frac{\pi}{2}$ より $\cos y\geqq 0$ だから，$(\sin y)'=\cos y=\sqrt{1-\sin^2 y}$ である．よって，逆関数の微分公式を用いて

$$(\sin^{-1}x)' = \frac{dy}{dx} = \frac{1}{\frac{dx}{dy}} = \frac{1}{\cos y} = \frac{1}{\sqrt{1-\sin^2 y}} = \frac{1}{\sqrt{1-x^2}}$$

◇

ここで，基本的な初等関数の導関数についてまとめておく．そのいくつかは，すでに例題などで学んだものである．

❑ **公式 5.18**（**基本微分公式**）　以下が成り立つ．ただし，3) の α は任意の実数．

1) $(e^x)' = e^x$　　2) $(\log|x|)'=\dfrac{1}{x}$　　3) $(x^\alpha)' = \alpha x^{\alpha-1}$

4) $(\sin x)' = \cos x$　　5) $(\cos x)' = -\sin x$　　6) $(\tan x)' = \sec^2 x$

7) $(\sin^{-1}x)' = \dfrac{1}{\sqrt{1-x^2}}$　　8) $(\tan^{-1}x)' = \dfrac{1}{x^2+1}$

〔**証明**〕　1) これは例題 5.4 の 4) で示した．基礎となる計算は，例題 4.34 の 2) の極限計算．

2）$x>0$ のときは $\log|x|=\log x$ であるから，例題 5.17 の 1) より，$(\log|x|)'=\frac{1}{x}$ である．$x<0$ のときは $\log|x|=\log(-x)$ であるから，合成関数の微分公式より

$$(\log|x|)' = (\log(-x))' = \frac{1}{-x}\cdot(-x)' = -\frac{1}{-x} = \frac{1}{x}$$

3）$x^\alpha=e^{\log(x^\alpha)}=e^{\alpha\log x}$ であるから，合成関数の微分公式より

$$(x^\alpha)' = (e^{\alpha\log x})' = e^{\alpha\log x}(\alpha\log x)' = e^{\alpha\log x}\alpha\frac{1}{x} = x^\alpha\alpha\frac{1}{x} = \alpha x^{\alpha-1}$$

4）これは例題 5.4 の 2) で示した．基礎となるのは，公式 4.28.

5）4) の結果を用いて，合成関数の微分公式より

$$(\cos x)' = \left(\sin\left(x+\frac{\pi}{2}\right)\right)' = \cos\left(x+\frac{\pi}{2}\right) = -\sin x$$

6）商の微分公式および 4), 5) の結果を用いて，

$$(\tan x)' = \left(\frac{\sin x}{\cos x}\right)' = \frac{\cos x\cos x-\sin x(-\sin x)}{\cos^2 x} = \frac{1}{\cos^2 x} = \sec^2 x$$

7）例題 5.17 の 2) で示した．

8）$y=\tan^{-1}x \Longleftrightarrow x=\tan y,\ -\frac{\pi}{2}<y<\frac{\pi}{2}$ である．6) より

$$\frac{dx}{dy} = \sec^2 y = \frac{1}{\cos^2 y} = \frac{\sin^2 y+\cos^2 y}{\cos^2 y} = \tan^2 y+1$$

であるから，逆関数の微分公式を用いて，

$$\frac{dy}{dx} = \frac{1}{\dfrac{dx}{dy}} = \frac{1}{\tan^2 y+1} = \frac{1}{x^2+1}$$

■

〔**補 足**〕　証明の 3) の計算はつぎのように考えることもできる．$y=x^\alpha$ とおき，両辺の対数をとれば $\log y=\alpha\log x$．この両辺を x について微分する．左辺の微分は，合成関数の微分公式より

$$\frac{d(\log y)}{dx} = \frac{d(\log y)}{dy}\frac{dy}{dx} = \frac{y'}{y}$$

である．よって $\frac{y'}{y}=\frac{\alpha}{x}$．ゆえに $y'=\frac{\alpha}{x}y=\frac{\alpha}{x}x^\alpha=\alpha x^{\alpha-1}$．このように，与えられた関数を微分するために，その関数の対数をとって微分することを**対数微分**という．

初等関数の導関数は，公式 5.18 とこの節で学んだ微分公式を利用して計算される．まとめの意味で，つぎの例題を解いておこう．

例題 5.19　つぎの関数を微分せよ．

1) 3^x　2) $\dfrac{1}{\sqrt[5]{3x+1}}$　3) x^2e^{-x}　4) $\sqrt{x^2+1}$　5) $\log(x+\sqrt{x^2+1})$

〔解答〕　1) $3^x=e^{\log(3^x)}=e^{x\log 3}$ より，合成関数の微分公式を用いて

$$(3^x)' = (e^{\log(3^x)})' = (e^{x\log 3})' = (\log 3)\,e^{x\log 3} = (\log 3)\,3^x$$

2) 与えられた関数は $(3x+1)^{-\frac{1}{5}}$ と書けるから，公式 5.18 の 3) で $\alpha=-\frac{1}{5}$ の場合の式と合成関数の微分公式より

$$\left(\frac{1}{\sqrt[5]{3x+1}}\right)' = \left((3x+1)^{-\frac{1}{5}}\right)' = -\frac{3}{5}(3x+1)^{-\frac{6}{5}} \quad \left(= -\frac{3}{5\sqrt[5]{(3x+1)^6}}\right)$$

3) 積の微分公式を用いて，$(e^{-x})' = -e^{-x}$ より

$$(x^2e^{-x})' = 2xe^{-x} - x^2e^{-x} = (2x-x^2)\,e^{-x}$$

4) 合成関数の微分公式を用いて

$$(\sqrt{x^2+1})' = \{(x^2+1)^{\frac{1}{2}}\}' = \frac{1}{2}(x^2+1)^{-\frac{1}{2}}(x^2+1)' = \frac{x}{\sqrt{x^2+1}}$$

5) 合成関数の微分公式により

$$(\log(x+\sqrt{x^2+1}))' = \frac{(x+\sqrt{x^2+1})'}{x+\sqrt{x^2+1}}$$

$$= \frac{1}{x+\sqrt{x^2+1}}\left(1+\frac{x}{\sqrt{x^2+1}}\right) = \frac{1}{\sqrt{x^2+1}}$$ ◈

これまで扱ってきた関数は，$y=\sqrt{1-x^2}$ というように，変数 x の関数 y が変数のみで表されていた．このように，$y=f(x)$ の形で与えられる関数を，**陽関数**ということがある．これに対し，x と y の関係式で定められる関数を**陰関数**という．たとえば，$y=\sqrt{1-x^2}$，$y=-\sqrt{1-x^2}$ は関係式 $x^2+y^2=1$ で定められる陰関数である．

陰関数の導関数は合成関数の微分公式を用いて求められる．

例題 5.20　以下で定められる陰関数 $y=y(x)$ の導関数を求めよ．

1) $x^2+y^2=a^2$　2) $x^3+3x^2y+y^3=1$

〔解答〕　1) 両辺を x の関数と考えて x で微分すると，合成関数の微分公式より $\dfrac{d(x^2)}{dx}=2x$，$\dfrac{d(y^2)}{dx}=\dfrac{d(y^2)}{dy}\dfrac{dy}{dx}=2y\dfrac{dy}{dx}$ であるから $2x+2y\dfrac{dy}{dx}=0$ とな

る．これより，$y\neq 0$ のとき，$\dfrac{dy}{dx}=-\dfrac{x}{y}$

2）積の微分公式を用い，両辺を x で微分して

$$3x^2+6xy+3x^2\frac{dy}{dx}+3y^2\frac{dy}{dx}=0 \quad よって \quad x^2+2xy+(x^2+y^2)\frac{dy}{dx}=0$$

である．これより，$(x,y)\neq(0,0)$ のとき $\dfrac{dy}{dx}=-\dfrac{x^2+2xy}{x^2+y^2}$ ◈

5.4 高階導関数

区間 I において微分可能な関数 $y=f(x)$ の導関数 $f'(x)$ が微分可能であるとき，$f(x)$ は I において**2回微分可能**であるという．2回微分可能な関数 $f(x)$ に対して，$f'(x)$ の導関数を $f(x)$ の**2階導関数**といい*，つぎのような記号で表す．

$$y'',\ f''(x),\ f^{(2)}(x),\ \frac{d^2y}{dx^2},\ \frac{d^2f}{dx^2},\ \frac{d^2}{dx^2}f,\ \left(\frac{d}{dx}\right)^2 f$$

例題 5.21 つぎの関数の2階導関数を求めよ．ただし，1）の a は正定数．

1）$\dfrac{e^x}{e^x+a}$ 2）$\sqrt{x^2+1}$

〔解 答〕 1）$f(x)=\dfrac{e^x}{e^x+a}$ とおく．例題5.13の4）より，$f'(x)=\dfrac{ae^x}{(e^x+a)^2}$ である．これをもう1回微分して，商の微分公式より

$$\begin{aligned} f''(x) &= \frac{(ae^x)'(e^x+a)^2-ae^x\{(e^x+a)^2\}'}{(e^x+a)^4} \\ &= \frac{ae^x(e^x+a)-2ae^x\cdot e^x}{(e^x+a)^3} = \frac{ae^x(a-e^x)}{(e^x+a)^3} \end{aligned}$$

2）例題5.19の4）より $\left(\sqrt{x^2+1}\right)'=x(x^2+1)^{-\frac{1}{2}}$ である．これをもう1回微分すると，積の微分公式，合成関数の微分公式を利用して

$$\begin{aligned} \left(\sqrt{x^2+1}\right)'' &= (x^2+1)^{-\frac{1}{2}}+x\{(x^2+1)^{-\frac{1}{2}}\}' \\ &= (x^2+1)^{-\frac{1}{2}}-\frac{1}{2}x\{(x^2+1)^{-\frac{3}{2}}\}\cdot 2x \\ &= \frac{x^2+1-x^2}{(x^2+1)^{\frac{3}{2}}}=\frac{1}{(x^2+1)^{\frac{3}{2}}} \end{aligned}$$ ◈

---

* これと対比するとき，前節までの導関数を1階導関数ということがあります．なお，階はorderの訳なので，回でなく階と書きます．

5.1節で学んだように，$f(t)$ を直線上を運動する点の時刻 t のときの座標とすると，$f'(t)$ は速度を表す．よって，その微分である $f''(t)$ は速度の変化率を表している．この速度の変化率を**加速度**という．したがって，直線上を運動する点Pの座標 x が時刻 t の関数 $f(t)$ で表されるとき

$$\text{点Pの速度} = v = \frac{dx}{dt} = f'(t)$$

$$\text{点Pの加速度} = \frac{dv}{dt} = \frac{d^2x}{dt^2} = f''(t)$$

である．速度と加速度は物理法則を記述する際の基本的な量であるから，自然現象はしばしば1階や2階の導関数を用いた式で表される．

3階以上の導関数も一つ前の階数の導関数から帰納的に定義することができる．すなわち，関数 $y=f(x)$ が区間 I において $n-1$ 回微分可能であり，$n-1$ 階導関数 $f^{(n-1)}(x)$ が微分可能ならば $f(x)$ は I で ***n* 回微分可能**であるという．$f^{(n-1)}(x)$ の導関数を $f^{(n)}(x)$ で表し，$y=f(x)$ の ***n* 階導関数**という．n 階導関数 $f^{(n)}(x)$ は以下のようにも表される*．

$$y^{(n)}, \quad \frac{d^ny}{dx^n}, \quad \frac{d^nf}{dx^n}, \quad \frac{d^n}{dx^n}f, \quad \left(\frac{d}{dx}\right)^n f$$

例題 5.22　つぎの関数の n 階導関数を求めよ．ただし，2）の α は実数．

1）x^4　2）x^α　3）e^x　4）$\log x$　5）$\sin x$

〔解 答〕　1）公式5.18の3）より，$(x^4)'=4x^3$ である．これをもう1度微分して，$(x^4)''=(4x^3)'=12x^2$ である．同様に，$(x^4)^{(3)}=(12x^2)'=24x$，$(x^4)^{(4)}=(24x)'=24$ となる．これは微分すると0となるから，$(x^4)^{(5)}=0$ である．この微分は0であるから，$n=5, 6, \cdots$ に対しては $(x^4)^{(n)}=0$ である．

2）同様に，公式5.18の3）より $(x^\alpha)'=\alpha x^{\alpha-1}$．これをもう1度微分して，$(x^\alpha)''=\alpha(\alpha-1)x^{\alpha-2}$．一般の n に対しては

$$(x^\alpha)^{(n)} = \alpha(\alpha-1)(\alpha-2)\cdots\cdots(\alpha-n+1)x^{\alpha-n}$$

となる．

3）公式5.18の1）より $(e^x)'=e^x$，$(e^x)''=e^x$ である．以下同様にして，e^x の n 階導関数はすべて e^x である．

*　$f^{(0)}(x)$ は0階の導関数，すなわち $f(x)$ 自身とする．よって，$f^{(0)}(x)=f(x)$．

4) 公式 5.18 の 2) より $(\log x)'=\frac{1}{x}$ である．よって，2) の結果で $\alpha=-1$ とし n を $n-1$ とした式を用いて

$$(\log x)^{(n)}=(x^{-1})^{(n-1)}=(-1)(-1-1)\cdots(-1-(n-1)+1)x^{-1-(n-1)}$$
$$=(-1)^{n-1}(n-1)!\,\frac{1}{x^n}$$

5) 公式 5.18 の 4), 5) より

$$(\sin x)'=\cos x,\quad (\sin x)''=-\sin x,\quad (\sin x)^{(3)}=-\cos x,$$
$$(\sin x)^{(4)}=\sin x$$

である．以後は同じ計算が繰返されるので

$n=4m$　　ならば　$(\sin x)^{(n)}=\sin x$

$n=4m+1$　ならば　$(\sin x)^{(n)}=\cos x$

$n=4m+2$　ならば　$(\sin x)^{(n)}=-\sin x$

$n=4m+3$　ならば　$(\sin x)^{(n)}=-\cos x$

となる．なお，この結果は $(\sin x)^{(n)}=\sin(x+\frac{n\pi}{2})$ とも表される．◈

公式 5.12 の 1) を繰返し用いれば，高階導関数についても同様の公式が得られる．すなわち，つぎが成り立つ．

$$\{\lambda f(x)+\mu g(x)\}^{(n)}=\lambda f^{(n)}(x)+\mu g^{(n)}(x)$$

❑ **例題 5.23**　任意の n 次関数の $n+1$ 階以上の導関数は 0 であることを示せ．

〔**解 答**〕　$f(x)=a_nx^n+\cdots+a_1x+a_0$ とする．例題 5.22 の 1) と同様にして，x^n を $n+1$ 回以上微分すれば 0 になる．同様に，$x^{n-1},\cdots,x,1$ も $n+1$ 回以上微分すれば 0 になる．ゆえに $m\geqq n+1$ のとき

$$f^{(m)}(x)=a_n(x^n)^{(m)}+\cdots+a_1(x)^{(m)}+a_0(1)^{(m)}=0$$ ◈

5.5 微分の応用

この節では，微分の応用について学ぶ．与えられた曲線に接線を引く問題，曲線に引いた接線が与えられた条件を満足する曲線を求める問題（逆接線問題），極大極小問題* などは，微分積分学ができる以前から研究されており，これらが微分積分学誕生への素地になっている．

---

* ド・ボーヌ（M. de Beaune）がデカルト（R. Descartes : 1596〜1650）に提示した逆接線問題やケプラー（J. Kepler : 1571〜1630）が研究したワイン樽容積の最大問題などが代表的なものである．

[1] 接　　線

5.1節ですでに学んだ（例題5.2参照）ように，関数 $f(x)$ が微分可能であるとき，曲線 $y=f(x)$ 上の点 $\mathrm{P}(a, f(a))$ における接線の傾きは，$f(x)$ の a 点における微分係数 $f'(a)$ で与えられる．点 $(a, f(a))$ を通り傾きが $f'(a)$ の直線の方程式は $y-f(a)=f'(a)(x-a)$ であるから，つぎの結論が得られる．

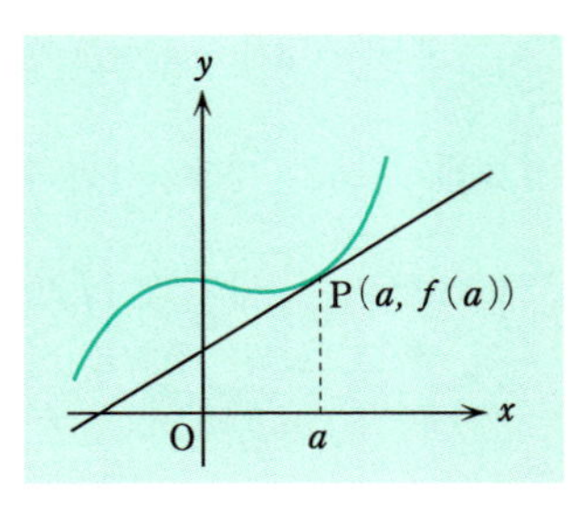

❏ 定理 5.24

関数 $f(x)$ が微分可能であるとき，曲線 $y=f(x)$ 上の点 $\mathrm{P}(a, f(a))$ における接線の方程式は $y=f'(a)(x-a)+f(a)$ である．

❏ 例題 5.25　曲線 $y=e^x-x-1$ に点 $(0, -1)$ から引いた接線の方程式を求めよ．

〔解答〕　$f(x)=e^x-x-1$ とする*．$f'(x)=e^x-1$ であるから，曲線 $y=f(x)$ 上の点 (a, e^a-a-1) における接線の方程式は，定理5.24より

$$y = (e^a-1)(x-a) + (e^a-a-1)$$

となる．この直線が点 $(0, -1)$ を通るための条件は

$$-1 = (e^a-1)(-a) + (e^a-a-1)$$

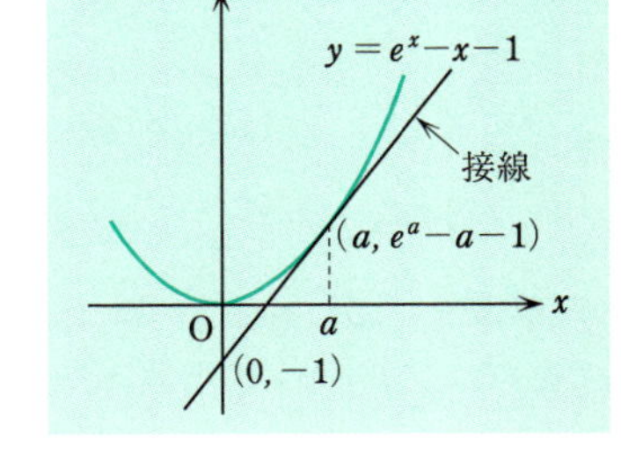

すなわち，$e^a(1-a)=0$ となる．$e^a \neq 0$ である（4.4節参照）から，これを解いて $a=1$．ゆえに，求める接線の方程式は $y=(e-1)x-1$．◈

[2] 関数の増減

4.1節で学んだように関数 $f(x)$ がある区間の任意の2数 x_1, x_2 について，

$$x_1 < x_2 \implies f(x_1) < f(x_2)$$

をみたすとき，$f(x)$ はその区間で単調増加であるという．また，

$$x_1 < x_2 \implies f(x_1) > f(x_2)$$

---

* この関数のグラフは $y=e^x$ のグラフ（4.4節参照）と $y=-x-1$ のグラフを書いて足し合わせることにより得られる．

をみたすとき，$f(x)$ はその区間で単調減少であるという．つぎの定理でみるように，関数の増加・減少は導関数の符号を利用して調べることができる．

定理 5.26 関数 $f(x)$ を微分可能とするとき，

1) 区間 (a, b) で常に $f'(x)>0$ ならば，$f(x)$ は区間 $[a, b]$ で単調増加
2) 区間 (a, b) で常に $f'(x)<0$ ならば，$f(x)$ は区間 $[a, b]$ で単調減少
3) 区間 (a, b) で常に $f'(x)=0$ ならば，$f(x)$ は区間 $[a, b]$ で定数

〔証 明〕 $a \leqq x_1 < x_2 \leqq b$ とするとき，平均値の定理（定理 5.10）より，

$$\frac{f(x_2)-f(x_1)}{x_2-x_1} = f'(c) \qquad (x_1<c<x_2)$$

をみたす c が存在する．$f'(x)>0$ $(a<x<b)$ ならば $f'(c)>0$ である．よって，$f(x_2)-f(x_1)>0$ すなわち $f(x_2)>f(x_1)$ が成り立つ．こうして，1) が証明された．2) の証明も同様である．また，$f'(x)=0$ $(a<x<b)$ ならば $f'(c)=0$ であるから $f(x_2)=f(x_1)$ である．x_1, x_2 は区間 $[a, b]$ の任意の 2 数であるから，これは $f(x)$ が定数であることを意味する．こうして，3) が証明された．

■

例題 5.27 つぎの関数の増減を調べ，そのグラフを書け．

1) $f(x)=2x^3-3x^2-12x+4$　2) $f(x)=\dfrac{x^3}{x^2+1}$　3) $f(x)=e^x-2x$

〔解 答〕 1) $f'(x)=6x^2-6x-12=6(x+1)(x-2)$ である．よって，$f'(x)$ の符号および $f(x)$ の増減は，つぎの表* のようになる．

x	$\cdots$	-1	$\cdots$	2	$\cdots$
$f'(x)$	$+$	0	$-$	0	$+$
$f(x)$	↗	11	↘	-16	↗

ゆえに，$f(x)$ は $x \leqq -1$ および $x \geqq 2$ で増加し，$-1 \leqq x \leqq 2$ で減少する．$f(-2)=0$ であることを利用して，$f(x)$ は $f(x)=(x+2)(2x^2-7x+2)$ と因数分解される（例題 1.27 と同様）．よって，$f(x)=0$ は $x=-2$，$x=\frac{7\pm\sqrt{33}}{4}$ と解かれる．これらのことから，$f(x)=2x^3-3x^2-12x+4$ のグラフはつぎの図のようになる．

---

* このような導関数の符号と関数の増減を表す図を**増減表**という．

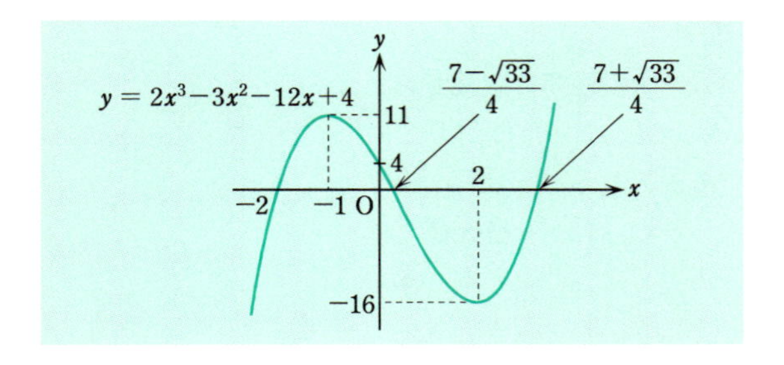

2) 商の微分公式（公式 5.12 の 3)）より

$$f'(x) = \frac{3x^2(x^2+1)-x^3\cdot 2x}{(x^2+1)^2} = \frac{x^2(x^2+3)}{(x^2+1)^2}$$

である．よって，$x \neq 0$ に対して $f'(x)>0$ である．ゆえに，$f(x)$ は区間 $(-\infty, \infty)$ で増加する．$f(x)$ は奇関数であるから，4.1 節で学んだように，そのグラフは原点対称である．

整式の除法（例題 1.24 参照）により

$$f(x) = \frac{x^3}{x^2+1} = x - \frac{x}{x^2+1}$$

と書き直せるから

$$\lim_{x\to\pm\infty}\{f(x)-x\} = \lim_{x\to\pm\infty}\frac{x}{x^2+1} = \lim_{x\to\pm\infty}\frac{1}{x+\frac{1}{x}} = 0$$

となる．よって，曲線 $y=f(x)$ は $x\to\pm\infty$ のとき，直線 $y=x$ に漸近する*．以上により，$f(x)$ のグラフは上の図のようになる．

3) $f'(x)=e^x-2$ となる．$e^x-2>0 \iff x>\log 2$ $(=0.6931\cdots)$ であるから $f(x)$ の増減表とグラフは，つぎのようになる．

x	$\cdots$	$\log 2$	$\cdots$
$f'(x)$	$-$	0	$+$
$f(x)$	↘	$f(\log 2)=2(1-\log 2)$	↗

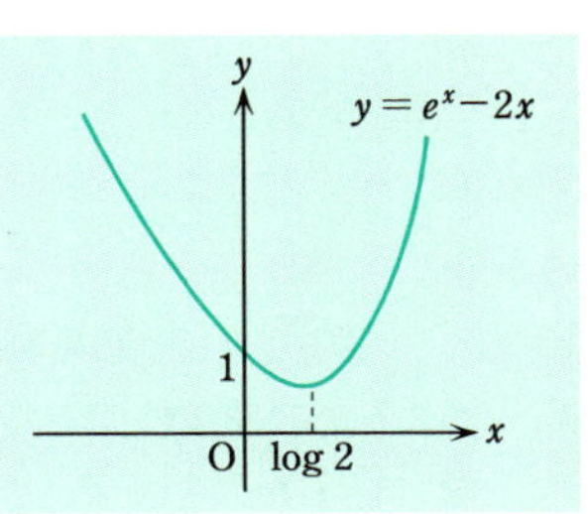

◆

* 曲線上の点が，$x\to\pm\infty$ のときある直線にいくらでも近づいていくとき，**漸近する**という．また，この直線を**漸近線**という．上の $y=f(x)$ では，$y=x$ が漸近線となっている．

[3] 極大・極小

関数 $f(x)$ が a を含む区間で定義され a の近くの x（ただし $x\neq a$）に対して $f(x)<f(a)$ であるとき，$f(x)$ は $x=a$ で**極大**になるといい，$f(a)$ を**極大値**という．また，a の近くの x（ただし $x\neq a$）に対して $f(x)>f(a)$ であるとき，$f(x)$ は $x=a$ で**極小**になるといい，$f(a)$ を**極小値**という．極大値と極小値をあわせて**極値**という．

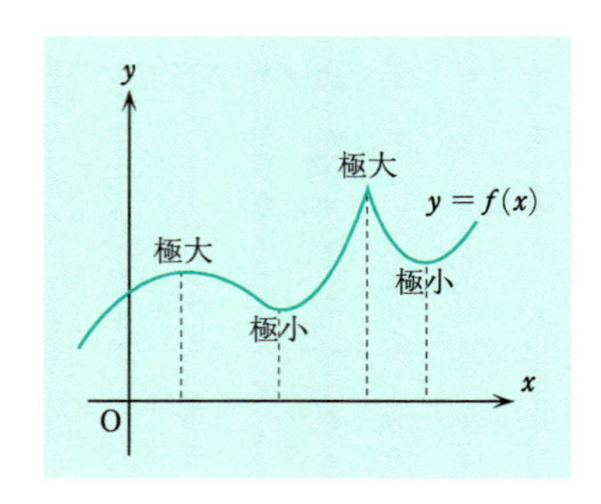

❑ 例題 5.28　例題 5.27 の 1) から 3) の関数の極大値・極小値を求めよ．また，それらは最大値・最小値になるか．

〔解 答〕　1) $f(x)=2x^3-3x^2-12x+4$ は $x=-1$ で極大になり，極大値は 11 である．これは最大値ではない．x が大きくなれば $f(x)$ はこの値より大きくなるからである．また，$x=2$ で極小になり，極小値は -16 であるが，これは最小値ではない．

2) 極大値も極小値もない．

3) 極大値はない．極小値は $2(1-\log 2)$ で，これは $f(x)$ の最小値である．

◈

定理 5.8 よりつぎが得られる．

❑ 定理 5.29

関数 $f(x)$ が $x=a$ を含む区間で微分可能であるとき，$f(x)$ が $x=a$ において極値をとる（すなわち極大または極小になる）ならば $f'(a)=0$ である．

上の定理は，関数が $x=a$ で極値をとるためには，その関数のそこでの微分係数が 0 であることが必要条件であることを意味する．しかし，これは一般には十分条件ではない．すなわち，$f'(a)=0$ であっても f が $x=a$ で極値をとるとは限らない．たとえば，例題 5.27 の 2) の関数 $f(x)=\frac{x^3}{x^2+1}$ に対し $f'(0)=0$ であるが f は $x=0$ で極大でも極小でもない．

つぎは，2 階の微分係数を用いた極値の判定法を与える．

❏ 定理 5.30　関数 $f(x)$ が $x=a$ を内部に含む区間で連続な2階導関数 $f''(x)$ をもち，$f'(a)=0$ とする．このとき，

> 1) $f''(a)<0$ ならば，$f(x)$ は $x=a$ で極大になる．
> 2) $f''(a)>0$ ならば，$f(x)$ は $x=a$ で極小になる．

〔**証明**〕　1) の証明をする．$f''(a)<0$ であり $f''(x)$ は連続であるから，$x=a$ の近くでは常に $f''(x)<0$ である．よって定理 5.26 より，$f'(x)$ はそこで減少する．したがって，$x<a$ のとき，$f'(x)>f'(a)$ である．これと仮定 $f'(a)=0$ より，$x<a$ のとき，$f'(x)>0$ となる．また，同様にして $x>a$ のとき，$f'(x)<0$ となる．ゆえに，$f(x)$ は $x<a$ で増加し，$x>a$ で減少する．したがって，$f(x)$ は $x=a$ で極大になる．2) の証明も同様になされる．■

導関数の符号によって，関数の増減や極値を調べる方法は，最大値や最小値を求める問題に適用できる．

❏ 例題 5.31　正方形を底面とする 100 cm³ の直方体をつくる．上面の 1 cm² をつくるのにかかる費用および下面の 1 cm² をつくるのにかかる費用が，側面の 1 cm² をつくるのにかかる費用のそれぞれ2倍および3倍であるとき，この直方体を最も経済的につくるには底面の一辺および直方体の高さの比をいくらにすればよいか．

〔**解答**〕　底面の正方形の一辺の長さを x cm とする．このとき，底面の正方形の面積は x^2 cm² である．直方体の高さを y cm とすると，$x^2y=100$ より $y=\frac{100}{x^2}$ である．側面の 1 cm² をつくるためにかかる費用を a とすると，直方体をつくるのにかかる費用は

$$
\begin{aligned}
&3a \times \text{下面の面積} + 2a\times\text{上面の面積} + a\times\text{側面積}\\
&= 3a\cdot x^2 + 2a\cdot x^2 + a\cdot 4xy = 5ax^2 + 4axy\\
&= a\left(5x^2+4\cdot\frac{100}{x}\right) = 5a\left(x^2+\frac{80}{x}\right)
\end{aligned}
$$

となる．したがって，$f(x)=x^2+\frac{80}{x}$ とし，これを最小にすることを考えればよい．$f(x)$ を微分して

$$
f'(x) = 2x-\frac{80}{x^2} = \frac{2}{x^2}(x^3-40)
$$

となる．したがって，$x>\sqrt[3]{40}$ ならば $f'(x)>0$，$x<\sqrt[3]{40}$ ならば $f'(x)<0$ である．また

$$\lim_{x\to+0} f(x) = \infty, \qquad \lim_{x\to\infty} f(x) = \infty$$

である．これらのことより $f(x)$ のグラフは右図のようになる．ゆえに $f(x)$ は $x=\sqrt[3]{40}$ のときに最小になる．このとき x と y の比は

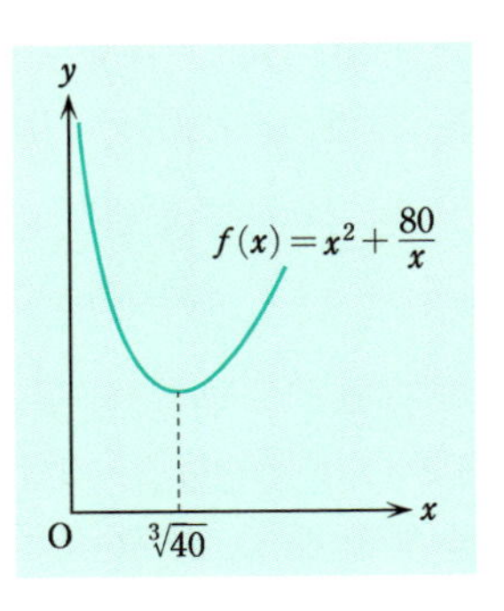

$$x : y = x : \frac{100}{x^2} = x^3 : 100 = 40 : 100 = 2 : 5$$

となる．（すなわち縦の長さは横の長さの 2.5 倍.）* ◈

[4] 方程式，不等式への応用

微分は方程式の実数解の個数を調べたり，不等式を証明するときにも有用である．

❏ **例題 5.32**　5 次方程式 $x^5-5x+1=0$ の実数解の個数を調べよ．

〔**解 答**〕　この 5 次方程式の実数解は，関数 $f(x)=x^5-5x+1$ のグラフと x 軸との共有点（交点ないしは接点）の x 座標である．ゆえに，実数解の個数は，関数 $f(x)$ と x 軸との共有点の個数である．

$$f'(x) = 5x^4-5 = 5(x^2+1)(x+1)(x-1)$$

であるから，$f(x)$ の増減とグラフは，つぎのようになる．

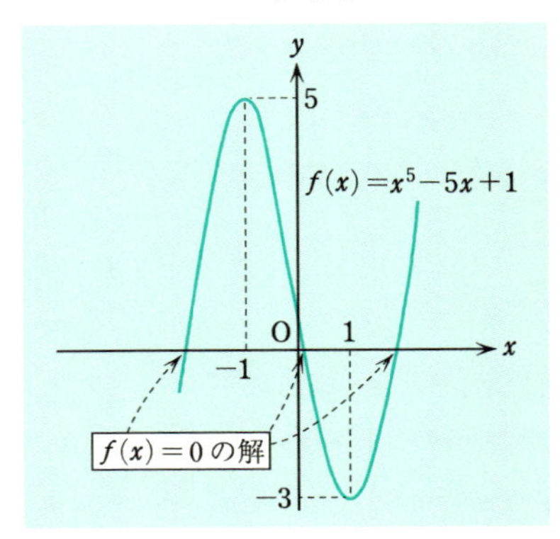

x	$\cdots$	-1	$\cdots$	1	$\cdots$
$f'(x)$	$+$	0	$-$	0	$+$
$f(x)$	↗	5 極大	↘	−3 極小	↗

$f(x)$ のグラフは，x 軸と 3 点で交わる．したがって，方程式 $x^5-5x+1=0$ は 3 個の実数解をもつ． ◈

❏ **例題 5.33**　光線は 1 点から他の点に達するのに，要する時間が最小になるような経路をとる（フェルマーの原理）．今，点 A と点 B が直線 l で分けられ

---

* わが家の冷蔵庫の牛乳パックの横縦の長さの比を調べてみたら 2.8 でした．おたくの牛乳パックはどうですか？

た二つの領域（たとえば空中と水中）にありAから出た光線が l 上の1点Pを経てBに達する．光線はおのおのの側では直線上を進み，その速さはAの側では u，Bの側では v であるとする．このとき，経路 APB に対して AP, BP が l の垂線となす角をそれぞれ α，β とする（右図参照）と，

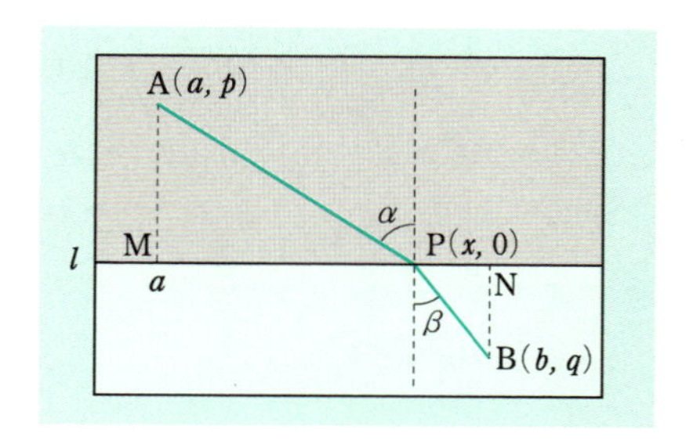

$$\frac{\sin\alpha}{u} = \frac{\sin\beta}{v}$$

が成り立つ*．これを証明せよ．

〔解答〕　A(a, p)，B(b, q)，P$(x, 0)$ とする．AからPを通ってBに達するのに要する時間を $f(x)$（$a \leqq x \leqq b$）とすると

$$f(x) = \frac{\sqrt{(x-a)^2+p^2}}{u} + \frac{\sqrt{(x-b)^2+q^2}}{v}$$

である．$f(x)$ を微分（例題 5.19 の 4）と同じ計算）して

$$(\bigstar) \qquad f'(x) = \frac{x-a}{u\sqrt{(x-a)^2+p^2}} + \frac{x-b}{v\sqrt{(x-b)^2+q^2}}$$

が得られる．これより $f'(a)<0$，$f'(b)>0$ である．また，例題 5.21 の 2) と同じ計算で

$$f''(x) = \frac{p^2}{u\{(x-a)^2+p^2\}^{\frac{3}{2}}} + \frac{q^2}{v\{(x-b)^2+q^2\}^{\frac{3}{2}}}$$

が得られ，これより $f''(x)>0$（$a<x<b$）である．ゆえに $f'(x)$ は $a \leqq x \leqq b$ で増加関数である．したがって，右図より，方程式 $f'(x)=0$ は $a<x<b$ の範囲で一つの実数解をもつ．この解を c とすると $f(x)$ の増減表はつぎのようになる．

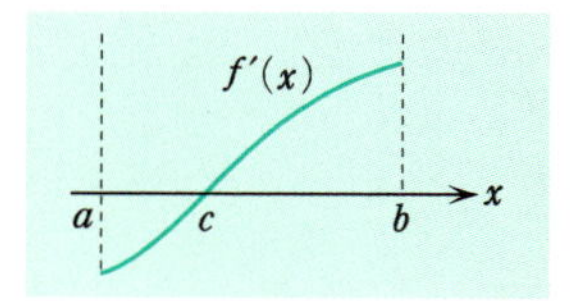

x	a	$\cdots$	c	$\cdots$	b
$f'(x)$	$-$	$-$	0	$+$	$+$
$f(x)$	$+$	↘	$f(c)$ 最小	↗	$+$

* これを屈折の法則という．この例題は屈折の法則をフェルマー（P. de Fermat : 1601～1665）の原理から数学的に導き出せというもので，ライプニッツ（p. 116 脚注参照）の 1684 年の論文の中で解かれた問題である．例題としては手ごわいので，解けなくても屈折しないように．

これより，$x=c$ のとき $f(x)$ は最小になる．(★) は

$$f'(x) = \frac{1}{u}\frac{\mathrm{MP}}{\mathrm{AP}} - \frac{1}{v}\frac{\mathrm{NP}}{\mathrm{BP}} = \frac{\sin\alpha}{u} - \frac{\sin\beta}{v}$$

と変形されるから $f'(c)=0$ より $x=c$ のとき $\dfrac{\sin\alpha}{u}=\dfrac{\sin\beta}{v}$ が成り立つ．◈

例題 5.34　1) $x>0$ のとき，$x-1 \geqq \log x$ を証明せよ．

2) $a, \mu>0$ のとき，

$$\frac{a}{\mu} - 1 + \log\mu \geqq \log a$$

を証明せよ．また，等号が成り立つのは $a=\mu$ のときに限ることを示せ．

3) n を自然数とし，$a_1, a_2, \cdots, a_n>0$ とするとき，つぎの不等式* を証明せよ．

$$\frac{a_1+a_2+\cdots+a_n}{n} \geqq \sqrt[n]{a_1\cdot a_2\cdot\cdots\cdots\cdot a_n}$$

また，等号が成り立つのは $a_1=a_2=\cdots=a_n$ のときに限ることを示せ．

〔解 答〕　1) $x-1-\log x \geqq 0$ を証明すればよい．$f(x)=x-1-\log x$ とおくと，$f(x)$ は $x>0$ に対して定義されており，そこにおいて $f'(x)=1-\frac{1}{x}$ である．よって，$f'(x)>0 \Longleftrightarrow x>1$ であり，$f(x)$ の増減とグラフは，つぎのようになる．

x	$\cdots$	1	$\cdots$
$f'(x)$	$-$	0	$+$
$f(x)$	↘	0 極小	↗

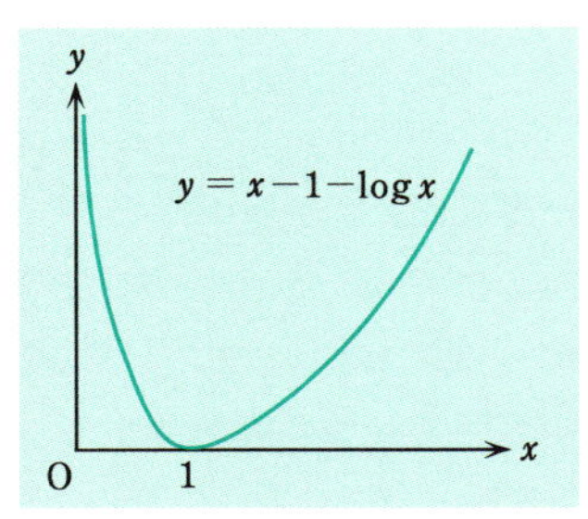

これより，$f(x) \geqq 0$ である．また，等号は $x=1$ のときにのみ成り立つ．

2) 1) の不等式で $x=\frac{a}{\mu}$ とおくと，$\frac{a}{\mu}-1 \geqq \log\frac{a}{\mu}=\log a-\log\mu$ となる．$\log\mu$ を左辺に移行して所要の不等式が得られる．等号は $x=1$ すなわち $a=\mu$ のときにのみ成り立つ．

* この不等式は**相加相乗平均**の不等式とよばれる．左辺を相加平均，右辺を相乗平均というからである．$n=2$ の場合は例題 2.23 で証明した．

3) 2) の不等式で $a=a_1, a_2, \cdots, a_n$ として

$$\frac{a_1}{\mu}-1+\log\mu \geqq \log a_1$$
$$\vdots$$
$$\frac{a_n}{\mu}-1+\log\mu \geqq \log a_n$$

が得られる．この n 個の左辺と右辺を足すと

$$\frac{a_1+a_2+\cdots+a_n}{\mu}-n+n\log\mu \geqq \log a_1+\log a_2+\cdots+\log a_n$$

log の性質（定理 4.22 の 2)）から，この右辺は $\log(a_1\cdot a_2\cdot\cdots\cdot a_n)$ に等しい．

ここで，$\mu=\dfrac{a_1+\cdots+a_n}{n}$ とおくと $\dfrac{a_1+\cdots+a_n}{\mu}-n=0$ であるから

$$n\log\frac{a_1+a_2+\cdots+a_n}{n} \geqq \log(a_1\cdot a_2\cdot\cdots\cdot a_n)$$

となる．この両辺を n で割り，$\frac{1}{n}\log(a_1\cdot a_2\cdot\cdots\cdot a_n)=\log\sqrt[n]{a_1\cdot a_2\cdot\cdots\cdot a_n}$（定理 4.22 の 3) からわかる）に注意して

$$\log\frac{a_1+a_2+\cdots+a_n}{n} \geqq \log\sqrt[n]{a_1\cdot a_2\cdot\cdots\cdot a_n}$$

となる．関数 e^x は単調増加関数であるから，$e^{\log x}=x$ より

$$\frac{a_1+a_2+\cdots+a_n}{n} \geqq \sqrt[n]{a_1\cdot a_2\cdot\cdots\cdot a_n}$$

が得られる．等号は，以上の議論における不等号がすべて等式となる場合にのみ成り立ち，それは $a_1=a_2=\cdots=a_n$（$=\mu$）の場合である． ◈

[5] 曲線の凹凸

ある区間における曲線 $y=f(x)$ 上の任意の 2 点 A，B に対し，曲線の弧 AB が常に線分 AB より下側にあるとき，この曲線はその区間で**下に凸**であるという．また，弧 AB が常に線分 AB より上側にあるとき，この曲線はその区間で**上に凸**であるという．

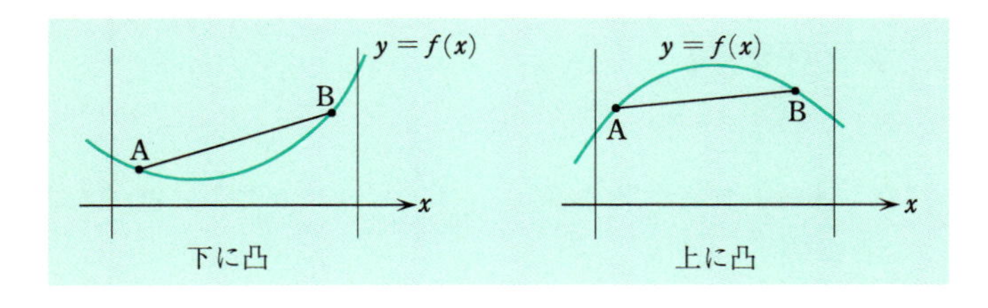

曲線の凸性はつぎの定理により，関数 $f(x)$ の2階導関数 $f''(x)$ の符号を用いて調べることができる．

❑ 定理 5.35

関数 $f(x)$ がある区間で2回微分可能であり $f''(x)>0$ ならば，曲線 $y=f(x)$ はその区間で下に凸である．また，$f''(x)<0$ ならば，その区間で上に凸である．

〔証 明〕　グラフ上の2点 $\mathrm{A}(a, f(a))$，$\mathrm{B}(b, f(b))$ を結ぶ線分の方程式は

$$y = \frac{f(b)(x-a)+f(a)(b-x)}{b-a} \qquad (a \leqq x \leqq b)$$

と書ける．考えている区間で $f''(x)>0$ とし弧 AB 上の点を $\mathrm{P}(x, f(x))$ とする．平均値の定理（定理5.10）から，$a<c<x<d<b$ なる c, d により

$$\frac{f(x)-f(a)}{x-a} = f'(c), \qquad \frac{f(b)-f(x)}{b-x} = f'(d)$$

と書ける（下図参照）．区間において $f''(x)>0$ であるから，定理5.26より，$f'(x)$ は増加している．よって，$f'(c)<f'(d)$ である．ゆえに

$$\frac{f(x)-f(a)}{x-a} < \frac{f(b)-f(x)}{b-x}$$

である．すなわち

$$(f(x)-f(a))(b-x) < (f(b)-f(x))(x-a)$$

となる．これは $f(x)(b-a)<f(b)(x-a)+f(a)(b-x)$ と書き直せるので

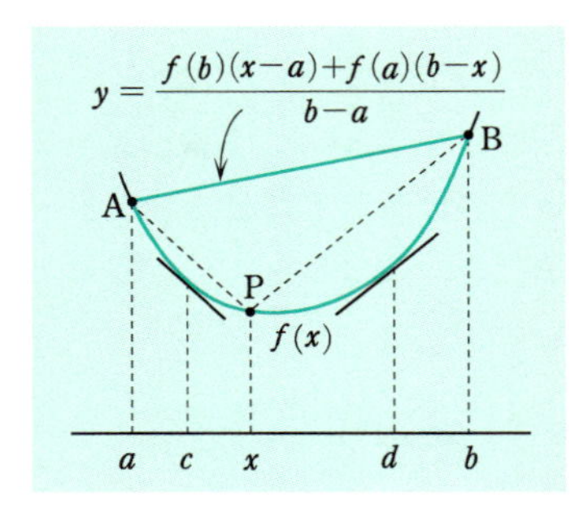

$$f(x) < \frac{f(b)(x-a)+f(a)(b-x)}{b-a}$$

が得られる．これと証明のはじめに述べた線分の方程式を比較して $(x, f(x))$ は線分 AB より下にあることがわかる．ゆえに，曲線 $y=f(x)$ は下に凸である．$f''(x)<0$ のときに上に凸であることも同様にして証明される．■

❑ 例題 5.36　$0<a<1$ ならば曲線 $y=\dfrac{e^x}{e^x+a}$ は $x \geqq 0$ で上に凸であることを示せ．

〔解答〕　$f(x)=\dfrac{e^x}{e^x+a}$ とすると，例題 5.21 の 1) の答より $f''(x)=\dfrac{ae^x(a-e^x)}{(e^x+a)^3}$ である．$0<a<1$ より $a<e^x\,(x\geqq 0)$ であるから，$f''(x)<0\,(x\geqq 0)$ となる．ゆえに，定理 5.35 より，曲線 $y=\dfrac{e^x}{e^x+a}$ は上に凸である．◇

$a>1$ として例題 5.36 の曲線を考える．このときは，$a>e^x \Longleftrightarrow f''(x)>0$, $a<e^x \Longleftrightarrow f''(x)<0$ であるから，曲線は区間 $[0, \log a)$ で下に凸となり，区間 $(\log a, \infty)$ で上に凸となる．よって，曲線の凹凸の様子は点 $(\log a, \frac{1}{2})$ を境にして変わる．このように，曲線の凹凸の変わり目になっている点を，その曲線の**変曲点**という．

例題 5.37　$a>1$ のときの曲線 $y=\dfrac{e^x}{e^x+a}$ $(-\infty<x<\infty)$ のグラフを書け．

〔解答〕　y', y'' の計算は例題 5.36 でなされている．$y'>0$ $(-\infty<x<\infty)$ より，このグラフは常に増加である．また $(\log a, \frac{1}{2})$ が変曲点である．さらに

$$\lim_{x\to+\infty}\frac{e^x}{e^x+a} = \lim_{x\to+\infty}\frac{1}{1+ae^{-x}} = 1, \qquad \lim_{x\to-\infty}\frac{e^x}{e^x+a} = 0$$

である．これらのことから，増減表とグラフはつぎのようになる．

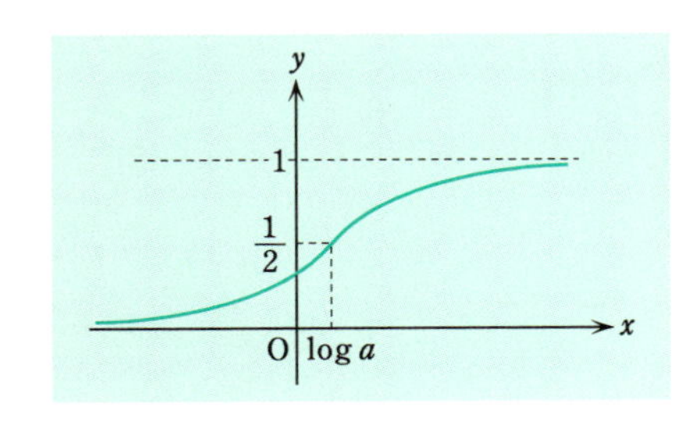

x	$\cdots$	$\log a$	$\cdots$
$f'(x)$	$+$	$+$	$+$
$f''(x)$	$+$	0	$-$
$f(x)$	↗ 下に凸	$\frac{1}{2}$ 変曲点	↗ 上に凸

◇

5.6 不定形の極限

関数の極限値については 4.5 節で学んだ．ここでは，より複雑な関数の極限値を微分法を利用して求める方法について考える．

つぎの定理は $\frac{0}{0}$ 型の不定形（4.5 節参照）の極限値を求めるための有用な計算法を与える．

❑ 定理 5.38（ロピタルの定理）*

関数 $f(x)$，$g(x)$ は $x=a$ の近くで連続で，かつ a 以外では微分可能で，$f(a)=g(a)=0$ とする．このとき，$\lim_{x\to a}\frac{f'(x)}{g'(x)}$ が存在すれば

$$\lim_{x\to a}\frac{f(x)}{g(x)} = \lim_{x\to a}\frac{f'(x)}{g'(x)}$$

が成り立つ．ただし，$g(x)$ および $g'(x)$ は a の近くでは a 以外では 0 でないものとする．

〔証 明〕 $b>a$ を a の近くにとり，関数 $F(x)$ を $F(x)=f(x)-\frac{f(b)}{g(b)}g(x)$ と定義する．このとき，仮定 $f(a)=g(a)=0$ より $F(a)=0$ である．また，定義より $F(b)=f(b)-f(b)=0$ である．よって，$F(x)$ に平均値の定理（定理 5.10）を適用して $F'(c)=0$（$a<c<b$）なる c が存在する．$F(x)$ の導関数を計算すると $F'(x)=f'(x)-\frac{f(b)}{g(b)}g'(x)$ となるから，$F'(c)=0$ より，$\frac{f(b)}{g(b)}=\frac{f'(c)}{g'(c)}$ である．$a<c<b$ であるから $b\to a$ とすると $c\to a$ となる．ゆえに $A=\lim_{x\to a}\frac{f'(x)}{g'(x)}$ として，

$$\lim_{b\to a+0}\frac{f(b)}{g(b)} = \lim_{c\to a+0}\frac{f'(c)}{g'(c)} = A$$

となる．同様にして，$b<a$ のときも $b<d<a$ なる d を用いて

$$\lim_{b\to a-0}\frac{f(b)}{g(b)} = \lim_{d\to a-0}\frac{f'(d)}{g'(d)} = A$$

が得られる．右側極限値と左側極限値が存在して，両方とも A に等しいから，$\lim_{x\to a}\frac{f(x)}{g(x)}$ が存在して A に等しい． ▣

上の証明からわかるように，ロピタルの定理は片側極限値に対しても正しい．すなわち，関数 $f(x)$，$g(x)$ が $x\geqq a$ で連続で，かつ a 以外では微分可能であるとき，定理の a の代わりに $a+0$ とした形の結論が成り立つ．また，ロピタルの定理は $\lim_{x\to a}\frac{f'(x)}{g'(x)}=\pm\infty$ のときも成り立つ．このことは，上の証明の A を $\pm\infty$ におきかえてみればわかる．

---

* G. F. A. de l'Hôpital（1661～1704）．ロピタルの定理は 1696 年に出版された著作の中で述べられた．

❑ 例題 5.39　つぎの極限値を求めよ．

1）$\displaystyle\lim_{x\to1+0}\frac{\sqrt[3]{x}-1}{\sqrt[3]{x-1}}$　　2）$\displaystyle\lim_{x\to0}\frac{1-\cos x}{x\sin x}$

〔解答〕　1）$(\sqrt[3]{x}-1)'=\frac{1}{3}x^{-\frac{2}{3}}$，$(\sqrt[3]{x-1})'=\frac{1}{3}(x-1)^{-\frac{2}{3}}$ だから，ロピタルの定理より

$$\lim_{x\to1+0}\frac{\sqrt[3]{x}-1}{\sqrt[3]{x-1}}=\lim_{x\to1+0}\frac{\frac{1}{3}x^{-\frac{2}{3}}}{\frac{1}{3}(x-1)^{-\frac{2}{3}}}=\lim_{x\to1+0}\frac{(x-1)^{\frac{2}{3}}}{x^{\frac{2}{3}}}=0$$

2）定理 5.38 を 2 回用いて

$$\lim_{x\to0}\frac{1-\cos x}{x\sin x}=\lim_{x\to0}\frac{\sin x}{\sin x+x\cos x}=\lim_{x\to0}\frac{\cos x}{2\cos x-x\sin x}=\frac{1}{2-0}=\frac{1}{2}$$

◈

上の例題の 2）のように $\displaystyle\lim_{x\to a}\frac{f'(x)}{g'(x)}$ がすぐに求まらない場合でも，$f'(a)=g'(a)=0$ であり $\displaystyle\lim_{x\to a}\frac{f''(x)}{g''(x)}$ が存在するならば

$$\lim_{x\to a}\frac{f(x)}{g(x)}=\lim_{x\to a}\frac{f'(x)}{g'(x)}=\lim_{x\to a}\frac{f''(x)}{g''(x)}$$

である．この方法は，さらに高階へと続けていくことができる．

ロピタルの定理は定理 5.38 の基本形以外にもいろいろな形がある．分母と分子が無限大（あるいはマイナス無限大）に発散する極限（これを $\frac{\infty}{\infty}$ 型の不定形という）の極限計算のために，つぎの形のロピタルの定理を挙げておく．

❑ 定理 5.40（ロピタルの定理 2）

関数 $f(x)$，$g(x)$ は a の近くで a 以外では微分可能で，$\displaystyle\lim_{x\to a}f(x)=\pm\infty$，$\displaystyle\lim_{x\to a}g(x)=\pm\infty$ とする．このとき，$\displaystyle\lim_{x\to a}\frac{f'(x)}{g'(x)}$ が存在すれば

$$\lim_{x\to a}\frac{f(x)}{g(x)}=\lim_{x\to a}\frac{f'(x)}{g'(x)}$$

が成り立つ．ただし，$g'(x)\neq0$ とする．

定理 5.40 の証明は，定理 5.38 の証明より面倒であるが，原理は同じ（やはり平均値の定理を用いる）であるので省略する．なお，定理 5.38，定理 5.40 は

$a=\infty$（あるいは $a=-\infty$）としても成り立つ*．そのことは，$x=\frac{1}{t}$，$F(t)=f\left(\frac{1}{t}\right)$，$G(t)=g\left(\frac{1}{t}\right)$ とおく（ただし，$F(0)=0$，$G(0)=0$ とする）と

$$\lim_{t\to+0}\frac{F'(t)}{G'(t)} = \lim_{t\to+0}\frac{f'\left(\frac{1}{t}\right)\left(-\frac{1}{t^2}\right)}{g'\left(\frac{1}{t}\right)\left(-\frac{1}{t^2}\right)} = \lim_{t\to+0}\frac{f'\left(\frac{1}{t}\right)}{g'\left(\frac{1}{t}\right)} = \lim_{x\to\infty}\frac{f'(x)}{g'(x)}$$

であることに注意すれば，定理 5.38，定理 5.40 の $a=0$ の場合を用いて

$$\lim_{x\to\infty}\frac{f(x)}{g(x)} = \lim_{t\to+0}\frac{F(t)}{G(t)} = \lim_{t\to+0}\frac{F'(t)}{G'(t)} = \lim_{x\to\infty}\frac{f'(x)}{g'(x)}$$

と証明される．

❑ 例題 5.41　つぎの極限値を求めよ．ただし，α は正の定数とする．

1）$\displaystyle\lim_{x\to\infty}\frac{\log x}{x^\alpha}$　2）$\displaystyle\lim_{x\to\infty}\frac{x^\alpha}{e^x}$　3）$\displaystyle\lim_{x\to+0}x^\alpha\log x$　4）$\displaystyle\lim_{x\to+0}x^x$

〔**解 答**〕　1）例題 4.31 の 4)，7）より $\log x\to\infty$，$x^\alpha\to\infty$（$x\to\infty$）であり，$\frac{\infty}{\infty}$ 型の不定形である．定理 5.40 の $a=\infty$ の場合から

$$\lim_{x\to\infty}\frac{\log x}{x^\alpha} = \lim_{x\to\infty}\frac{(\log x)'}{(x^\alpha)'} = \lim_{x\to\infty}\frac{\frac{1}{x}}{\alpha x^{\alpha-1}} = \lim_{x\to\infty}\frac{1}{\alpha x^\alpha} = 0$$

2）n を $n-1<\alpha\leqq n$ をみたす自然数とする．$k=0,1,\cdots,n-1$ に対しては，$\displaystyle\lim_{x\to\infty}(x^\alpha)^{(k)}=\lim_{x\to\infty}\alpha(\alpha-1)\cdots(\alpha-k+1)x^{\alpha-k}=\infty$ である（例題 5.22 の 2）参照）．また，$\alpha-n\leqq0$ より $\displaystyle\lim_{x\to\infty}x^{\alpha-n}=0$ または 1（$\alpha=n$ のとき）である．したがって，定理 5.40 の $a=\infty$ の場合を繰返し用いて，

$$\begin{aligned}\lim_{x\to\infty}\frac{x^\alpha}{e^x} &= \lim_{x\to\infty}\frac{(x^\alpha)'}{(e^x)'} = \cdots = \lim_{x\to\infty}\frac{(x^\alpha)^{(n)}}{(e^x)^{(n)}}\\ &= \lim_{x\to\infty}\frac{\alpha(\alpha-1)\cdots(\alpha-n+1)x^{\alpha-n}}{e^x} = 0\end{aligned}$$

3）$x^\alpha\to0$，$\log x\to-\infty$（$x\to+0$）であり，$0\times\infty$ の不定形である．これを $x^\alpha\log x=\dfrac{\log x}{x^{-\alpha}}$ と変形すると $\frac{\infty}{\infty}$ 型の不定形になる．そして，定理 5.40 の $a=0$ の場合を用い，例題 4.31 の 8）に注意して

$$\lim_{x\to+0}x^\alpha\log x = \lim_{x\to+0}\frac{\log x}{x^{-\alpha}} = \lim_{x\to+0}\frac{(\log x)'}{(x^{-\alpha})'} = -\frac{1}{\alpha}\lim_{x\to+0}x^\alpha = 0$$

---

* ただし，このときは a の近くとは十分大きなところで（あるいは負の方に十分に大きなところで）と読み替える．

4) $x^x = e^{\log(x^x)} = e^{x\log x}$ と変形して 3) の結果を用いて

$$\lim_{x\to+0} x^x = \lim_{x\to+0} e^{x\log x} = e^0 = 1$$ ◈

$\dfrac{\infty}{\infty}$ 型の不定形の極形値は $x\to a$ のときに分母・分子両者が大きくなる“強さ”の力関係によって定まる．たとえば，上の 2) の結果である

$$\lim_{x\to\infty} \frac{x^\alpha}{e^x} = 0$$

は e^x が $x\to\infty$ のときに大きくなる“強さ”は x^α の形の関数のそれよりも“強い”ことを意味している．

定理 4.35 で数列の極限を関数の極限を利用して求める方法の原理を学んだ．この原理と上でみたような関数の極限を微分を使って求める方法との組合わせで数列の極限を求める計算練習をしておこう．

❑ 例題 5.42　つぎの数列の極限値を求めよ．

1) $\displaystyle\lim_{n\to\infty} n(\sqrt[n]{2}-1)$　　2) $\displaystyle\lim_{n\to\infty}\frac{2n+3}{3^n}$

〔解 答〕　1) $f(x) = \dfrac{2^x-1}{x}$, $x_n = \dfrac{1}{n}$ として定理 4.35 を用いると，

$\displaystyle\lim_{n\to\infty}\frac{2^{\frac{1}{n}}-1}{\frac{1}{n}} = \lim_{x\to+0}\frac{2^x-1}{x}$ である．よって

$$\lim_{n\to\infty} n(\sqrt[n]{2}-1) = \lim_{n\to\infty}\frac{2^{\frac{1}{n}}-1}{\frac{1}{n}} = \lim_{x\to0}\frac{2^x-1}{x} = \log 2$$

上のうしろから二つ目の式は 2^x の $x=0$ における微分係数であるから $(2^x)' = 2^x\log 2$ より最後の等式が得られる．

2) ロピタルの定理（定理 5.40）を用いて

$$\lim_{x\to\infty}\frac{2x+3}{3^x} = \lim_{x\to\infty}\frac{(2x+3)'}{(3^x)'} = \lim_{x\to\infty}\frac{2}{(\log 3)3^x} = 0$$

が得られる（3^x の微分は例題 5.19 の 1) 参照）から定理 4.35 より $\displaystyle\lim_{n\to\infty}\frac{2n+3}{3^n} = 0$ である． ◈

5.7 関数の近似とテイラー展開

関数 $f(x)$ を 1 点 a の近くで整式

$$P(x) = c_n x^n + c_{n-1}x^{n-1} + \cdots + c_1 x + c_0$$

で近似してみよう．1番簡単な近似は

$$\textbf{1 次近似}\qquad f(x) \approx f(a)+f'(a)(x-a)$$

である．1次式

$$P_1(x) = f(a)+f'(a)(x-a)$$

は曲線 $y=f(x)$ の点 $\mathrm{A}(a, f(a))$ での接線である（定理5.24参照）．よって，上の近似式を用いることは，点Aの近くでは曲線 $y=f(x)$ と接線がほとんど一致すると考えること（右図参照）を意味する．整式 $P_1(x)$ の a での値と微分係数は $f(x)$ の対応する値に一致する，すなわち，

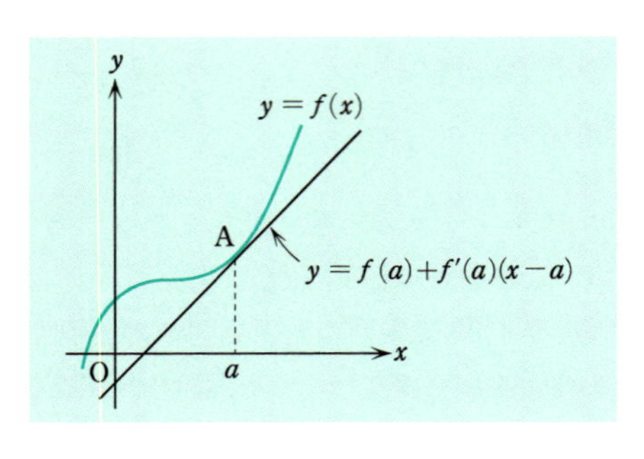

$$P_1(a) = f(a), \qquad P_1'(a) = f'(a)$$

が成り立つことに注意する．

❏ **例題 5.43**　　つぎの関数の与えられた a での1次近似を求めよ．

1) e^x $(a=0)$　　2) $\sqrt[3]{x}$ $(a=1)$

〔**解 答**〕　1) $e^0=1$，$(e^x)'(0)=e^0=1$ より $e^x \approx 1+x$.

2) $\sqrt[3]{1}=1$，$(\sqrt[3]{x})'(1)=\frac{1}{3}$ より $\sqrt[3]{x} \approx 1+\frac{1}{3}(x-1)=\frac{1}{3}x+\frac{2}{3}$.　◈

上の例題の $\sqrt[3]{x}$ を $x=1$ の近くで $\frac{1}{3}x+\frac{2}{3}$ よりよく近似するために，2次関数 $P_2(x)=c_2x^2+c_1x+c_0$ を $P_2(x)$ の2階までの導関数の値が $f(x)=\sqrt[3]{x}$ のそれらの値と一致するように定めてみよう．そのための条件 $P_2(1)=f(1)$，$P_2'(1)=f'(1)$，$P_2''(1)=f''(1)$ を計算すると

$$c_2+c_1+c_0 = 1, \qquad 2c_2+c_1 = \frac{1}{3}, \qquad 2c_2 = -\frac{2}{9}$$

となる．これより，$c_2=-\frac{1}{9}$，$c_1=\frac{5}{9}$，$c_0=\frac{5}{9}$ であり，よって

$$P_2(x) = -\frac{1}{9}x^2+\frac{5}{9}x+\frac{5}{9} = \frac{1}{9}(-x^2+5x+5)$$

この2次関数による放物線 $y=\frac{1}{9}(-x^2+5x+5)$ のグラフは点 $(1,1)$ で $y=\sqrt[3]{x}$ と同じ傾きをもつだけでなく同じ曲がり具合* をしている．

* 曲線の（あるいはもっと一般に曲面の）曲がり具合は2階の微分を用いて，曲率という量で表される．

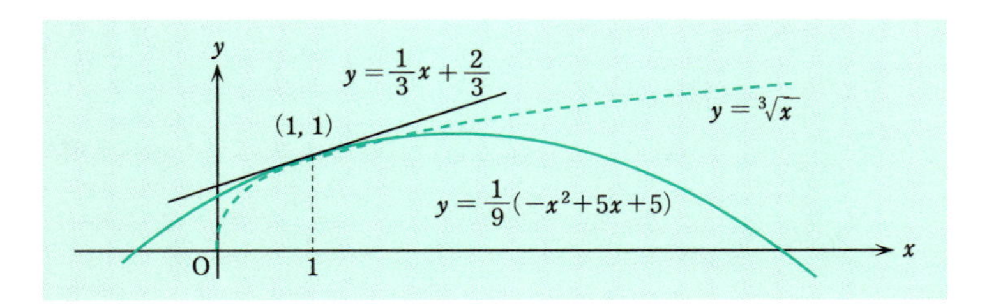

上の例を一般化して，a の近くで n 回微分可能な関数 $f(x)$ に対し，a で n 階までの導関数の値が $f(x)$ のものと一致するような n 次関数 $P_n(x)$ を求めてみよう．そのための条件は

$$P_n(a) = f(a),\ P_n'(a) = f'(a),\ \cdots,\ P_n^{(n)}(a) = f^{(n)}(a)$$

である．この条件を計算しやすいように $P_n(x)$ を

$$P_n(x) = b_0 + b_1(x-a) + b_2(x-a)^2 + \cdots + b_n(x-a)^n$$

の形で求めよう．この式で $x=a$ として $b_0=P_n(a)=f(a)$ となる．またこの式を微分した

$$P_n'(x) = b_1 + 2b_2(x-a) + 3b_3(x-a)^2 + \cdots + nb_n(x-a)^{n-1}$$

に $x=a$ を代入して，$b_1=P_n'(a)=f'(a)$ が得られる．さらに微分して $x=a$ を代入して，$2b_2=P_n''(a)=f''(a)$ であるから，$b_2=\frac{1}{2}f''(a)$ が得られる．以下同様に，微分して $x=a$ を代入することにより，

$$b_k = \frac{f^{(k)}(a)}{k!} \qquad (k=1, 2, \cdots, n)$$

が得られる．以上をまとめると

❏ 定理 5.44 $f(x)$ を $x=a$ の近くで n 回微分可能な関数とする．$P_n(x)$ を n 次の多項式

$$P_n(x) = f(a) + f'(a)(x-a) + \frac{f''(a)}{2!}(x-a)^2 + \cdots + \frac{f^{(n)}(a)}{n!}(x-a)^n$$

とすると，$P_n(x)$ およびその n 階までの導関数の $x=a$ での値は，$f(x)$ およびその n 階までの導関数のそこでの値に一致する．すなわち，

$$P_n(a) = f(a),\ P_n'(a) = f'(a),\ \cdots,\ P_n^{(n)}(a) = f^{(n)}(a)$$

定理 5.44 の n 次の整式 $P_n(x)$ を $f(x)$ の $x=a$ における n 次の**テイラー多項式*** という．

例題 5.45　つぎの関数の与えられた a における n 次のテイラー多項式を求めよ．

1) e^x $(a=0)$　　2) $\log x$ $(a=1)$

〔解 答〕　1) $f(x)=e^x$ の導関数はすべての自然数 k に対して $f^{(k)}(x)=e^x$ である（例題 5.22 の 3) 参照）．よって $f^{(k)}(0)=1$ $(k=0,1,\cdots)$ となり

$$P_n(x) = 1+x+\frac{x^2}{2!}+\frac{x^3}{3!}+\cdots+\frac{x^n}{n!}$$

2) 例題 5.22 の 4) で計算したように，$f(x)=\log x$ の k 階導関数は

$$f^{(k)}(x) = (-1)^{k-1}(k-1)!\,\frac{1}{x^k}$$

である．よって $f^{(k)}(1)=(-1)^{k-1}(k-1)!$ $(k=0,1,\cdots)$ となり，求める多項式は

$$P_n(x) = (x-1)-\frac{1}{2}(x-1)^2+\frac{1}{3}(x-1)^3+\cdots+\frac{(-1)^{n-1}}{n}(x-1)^n$$ ◈

関数 $f(x)$ を a における n 次のテイラー多項式で近似することを a における **n 次近似**という．前に学んだ 1 次近似は $n=1$ の場合にほかならない．

n 次近似

$$f(x) \approx f(a)+f'(a)(x-a)+\frac{f''(a)}{2!}(x-a)^2+\cdots+\frac{f^{(n)}(a)}{n!}(x-a)^n$$

例題 5.46　$\cos x$ の $\frac{\pi}{4}$ における 2 次近似を求めよ．また，この近似を用いて $\cos 40^\circ$ の近似値を求めよ．

〔解 答〕　$f(x)=\cos x$ とおくと $f'(x)=-\sin x$，$f''(x)=-\cos x$ である．よって定理 5.44 で $a=\frac{\pi}{4}$，$n=2$ として

$$P_2(x) = \cos\frac{\pi}{4}-\left(\sin\frac{\pi}{4}\right)\left(x-\frac{\pi}{4}\right)-\frac{1}{2!}\left(\cos\frac{\pi}{4}\right)\left(x-\frac{\pi}{4}\right)^2$$

である．これを計算して，2 次近似は

$$\cos x \approx \frac{1}{\sqrt{2}}\left\{1-\left(x-\frac{\pi}{4}\right)-\frac{1}{2}\left(x-\frac{\pi}{4}\right)^2\right\}$$

---

*　ニュートンの信奉者であったテイラー（B. Taylor : 1685～1731）が 1715 年の著作の中で導入した．なお，記号 Σ を使えば，$P_n(x)=\sum_{k=0}^{n}\frac{f^{(k)}(a)}{k!}(x-a)^k$ と書ける．ただしここで $0!=1$，$0^0=1$，$f^{(0)}(x)=f(x)$ と規定している．

となる．この式で $x=40^\circ=\frac{2\pi}{9}$ として

$$\cos 40^\circ \approx \frac{1}{\sqrt{2}}\left\{1+\frac{\pi}{36}-\frac{1}{2}\left(\frac{\pi}{36}\right)^2\right\} = 0.766\cdots$$

◈

近似を用いるとき，真の値と近似の誤差がどの範囲におさまっているか*1が問題になる．n 次近似 $f(x)\approx P_n(x)$ を用いるときの誤差は二つの関数の差 $R_n(x)=f(x)-P_n(x)$ である．$R_n(x)$ を n 次の**剰余項**という．この記号を用いれば

$$f(x) = P_n(x) + R_n(x)$$

となる．

剰余項 $R_n(x)$ を評価するためには，何らかの形で $f(x)$ についての情報により $R_n(x)$ を表現する必要がある．この表現にはいろいろな形のものがあるが，つぎの形*2が代表的なものである．

❑ 定理 5.47

$f(x)$ が a を含む区間において $n+1$ 回微分可能であれば，その区間内の x に対し

$$f(x) = f(a) + f'(a)(x-a) + \frac{f''(a)}{2!}(x-a)^2 + \cdots + \frac{f^{(n)}(a)}{n!}(x-a)^n + \frac{f^{(n+1)}(c)}{(n+1)!}(x-a)^{n+1}$$

であるような c が a と x の間に（少なくとも一つ）ある．

〔**証明**〕 区間内の x を固定し b と書く．また，$P_n(x)$ を f の $x=a$ における n 次のテイラー多項式とする．このとき $K = \dfrac{f(b)-P_n(b)}{(b-a)^{n+1}}$ とし，a と b の間を動く変数 x の関数 $F(x)$ を

$$F(x) = f(x) - P_n(x) - K(x-a)^{n+1}$$

で定義する．このとき，K のとり方から $F(b)=0$ である．また，定理 5.44 より $P_n{}^{(k)}(a)=f^{(k)}(a)$ $(k=0,1,\cdots,n)$ であり，$K(x-a)^{n+1}$ の k 階導関数は $(x-a)^{n-k+1}$ に定数を掛けたものであるから，$F(a)=F'(a)=F''(a)=\cdots=F^{(n)}(a)=0$ が成り立つ．

---

*1 この範囲を**誤差の限界**という．

*2 ラグランジュ（J. L. Lagrange: 1736〜1813）が 1797 年に出版した本の中で述べたもの．したがって，定理 5.47 はラグランジュの公式とよぶべきでしょう．一般には，**テイラーの公式**とよんでいますが．

さて，$F(a)=F(b)=0$ であるから，平均値の定理（定理 5.10）により，$F'(c_1)=0$ となる c_1 が a と b の間にある．つぎに $F'(a)=F'(c_1)=0$ であるから，$F'(x)$ に平均値の定理を適用して $F''(c_2)=0$ となる c_2 が a と c_1 の間にある．この議論を続けて，$F^{(n+1)}(c_{n+1})=0$ なる c_{n+1} が a と c_n の間にあることが示される．ところが，$P_n(x)$ は n 次関数であるから，任意の実数 x に対し $P_n{}^{(n+1)}(x)=0$ である（例題 5.23 参照）．したがって

$$F^{(n+1)}(x) = f^{(n+1)}(x) - (n+1)!K$$

である．よって，$c=c_{n+1}$ とすると $F^{(n+1)}(c)=f^{(n+1)}(c)-(n+1)!K=0$．これより

$$K = \frac{f^{(n+1)}(c)}{(n+1)!}$$

となる．これを $f(b)=P_n(b)+K(b-a)^{n+1}$ に代入して

$$f(b) = P_n(b) + \frac{f^{(n+1)}(c)}{(n+1)!}(b-a)^{n+1}$$

なる c が a と b の間に存在することが示された．この b を x と書き直したものが定理である． ■

定理 5.47 の要点は n 次の剰余項 $R_n(x)$ が

$$R_n(x) = \frac{f^{(n+1)}(c)}{(n+1)!}(x-a)^{n+1}$$

のように表現されることである．

❏ 例題 5.48　例題 5.46 で求めた $\cos x$ の 2 次近．差は $40°\leqq x\leqq 50°$ に対しては 0.0002 未満であることを示せ．

〔**解 答**〕　$f(x)=\cos x$ のとき $f'''(x)=\sin x$ である．よって 2 次の剰余項は

$$R_2(x) = \frac{\sin c}{3!}\left(x-\frac{\pi}{4}\right)^3$$

と書ける．ここで，c は x と $\frac{\pi}{4}$ の間の数である．常に $|\sin x|\leqq 1$ であるから $|\sin c|\leqq 1$ である．また，$40°\leqq x\leqq 50°$ に対しては $|x-\frac{\pi}{4}|\leqq 5°=\frac{\pi}{36}<0.1$ である．したがって $|R_2(x)|\leqq\frac{1}{6}(0.1)^3<0.0002$ である． ◈

❏ 例題 5.49　x を実数とするとき

$$e^x = 1 + x + \frac{x^2}{2!} + \frac{x^3}{3!} + \cdots + \frac{x^n}{n!} + \frac{e^c}{(n+1)!}x^{n+1}$$

となる c が 0 と x の間に存在することを示せ．また，これを用いて e が有理数でないことを証明せよ．さらに，e の近似値を計算せよ．

〔**解答**〕　$f(x)=e^x$，$a=0$ として定理 5.47 の式を書いたもの（計算は例題 5.45 の 1）を参照）が所要の式である．この式で $x=1$ とおいて

$$(\bigstar)\qquad e = 1+1+\frac{1}{2!}+\frac{1}{3!}+\cdots+\frac{1}{n!}+\frac{e^c}{(n+1)!}\qquad (0<c<1)$$

が得られる．この両辺に $n!$ を掛けると，$\frac{n!}{(n+1)!}=\frac{1}{n+1}$ であるから

$$n!e = 自然数 + \frac{e^c}{n+1}$$

となる．ここまでの結論は，任意の自然数 n に対して成り立つ．さて，e が有理数であると仮定すると，自然数 $e=\frac{p}{q}$ と表される*．ここで n を $n\geqq q$ かつ $n\geqq 3$ とする．このとき，$n\geqq q$ より

$$n!\frac{p}{q} = 自然数 + \frac{e^c}{n+1}$$

の左辺は自然数になる（$n\geqq q$ としたから $n!$ は q を含むことに注意）．ところが，$c<1$ より $e^c<e^1\leqq 3$（例題 3.29 参照）であるから，$n\geqq 3$ より $\frac{e^c}{n+1}<\frac{3}{4}$ となり，よって右辺は自然数にならない．これは矛盾であり，e は有理数でない．

e の近似値を求める．（★）において，たとえば $n=9$ として

$$e = 1+1+\frac{1}{2!}+\frac{1}{3!}+\cdots+\frac{1}{9!}+\frac{e^c}{10!} = 2.7182815\cdots+\frac{e^c}{10!}$$

となる．ところが，$10!=3{,}628{,}800$ であるから $\frac{e^c}{10!}<\frac{3}{10!}=0.000000826\cdots$．ゆえに $2.7182815<e<2.7182816+0.000000827<2.7182825$ が得られる．したがって，e の近似値として 2.71828 がとれる．◈

関数 $f(x)$ の $x=a$ における n 次のテイラー多項式を $P_n(x)$ とするとき

$$f(x) = \lim_{n\to\infty}P_n(x)$$

ならば

$$f(x) = \lim_{n\to\infty}\sum_{k=0}^{n}\frac{f^{(k)}(a)}{k!}(x-a)^k = \sum_{k=0}^{\infty}\frac{f^{(k)}(a)}{k!}(x-a)^k$$

が成り立つ．ここでの $\sum_{k=0}^{\infty}$ の使い方は 3.4 節で学んだ用法である．上の展開を，関数 $f(x)$ の a における**テイラー展開**という．テイラー展開は n 次近似で $n\to\infty$ と極限移行した式で，結果として等式になっている．

---

*　この議論の仕方は例題 1.1 と同様です．なつかしいなあ．

テイラー展開

$$f(x) = f(a) + f'(a)(x-a) + \frac{f''(a)}{2!}(x-a)^2 + \cdots + \frac{f^{(n)}(a)}{n!}(x-a)^n + \cdots$$
$$= \sum_{n=0}^{\infty} \frac{f^{(n)}(a)}{n!}(x-a)^n$$

❑ **例題 5.50**　関数 $\frac{1}{1-x}$ の0におけるテイラー展開を求めよ．また，この展開が成り立つ x の範囲を求めよ．

〔**解 答**〕　$f(x)=\frac{1}{1-x}$ のとき，

$$f'(x) = \frac{1}{(1-x)^2},\ f''(x) = \frac{2}{(1-x)^3},\ \cdots,\ f^{(k)}(x) = \frac{k\,!}{(1-x)^{k+1}}$$

である．これより $P_n(x)=1+x+x^2+\cdots+x^n$ であるが，これの $n\to\infty$ のときの収束については定理3.32で調べた．すなわち，$|x|<1$ のとき（かつ，そのときに限り）$R_n(x)$ は収束し，$\lim_{n\to\infty}P_n(x)=\frac{1}{1-x}$ である．ゆえに，求めるテイラー展開は

$$\frac{1}{1-x} = 1 + x + x^2 + \cdots + x^n + \cdots = \sum_{n=0}^{\infty} x^n \qquad (-1<x<1)$$

である．これは等比級数の和にほかならない．◈

上の例題では，$P_n(x)$ が計算できたので，$f(x)=\lim_{n\to\infty}P_n(x)$ が成り立つかどうかを容易に調べることができた．一般には，テイラー展開できることを示すことは，剰余項 $R_n(x)$ に対し $\lim_{n\to\infty}R_n(x)=0$ を示すことに帰着する．つぎの例題は，定理5.47を利用してテイラー展開を確立する例を与える．

❑ **例題 5.51**　任意の実数 x に対し，つぎのテイラー展開が成り立つことを示せ．

1) $$e^x = 1 + x + \frac{x^2}{2!} + \frac{x^3}{3!} + \cdots + \frac{x^n}{n!} + \cdots = \sum_{n=0}^{\infty} \frac{x^n}{n!}$$

2) $$\sin x = x - \frac{x^3}{3!} + \frac{x^5}{5!} + \cdots + (-1)^m \frac{x^{2m+1}}{(2m+1)!} + \cdots$$
$$= \sum_{m=0}^{\infty} (-1)^m \frac{x^{2m+1}}{(2m+1)!}$$

3) $\cos x = 1 - \dfrac{x^2}{2!} + \dfrac{x^4}{4!} + \cdots + (-1)^m \dfrac{x^{2m}}{(2m)!} + \cdots$

$$= \sum_{m=0}^{\infty} (-1)^m \frac{x^{2m}}{(2m)!}$$

〔解答〕 1) 例題 5.49 より，e^x を n 次近似したときの剰余項 $R_n(x)$ は

$$R_n(x) = \frac{e^c}{(n+1)!} x^{n+1}$$

と表される．c は 0 と x の間の数であるから，$x \geqq 0$ ならば $e^c \leqq e^x$，$x<0$ ならば $e^c<1$ となり，どちらの場合も n とは無関係な定数 M により $e^c \leqq M$ となる．これより

$$|R_n(x)| = \frac{e^c}{(n+1)!}|x|^{n+1} \leqq M\frac{|x|^{n+1}}{(n+1)!}$$

となる．この不等式の右辺は，例題 3.24 の結果により $n\to\infty$ のとき 0 に収束する．よって，$n\to\infty$ のとき $|R_n(x)|\to 0$，すなわち $\lim_{n\to\infty} R_n(x)=0$ が示された．$f(x)=P_n(x)+R_n(x)$ より $f(x)=\lim_{n\to\infty} P_n(x)$ である．

2) $f(x)=\sin x$ とおくと，例題 5.22 の 5) より $f^{(n)}(x)=\sin(x+\frac{n\pi}{2})$ である．よって，$f^{(2k)}(x)=(-1)^k \sin x$，$f^{(2k+1)}(x)=(-1)^k \cos x$ となる．ゆえに，$f^{(2k)}(0)=0$，$f^{(2k+1)}(0)=(-1)^k$ である．これより，定理 5.47 で $a=0$，$n=2m+1$ として

$$\sin x = x - \frac{x^3}{3\,!} + \frac{x^5}{5\,!} + \cdots + \frac{(-1)^m}{(2m+1)\,!}x^{2m+1} + \frac{(-1)^{m+1}\sin c}{(2m+2)\,!}x^{2m+2}$$

が得られる．この式の最後の項が剰余項 R_{2m+1} であるが $|\sin c| \leqq 1$ より

$$|R_{2m+1}(x)| \leqq \frac{|x|^{2m+2}}{(2m+2)!} \longrightarrow 0 \qquad (m\to\infty)$$

となるので所要の式が得られる．3) も同様にして得られる． ◈

実は，関数は実数という枠を抜けて複素平面上で考えると豊かな世界がみえてくる．そのような世界への橋渡しをするところにテイラー展開の本来の役割がある．そのことの一端をみるために，例題 5.51 の 1) の式で $x=i\theta$（i は虚数単位，θ は実数）としてみよう．意味をきちんとさせるには複素級数の収束に関して考える必要があるが，ここではその点には目をつむり，あくまで発見的な考察を行う．さて，1) の式に $x=i\theta$ を代入すると，$i^2=-1$（したがって $i^{2m}=(-1)^m$）より

$$\begin{aligned} e^{i\theta} &= 1 + i\theta - \frac{\theta^2}{2!} - i\frac{\theta^3}{3!} + \cdots + i^{2m}\frac{\theta^{2m}}{(2m)!} + i^{2m+1}\frac{\theta^{2m+1}}{(2m+1)!} + \cdots \\ &= \left(1 - \frac{\theta^2}{2!} + \frac{\theta^4}{4!} + \cdots + (-1)^m\frac{\theta^{2m}}{(2m)!} + \cdots\right) \\ &\quad + i\left(\theta - \frac{\theta^3}{3!} + \cdots + (-1)^m\frac{\theta^{2m+1}}{(2m+1)!} + \cdots\right) \end{aligned}$$

が得られる．この計算結果と例題 5.51 の 2) と 3) の式を見比べることにより

$$e^{i\theta} = \cos\theta + i\sin\theta$$

という関係式が得られる．この式は**オイラーの公式**とよばれる式であり，理論応用両面から大切な式である．指数関数と三角関数は実数の中でみればまったく別のものであるが，複素数を通してみると親戚関係にあることが，この発見的考察からみえてくる*.

問　　題

問 5.1　つぎの関数を微分せよ．

1) $\dfrac{1}{\sqrt[3]{x^5}}$　2) $\sqrt{(1-2x)^3}$　3) e^{-ax+b}　4) 7^x　5) $\log|1-3x|$

6) $\log_2 ax$　7) $\sin(-4x+1)$　8) $\tan^{-1}\sqrt{1-x^2}$　9) $x^3\log|5-2x|$

10) $xe^{-x}\cos 2x$　11) $\dfrac{2x}{x^2+1}$　12) e^{ax^2+b}　13) $\cos(e^{-x})$　14) x^x

15) $\log(x+\sqrt{x^2+a})$　16) $\sin^{-1}\dfrac{x}{\sqrt{x^2+1}}$　17) $\log\left|\dfrac{x-1}{x+1}\right| - 2\tan^{-1}x$

問 5.2　以下で定められる陰関数 $y=y(x)$ の 1 階導関数を求めよ．

1) $x^2+axy+y^2 = b^2$　2) $x^3+y^3-3xy = 0$　3) $e^{x^2}-e^{xy} = 1$

問 5.3　つぎを示せ．

1) $(\operatorname{sech} x)' = -\tanh x \operatorname{sech} x$　2) $(\tanh x)' = \operatorname{sech}^2 x$

問 5.4　つぎの関数の 2 階導関数を求めよ．

1) ax^3-bx^2　2) $\cos(ax+b)$　3) $\log(ax^2+b)$　4) $\dfrac{x}{\sqrt{ax^2+b}}$

---

*　なお，オイラーの公式で $\theta=\pi$ とおいて $e^{i\pi}+1=0$ となる．$0, 1, i, \pi, e$ という最も重要な五つの数を 1 度ずつ用いたこの式の妖しさは何だろう．この式もオイラーによるもので，まったく別個にみえる二つのものから関係を見いだす天才の面目躍如といった感がある．

問 5.5　つぎの関数の n 階導関数を求めよ．

1）x^3　2）e^{-2x}　3）$\dfrac{1}{\sqrt{x}}$　4）$\cos(ax+b)$　5）$(1+x)^{\alpha}$

問 5.6　つぎの関数の増減を調べ，そのグラフを書け．

1）$2x^3-3x^2-12x+5$　2）$e^{-(x-a)^2+b}$　3）$\dfrac{x^3+2}{x^2+1}$　4）$x^2\log x$

問 5.7　曲線 $y=e^x+2$ 上の点 A におけるこの曲線の接線と x 軸との交点 B とするとき，AB の長さを最小にする A の座標を求めよ．

問 5.8　つぎの不等式を証明せよ．ただし，3）の n は自然数．

1）$e^x \geqq 1+x$　2）$e^{x^2} \geqq \log(e+x^2)$　3）$e^x > x^n$ $(x>n^2)$

問 5.9　ロピタルの定理を用いてつぎの極限値を求めよ．

1）$\displaystyle\lim_{x\to 1}\frac{\log x}{x-1}$　2）$\displaystyle\lim_{x\to 0}\frac{\sin x - x}{x^3}$　3）$\displaystyle\lim_{x\to\infty} x^{\alpha-1}\log(\log x)$

問 5.10　つぎの関数の与えられた a における 3 次のテイラー多項式を求めよ．

1）e^{-2x} $(a=0)$　2）$\dfrac{1}{\sqrt{1-x}}$ $(a=0)$　3）$\dfrac{\log x}{x}$ $(a=1)$

問 5.11　関数 $f(x)=3\sqrt[3]{1+x}$ の 0 における 2 次近似を求めよ．また，$f\left(\frac{1}{9}\right)=\sqrt[3]{30}$ であることを利用して，$\sqrt[3]{30}$ の近似値を小数 3 位まで求め，この近似値と $\sqrt[3]{30}$ との差は 0.0003 未満であることを示せ．

6. 積　　分

6.1 定積分の概念

縦 3 cm，横 2 cm の長方形の面積は，$3\times2=6$ により 6 cm^2 と計算される．また，毎分 1.3 km の速度で 45 分間走りつづけたときの走行距離は 1.3×45 により 58.5 km と計算される．単位長さあたり q kg の密度の長さ l の棒の総質量は ql kg である．これらは，密度に相当する量（上の長方形の例では縦の長さ，走行距離の例では分速，質量の例では密度そのもの）が均一である場合に，その量の総和を求めた計算である．

上の密度に相当する量が均一でない場合にはどのように計算したらよいだろうか．たとえば，端から x cm のところの縦の長さが x^2 cm，横 2 cm である図形の面積を求める問題，出発して t 分後には毎分 $t(t+4)$ m となる速度で 45 分間走ったときの走行距離を求める問題，端から x のところの単位長さあたりの密度が $(l-x)^3$ kg である長さ l の棒の総質量を求める問題である．

はじめの問題を考えよう．これは，$y=x^2$ と x 軸と $x=2$ で囲まれた図形 D の面積を求めることである．まず，x 軸上で 0 から 2 までの間を n 等分し，両端を加えた $n+1$ 個の点

$$0,\ \frac{2}{n},\ \frac{4}{n},\ \frac{6}{n},\ \cdots,\ \frac{2(n-1)}{n},\ 2$$

を取る．さらに，それらの点の中点

$$\frac{1}{n},\ \frac{3}{n},\ \frac{5}{n},\ \cdots,\ \frac{2n-1}{n}$$

から x 軸に垂直な直線を引いて，放物線 $y=x^2$ との交点を求める．この交点の y 座標は，それぞれ

$$\left(\frac{1}{n}\right)^2,\ \left(\frac{3}{n}\right)^2,\ \left(\frac{5}{n}\right)^2,\ \cdots,\ \left(\frac{2n-1}{n}\right)^2$$

である．n 等分した区間を底辺とし，それぞれ上の値を高さとする長方形* を

---

* すなわち，区間 $\left[\frac{2(k-1)}{n}, \frac{2k}{n}\right]$ を底辺，$\left(\frac{2k-1}{n}\right)^2$ を高さとする長方形．($k=1, 2, \cdots, n$)

n 個合わせた図形 D_n（図参照）はもとの図形 D の近似といえる．この近似は n を増やせば増やすほどよい近似になるから，$n \to \infty$ のとき

$$D_n \text{ の面積} \longrightarrow D \text{ の面積}$$

である．

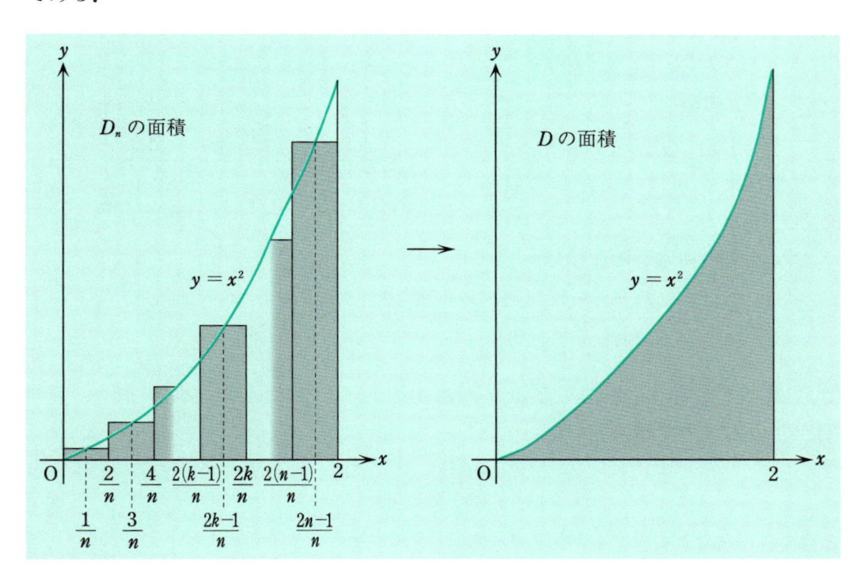

例題 6.1　この考え方により D の面積を求めよ．

〔**解答**〕　D_n の面積は，各長方形の面積の和であるから，

$$D_n \text{ の面積} = \frac{2}{n}\times\left(\frac{1}{n}\right)^2+\frac{2}{n}\times\left(\frac{3}{n}\right)^2+\cdots+\frac{2}{n}\times\left(\frac{2n-1}{n}\right)^2$$

$$= \frac{2}{n^3}\sum_{k=1}^{n}(2k-1)^2 = \frac{2}{n^3}\times\frac{4n^3-n}{3} = \frac{8n^3-2n}{3n^3}$$

である（途中で，例題 3.16 の結果を用いた）．この $n \to \infty$ のときの極限は

$$\lim_{n\to\infty}\frac{8n^3-2n}{3n^3} = \lim_{n\to\infty}\frac{8-\frac{2}{n^2}}{3} = \frac{8}{3}$$

となる．したがって，D の面積は $\frac{8}{3}$ である．◆

以上の考え方と同様にして，関数 $f(x)$ の表す量の，ある区間 $[a, b]$ での総和を求める計算が定積分である．先の図形 D の面積を求める際は区間を n 等分したが，もう少し一般化して $[a, b]$ 内に $n-1$ 個の点 $x_1, x_2, \cdots, x_{n-1}$ を取り，こ

れに両端 a（これを x_0 と書く）と b（これを x_n と書く）を加えた $n+1$ 個の点

$$x_0, x_1, x_2, \cdots, x_{n-1}, x_n$$

で区間 $[a, b]$ を細分する．また，$c_k (k=1, \cdots, n)$ を区間 $[x_{k-1}, x_k]$ 内の点[*1]として

$$c_1, c_2, \cdots, c_n$$

に対する f の値

$$f(c_1), f(c_2), \cdots, f(c_n)$$

を高さとする n 個の長方形の面積を考える．

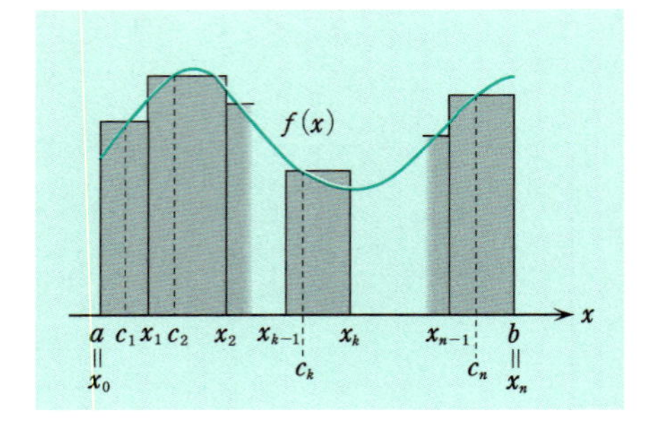

この n 個の長方形の面積は

$$f(c_1)(x_1-x_0)+f(c_2)(x_2-x_1)+\cdots+f(c_n)(x_n-x_{n-1})$$
$$=\sum_{k=1}^{n} f(c_k)(x_k-x_{k-1})$$

である．この量の，分割をどんどん細かくしていったときの極限値を，f の $[a, b]$ における**定積分**といい

$$\int_a^b f(x)\,dx$$

と書く．すなわち，

定積分の定義　$$\int_a^b f(x)\,dx = \lim \sum_{k=1}^{n} f(c_k)(x_k-x_{k-1})$$

である[*2]．ただし，上で lim は分割を細かくしていくときの極限である．

今までは，説明の都合上 $f(x) \geqq 0$ のようにして話を進めてきたが，$f(x) \leqq 0$ のときも，また $f(x)$ が正負の値をとるときも，定積分は定義される．$f(x)$ が正負の値をとるときは，定積分の値は x 軸の上側の面積から下側の面積を差し引いた値になる．

＊1　D の面積の例では，c_k は区間 $\left[\dfrac{2(k-1)}{n}, \dfrac{2k}{n}\right]$ の中点に取ったが，ここでの c_k は区間 $[x_{k-1}, x_k]$ 内の点であればどこでもよい．そんないい加減な！ と思うかもしれないが，分割を細かくしていったときの極限の値には，この取り方は影響しないのです．

＊2　この定義による積分は，リーマン（G. F. B. Riemann：1826～1866）によって基礎づけがなされたので，リーマン積分といわれる．リーマンは，現代数学のアイデアの源泉にかかわる数多くの偉大な業績を残した数理科学者．フーリエ級数の基礎に関する遺稿の中に“リーマン積分”がある．リーマン積分をさらに進化させた積分にルベーグ積分があるが，本書の目的・程度にはなじまないので割愛する．

例題 6.2　右図の三つの領域の面積をそれぞれ S_1, S_2, S_3 とするとき，$\int_a^b f(x)\,dx$ を S_1, S_2, S_3 で表せ．

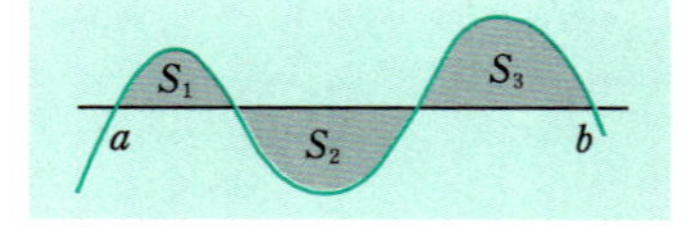

〔解答〕　$\int_a^b f(x)\,dx = S_1 - S_2 + S_3$　◈

上の積分の定義では，$a<b$ とした．$a \geqq b$ ならば，

$$a>b \quad のとき \quad \int_a^b f(x)\,dx = -\int_b^a f(x)\,dx$$

$$a=b \quad のとき \quad \int_a^b f(x)\,dx = 0$$

と定義する．

定積分は関数 f と両端 a, b によって定まる値であるから，積分の変数を表す文字 x には関係しない．したがって，

$$\int_a^b f(x)\,dx = \int_a^b f(y)\,dy = \int_a^b f(t)\,dt = \cdots$$

である．

f が閉区間 $[a, b]$ で連続な関数であるとき，定積分の定義の右辺の極限が存在することが知られている．すなわち，

定理 6.3

f が閉区間 $[a, b]$ で連続な関数であるとき，定積分 $\int_a^b f(x)\,dx$ が存在する．

以下この章では，積分される関数は考えている範囲で連続であるとする．

定積分について，つぎの公式が成り立つ．

公式 6.4　a, b, c を実数* とし，f を連続関数とするとき，

1) $\int_a^b f(x)\,dx = \int_a^c f(x)\,dx + \int_c^b f(x)\,dx, \quad \int_a^b f(x)\,dx = -\int_b^a f(x)\,dx$

2) **定積分の線形性**　λ, μ を定数とするとき

$$\int_a^b \{\lambda f(x) + \mu g(x)\}\,dx = \lambda\int_a^b f(x)\,dx + \mu\int_a^b g(x)\,dx$$

---

*　$a>b$ でもよい．

定積分の定義から，l を定数とするとき，

$$(★) \qquad \int_a^b l\,dx = l(b-a)$$

であることがわかる．この節のはじめに述べたように，定積分は，高さ，速度，密度… を表す関数 $f(x)$ を用いて（観測して），面積，距離，総量… を表す（求める）概念である．（★）は，関数 $f(x)$ が定数であれば，面積，距離，総量…は横の長さ，時間，棒の長さ… との積になるという当然の結果に対応している．

❑ **例題 6.5** （★）を定積分の定義から証明せよ．

〔**解 答**〕 はじめに，$a<b$ のときを考える．$[a, b]$ の分割を $a=x_0<x_1<\cdots<x_n=b$ とする．c_k を $[x_{k-1}, x_k]$ 内に取るとき，常に $f(c_k)=l$ であるから

$$\sum_{k=1}^{n} f(c_k)(x_k-x_{k-1}) = l\sum_{k=1}^{n}(x_k-x_{k-1}) = l(b-a)$$

である．これは n によらず，この極限はもちろん $l(b-a)$ であるから（★）が成り立つ．$a>b$ のときは，

$$\int_a^b l\,dx = -\int_b^a l\,dx = -l(a-b) = l(b-a)$$

から，やはり（★）が成り立つ． ◈

これも定積分の定義からわかることであるが，

区間 $[a, b]$ で $f(x)\geqq 0$ であれば $\int_a^b f(x)\,dx\geqq 0$

である．

❑ **例題 6.6** 区間 $[a, b]$ で $f(x)\geqq g(x)$ であれば $\int_a^b f(x)\,dx \geqq \int_a^b g(x)\,dx$ であることを示せ．

〔**解 答**〕 公式 6.4 の 2) より，

$$\int_a^b f(x)\,dx - \int_a^b g(x)\,dx = \int_a^b \{f(x)-g(x)\}\,dx$$

である．ところが，仮定より $[a, b]$ において $f(x)-g(x)\geqq 0$ であるから，上式の右辺$\geqq 0$ である．よって $\int_a^b f(x)\,dx \geqq \int_a^b g(x)\,dx$． ◈

もう一つ定積分に関する定理を挙げておく．

❏ 定理 6.7 **(積分の平均値の定理)**　f が区間 $[a, b]$ における連続関数ならば，a と b の間の数 c で

$$\int_a^b f(x)\,dx = f(c)(b-a)$$

をみたすものが存在する．

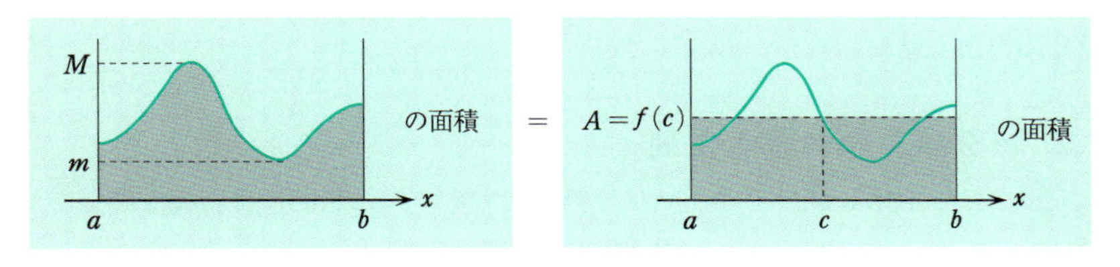

定理 6.7 は，上図のように，曲がった領域の面積が，f の c での値 $f(c)$ を縦の長さとする長方形の面積に等しくなるように c を取れることを意味している．

〔**証明**〕　f の区間 $[a, b]$ での最大値を M，最小値を m とする（定理 4.42 参照）．このとき，$[a, b]$ で $m \leqq f(x) \leqq M$ であるから，例題 6.6 より

$$\int_a^b m\,dx \leqq \int_a^b f(x)\,dx \leqq \int_a^b M\,dx$$

である．よって，

$$m(b-a) \leqq \int_a^b f(x)\,dx \leqq M(b-a)$$

となる．これを，$b-a$ で割って

$$A = \frac{1}{b-a}\int_a^b f(x)\,dx$$

とおく* と，$m \leqq A \leqq M$ である．M, m は f の最大値，最小値であったから，中間値の定理（定理 4.40）より $A=f(c)$ なる c $(a \leqq c \leqq b)$ が存在する．この両辺に $b-a$ を掛けて定理の式が得られる．■

この節では，定積分の定義と性質を述べた．例題 6.1 では，D の面積，すなわち $\int_0^2 x^2 dx$ を定積分の定義にしたがって計算した．このような計算法は，一般には煩雑であり，微分法の逆演算である不定積分がわかるときには，それを用いて計算する方が楽である．それについては次節以降で述べる．

定積分 $\int_a^b f(x)\,dx$ の値を求めることを f を a から b まで**積分する**という．また，f を**被積分関数**という．$\int_a^b$ を “integral a から b まで” などと読むことも

---

* これは，大きな顔をしているけれど，何らかの値です．

ある．蛇足ながら，積分記号 $\int$ (ライプニッツの考案による)[*1] はローマ字 S (和 sum の頭文字) の古い字体からきている．

“積分する”は英語では integrate (部分を統合して完全な形にするの意) という．この用語は，定積分の意味を端的に表していると思う．この用語からもわかるように，本来，定積分は微分とは独立した概念である．これがどのようにして微分の概念と結びつくのかは次節で述べる．

6.2 微分積分学の基本定理

定積分は，本来は微分とは独立した概念であるが，結果的には密接な関係をもつことになる．この節では，その関係を述べる．

はじめに，微分に関する話から始める．5.3 節で学んだように関数 x^3-2x+3 の微分は $3x^2-2$ である．すなわち，

$$(x^3-2x+3)' = 3x^2-2$$

である．このことを，x^3-2x+3 は $3x^2-2$ の原始関数 (または不定積分) であるという．また，$F(x)=x^3-2x-1$ も，あるいはもっと一般に，C を定数として $F(x)=x^3-2x+C$ も $F'(x)=3x^2-2$ をみたす．そこで，これらもまた $3x^2+2$ の原始関数である．

一般に，ある区間で定義された関数 $F(x)$ に対して，微分すると $f(x)$ になる関数，すなわち

$$F'(x) = f(x)$$

をみたす関数 $F(x)$ を $f(x)$ の**原始関数** (または**不定積分**)[*2] という．$f(x)$ の原始関数は無数にある．**その一つを $F(x)$ とすれば，$f(x)$ のすべての原始関数は，C を定数として $F(x)+C$ と表される．**

例題 6.8　$F(x), G(x)$ を $f(x)$ の原始関数とするとき，$G(x)-F(x)=C$ (C は定数) であることを示し，上のことを証明せよ．

〔解 答〕　$F(x), G(x)$ は $f(x)$ の原始関数であるから，$F'(x)=f(x)$，$G'(x)=f(x)$ である．よって，

$$\{G(x)-F(x)\}' = G'(x) - F'(x) = f(x) - f(x) = 0$$

である．したがって，$G(x)-F(x)$ は微分して 0 になる．これは，定理 5.26 の

---

*1　定積分の記号 $\int_a^b$ はフーリエ (J. B. J. Fourier : 1768〜1830) の考案による．

*2　まったく異なる語感の二つの名前でよばれる理由は，すぐあとで述べる．

3) より，$G(x)-F(x)$ が定数であることを意味する．この定数を C と書けば，$G(x)-F(x)=C$ である．よって，$G(x)=F(x)+C$． ◈

与えられた関数 $f(x)$ に対し，原始関数は存在するであろうか．実は，$f(x)$ が連続関数であれば，答は Yes であり，定積分を用いて原始関数の存在を示すことができる．そのことを以下において説明しよう．

前節（定理 6.3）で述べたように，ある区間で連続な関数 f と，その区間内の 2 点 a, b に対し，定積分 $\int_a^b f(t)\,dt$ が定まる．したがって，f と a が与えられれば，$\int_a^b f(t)\,dt$ は b の関数と考えられる．そこで，b を x と書き直せば，

$$\int_a^x f(t)\,dt$$

という x の関数が得られる．この関数が f の原始関数になる．すなわち

❑ **定理 6.9** f が連続関数ならば，$\int_a^x f(t)\,dt$ は微分可能であり，つぎが成り立つ．

$$\frac{d}{dx}\int_a^x f(t)\,dt = f(x)$$

〔**証明**〕 微分の定義（5.1 節参照）より，

$$\frac{d}{dx}\int_a^x f(t)\,dt = \lim_{h\to 0}\frac{1}{h}\left\{\int_a^{x+h} f(t)\,dt-\int_a^x f(t)\,dt\right\}$$

である．公式 6.4 の 1) より

$$\frac{1}{h}\left\{\int_a^{x+h} f(t)\,dt-\int_a^x f(t)\,dt\right\} = \frac{1}{h}\int_x^{x+h} f(t)\,dt$$

そこで，積分の平均値の定理（定理 6.7）を $a=x$，$b=x+h$ として適用して

$$\frac{1}{h}\int_x^{x+h} f(t)\,dt = f(c)$$

となる c が x と $x+h$ の間に存在する．よって，

$$\frac{d}{dx}\int_a^x f(t)\,dt = \lim_{h\to 0} f(c)$$

が得られるが，$h\to 0$ のとき $c\to x$ であるから，f の連続性（4.6 節参照）により，この極限は $f(x)$ に等しい． ▣

定理 6.9 は，$f(x)$ が連続関数なら $\int_a^x f(t)\,dt$ が $f(x)$ の原始関数になることを意味している．逆に，例題 6.8 より，$f(x)$ の原始関数 $F(x)$ は

(★) $$F(x) = \int_a^x f(t)\,dt + C$$

の形に限る．不定積分という用語は，本来は（x を動かすということから）$\int_a^x f(t)\,dt$ に対し使われた用語であるが，上に述べたことから（$f(x)$ が連続関数ならば）原始関数と同義になる．そこで，これらを区別することなく，$f(x)$ の原始関数または不定積分というのである．

こうして，定理 6.9 により，微分に関する関係式 $F'(x)=f(x)$ をみたす F が積分を用いて（★）と書けることがわかった．第 5 章で学んだ“微分”と前節で考えた“積分”（これらは本来の意味からは別個の概念であった）との接点が見いだされたことになる．この接点を見直すことにより，つぎの重要な関係が得られる．

❏ 定理 6.10（微分積分学の基本定理）　関数 $f(x)$ が区間 $[a, b]$ で連続で，関数 $F(x)$ が $F'(x)=f(x)$ をみたすならば，

$$\int_a^b f(x)\,dx = F(b) - F(a)$$

〔証明〕　上で述べたように，$f(x)$ が連続関数ならば，$F'(x)=f(x)$ となる関数 $F(x)$ は（★）と書かれる．この式で $x=a$ とすると，$C=F(a)$ となる．したがって

$$F(x) = \int_a^x f(t)\,dt + F(a) \quad \text{すなわち} \quad \int_a^x f(t)\,dt = F(x) - F(a)$$

ここで，$x=b$ として

$$\int_a^b f(t)\,dt = F(b) - F(a)$$

である．この式の積分の変数を x に書き直して，定理の証明が終わる．　▣

定理 6.10 は，定積分 $\int_a^b f(x)\,dx$ の値は，$F'(x)=f(x)$ となる関数 $F(x)$ が得られれば，その両端の値 $F(b)$ と $F(a)$ の差 $F(b)-F(a)$ として計算されることを示している．この差 $F(b)-F(a)$ を

$$\Big[F(x)\Big]_a^b \quad \text{または} \quad \Big[F(x)\Big]_{x=a}^{x=b}$$

と表す．この記号を用いれば，

$$F'(x) = f(x) \text{ のとき} \quad \int_a^b f(x)\,dx = \Big[F(x)\Big]_a^b$$

である．(実際の計算例は 6.4 節参照．)

定理 6.10 の直感的な意味を速度と位置の関係で説明してみよう．5.1 節（および 5.4 節）で学んだように，直線上を運動する点の時刻 t のときの位置が $F(t)$ で表されるとき，この点の時刻 t における速度は $F'(t)$ で与えられる．定理 6.10 より

$$\int_a^t F'(s)\,ds = F(t)-F(a)$$

であるが，これは速度を定積分すれば進んだ距離が得られることを意味している．

6.3 不定積分の計算法

前節で述べたように，与えられた関数 $f(x)$ に対し，$F'(x)=f(x)$ となる関数 $F(x)$ を f の原始関数または不定積分という．不定積分という用語の方がよく用いられるので，以後，本書では，不定積分という用語で統一する．

この節では，不定積分の計算法を学ぶ．微分積分学の基本定理（定理 6.10）より，与えられた関数 $f(x)$ に対し，その不定積分が求まれば，定積分 $\int_a^b f(x)\,dx$ の値は，F の両端での値の差として計算されるから，不定積分の計算は定積分の計算の基盤を与える．また，微分方程式（第 7 章参照）を解く際の基礎となる．

例題 6.8 で示したように，$f(x)$ の不定積分の一つを $F(x)$ とすれば，$f(x)$ のすべての不定積分は，C を定数として $F(x)+C$ と表せる．

例題 6.11　$x^2-\sin x$ の不定積分をすべて求めよ．

〔**解 答**〕　第 5 章で学んだように，$\left(\frac{x^3}{3}\right)'=x^2$，$(\cos x)'=-\sin x$ であるから

$$\left(\frac{x^3}{3}+\cos x\right)' = x^2-\sin x$$

となる．よって $\frac{x^3}{3}+\cos x$ が $x^2-\sin x$ の不定積分の一つである．よって，$x^2-\sin x$ の不定積分は，C を定数として，$\frac{x^3}{3}+\cos x+C$ と表される． ◈

$f(x)$ の不定積分を表すのに

$$\int f(x)\,dx$$

という記号を用いる．この記号を用いれば，上の例題の答は

$$\int (x^2-\sin x)\,dx = \frac{x^3}{3}+\cos x+C$$

と書かれる．定数 C のことを**積分定数**という．不定積分には積分定数がついて

いることは，暗黙の了解であるとして，積分定数 C を省略することも多い．このときは，

$$\int (x^2-\sin x)\,dx = \frac{x^3}{3}+\cos x$$

と書くのである．本章では，煩雑さを避けるために，特に必要のない場合には積分定数をすべて省くことにするが，以後の等式は定数の差を無視して成り立つものであることに注意されたい*.

不定積分 $\int f(x)\,dx$ を求めることを，$f(x)$ を**積分する**といい，$f(x)$ を**被積分関数**という．これらの用語は定積分の計算に対するのと同様であるが，不定積分での“積分する”は関数を求めることである．

微分して $f(x)$ になる関数を求める計算が不定積分であるから，不定積分は微分の逆演算である．すなわち，

$$\int f(x)\,dx = F(x) \iff F'(x) = f(x)$$

である．よって，5.3 節で述べた微分の公式は不定積分の公式に書き直せる．

たとえば，公式 5.18 の 3) より $(x^{\alpha+1})'=(\alpha+1)x^\alpha$ であるから

$$\alpha \neq -1 \text{ のとき} \quad \left(\frac{x^{\alpha+1}}{\alpha+1}\right)' = x^\alpha$$

である．よって，$\alpha\neq-1$ のとき，$\int x^\alpha dx=\dfrac{x^{\alpha+1}}{\alpha+1}$ である．

同様にして，公式 5.18 を書き直して，つぎの不定積分の公式が得られる．

❑ 公式 6.12（基本的な関数の不定積分公式）

1）x^α の関数　$\int x^\alpha dx = \dfrac{x^{\alpha+1}}{\alpha+1}$　$(\alpha\neq-1)$，　$\int \dfrac{dx}{x} = \log|x|$

2）三角関数　$\int \sin x\,dx = -\cos x$，$\int \cos x\,dx = \sin x$，$\int \sec^2 x\,dx = \tan x$

3）指数関数　$\int e^x dx = e^x$

4）有理関数　$\int \dfrac{dx}{x^2+1} = \tan^{-1} x$　　5）無理関数　$\int \dfrac{dx}{\sqrt{1-x^2}} = \sin^{-1} x$

---

*　ある不定積分の計算をしたところ，あなたの答と彼女（あるいは彼）の答が違った．こんなとき，互いに間違いだといい合う前に 2 人の答の差が定数でないかどうか調べなさい．たとえば，$\int (x+1)^2 dx=\dfrac{(x+1)^3}{3}$ と $\int (x+1)^2 dx=\int (x^2+2x+1)\,dx=\dfrac{x^3}{3}+x^2+x$ は，積分定数を省略した形としては，両方正しいのです．

公式の 1) より，x^{α} の不定積分は $\alpha \neq -1$ ならば同じ種類の関数 $x^{\alpha+1}$ の定数倍で表されるが，$\alpha=-1$ のときだけは例外で x^{-1} の不定積分は対数関数で表される*.

公式 5.12 の微分の線形性より，不定積分の線形性が導かれる.

❑ 公式 6.13（不定積分の線形性） λ, μ を定数とするとき，

$$\int\{\lambda f(x)+\mu g(x)\}\,dx = \lambda\int f(x)\,dx+\mu\int g(x)\,dx$$

〔証明〕 $\int f(x)\,dx=F(x)$，$\int g(x)\,dx=G(x)$ とすると，$F'(x)=f(x)$，$G'(x)=g(x)$ である．よって，公式 5.12 の 1) より，

$$\{\lambda F(x)+\mu G(x)\}' = \lambda F'(x) + \mu G'(x) = \lambda f(x) + \mu g(x)$$

である．これを，不定積分の形で書いて定理が得られる. ■

❑ 例題 6.14 つぎの不定積分を求めよ.

1) $\int(3e^{x}-2\sin x)\,dx$ 2) $\int\frac{x-\cos^2 x}{x\cos^2 x}\,dx$ 3) $\int\left(\sqrt{x}+\frac{1}{\sqrt{x}}\right)^3 dx$

〔解答〕 1) 公式 6.13 と公式 6.12 の 2), 3) より，

$$\int(3e^{x}-2\sin x)\,dx = 3\int e^{x}dx-2\int\sin x\,dx = 3e^{x}+2\cos x$$

2) 公式 6.12 の 1), 2) より，

$$\int\frac{x-\cos^2 x}{x\cos^2 x}\,dx = \int\left(\frac{1}{\cos^2 x}-\frac{1}{x}\right)dx = \int\frac{dx}{\cos^2 x}-\int\frac{dx}{x} = \tan x-\log|x|$$

3) 被積分関数を展開して，公式 6.12 の 1) より，

$$\begin{aligned}\int\left(\sqrt{x}+\frac{1}{\sqrt{x}}\right)^3 dx &= \int\left(x^{\frac{3}{2}}+3x^{\frac{1}{2}}+3x^{-\frac{1}{2}}+x^{-\frac{3}{2}}\right)dx\\ &= \int x^{\frac{3}{2}}dx+3\int x^{\frac{1}{2}}dx+3\int x^{-\frac{1}{2}}dx+\int x^{-\frac{3}{2}}dx\\ &= \frac{x^{\frac{3}{2}+1}}{\frac{3}{2}+1}+3\frac{x^{\frac{1}{2}+1}}{\frac{1}{2}+1}+3\frac{x^{-\frac{1}{2}+1}}{-\frac{1}{2}+1}+\frac{x^{-\frac{3}{2}+1}}{-\frac{3}{2}+1}\\ &= \frac{2}{5}x^{\frac{5}{2}}+2x^{\frac{3}{2}}+6x^{\frac{1}{2}}-2x^{-\frac{1}{2}}\end{aligned}$$

◈

すでに述べたことの繰返しになるが，不定積分を求めることは，微分の逆演算

---

* なお，$\int\frac{dx}{x}=\log|x|$ は $\int\frac{1}{x}\,dx=\log|x|$ の意味である．同様に $\int\frac{1}{f(x)}\,dx$ を $\int\frac{dx}{f(x)}$ と書く．公式の 4) と 5) もこの記法で書いている.

である．したがって，不定積分の計算では，計算結果を微分して被積分関数になるかどうかで検算することができる．不定積分を計算したら，結果を微分して検算する習慣をつけるとよい．

基本的で有用な公式を挙げておこう．

❑ 公式 6.15　$a \neq 0$ のとき，

$$\int f(x)\,dx = F(x) \quad \text{ならば} \quad \int f(ax+b)\,dx = \frac{1}{a}F(ax+b)$$

つぎの公式も有用である．

❑ 公式 6.16

$$\int \frac{f'(x)}{f(x)}\,dx = \log|f(x)|$$

上の二つの公式は，右辺を微分すれば左辺の被積分関数となることから，直ちに証明される．

❑ 例題 6.17　つぎの不定積分を求めよ．

1) $\displaystyle\int \frac{dx}{2-5x}$　　2) $\displaystyle\int \frac{x}{x^2+4}\,dx$　　3) $\displaystyle\int \tan x\,dx$　　4) $\displaystyle\int \frac{dx}{x^2+4}$

〔**解 答**〕　1) 公式 6.15 で $f(x)=\frac{1}{x}$ の場合を用いて

$$\int \frac{dx}{2-5x} = \frac{1}{-5}\log|2-5x| = -\frac{1}{5}\log|2-5x|$$

2) 公式 6.16 で $f(x)=x^2+4$ の場合を用いて，$x^2+4>0$ に注意すれば

$$\int \frac{x}{x^2+4}\,dx = \frac{1}{2}\int \frac{(x^2+4)'}{x^2+4}\,dx = \frac{1}{2}\log|x^2+4| = \frac{1}{2}\log(x^2+4)$$

3) 公式 6.16 で $f(x)=\cos x$ の場合を用いて

$$\int \tan x\,dx = \int \frac{\sin x}{\cos x}\,dx = -\int \frac{(\cos x)'}{\cos x}\,dx = -\log|\cos x|$$

4) 公式 6.15 と公式 6.12 の 4) から

$$\int \frac{dx}{x^2+4} = \frac{1}{4}\int \frac{dx}{\left(\frac{x}{2}\right)^2+1} = \frac{1}{4}\times\frac{1}{\frac{1}{2}}\tan^{-1}\frac{x}{2} = \frac{1}{2}\tan^{-1}\frac{x}{2}$$ ◈

$F(x)$ を $f(x)$ の不定積分とする．$\varphi(t)$ を t の微分可能な関数とするとき，F と φ の合成関数 $F(\varphi(t))$ を t で微分すると，合成関数の微分公式（公式 5.14）から

$$\frac{d}{dt}F(\varphi(t)) = \frac{dF}{dx}(\varphi(t))\frac{d\varphi}{dt} = f(\varphi(t))\varphi'(t)$$

である．この式は，$F(\varphi(t))$ が $f(\varphi(t))\varphi'(t)$ の不定積分であることを示している．よって，$x=\varphi(t)$ のとき

$$\int f(\varphi(t))\varphi'(t)\,dt = F(\varphi(t)) = F(x) = \int f(x)\,dx$$

である．こうして，つぎの公式が得られる．

公式 6.18（置換積分法）　$\varphi(t)$ を微分可能な関数とすると

$$\int f(x)\,dx = \int f(\varphi(t))\varphi'(t)\,dt \qquad \text{ただし } x=\varphi(t)$$

上の公式は，$\int f(x)\,dx=\int f(x)\frac{dx}{dt}\,dt$ と書けば，形式的には右辺の dt を約したものが左辺であるとみなせる．上の公式を用いて不定積分を求める計算法を**置換積分法**という．これを実際に用いる際には，$x=\varphi(t)$ とおくことよりも，x に関する適当なまとまりの関数 $\psi(x)$ を新しい変数 t とおくことが多い．この場合には上記の公式で x と t を入れ替えて考えて，

$$\int f(\psi(x))\psi'(x)\,dx = \int f(t)\,dt$$

とすればよい．このように，$\boldsymbol{dx=\varphi'(t)\,dt}$ **あるいは** $\boldsymbol{dt=\psi'(x)\,dx}$ という書き換えが置換積分法の要点となる．

例題 6.19　つぎの不定積分を求めよ．

1) $\int x(3x-2)^4dx$　　2) $\int \frac{e^{\frac{x}{2}}}{e^x+1}\,dx$　　3) $\int \frac{dx}{\sqrt{x^2+1}}$

〔解答〕　1) $3x-2=t$ とおくと，$x=\varphi(t)=\frac{t+2}{3}$ である．これより，$dx=\varphi'(t)\,dt=\frac{1}{3}\,dt$ となる．よって，公式 6.18 より

$$\int x(3x-2)^4dx = \int\left(\frac{t+2}{3}\right)t^4\cdot\frac{1}{3}\,dt = \frac{1}{9}\int(t^5+2t^4)\,dt$$

$$= \frac{1}{54}t^6+\frac{2}{45}t^5 = \frac{1}{54}(3x-2)^6+\frac{2}{45}(3x-2)^5 = \frac{1}{270}(15x+2)(3x-2)^5$$

2) $t=\psi(x)=e^{\frac{x}{2}}$ とおくと，$dt=\psi'(x)\,dx=\frac{1}{2}e^{\frac{x}{2}}dx \iff e^{\frac{x}{2}}dx=2dt$ である．よって，公式 6.18 より

$$\int\frac{e^{\frac{x}{2}}}{e^x+1}\,dx = \int\frac{2\,dt}{t^2+1} = 2\tan^{-1}t = 2\tan^{-1}e^{\frac{x}{2}}$$

3) $\sqrt{x^2+1}+x=t$ とおくと

$$dt = \left(\frac{x}{\sqrt{x^2+1}}+1\right)dx = \frac{t}{\sqrt{x^2+1}}dx \iff \frac{dt}{t} = \frac{dx}{\sqrt{x^2+1}}$$

である．よって，公式 6.18 よりつぎの答* を得る．

$$\int\frac{dx}{\sqrt{x^2+1}} = \int\frac{dt}{t} = \log|t| = \log|\sqrt{x^2+1}+x|$$ ◈

積の微分公式 $\{f(x)g(x)\}'=f'(x)g(x)+f(x)g'(x)$（公式 5.12 参照）の両辺の不定積分を考えれば

$$f(x)g(x) = \int f'(x)g(x)\,dx + \int f(x)g'(x)\,dx$$

となる．この等式からつぎの公式が得られる．

❏ **公式 6.20（部分積分法）**

$$\int f(x)g'(x)\,dx = f(x)g(x) - \int f'(x)g(x)\,dx$$

この公式を用いて不定積分を求める計算法を**部分積分法**という．

❏ **例題 6.21**　つぎの不定積分を求めよ．ただし，1) の a は 0 でない定数．

1) $\int x e^{ax}dx$　2) $\int \log x\,dx$　3) $\int x^2\sin x\,dx$　4) $\int e^x\cos 2x\,dx$

〔解 答〕　1) $f(x)=x$，$g(x)=e^{ax}$ として，公式 6.20 を用いて，

$$\int xe^{ax}dx = \frac{1}{a}\int x(e^{ax})'dx = \frac{1}{a}\left\{xe^{ax}-\int e^{ax}dx\right\}$$
$$= \frac{1}{a}\left\{xe^{ax}-\frac{1}{a}e^{ax}\right\} = \frac{1}{a^2}(ax-1)e^{ax}$$

2) $\log x=(\log x)\cdot 1=(\log x)(x)'$ と考えて，$f(x)=\log x$，$g(x)=x$ として，公式 6.20 を用いると

$$\int \log x\,dx = \int(\log x)(x)'dx = x\log x - \int\frac{1}{x}x\,dx = x\log x - x$$

3) $f(x)=x^2$，$g(x)=-\cos x$ として，公式 6.20 を用いて

$$\int x^2\sin x\,dx = \int x^2(-\cos x)'dx = -x^2\cos x+2\int x\cos x\,dx$$

右辺の最後の不定積分は，$f(x)=x$，$g(x)=\sin x$ して，公式 6.20 を用いて

$$\int x\cos x\,dx = \int x(\sin x)'dx = x\sin x - \int \sin x\,dx = x\sin x + \cos x$$

---

* $\sqrt{x^2+1}+x>0$ なので，答の絶対値は省いてもかまいません．なお，この答は $\sinh^{-1}x$ とも書けます（第 4 章章末の問 4.5 参照）．

この式を，初めの式に代入して

$$\int x^2 \sin x \, dx = (2-x^2)\cos x + 2x\sin x$$

4) $f(x)=e^x$，$g(x)=\cos 2x$ として公式 6.20 を用いて

$$\int e^x \cos 2x \, dx = \int (e^x)' \cos 2x \, dx = e^x \cos 2x - \int e^x(-2\sin 2x)\, dx$$
$$= e^x \cos 2x + 2\int e^x \sin 2x \, dx$$

であるが，最後の項は，もう 1 度公式 6.20 を用いて

$$\int e^x \sin 2x \, dx = \int (e^x)' \sin 2x \, dx = e^x \sin 2x - 2\int e^x \cos 2x \, dx$$

であるから，

$$\int e^x \cos 2x \, dx = e^x \cos 2x + 2e^x \sin 2x - 4\int e^x \cos 2x \, dx$$

となる．よって，

$$5\int e^x \cos 2x \, dx = e^x(\cos 2x + 2\sin 2x)$$

ゆえに

$$\int e^x \cos 2x \, dx = \frac{1}{5} e^x(\cos 2x + 2\sin 2x)$$

◈

被積分関数が自然数 n によるとき，その原始関数を求めるための方法として漸化式を用いる方法がある．

❑ 公式 6.22 $F_n(x) = \int \frac{dx}{(x^2+1)^n}$（$n$ は自然数）とするとき，つぎの漸化式が成り立つ．

$$F_{n+1}(x) = \frac{2n-1}{2n} F_n(x) + \frac{1}{2n} \frac{x}{(x^2+1)^n}$$

〔**証 明**〕 $\left(\frac{1}{(x^2+1)^n}\right)' = \frac{-2nx}{(x^2+1)^{n+1}}$ を利用して，部分積分により

$$F_{n+1}(x) = \int \frac{dx}{(x^2+1)^{n+1}} = \int \frac{x^2+1}{(x^2+1)^{n+1}} dx - \int \frac{x^2}{(x^2+1)^{n+1}} dx$$
$$= F_n(x) + \frac{1}{2n} \int x \left(\frac{1}{(x^2+1)^n}\right)' dx$$
$$= F_n(x) + \frac{1}{2n} \left\{ \frac{x}{(x^2+1)^n} - \int \frac{1}{(x^2+1)^n} dx \right\}$$
$$= \left(1 - \frac{1}{2n}\right) F_n(x) + \frac{1}{2n} \frac{x}{(x^2+1)^n}$$
$$= \frac{2n-1}{2n} F_n(x) + \frac{1}{2n} \frac{x}{(x^2+1)^n}$$

▣

$F_1(x)=\int\frac{dx}{x^2+1}=\tan^{-1}x$ であるから，公式 6.22 を用いればすべての自然数 n に対して $\int\frac{dx}{(x^2+1)^n}$ が有理関数と逆正接関数 $\tan^{-1}x$ を用いて求められる．たとえば，つぎが成り立つ．

$$\int\frac{dx}{(x^2+1)^2} = F_2(x) = \frac{1}{2}F_1(x)+\frac{1}{2}\frac{x}{x^2+1} = \frac{1}{2}\tan^{-1}x + \frac{1}{2}\frac{x}{x^2+1}$$

第 4 章で学んだように，整式÷整式で表される関数を有理関数* という．**有理関数の不定積分の求め方**を，学んでおこう．

例題 6.23　　つぎの不定積分を求めよ．

1) $\int\frac{x^2+2}{x+1}dx$　　2) $\int\frac{x}{12x^2+5x-2}dx$　　3) $\int\frac{3x^4}{x^3-1}dx$

〔解 答〕　1) 分子を分母で割り算（例題 1.24 参照）して

$$\frac{x^2+2}{x+1} = x-1+\frac{3}{x+1}$$

となる．よって，

$$\int\frac{x^2+2}{x+1}dx = \int\left(x-1+\frac{3}{x+1}\right)dx = \frac{1}{2}x^2 - x + 3\log|x+1|$$

2) 分母を因数分解して $12x^2+5x-2=(3x+2)(4x-1)$ となる．そこで，

$$\frac{x}{12x^2+5x-2} = \frac{a}{3x+2}+\frac{b}{4x-1}$$

とおくと

$$\frac{x}{12x^2+5x-2} = \frac{a(4x-1)+b(3x+2)}{(3x+2)(4x-1)} = \frac{(4a+3b)x+(-a+2b)}{12x^2+5x-2}$$

であるから，係数を比較して $4a+3b=1, -a+2b=0$ より $a=\frac{2}{11}$，$b=\frac{1}{11}$ となる．したがって，

$$\int\frac{x}{12x^2+5x-2}dx = \frac{2}{11}\int\frac{dx}{3x+2}+\frac{1}{11}\int\frac{dx}{4x-1}$$
$$= \frac{2}{33}\log|3x+2|+\frac{1}{44}\log|4x-1|$$

3) 分子を分母で割り算し，分母を因数分解して

$$\frac{3x^4}{x^3-1} = 3x+\frac{3x}{x^3-1} = 3x+\frac{3x}{(x-1)(x^2+x+1)}$$

---

*　分数関数ということもある．

となる．ここで，$\dfrac{3x}{(x-1)(x^2+x+1)}=\dfrac{a}{x-1}+\dfrac{bx+c}{x^2+x+1}$ とおくと

$$\frac{a}{x-1}+\frac{bx+c}{x^2+x+1} = \frac{(a+b)x^2+(a-b+c)x+(a-c)}{(x-1)(x^2+x+1)}$$

であるから，係数を比較して $a+b=0$，$a-b+c=3$，$a-c=0$ より $a=1$，$b=-1$，$c=1$ となる．したがって，

$$\begin{aligned}
\int\frac{3x^4}{x^3-1}\,dx &= \int 3x\,dx+\int\frac{dx}{x-1}+\int\frac{-x+1}{x^2+x+1}\,dx \\
&= \frac{3}{2}x^2+\log|x-1|-\frac{1}{2}\int\frac{2x+1}{x^2+x+1}\,dx+\frac{3}{2}\int\frac{dx}{x^2+x+1} \\
&= \frac{3}{2}x^2+\log|x-1|-\frac{1}{2}\int\frac{(x^2+x+1)'}{x^2+x+1}\,dx+2\int\frac{dx}{\left(\frac{2x+1}{\sqrt{3}}\right)^2+1} \\
&= \frac{3}{2}x^2+\frac{1}{2}\log(x-1)^2-\frac{1}{2}\log(x^2+x+1)+2\frac{1}{\frac{2}{\sqrt{3}}}\tan^{-1}\frac{2x+1}{\sqrt{3}} \\
&= \frac{3}{2}x^2+\frac{1}{2}\log\frac{(x-1)^2}{x^2+x+1}+\sqrt{3}\tan^{-1}\frac{2x+1}{\sqrt{3}}
\end{aligned}$$

◈

以上の解答では，有理関数を

$$\frac{1}{(x-\alpha)^m} \quad と \quad \frac{(x^2+\beta x+\gamma)'}{(x^2+\beta x+\gamma)^n} \quad と \quad \frac{1}{\{(\lambda x+\mu)^2+1\}^n}$$

の形（ただし，$\beta^2-4\gamma<0$ であり，m, n は自然数，3）では $m=n=1$）の関数の和に分解する式変形を利用した．このように変形することを**部分分数に分解する**という．証明は省略するが，**分母，分子が実数係数の整式で，分子の次数が分母の次数より小さな有理関数は必ず部分分数に分解できる．** 例題 6.23 と同様にして，実数係数の有理関数の不定積分は，“① 割り算をして，整式と分子の次数が分母の次数より小さな有理関数の和に書く，② 有理関数を部分分数に分解する，③ 分解した各項を置換積分や公式 6.22 の漸化式を利用して求める”という手順により求められる．結果として用いる関数は，整式と有理関数と $\log x$ と $\tan^{-1}x$ であることが示され，つぎのことが証明できる．

❑ 定理 6.24

有理関数の不定積分は，有理関数（整式を含む）と対数関数 $\log x$ と逆正接関数 $\tan^{-1}x$ の組合わせで書ける．

第4章で学んだように，有理関数，無理関数，指数関数，対数関数，三角関数，逆三角関数およびその組合わせの関数を初等関数という．上の定理は，有理関数の不定積分は初等関数の範囲内で求められることを保証している．

それでは，初等関数の不定積分はいつも初等関数の範囲内で求められるであろうか？もしそうであるならば，私達が学んだ初等関数のクラスは，不定積分に関して自己完結的なクラスといえる．しかし，残念ながら，初等関数の不定積分が初等関数で表されるのはむしろ例外的な場合であり，多くの簡単で重要な初等関数の不定積分は初等関数の範囲では求められない*1．たとえば，

$$\int\frac{\sin x}{x}dx, \quad \int e^{-x^2}dx, \quad \int\frac{dx}{\log x}, \quad \int\sqrt[3]{x(1-x)}, \quad \int\frac{dx}{\sqrt{1+x^3}}$$

は初等関数ではない*2．

6.4 定積分の計算法

6.1節で学んだように，区間 $[a, b]$ における関数 $f(x)$ の定積分は，$f(x)$ を階段近似したときの量 $\sum_{k=1}^{n} f(c_k)(x_k-x_{k-1})$ の分割を細かくしていったときの極限により定義された．すなわち，

$$\int_a^b f(x)\,dx = \lim \sum_{k=1}^{n} f(c_k)(x_k-x_{k-1})$$

で定義された．右辺の極限は，$f(x)$ が $[a, b]$ で連続であれば存在するので，区間 $[a, b]$ における連続関数 $f(x)$ が与えられれば，定積分 $\int_a^b f(x)\,dx$ は（f と a，b で定まる）一つの値を与える．この節では，この定積分の値を求める計算法について考える．

$F'(x)=f(x)$ となる $F(x)$，すなわち $f(x)$ の不定積分 $\int f(x)\,dx$ が求まれば，微分積分学の基本定理（定理6.10）により，定積分 $\int_a^b f(x)\,dx$ の値は，不定積分の両端の値 $F(b)$ と $F(a)$ の差 $F(b)-F(a)$ （$=\left[F(x)\right]_a^b$）になる．これが定積分の最も基本的な計算法となるので，公式としておく．

*1 一方，初等関数の微分はすべて初等関数の範囲で求められた．
*2 どれもどこかの大学入試問題といってもおかしくないように見えるけれども．

❑ 公式 6.25（基本公式） $f(x)$ の不定積分を $F(x)$ とするとき，

$$\int_a^b f(x)\,dx = \Big[F(x)\Big]_a^b = F(b)-F(a)$$

❑ 例題 6.26 つぎの定積分の値を求めよ．

1) $\displaystyle\int_1^3\left(x+\frac{1}{x}\right)dx$ 2) $\displaystyle\int_0^1\frac{dx}{(x-2)(x-3)}$ 3) $\displaystyle\int_0^{\frac{\pi}{2}}\cos^2\theta\,d\theta$

4) $\displaystyle\int_{-\pi}^{\pi}\cos 2x\cos 3x\,dx$ 5) $\displaystyle\int_{-1}^{1}|e^x-1|\,dx$ 6) $\displaystyle\int_1^{\sqrt{3}}\frac{dt}{t^2+1}$

〔解答〕 1) 公式 6.4 の 2) と $\int x\,dx=\frac{x^2}{2}$，$\int\frac{1}{x}\,dx=\log|x|$ より，

$$\int_1^3\left(x+\frac{1}{x}\right)dx = \int_1^3 x\,dx+\int_1^3\frac{dx}{x} = \left[\frac{1}{2}x^2\right]_1^3+\Big[\log|x|\Big]_1^3$$
$$= \frac{1}{2}(3^2-1)+(\log 3-\log 1) = 4+\log 3$$

2) 部分分数に分解して $\dfrac{1}{(x-2)(x-3)}=\dfrac{1}{x-3}-\dfrac{1}{x-2}$ である．よって，

$$\int_0^1\frac{dx}{(x-2)(x-3)} = \int_0^1\left(\frac{1}{x-3}-\frac{1}{x-2}\right)dx = \Big[\log|x-3|-\log|x-2|\Big]_0^1$$
$$= \log 2-\log 1-(\log 3-\log 2) = 2\log 2-\log 3 = \log\frac{4}{3}$$

3) 三角関数の半角公式 $\cos^2\theta=\dfrac{1}{2}(1+\cos 2\theta)$（公式 4.8）より，

$$\int_0^{\frac{\pi}{2}}\cos^2\theta\,d\theta = \frac{1}{2}\int_0^{\frac{\pi}{2}}(1+\cos 2\theta)\,d\theta = \frac{1}{2}\left[\theta+\frac{1}{2}\sin 2\theta\right]_0^{\frac{\pi}{2}} = \frac{\pi}{4}$$

4) 三角関数の積和公式より $\cos 2x\cos 3x=\frac{1}{2}(\cos 5x+\cos x)$ であるから

$$\int_{-\pi}^{\pi}\cos 2x\cos 3x\,dx = \frac{1}{2}\int_{-\pi}^{\pi}(\cos 5x+\cos x)\,dx = \frac{1}{2}\left[\frac{1}{5}\sin 5x+\sin x\right]_{-\pi}^{\pi} = 0$$

5) $-1\leqq x\leqq 0$ においては $e^x-1\leqq 0$（4.4 節を参照せよ）だから $|e^x-1|=-(e^x-1)=1-e^x$ である．また，$0\leqq x\leqq 1$ においては $e^x-1\geqq 0$ だから，$|e^x-1|=e^x-1$ である．よって，積分区間を分けて（公式 6.4 の 1）参照）計算すると

$$\int_{-1}^{1}|e^x-1|\,dx = \int_{-1}^{0}|e^x-1|\,dx+\int_0^1|e^x-1|\,dx$$
$$= \int_{-1}^{0}(1-e^x)\,dx+\int_0^1(e^x-1)\,dx = \Big[x-e^x\Big]_{-1}^{0}+\Big[e^x-x\Big]_0^1$$
$$= (0-e^0)-(-1-e^{-1})+(e^1-1)-(e^0-0) = e+\frac{1}{e}-2$$

6) $\int \frac{dt}{t^2+1} = \tan^{-1} t$ である（公式 6.12 の 4) 参照）から

$$\int_1^{\sqrt{3}} \frac{dt}{t^2+1} = \left[\tan^{-1} t\right]_1^{\sqrt{3}} = \tan^{-1}\sqrt{3} - \tan^{-1} 1$$

となる．例題 4.15 の 3) と同様にして $\tan^{-1}\sqrt{3} = \frac{\pi}{3}$，$\tan^{-1} 1 = \frac{\pi}{4}$ が得られるから，$\int_1^{\sqrt{3}} \frac{dt}{t^2+1} = \frac{\pi}{12}$ となる． ◈

つぎのことは，定積分の定義から得られる簡単なことだが，重要である．

❑ 定理 6.27（偶関数・奇関数の定積分）

1) $f(x)$ が偶関数（すなわち，$f(-x)=f(x)$ をみたす）ならば

$$\int_{-a}^{a} f(x)\,dx = 2\int_0^a f(x)\,dx$$

2) $f(x)$ が奇関数（すなわち，$f(-x)=-f(x)$ をみたす）ならば

$$\int_{-a}^{a} f(x)\,dx = 0$$

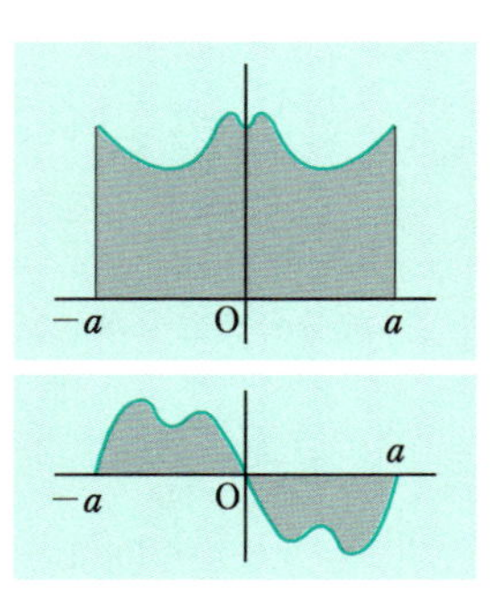

❑ 例題 6.28　つぎの定積分の値を求めよ．

1) $\int_{-\pi}^{\pi} \frac{x}{2+\cos x}\,dx$　　2) $\int_{-1}^{1} (x+x^2)\cos(x^3)\,dx$

〔解 答〕　1) 被積分関数 $f(x) = \frac{x}{2+\cos x}$ は

$$f(-x) = \frac{-x}{2+\cos(-x)} = \frac{-x}{2+\cos x} = -f(x)$$

より，奇関数である．よって，定理 6.27 の 2) より，与式 $=0$ である．

2) 公式 6.4 の 2) より

$$\int_{-1}^{1} (x+x^2)\cos(x^3)\,dx = \int_{-1}^{1} x\cos(x^3)\,dx + \int_{-1}^{1} x^2\cos(x^3)\,dx$$

である．右辺第 1 項は，被積分関数が奇関数であるから，0 である*．右辺第 2 項は被積分関数が偶関数であるから，$\{\sin(x^3)\}' = 3x^2\cos(x^3)$ を用いて，

与式 $= \int_{-1}^{1} x^2\cos(x^3)\,dx = 2\int_0^1 x^2\cos(x^3)\,dx = 2\left[\frac{1}{3}\sin(x^3)\right]_0^1 = \frac{2}{3}\sin 1$ ◈

---

*　$x\cos(x^3)$ の原始関数は初等関数ではありませんが，対称性を利用して定積分の値 0 が求まります．もう少し高級な例は例題 6.35 で扱います．

関数 $f(x)$ がある区間 I で連続な関数とし，a, b を I の点とする．関数 $\varphi(t)$ がある区間 J で微分可能で $\varphi'(t)$ が連続であるものとする．また，t が J の点ならば $x=\varphi(t)$ は I に入っているものとする．さらに，α, β を J の点とする．

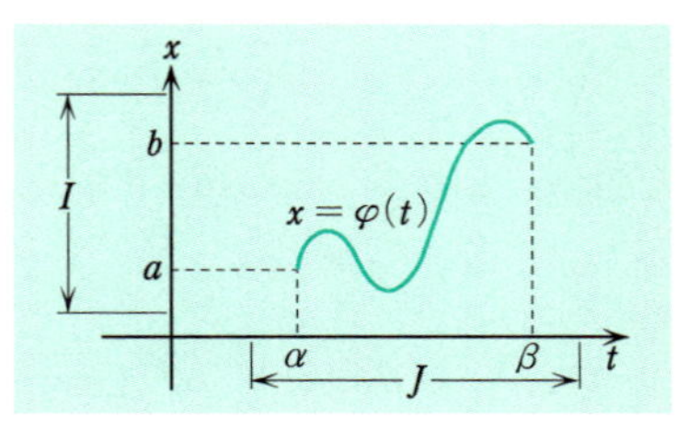

この状況において，公式 6.18 より，つぎの定積分の置換積分の公式が得られる．

❑ 公式 6.29（**定積分の置換積分法**）　$a=\varphi(\alpha)$，$b=\varphi(\beta)$ ならば，

$$\int_a^b f(x)\,dx = \int_\alpha^\beta f(\varphi(t))\,\varphi'(t)\,dt$$

〔**証明**〕　$F(x)$ を $f(x)$ の不定積分とするとき，$F(\varphi(t))$ が $f(\varphi(t))\,\varphi'(t)$ の不定積分になる（公式 6.18 参照）．よって，公式 6.25 より，

$$\int_\alpha^\beta f(\varphi(t))\,\varphi'(t)\,dt = \Big[F(\varphi(t))\Big]_\alpha^\beta = F(\varphi(\beta)) - F(\varphi(\alpha))$$

$$= F(b) - F(a) = \int_a^b f(x)\,dx$$ ■

定積分を置換積分法によって求める際には，公式 6.18 で学んだ変数の書き換えと共に積分区間の書き直しが要点となる．また，不定積分の置換積分のところでも述べたように，置換積分をするときは，x に関するまとまりの関数 $\psi(x)$ を新しい変数 t として $t=\psi(x)$ とおくことが多い．この場合には，上の公式で x と t を入れ替えた

（★）
$$\int_\alpha^\beta f(\psi(x))\,\psi'(x)\,dx = \int_{\psi(\alpha)}^{\psi(\beta)} f(t)\,dt$$

の形で公式 6.29 を用いることになる．

❑ 例題 6.30　　つぎの定積分の値を求めよ．

1）$\displaystyle\int_1^6 \frac{x}{\sqrt{x+3}}\,dx$　　2）$\displaystyle\int_0^a \sqrt{a^2-x^2}\,dx$（$a>0$）　　3）$\displaystyle\int_0^{\log\sqrt{3}} \frac{dx}{e^x+e^{-x}}$

〔**解答**〕　1）$t=\sqrt{x+3}\,(=\psi(x))$ とおくと，$\psi'(x)=\frac{1}{2\sqrt{x+3}}=\frac{1}{2t}$ より $dx=2t\,dt$ で，$\psi(1)=2$，$\psi(6)=3$ となる．よって，公式 6.29 より*

* 正確にいえば，$f(t)=2(t^2-3)$ として（★）を用いています．慣れてくれば，公式の f が何であるかは意識せずに計算するようになります．

$$\int_1^6 \frac{x}{\sqrt{x+3}}\,dx = \int_2^3 \frac{t^2-3}{t}\cdot 2t\,dt = 2\int_2^3 (t^2-3)\,dt = 2\left[\frac{t^3}{3}-3t\right]_2^3 = \frac{20}{3}$$

2) $x=\varphi(\theta)=a\sin\theta\,(0\leqq\theta\leqq\frac{\pi}{2})$ とおくと，$\varphi'(\theta)=a\cos\theta$ より $dx=a\cos\theta\,d\theta$ で，$\varphi(0)=0$，$\varphi\left(\frac{\pi}{2}\right)=a$ となる．よって，公式 6.29 と例題 6.26 の 3) より

$$\int_0^a \sqrt{a^2-x^2}\,dx = \int_0^{\frac{\pi}{2}} \sqrt{a^2(1-\sin^2\theta)}\cdot a\cos\theta\,d\theta = a^2\int_0^{\frac{\pi}{2}} \cos^2\theta\,d\theta = \frac{\pi a^2}{4}$$

3) $t=\psi(x)=e^x$ とおくと，$\psi'(x)=e^x$ より $dt=e^x dx$ であるから，$\psi(0)=1$，$\psi(\log\sqrt{3})=\sqrt{3}$ となる．よって，公式 6.29 より

$$\int_0^{\log\sqrt{3}} \frac{dx}{e^x+e^{-x}} = \int_0^{\log\sqrt{3}} \frac{1}{(e^x)^2+1}e^x dx = \int_1^{\sqrt{3}} \frac{dt}{t^2+1} = \frac{\pi}{12}$$

上の最後の計算は，例題 6.26 の 6) を参照せよ． ◈

1 次関数による置換も，対称性をもつ被積分関数の定積分の間に成り立つ等式を示すときに，効果的である．

❑ 例題 6.31 $f(x)$ を連続関数とするとき，つぎの等式を証明せよ．

1) $\displaystyle\int_0^a f(a-x)\,dx = \int_0^a f(x)\,dx$

2) $\displaystyle\int_0^{\frac{\pi}{2}} f(\sin x)\,dx = \int_0^{\frac{\pi}{2}} f(\cos x)\,dx$

3) $\displaystyle\int_0^{\pi} f(\sin x)\,dx = 2\int_0^{\frac{\pi}{2}} f(\sin x)\,dx$

〔解 答〕 1) $a-x=t$ とおくと，$dx=-dt$ であり，$x: 0\to a \iff t: a\to 0$ である．よって，公式 6.29 と公式 6.4 の 1) の第 2 式より

$$\int_0^a f(a-x)\,dx = -\int_a^0 f(t)\,dt = \int_0^a f(t)\,dt = \int_0^a f(x)\,dx$$

最後の等号は，単に積分の変数を t から x に書き直しただけである*.

2) $x=\dfrac{\pi}{2}-t$ とおくと，$\sin\left(\dfrac{\pi}{2}-t\right)=\cos t$ より

$$\int_0^{\frac{\pi}{2}} f(\sin x)\,dx = \int_{\frac{\pi}{2}}^0 f\left(\sin\left(\frac{\pi}{2}-t\right)\right)(-dt) = \int_0^{\frac{\pi}{2}} f(\cos t)\,dt = \int_0^{\frac{\pi}{2}} f(\cos x)\,dx$$

---

* 積分記号はなんと書いてもよかったことを思い出そう．$\int_0^a f(\heartsuit)\,d\heartsuit$ と書いたってかまわない．“まじめにやれ” といわれる恐れがあるので，勧めませんが．

3) 積分区間を二つに分けて

$$\int_0^{\pi} f(\sin x)\,dx = \int_0^{\frac{\pi}{2}} f(\sin x)\,dx + \int_{\frac{\pi}{2}}^{\pi} f(\sin x)\,dx$$

である．この右辺第2項を，$x=\pi-t$ で置換すると，$\sin(\pi-t)=\sin t$ より

$$\int_{\frac{\pi}{2}}^{\pi} f(\sin x)\,dx = \int_{\frac{\pi}{2}}^{0} f(\sin(\pi-t))(-dt) = \int_0^{\frac{\pi}{2}} f(\sin t)\,dt = \int_0^{\frac{\pi}{2}} f(\sin x)\,dx$$

となるので，問題の等式が得られる．◈

この例題の図形的な意味を，以下に図解しておく．

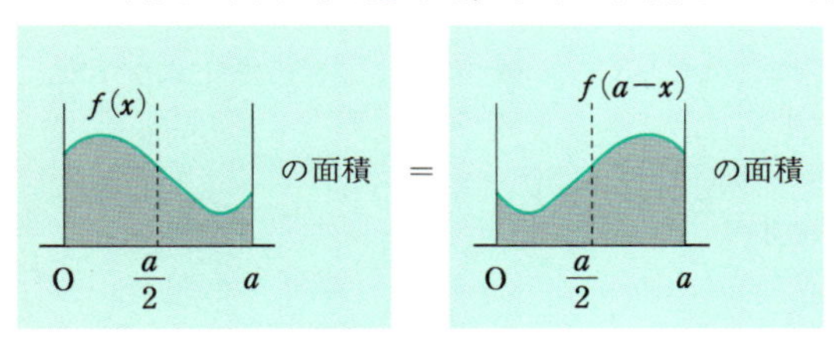

例題6.31 1) の意味

例題6.31 3) の意味

不定積分の部分積分法の公式（公式6.20）より，つぎの公式が得られる．

❑ 公式 6.32（定積分の部分積分法）

$$\int_a^b f(x)\,g'(x)\,dx = \Big[f(x)\,g(x)\Big]_a^b - \int_a^b f'(x)\,g(x)\,dx$$

❑ 例題 6.33　つぎの定積分の値を求めよ．

1) $\displaystyle\int_0^{\frac{\pi}{2}} x\sin x\,dx$　　2) $\displaystyle\int_1^{e} x^2\log x\,dx$　　3) $\displaystyle\int_0^{\pi} e^x\sin^2 x\,dx$

〔解答〕　1) 公式6.32より

$$\int_0^{\frac{\pi}{2}} x\sin x\,dx = \int_0^{\frac{\pi}{2}} x(-\cos x)'\,dx = \Big[x(-\cos x)\Big]_0^{\frac{\pi}{2}} - \int_0^{\frac{\pi}{2}}(-\cos x)\,dx$$

$$= \int_0^{\frac{\pi}{2}}\cos x\,dx = \Big[\sin x\Big]_0^{\frac{\pi}{2}} = 1$$

2) 公式6.32より

$$\int_1^{e} x^2\log x\,dx = \int_1^{e}\left(\frac{1}{3}x^3\right)'\log x\,dx = \frac{1}{3}\Big[x^3\log x\Big]_1^{e} - \frac{1}{3}\int_1^{e} x^3\cdot\frac{1}{x}\,dx$$

$$= \frac{1}{3}e^3 - \frac{1}{3}\int_1^{e} x^2\,dx = \frac{1}{3}e^3 - \frac{1}{9}\Big[x^3\Big]_1^{e} = \frac{1}{9}(1+2e^3)$$

3) 三角関数の半角公式 $\sin^2 x = \frac{1}{2}(1-\cos 2x)$ (公式 4.8) より,

$$\int_0^\pi e^x \sin^2 x\,dx = \frac{1}{2}\int_0^\pi e^x(1-\cos 2x)\,dx = \frac{1}{2}\int_0^\pi e^x dx - \frac{1}{2}\int_0^\pi e^x \cos 2x\,dx$$

である. 例題 6.21 の 4) より

$$\int_0^\pi e^x \cos 2x\,dx = \frac{1}{5}\left[e^x(\cos 2x + 2\sin 2x)\right]_0^\pi = \frac{1}{5}(e^\pi - 1)$$

であるから,

$$\int_0^\pi e^x \sin^2 x\,dx = \frac{1}{2}\left(\left[e^x\right]_0^\pi - \frac{1}{5}(e^\pi - 1)\right) = \frac{2}{5}(e^\pi - 1)$$ ◈

❑ 例題 6.34　$I_n = \int_0^{\frac{\pi}{2}} \sin^n x\,dx$ $(n=2, 3, \cdots)$ について, つぎの漸化式を示せ.

$$I_n = \frac{n-1}{n} I_{n-2}$$

〔解 答〕　$\sin^2 x = 1 - \cos^2 x$ より

$$I_n = \int_0^{\frac{\pi}{2}} \sin^{n-2} x(1-\cos^2 x)\,dx = I_{n-2} - \int_0^{\frac{\pi}{2}} \sin^{n-2} x \cos x \cdot \cos x\,dx$$

であるが, この右辺第 2 項は部分積分で

$$\int_0^{\frac{\pi}{2}} \sin^{n-2} x \cos x \cdot \cos x\,dx = \int_0^{\frac{\pi}{2}} \frac{1}{n-1}(\sin^{n-1} x)' \cos x\,dx$$

$$= \frac{1}{n-1}\left[\sin^{n-1} x \cos x\right]_0^{\frac{\pi}{2}} - \frac{1}{n-1}\int_0^{\frac{\pi}{2}} \sin^{n-1} x(\cos x)'\,dx$$

$$= \frac{1}{n-1}\int_0^{\frac{\pi}{2}} \sin^n x\,dx = \frac{1}{n-1} I_n$$

これより, $I_n = I_{n-2} - \frac{1}{n-1} I_n$ であり, ゆえに, $I_n = \frac{n-1}{n} I_{n-2}$. ◈

上の例題の漸化式により, たとえば

$$\int_0^{\frac{\pi}{2}} \sin^6 x\,dx = I_6 = \frac{5}{6} I_4 = \frac{5}{6}\cdot\frac{3}{4} I_2 = \frac{5}{6}\cdot\frac{3}{4}\cdot\frac{1}{2} I_0 = \frac{5}{6}\cdot\frac{3}{4}\cdot\frac{1}{2}\cdot\frac{\pi}{2} = \frac{5}{32}\pi$$

のような計算ができる. また, 例題 6.31 の 2) や 3) と組合わせれば

$$\int_0^{\frac{\pi}{2}} \cos^6 x\,dx = \frac{5}{32}\pi, \qquad \int_0^\pi \sin^6 x\,dx = \frac{5}{16}\pi$$

も得られる.

以上の定積分は, 例題 6.28 の 2) を除けばすべて, 被積分関数の不定積分が初等関数で表されるものであり, よって, 基本公式 6.25 と置換積分・部分積分により, その値を求めることができた. 被積分関数の不定積分が初等関数で表され

ない関数の定積分は，対称性の利用，パラメーターについての微分，あるいは複素数の利用というような工夫で値をきれいに求めることができる場合もあるが，一般には，数値積分法によって近似値を計算することになる．

ここでは，対称性の利用による定積分計算の例を挙げておく．

例題 6.35　定積分 $\displaystyle\int_{-\frac{\pi}{2}}^{\frac{\pi}{2}} \frac{x\sin x}{1+e^{-x}}\,dx$ の値を求めよ．

〔解 答〕　積分区間を分けて

$$\int_{-\frac{\pi}{2}}^{\frac{\pi}{2}} \frac{x\sin x}{1+e^{-x}}\,dx = \int_{-\frac{\pi}{2}}^{0} \frac{x\sin x}{1+e^{-x}}\,dx + \int_{0}^{\frac{\pi}{2}} \frac{x\sin x}{1+e^{-x}}\,dx$$

である．この右辺第 1 項は $-x=t$ とおくと，置換積分により

$$\int_{-\frac{\pi}{2}}^{0} \frac{x\sin x}{1+e^{-x}}\,dx = \int_{0}^{\frac{\pi}{2}} \frac{t\sin t}{1+e^{t}}\,dt = \int_{0}^{\frac{\pi}{2}} \frac{x\sin x}{1+e^{x}}\,dx$$

これを最初の式に代入して，$\dfrac{1}{1+e^{-x}}+\dfrac{1}{1+e^{x}}=1$ に注意して

$$\int_{-\frac{\pi}{2}}^{\frac{\pi}{2}} \frac{x\sin x}{1+e^{-x}}\,dx = \int_{0}^{\frac{\pi}{2}} \frac{x\sin x}{1+e^{x}}\,dx + \int_{0}^{\frac{\pi}{2}} \frac{x\sin x}{1+e^{-x}}\,dx$$

$$= \int_{0}^{\frac{\pi}{2}} x\sin x\left\{\frac{1}{1+e^{-x}}+\frac{1}{1+e^{x}}\right\}dx = \int_{0}^{\frac{\pi}{2}} x\sin x\,dx = 1$$

最後の計算は，例題 6.33 の 1) による．◈

6.5 積分に関するいろいろな問題

この節では，積分に関して，重要ではあるが前節までに述べられなかった事柄について補っておく．

[1] 定積分と数列・級数

定積分の定義における分点 x_k と c_k を

$$x_k = a + \frac{b-a}{n}k, \qquad c_k = x_k$$

と取れば

$$\int_a^b f(x)\,dx = \lim_{n\to\infty}\frac{b-a}{n}\sum_{k=1}^{n} f\left(a+\frac{b-a}{n}k\right)$$

となる．これを逆にみれば

$$\lim_{n\to\infty}\frac{b-a}{n}\sum_{k=1}^{n} f\left(a+\frac{b-a}{n}k\right) = \int_a^b f(x)\,dx$$

である．特に，$a=0$，$b=1$ のとき

$$\lim_{n\to\infty}\frac{1}{n}\sum_{k=1}^{n} f\left(\frac{k}{n}\right) = \int_0^1 f(x)\,dx$$

例題 6.36　極限 $\lim_{n\to\infty}\left(\frac{1}{n+1}+\frac{1}{n+2}+\cdots+\frac{1}{2n}\right)$ の値を求めよ．

〔解答〕　第 k 項を $\frac{1}{n+k}=\frac{1}{n}\cdot\frac{1}{1+\frac{k}{n}}$ と変形して上の式を用いると

$$与式 = \lim_{n\to\infty}\frac{1}{n}\left(\frac{1}{1+\frac{1}{n}}+\frac{1}{1+\frac{2}{n}}+\cdots+\frac{1}{1+\frac{n}{n}}\right)$$

$$= \lim_{n\to\infty}\frac{1}{n}\sum_{k=1}^{n}\frac{1}{1+\frac{k}{n}} = \int_0^1\frac{dx}{1+x} = \Big[\log|1+x|\Big]_0^1 = \log 2$$ ◈

〔補足〕　この結果を例題 1.13 の等式と合わせることにより

$$\lim_{n\to\infty}\left(1-\frac{1}{2}+\frac{1}{3}-\frac{1}{4}+\cdots-\frac{1}{2n}\right) =$$

$$1-\frac{1}{2}+\frac{1}{3}-\frac{1}{4}+\cdots = \log 2$$

という式* が得られる．

定積分は面積を記述する概念であった．そこで，$f(x)$ を $x\geqq 1$ において単調に減少する関数とすれば，下図より

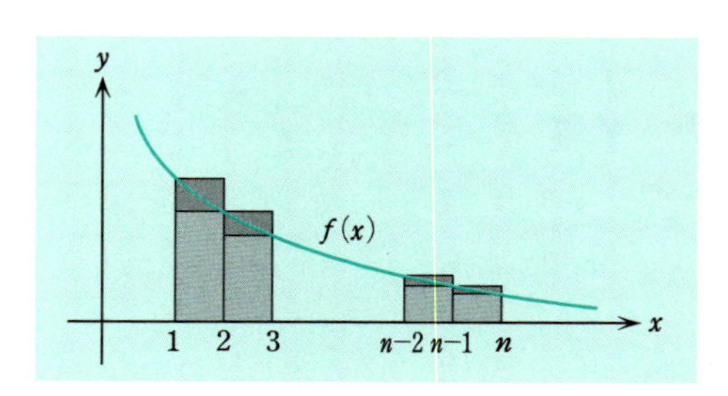

(★)　$f(2)+f(3)+\cdots+f(n) < \int_1^n f(x)\,dx < f(1)+f(2)+\cdots+f(n-1)$

である．

---

*　この式はライプニッツ（p. 116 参照）による．

例題 6.37 $f(x)=\frac{1}{x}$ の積分を利用して，つぎの不等式を証明せよ．

$$\log(n+1)<1+\frac{1}{2}+\frac{1}{3}+\cdots+\frac{1}{n}<1+\log n \quad \text{ただし } n \text{ は自然数}$$

〔解答〕 (★) で $f(x)=\frac{1}{x}$ として，

$$\frac{1}{2}+\frac{1}{3}+\cdots+\frac{1}{n} < \int_1^n \frac{dx}{x} < 1+\frac{1}{2}+\cdots+\frac{1}{n-1}$$

が得られる．$\int_1^n \frac{dx}{x}=\left[\log x\right]_1^n=\log n$ であるから

$$\frac{1}{2}+\frac{1}{3}+\cdots+\frac{1}{n} < \log n < 1+\frac{1}{2}+\cdots+\frac{1}{n-1}$$

である．左側の不等式に 1 を足して

$$1+\frac{1}{2}+\frac{1}{3}+\cdots+\frac{1}{n} < 1+\log n$$

となる．一方，右側の不等式で n を $n+1$ として

$$\log(n+1) < 1+\frac{1}{2}+\cdots+\frac{1}{n}$$ ◈

なお，例題 6.37 の結果と $\lim_{n\to\infty}\log(n+1)=\infty$ より，例題 3.30 の 2) の級数が発散することの別証明が得られたことになる．

[2] 定積分と不等式

定積分にまつわる不等式に関して述べる．

定理 6.38 $f(x)$ を区間 $[a, b]$ で連続な関数とする．

1) 区間 $[a, b]$ で $f(x)\geqq 0$ ならば，$\int_a^b f(x)\,dx \geqq 0$ である．この不等式の等号が成り立つのは，常に $f(x)=0$ のときに限る．
2) 区間 $[a, b]$ で $f(x)\geqq g(x)$ ならば，$\int_a^b f(x)\,dx \geqq \int_a^b g(x)\,dx$ である．この不等式の等号が成り立つのは，常に $f(x)=g(x)$ のときに限る．

〔証明〕 6.1 節 (p. 162) で学んだように，区間 $[a, b]$ で関数 $f(x)$ が常に $f(x)\geqq 0$ であれば，$\int_a^b f(x)\,dx \geqq 0$ である．また，関数 $f(x)$ は連続関数だから，恒等的には 0 でないならば，ある区間 $[c, d]$ $(a\leqq c<d\leqq b)$ で正である．区間 $[c, d]$ での $f(x)$ の最小値を m ($m>0$ である) とすると，例題 6.6 で

$g(x)=m$，$a=c$，$b=d$ として $\int_c^d f(x)\,dx \geqq m(d-c)>0$ が得られる．よって

$$\int_a^b f(x)\,dx = \int_a^c f(x)\,dx + \int_c^d f(x)\,dx + \int_d^b f(x)\,dx \geqq \int_c^d f(x)\,dx > 0$$

である．そこで，1) の不等式の等号が成り立つのは常に $f(x)=0$ のときに限る．以上により，1) が証明された．2) は，例題 6.6 と同様の議論を用いれば，1) から直ちに証明される．■

例題 6.39　$0 \leqq x \leqq \frac{\pi}{4}$ のとき

$$(\bigstar) \qquad 1 \leqq \frac{1}{\sqrt{1-\sin x}} \leqq \frac{1}{\sqrt{1-x}}$$

であることを用いて，つぎの不等式が成り立つことを示せ．

$$\frac{\pi}{4} < \int_0^{\frac{\pi}{4}} \frac{dx}{\sqrt{1-\sin x}} < 2-\sqrt{4-\pi}$$

〔解答〕　$0 \leqq x \leqq \frac{\pi}{4}$ のとき，$0 \leqq \sin x \leqq x$ であるから不等式（★）が成り立つ．また，（★）の等号が成り立つのは $x=0$ のときだけである．よって，定理 6.38 の 2) から

$$\int_0^{\frac{\pi}{4}} 1\,dx < \int_0^{\frac{\pi}{4}} \frac{dx}{\sqrt{1-\sin x}} < \int_0^{\frac{\pi}{4}} \frac{dx}{\sqrt{1-x}}$$

である．この左辺の定積分の値は $\frac{\pi}{4}$ である．また，右辺の定積分の値は

$$\int_0^{\frac{\pi}{4}} \frac{dx}{\sqrt{1-x}} = \Big[-2\sqrt{1-x}\Big]_0^{\frac{\pi}{4}} = 2\left\{1-\sqrt{1-\frac{\pi}{4}}\right\} = 2-\sqrt{4-\pi}$$

と計算される．よって，題意の不等式が得られた*．◆

例題 6.40　$f(x)$ を区間 $[a, b]$ における連続関数とするとき，不等式

$$\left|\int_a^b f(x)\,dx\right| \leqq \int_a^b |f(x)|\,dx$$

が成り立つことを示せ．

〔解答〕　$-|f(x)| \leqq f(x) \leqq |f(x)|$ であるから，定理 6.38 の 2) より，

$$-\int_a^b |f(x)|\,dx \leqq \int_a^b f(x)\,dx \leqq \int_a^b |f(x)|\,dx$$

である．したがって，題意の不等式が成り立つ．◆

---

*　$\frac{\pi}{4}=0.78\cdots$，$2-\sqrt{4-\pi}=1.07\cdots$ であるから，$0.78<\int_0^{\frac{\pi}{4}} \frac{dx}{\sqrt{1-\sin x}}<1.08$ なる（粗い）評価式が得られる．ちなみに，この定積分の値は $1.03735\cdots$ である．

[3] 積分で表された関数

f が連続関数ならば $\int_a^x f(t)\,dt$，$\int_a^{g(x)} f(t)\,dt$，$\int_a^b f(x,t)\,dt$ などは，x を変数とする関数を定める．たとえば，$\frac{2}{\sqrt{\pi}}\int_0^x e^{-t^2}dt$ は，x の関数になる．e^{-x^2} の不定積分は初等関数ではない（6.3 節の末尾参照）ので，これは，新しい関数を定義する．実際に，これは統計などの分野で重要な関数であり，**ガウスの誤差関数**とよばれている．このようにして関数の仲間を増やしていくことは，積分の最も重要な役割の一つである*.

上のように積分で表された関数の微分については，定理 6.9 で学んだつぎの式が基本となる．

基本公式 $$\frac{d}{dx}\int_a^x f(t)\,dt = f(x)$$

例題 6.41 $\frac{d}{dx}\int_{3x}^{x^2} e^{-t^2}\,dt$ を求めよ．

〔解答〕 $F(x)=\int_0^x e^{-t^2}\,dt$ とおくと，基本公式より $F'(x)=e^{-x^2}$ となる．したがって，合成関数の微分法より

$$\frac{d}{dx}\int_{3x}^{x^2} e^{-t^2}dt = \frac{d}{dx}\left(\int_0^{x^2} e^{-t^2}dt-\int_0^{3x} e^{-t^2}dt\right) = \frac{d}{dx}(F(x^2)-F(3x))$$
$$= 2x\,F'(x^2)-3F'(3x) = 2x\,e^{-x^4} - 3e^{-9x^2}$$ ◈

例題 6.42 連続関数 f に対し，$F(x)=\int_a^x (x-t)f(t)\,dt$ と定義するとき，$F''(x)=f(x)$ を証明せよ．

〔解答〕 積分変数は t であるから，積分を考えるときは x は定数とみなせる．よって，

$$F(x) = x\int_a^x f(t)\,dt - \int_a^x t\,f(t)\,dt$$

である．したがって，基本公式から

$$F'(x) = 1\cdot\int_a^x f(t)\,dt + x\,f(x) - x\,f(x) = \int_a^x f(t)\,dt$$

これをもう 1 度微分して，$F''(x)=f(x)$ ◈

---

* たとえば，$\log x$ を知らないが，積分はよく知っている人（いないかな？）に $\log x$ を説明したかったら，“$\int_1^x \frac{dt}{t}$ のことだよ”といえばよい．

基本公式および例題 6.42 を進化させてみよう．

例題 6.43 連続関数 f に対し

$$F_n(x) = \frac{1}{(n-1)!}\int_a^x (x-t)^{n-1} f(t)\,dt$$

とするとき，$F_n(x)$ の n 階導関数は $F_n{}^{(n)}(x)=f(x)$ となる．これを証明せよ．

〔解 答〕 数学的帰納法（1.3 節参照）による．$n=1$ のときは基本公式そのものである．（また，$n=2$ のときが，例題 6.42 である．）$n=k$ のときの結論を仮定する．すなわち，任意の連続関数 f に対して

$$(\bigstar) \qquad G(x) = \frac{1}{(k-1)!}\int_a^x (x-t)^{k-1} f(t)\,dt \implies G^{(k)}(x) = f(x)$$

が成り立つと仮定する．さて，$n=k+1$ のときの $F_{k+1}(x)$ の微分の計算のために，$g(x)=\int_a^x f(t)\,dt$ とおく．このとき，$F_{k+1}(x)$ は部分積分により

$$\begin{aligned} F_{k+1}(x) &= \frac{1}{k!}\int_a^x (x-t)^k g'(t)\,dt \\ &= \frac{1}{k!}\Big[(x-t)^k g(t)\Big]_{t=a}^{t=x} - \frac{1}{k!}\int_a^x \left(\frac{d}{dt}(x-t)^k\right) g(t)\,dt \\ &= \frac{k}{k!}\int_a^x (x-t)^{k-1} g(t)\,dt = \frac{1}{(k-1)!}\int_a^x (x-t)^{k-1} g(t)\,dt \end{aligned}$$

と変形される．よって，帰納法の仮定（★）より $F_{k+1}{}^{(k)}(x)=g(x)$ となる．この式をもう 1 度微分して，$F_{k+1}{}^{(k+1)}(x)=g'(x)=f(x)$ となる．こうして，$n=k+1$ のときも $F_n{}^{(n)}(x)=f(x)$ が成り立つ． ◆

$f(x)$ の不定積分 $\int_a^x f(t)\,dt$ は，1 回微分すると $f(x)$ になる．例題 6.42 より，$\int_a^x (x-t)f(t)\,dt$ は，2 回微分すると $f(x)$ になる．よって，$f(x)$ の 2 回積分とみなせる．そこで，例題 6.43 は，$\frac{1}{(n-1)!}\int_a^x (x-t)^{n-1} f(t)\,dt$ が $f(x)$ の n 回積分を与えることを示している．

ここまでやってみると，かなり高級な感じがすると思う．実は，このような考え方で $\frac{3}{2}$ 回積分（それは，$\int_a^x \sqrt{x-t}\,f(t)\,dt$ の定数倍である）といったものも考えることができる．

6.6 定積分の応用

6.1節で学んだように，定積分は均一でない密度に相当する量の総和を求めるためのものであり，したがって，さまざまな応用がある．この節では，代表的な応用を解説する．

[1] 面　積

例題6.2からわかるように，区間 $[a, b]$ における曲線 $y=f(x)$ と x 軸との間の面積は

$$S = \int_a^b |f(x)|\,dx$$

で与えられる．もっと一般に，区間 $[a, b]$ における二つの曲線 $y=f(x)$，$y=g(x)$ の間の面積は

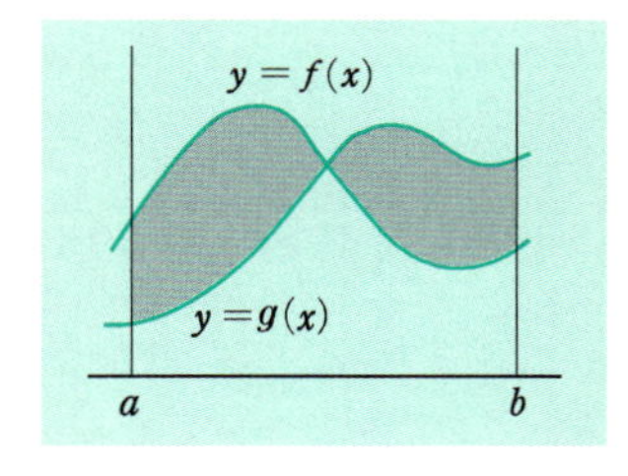

$$S = \int_a^b |f(x)-g(x)|\,dx$$

で与えられる．

例題 6.44　区間 $[0, \pi]$ において，2曲線 $y=\sin x$，$y=\cos x$ ではさまれた図形の面積を求めよ．

〔解答〕　この区間での2曲線の交点の x 座標は $\sin x=\cos x$ より $\tan x=1$ を解いて，$x=\frac{\pi}{4}$ である．$0 \leqq x \leqq \frac{\pi}{4}$ においては，$\sin x \leqq \cos x$ であり，$\frac{\pi}{4} \leqq x \leqq \pi$ においては，$\cos x \leqq \sin x$ である．よって，求める面積は

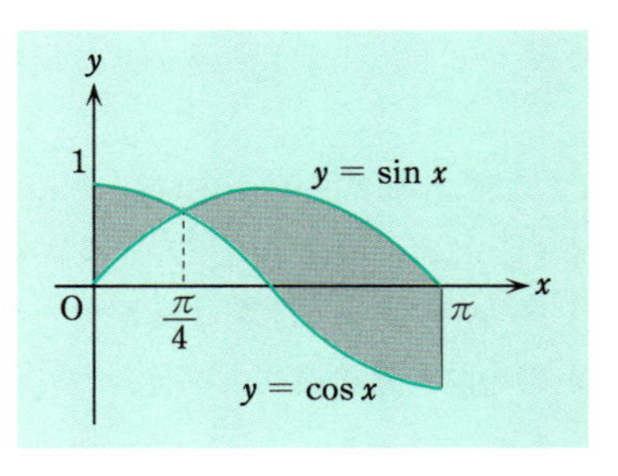

$$\begin{aligned}\int_0^\pi |\sin x-\cos x|\,dx &= \int_0^{\frac{\pi}{4}}(\cos x-\sin x)\,dx + \int_{\frac{\pi}{4}}^{\pi}(\sin x-\cos x)\,dx \\ &= \Big[\sin x+\cos x\Big]_0^{\frac{\pi}{4}} + \Big[-\cos x-\sin x\Big]_{\frac{\pi}{4}}^{\pi} \\ &= (\sqrt{2}-1) + (1+\sqrt{2}) = 2\sqrt{2}\end{aligned}$$

◈

[2] 体　　積

与えられた立体図形の x 軸に垂直な平面による切り口の面積を $S(x)$ とすれば，二つの平面 $x=a$，$x=b\,(a<b)$ の間にある立体の面積 V は

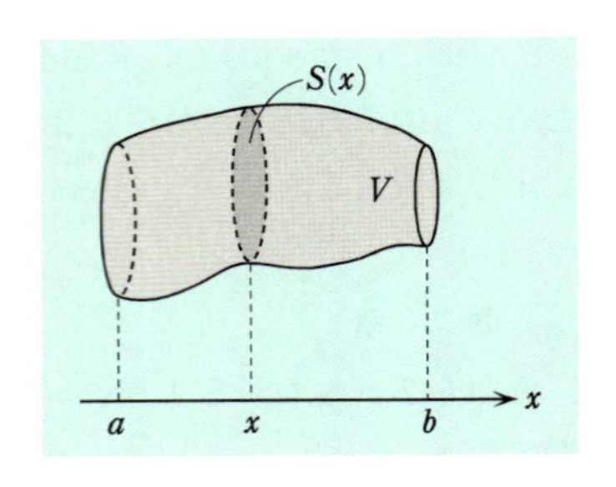

$$V = \int_a^b S(x)\,dx$$

で与えられる．

そのことは，つぎのように説明できる．$a<b$ を分割したときのそれぞれの区間 $[x_{k-1}, x_k]$ における立体の体積 V_k は，$x_{k-1} \leqq c_k \leqq x_k$ なる c_k における断面積 $S(c_k)$ と $x_k - x_{k-1}$ の積 $S(c_k)(x_k - x_{k-1})$ で近似されるから，V は

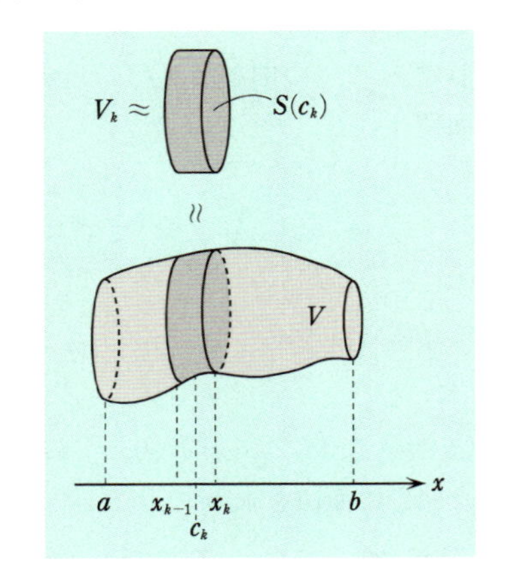

$$V = \sum_{k=1}^{n} V_k \approx \sum_{k=1}^{n} S(c_k)(x_k - x_{k-1})$$

と近似される．この分割を細かくするとき，この近似は等式になる．ところが，定積分の定義（6.1 節参照）より，分割を細かくするとき

$$\lim \sum_{k=1}^{n} S(c_k)(x_k - x_{k-1}) = \int_a^b S(x)\,dx$$

であるから，$V=\int_a^b S(x)\,dx$ となる．

❑ 例題 6.45　平面内の領域 D と空間内の点 A（ただし A は平面上の点ではない）に対して，A と D 内のすべての点 P を結ぶ線分 AP によってできる立体 V を A を頂点，D を底面とする**錐**（すい）という*．また，D を含む平面と A との距離を**錐の高さ**という．D の面積を S，錐の高さを h とするとき

$$V \text{の体積} = \frac{1}{3}Sh$$

すなわち，錐の体積$=\frac{1}{3}\times$底面積$\times$高さとなることを示せ．

＊　D が円ならば V は**円錐**，D が三角形ならば V は**三角錐**です．

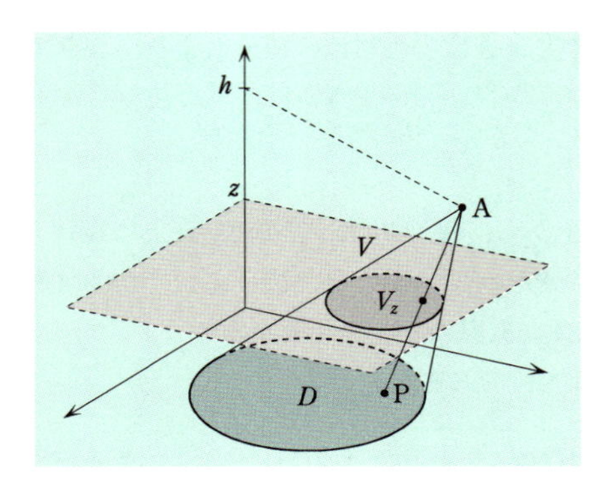

〔解答〕 V の高さ $z(0\leqq z\leqq h)$ での断面を V_z とするとき，V_z は D を $\frac{h-z}{h}$ 倍相似拡大した図形であるから，V_z の面積 $S(z)$ は

$$S(z) = \left(\frac{h-z}{h}\right)^2 S$$

で与えられる．したがって，

$$V\text{の体積} = \int_0^h S(z)\,dz = \int_0^h \left(\frac{h-z}{h}\right)^2 S\,dz = \left[-\frac{h}{3}\left(\frac{h-z}{h}\right)^3 S\right]_0^h = \frac{1}{3}Sh$$

となる． ◈

[3] 変位・道のり

直線上を運動する点の時刻 t における座標を $x=x(t)$ とすると，速度 $v=v(t)$ は $v=\dfrac{dx}{dt}$ である(5.1 節および 5.4 節参照)．よって，時刻 a と $b(a<b)$に対して

$$x(b) - x(a) = \int_a^b v(t)\,dt$$

である．これにより，時刻 a から b までに点の移動した位置の変化（**変位**という）を求めることができる．

例題 6.46 x 軸上の原点（$x=0$）から出発して，x 軸上を運動する点 P の t 分後の速度を $t(t+4)$ とするとき，45 分後の P の x 座標を求めよ．

〔解答〕 上に述べた式より

$$x(45) = \int_0^{45} t(t+4)\,dt = \left[\frac{t^3}{3}+2t^2\right]_0^{45} = 34425$$ ◈

点が実際に動いた距離を**道のり**という．点が，一定方向に運動しているときは道のりと変位は同じものであるが，運動が向きを変えるときはこの二つは区別する必要がある*. 道のりは速度の絶対値の積分により，つぎで求められる.

$$d = \int_a^b |v(t)|\,dt$$

例題 6.47　地上から，毎秒 20 m の初速で真上に投げられた物体の t 秒後の速度が毎秒 $(20-9.8t)$ m であるとき，投げられてから 4 秒後のこの物体の高さとその間にこの物体が実際に動いた距離を求めよ.

〔解 答〕　高さは変位であるから

$$\int_0^4 (20-9.8t)\,dt = \Big[20t-4.9t^2\Big]_0^4 = 80-78.4 = 1.6 \quad (\mathrm{m})$$

この物体が実際に動いた距離は絶対値の積分である. $20-9.8t=0 \iff t=\frac{20}{9.8}=\frac{100}{49}$ であるから，$0 \leqq t \leqq \frac{100}{49}$ において $20-9.8t \geqq 0$，$\frac{100}{49} \leqq t \leqq 4$ において $20-9.8t \leqq 0$ である. よって

$$\int_0^4 |20-9.8t|\,dt = \int_0^{\frac{100}{49}} (20-9.8t)\,dt + \int_{\frac{100}{49}}^4 (9.8t-20)\,dt$$

$$= \Big[20t-4.9t^2\Big]_0^{\frac{100}{49}} + \Big[4.9t^2-20t\Big]_{\frac{100}{49}}^4 = \frac{9608}{245} \quad (=39.2\cdots) \quad (\mathrm{m})$$ ◈

平面内や空間内を運動する点の変位や道のりも同じように考えることができる. 簡単のために，平面内を運動する点について考えてみよう. xy 平面内を運動する点 P の座標が $(x, y)=(x(t), y(t))$（すなわち $x=x(t)$，$y=y(t)$）と表される（座標については 8.1 節参照）とき，点 P の速度は $v=\left(\frac{dx}{dt}, \frac{dy}{dt}\right)$ で与えられる. また

$$\sqrt{\left(\frac{dx}{dt}\right)^2+\left(\frac{dy}{dt}\right)^2}$$

を点の速さという.

このとき，点 P が時刻 a から時刻 b までに移動した位置の変化（変位）は

$$x(b) - x(a) = \int_a^b \frac{dx}{dt}\,dt, \qquad y(b) - y(a) = \int_a^b \frac{dy}{dt}\,dt$$

で求められる. また，点 P が時刻 a から時刻 b までに実際に動いた距離（道のり）は

$$\int_a^b \sqrt{\left(\frac{dx}{dt}\right)^2+\left(\frac{dy}{dt}\right)^2}\,dt$$

で求められる.

---

*　あなたが家から最寄りの駅まで往復すれば，変位は 0 だけれど道のりは駅までの距離の 2 倍です.

このことは，つぎのようにして説明できる．区間 $[a, b]$ を分割したときの小区間を $[t_{k-1}, t_k]$ とし，時刻 t を t_{k-1} から t_k まで変化させると，点 P は $P_{k-1}(x(t_{k-1}), y(t_{k-1}))$ から $P_k(x(t_k), y(t_k))$ まで動く．$\Delta t = t_k - t_{k-1}$ とおき

$$\Delta x = x(t_k) - x(t_{k-1}), \quad \Delta y = y(t_k) - y(t_{k-1})$$

と書けば，5.7 節で学んだ 1 次近似により

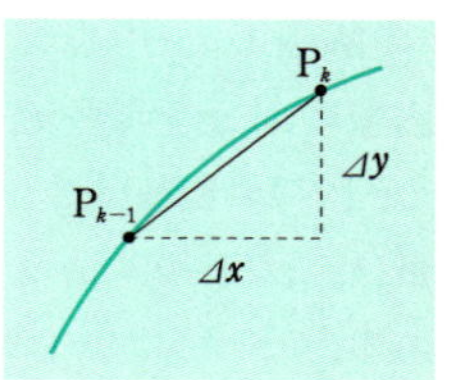

$$\Delta x \approx \frac{dx}{dt}(t_{k-1})\Delta t, \quad \Delta y \approx \frac{dy}{dt}(t_{k-1})\Delta t$$

と書けるから，弧 $P_{k-1}P_k$ の長さ≈線分 $P_{k-1}P_k$ の長さと近似して

$$弧\ P_{k-1}P_k\ の長さ \approx \sqrt{(\Delta x)^2+(\Delta y)^2} \approx \sqrt{\left(\frac{dx}{dt}(t_{k-1})\right)^2+\left(\frac{dy}{dt}(t_{k-1})\right)^2}\,\Delta t$$

となる．この式を k について足し合わせ，分割を細かくしたときの極限をとると

$$\text{P が動いた距離} = \lim \sum_k 弧\ P_{k-1}P_k\ の長さ = \int_a^b \sqrt{\left(\frac{dx}{dt}\right)^2+\left(\frac{dy}{dt}\right)^2}\,dt$$

となる．

例題 6.48　平面上の点 P の運動 $x = a\cos t$, $y = a\sin t$（ただし $a > 0$）に対し，時刻 $t=0$ から $t=2\pi$ までに点 P が動いた距離を求めよ．

〔解 答〕　$(\cos t)' = -\sin t$, $(\sin t)' = \cos t$ と $\sin^2 t + \cos^2 t = 1$ より

$$\text{P が動いた距離} = \int_0^{2\pi} \sqrt{(-a\sin t)^2+(a\cos t)^2}\,dt = \int_0^{2\pi} a\,dt = 2\pi a \quad ◈$$

[4] いろいろな量の和

これまで行ってきた計算は，定積分の定義（6.1 節参照）に基づいたつぎの原理によるものである．ある量があって，その量の小区間 $[x_{k-1}, x_k]$（この長さを Δx と書く）における部分的な量が近似的に $f(c_k)(x_k - x_{k-1})$（これを $f(x)\Delta x$ と書く）で与えられるならば，区間 $[a, b]$ での総和は

$$\lim \sum_{k=1}^{n} f(c_k)(x_k - x_{k-1}) = \lim \sum f(x)\Delta x = \int_a^b f(x)\,dx$$

で求められる．ただし，定積分の定義のところで述べたように lim は分割を細かくしていくとき（$\Delta x \to 0$ のとき）の極限である．

[1] の面積では“ある量”は座標 x での長さであり，[2] の体積では“ある量”は座標 x での断面積であり，[3] の点が動いた距離では“ある量”は時刻 t での速さであった．これらはほんの一握りの例であり，上の原理によりさまざまな量の総和を求めることができる．代表的なものとして，流量と圧力の計算をしておこう．

❑ **例題 6.49**　血液が半径 R の動脈を流れる速さが，その中心からの距離が r のところでは $k(R^2-r^2)$ cm/秒（ただし，k は R および r に無関係な正定数）であるとき，1 秒あたりに動脈を流れる血液量は，半径 R の 4 乗に比例することを示せ．

〔**解 答**〕　中心からの距離が r から $r+\Delta r$ の間の円環の部分を毎秒流れる血液量は速さ×面積で求まる．円環の面積は $2\pi r\Delta r$ で近似できるので，この血液量は，$\Delta r\to 0$ のとき，近似的に $k(R^2-r^2)2\pi r\Delta r$ である．ゆえに，動脈全体を血液が流れる量は 1 秒あたり

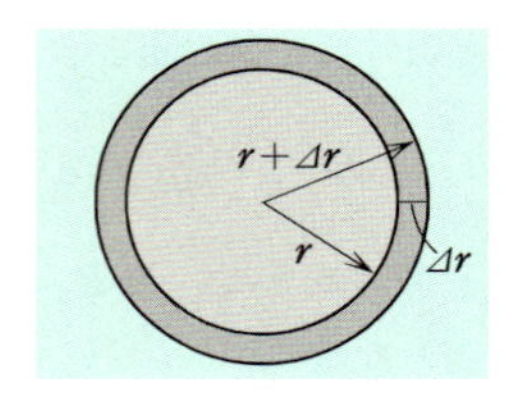

$$\int_0^R k(R^2-r^2)2\pi r dr = 2k\pi\int_0^R (R^2-r^2)r dr = 2k\pi\left[\frac{1}{2}R^2r^2-\frac{1}{4}r^4\right]_0^R = \frac{k\pi}{2}R^4$$

である．これは，R^4 に比例する[*1]．◈

❑ **例題 6.50**　水深 x m のところでの水圧は 1 m^2 あたり x トン[*2] である．断面が，半径 R m の半円形の鉄板を円の直径部分が水面に一致するように水中に入れるとき，この鉄板（の一つの面）にかかる全水圧を求めよ．

〔**解 答**〕　深さ x m から $(x+\Delta x)$ m までの幅 Δx m の鉄板の部分の面積 ΔS とすると，この部分にかかる水圧は，$x\,\Delta S$ で近似される．また，$\Delta S\approx 2\sqrt{R^2-x^2}\,\Delta x$ となるから，この部分の鉄板にかかる水圧は近似的に $2x\sqrt{R^2-x^2}\Delta x$ である．ゆえに，全水圧は

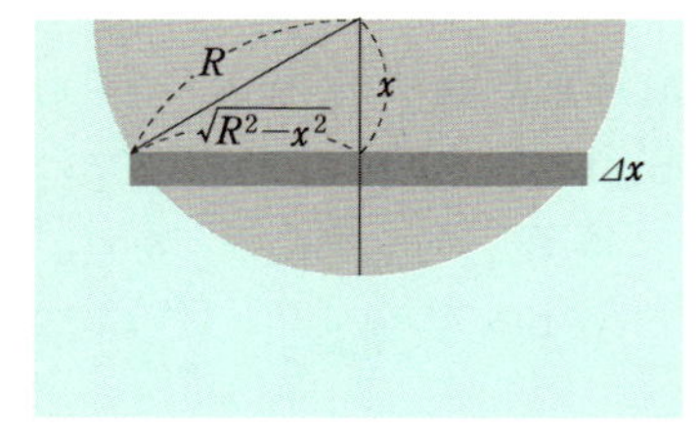

$$\int_0^R 2x\sqrt{R^2-x^2}dx = \left[-\frac{2}{3}(R^2-x^2)^{\frac{3}{2}}\right]_0^R = \frac{2}{3}R^3 \text{（トン）}$$ ◈

問　　題

問 6.1　つぎの関数の不定積分を求めよ．ただし，5）の a は正の定数．

1）$\sqrt{(1-2x)^7}$　　2）7^x　　3）$\dfrac{2}{1-3x}$　　4）$\sin(2x+1)$　　5）$\dfrac{1}{\sqrt{a^2-x^2}}$

---

*1　動脈の半径が $\frac{3}{4}$ 倍になると血液量は $\left(\frac{3}{4}\right)^4=0.316\cdots$ 倍ということか．たばこはやめなければいけませんね．

*2　g を重力加速度（≈ 9.8 m/s^2）とすると $1000\,gx$ パスカルです．

6) $\cot x$　7) x^2e^{2x}　8) $x^7\log 7x$　9) $e^{-x}\sin 3x$　10) $\sin^{-1}x$

11) $\dfrac{x}{(2x+3)^3}$　12) $\dfrac{9x^3}{3x^2-4x-4}$　13) $\dfrac{\sin x}{\tan^2 x+2}$　14) $\dfrac{x^2}{\sqrt{x^2+1}}$

問 6.2　つぎの定積分の値を求めよ.

1) $\displaystyle\int_0^1 \frac{dx}{2x+1}$　2) $\displaystyle\int_1^2 \frac{dx}{\sqrt[3]{x^5}}$　3) $\displaystyle\int_{-1}^2 \frac{2x+1}{x^2+1}\,dx$　4) $\displaystyle\int_0^1 \log(1+\sqrt{x})\,dx$

5) $\displaystyle\int_1^2 \frac{x^4+1}{\sqrt{x}}\,dx$　6) $\displaystyle\int_1^e x^3\log x\,dx$　7) $\displaystyle\int_0^1 \frac{dx}{(x^2+1)^2}$　8) $\displaystyle\int_0^{\frac{1}{2}} \sin^{-1}x\,dx$

9) $\displaystyle\int_1^2 \frac{dx}{x+\sqrt{x-1}}$　10) $\displaystyle\int_0^2 \left(1-\frac{x^2}{4}\right)^{\frac{3}{2}}dx$　11) $\displaystyle\int_0^\pi \frac{\sin x}{1+\cos^2 x}\,dx$

12) $\displaystyle\int_0^\pi \frac{x\sin x}{1+\cos^2 x}\,dx$　13) $\displaystyle\int_0^\pi \frac{x}{1+\cos^2 x}\,dx$

問 6.3　n, m を自然数とするとき，つぎの定積分の値を求めよ.

1) $\displaystyle\int_{-\pi}^\pi \sin nx\cos mx\,dx$　2) $\displaystyle\int_{-\pi}^\pi \sin nx\sin mx\,dx$　3) $\displaystyle\int_0^{\frac{\pi}{2}} \frac{\sin(2n-1)x}{\sin x}\,dx$

問 6.4　n を 2 以上の自然数とするとき，つぎの不等式を示せ.

$$\frac{1}{2} \leqq \int_0^{\frac{1}{2}} \frac{dx}{\sqrt{1-x^n}} \leqq \frac{\pi}{6}$$

問 6.5　p. 184 の最初の等式を用いて，つぎの極限値を求めよ.

$$\lim_{n\to\infty}\left(\frac{n}{n^2+1^2}+\frac{n}{n^2+2^2}+\cdots+\frac{n}{n^2+n^2}\right)$$

問 6.6　つぎの関数の導関数を求めよ.

1) $\displaystyle f(x)=\int_0^{\sqrt{x}} \frac{dt}{\sqrt{1+t^4}}$　2) $\displaystyle f(x)=\int_{x^2}^{x^3} \sin(t^2)\,dt$

問 6.7　つぎの面積を求めよ.

1) 曲線 $y=x^3-a^2x$ と x 軸ではさまれた領域. ただし $a>0$.

2) xy 平面内の，原点中心，半径 5 の円の $x\geqq 3$ の部分.

問 6.8　半径 R の円の面積が πR^2 であることを用いて，半径 R の球の体積が $\frac{4\pi}{3}R^3$ であることを示せ.

問 6.9　1 時間走って戻ってきた車の出発から t 秒後の速度 $v(t)$ は時速

$$\begin{cases} 30\left(1-\cos\frac{\pi t}{600}\right)\ \text{km} & (0\leqq t\leqq 600,\ 3000\leqq t\leqq 3600) \\ 60\ \text{km} & (600\leqq t\leqq 3000) \end{cases}$$

であった. 出発してから戻るまでの車の走行距離を求めよ.

問 6.10　高さ 10 m，底面の半径 5 m の円錐の塔の地面から z m の高さにおける密度が $15(20-z)^2$ kg/m^3 であるとき，この塔の総質量を求めよ.

7. 微分方程式

7.1 微分方程式の概念

科学の法則や関係式は問題とする量や位置の導関数を用いて表される．このため，これらの量や位置が未知であるとき，導関数を含む方程式が自然を描写する．このような未知の量や変位の導関数を含む方程式を**微分方程式**という．

放射性崩壊とよばれる現象を例に挙げる．放射性元素は放射線を放出して別の元素となる．たとえば ^{14}C（炭素 14）は電子を放出して中性子が陽子に変わる β 崩壊により ^{14}N（窒素 14）となる．この放射性崩壊の現象[*1]では，ラザフォード[*2]の法則“放射性元素の個数（原子核の個数）は，その時刻 t における個数に比例する速さで減少する”が成立する．第 5 章で学んだように速さは導関数で表されるから，時刻 t における放射性元素の量（個数）を $N=N(t)$ とし，比例定数を $\lambda>0$ で書くと，この法則は

$$(\star)\qquad \frac{dN}{dt} = -\lambda N$$

という数式で表される．λ は元素（核種）によって異なるが，時刻 t にはよらない．これが，この法則の要点である．減少であることから，（★）の右辺にマイナスがついている点に注意しよう．

（★）のように関数とその導関数の関係を表す方程式を微分方程式という．（★）の右辺が既知の関数でたとえば $\frac{dN}{dt}=-\lambda t^3$ であれば，これは原始関数を求める問題にすぎず，6.2 節で学んだように，積分を実行することで N を求めることができる．しかし，（★）では右辺にも N があり，よって（★）は 2 次方程式 $N^2=-\lambda N$ の 2 乗という演算を微分という演算に置き換えたものに相当している．ただし，2 次方程式における未知のものは数であるが，（★）における未知のものは関数であるから，**未知関数**という．この未知関数を求めることを総称

＊1　日本語では崩壊といいますが，decay の略語ですので，感じは減少の現象です．なお，^{14}C（炭素 14）については例題 4.21 を参照下さい，

＊2　E. Rutherford（1871～1937）:“元素の崩壊および放射性物質の性質に関する研究”で 1908 年にノーベル化学賞を受賞．

して，微分方程式を解くという．

微分方程式の系統的な解法については次節以降で学ぶが，たとえば（★）に関しては直感的に $N=N(t)=e^{-\lambda t}$ が解になることがわかる．実際，$N=N(t)=e^{-\lambda t}$ のとき $\dfrac{dN}{dt}=-\lambda e^{-\lambda t}=-\lambda N$ となる．より一般に，C を任意の定数として，

（★★） $$N(t) = Ce^{-\lambda t}$$

も（★）の解となる．C は定数ならば何でもよく，**任意定数**といわれる．このような任意定数を含む微分方程式の解を**一般解**という．通常，1階の微分方程式の一般解は1個の任意定数を，2階の微分方程式の一般解は2個の任意定数をもつ．

（★）において，ある時刻 t_0 における値 $N(t_0)$ がわかれば任意定数 C の値が定まり，未知関数（解）$N(t)$ が定まることが期待される．このように，ある時刻での未知関数あるいはその導関数の値を与える条件を**初期条件**という．観測結果などから

$$N(t_0) = N_0$$

という初期条件を得た場合には，C は $N(t_0)=N_0=Ce^{-\lambda t_0}$ から $C=N_0e^{\lambda t_0}$ と決定されるから，初期条件 $N(t_0)=N_0$ をみたす解は

$$N(t) = N_0e^{\lambda t_0}e^{-\lambda t} = N_0e^{-\lambda(t-t_0)}$$

となる．こうして，初期条件 $N(t_0)=N_0$ をみたす（★）の解が得られる．

このように，“微分方程式を解く”ことは，関数の導関数（各時刻や各点における関数の変化率）に関する法則（局所情報）から解（時空間大域情報）を得ることを意味する．このことによって，予測や現象の明確な解析や説明* に役立てる．これが，微分方程式を学ぶことの意義である．

7.2 変数分離形

つぎの形の1階微分方程式を**変数分離形**という．

（★） $$\frac{dy}{dx} = f(x)g(y)$$

ここで x が変数で，$y=y(x)$ が未知関数である．この形の特性は，右辺が x のみの関数と y のみの関数の積の形に分離されている点にある．たとえば，$\frac{dy}{dx}=x^2e^y$ は変数分離形であるが，$\frac{dy}{dx}=x^2+y$ は変数分離形ではない．

---

* 上の例では，解 $N(t)=N_0e^{-\lambda(t-t_0)}$ が $\dfrac{N_0}{2}$ となるのにかかる時間は $t-t_0=\dfrac{\log 2}{\lambda}$ と計算されます．これは半減期 T と崩壊定数 $\dfrac{\log 2}{\lambda}$ との明確な関係式 $T=\dfrac{\log 2}{\lambda}$ を与えます．

変数分離形の特性から（★）は $\frac{dy}{g(y)}=f(x)\,dx$ と書くと x は右辺にのみ，y は左辺にのみ現れる．これは（★）の形式的な書き換えであるが，この両辺に積分記号を付けることで，つぎの解の公式が導出される*.

❑ **公式 7.1（変数分離形の解の公式）**　変数分離形微分方程式(★)の一般解は

$$\int\frac{dy}{g(y)}=\int f(x)\,dx$$

の左辺および右辺の積分計算をして，右辺に積分変数を付けることにより求められる．

❑ **例題 7.2**　1）微分方程式 $\dfrac{dy}{dx}=xy^2$ の一般解を求めよ．また，初期条件 $y(0)=1$ をみたす解を求めよ．

2）微分方程式 $\dfrac{dy}{dx}=e^{x+y}$ の一般解を求めよ．また，初期条件 $y(1)=0$ をみたす解を求めよ．

3）微分方程式 $\dfrac{dP}{dt}=\alpha P$ の一般解を求めよ．また，初期条件 $P(0)=P_0$ をみたす解を求めよ．ただし，α, P_0 は定数.

〔**解 答**〕　1）y^2 を左辺に，dx を右辺に移動して積分記号をつけて $\int\frac{dy}{y^2}=\int xdx$ となる．左辺の積分は $-\frac{1}{y}$，右辺の積分は積分定数を付して $\frac{x^2}{2}+C_1$ だから，$-\frac{1}{y}=\frac{x^2}{2}+C_1$ となる．これより，一般解は $y(x)=-\frac{2}{x^2+2C_1}$ となる．これで正解であるが，簡潔に $2C_1$ を C と表すと，一般解は $y(x)=-\frac{2}{x^2+C}$ となる．(この関数のグラフは次ページの図のようになる.) 初期条件 $y(0)=1$ より C は $C=-2$ と決定されるから，$y(0)=1$ をみたす解は $y(x)=\frac{2}{2-x^2}$

2）$e^{x+y}=e^xe^y$ より，これも変数分離形である．1)と同様に考えて，$\int e^{-y}dy=\int e^xdx$ が得られ，これより一般解は $y(x)=-\log(-e^x-C)$．また，$y(1)=0$ をみたす解は $y=-\log(1+e-e^x)$

3）$\int\frac{dP}{P}=\int\alpha dt$ より $\log|P|=\alpha t+C_1$．したがって，$|P|=e^{C_1}e^{\alpha t}$ ゆえに $P=\pm e^{C_1}e^{\alpha t}$ となる．この $\pm e^{C_1}$ は定数だからこれを C とおいて，一般解は $P(t)=Ce^{\alpha t}$ となる．また，初期条件 $P(0)=P_0$ をみたす解は $P=P_0e^{\alpha t}$ となる．　◈

---

*　この手順はつぎのように正当化できる．(★)を $\frac{dy}{g(y)}=f(x)\,dx$ に代えて，$\frac{1}{g(y)}\frac{dy}{dx}=f(x)$ と変形し，この両辺を x で積分すれば $\int\frac{1}{g(y)}\frac{dy}{dx}dx=\int f(x)\,dx$ となり，この左辺を置換積分（公式 6.18）すれば解の公式となる．

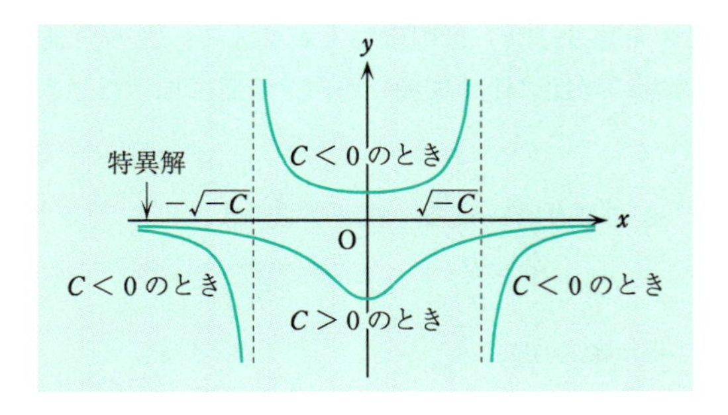

例題 7.2 の 1) では，恒等的に 0 である関数 $y(x)=0$ も微分方程式をみたす．しかしこの解は，一般解 $y(x)=-\frac{2}{x^2+C}$ の任意定数 C をどのような値にとっても得ることができない．このような一般解に含まれない解を**特異解**という．

また，一般解 $y(x)=-\frac{2}{x^2+C}$ のグラフを書くと，$C>0$ のときは，その分母 $x^2+C>0$ であるから，解は上の図のように，実数全体で定義される．一方，$C<0$ のときは，分母が 0 となる点 $x=\pm\sqrt{-C}$ において発散してしまう．たとえば，初期条件 $y(0)=1$ をみたす解 $y(x)=\frac{2}{2-x^2}$ は区間（$-\sqrt{2}$，$\sqrt{2}$）のみで定義され，この定義域の端点 $x=\pm\sqrt{2}$ では $+\infty$ に発散してしまう．この現象を**解の爆発**[*1] という．

7.1 節における微分方程式は法則により得られたが，特に前世紀より科学全般において広範に用いられるようになったモデリングという手法においては，法則は仮説の色彩が強い．モデリングとは，(1) 現象の観察から要点を抽出したモデル（数式模型）を立て，(2) 数学の問題として定式化し解き，(3) モデルの妥当性を検証し，(4) モデルを用いて説明，予測を行う科学手法であり，このモデルが微分方程式であるとき，その微分方程式を何らかの形で解くことがこの一連のプロセスの重要な工程となる．

例題 7.2 の 3) は人口モデルの最初のもの[*2] である．そこでは，$P=P(t)$ は時刻 t における人口を表し，α は出生率から死亡率を減じた（一般に生物モデルでは）増殖率とよばれる定数である．例題 7.2 の 3) は，計算問題として，$P\leqq 0$ のときも意味があるが，ここではモデルに照らして P および初期人口 P_0 は正とする．問題の答である $P=P_0e^{\alpha t}$ は $\alpha<0$ の場合は，$t\to+\infty$ のとき $P(t)\to 0$

＊1 “爆発”は blow-up の訳語で，立派な学術用語です．立派でない学術用語があるかどうかは知りませんが．

＊2 経済学者マルサス（T. R. Malthus: 1766～1834）が 1798 年の論文で用いたもので，マルサスモデルといわれる．

であるが，$\alpha>0$ のときは $P(t)$ は際限なく増加する．この検証から，マルサスモデルに生物個体数の増加に伴う環境の悪化を考慮に加えたつぎの例題のモデルが提唱された．

例題 7.3　つぎの微分方程式の一般解を求めよ．

$$\frac{dP}{dt} = \alpha P\left(1 - \frac{P}{K}\right)$$

ただし，α，K は正定数とする*．

〔**解 答**〕　方程式を $\frac{dP}{dt}=\frac{\alpha}{K}P(K-P)$ と書き直し公式 7.1 より $\int\frac{K}{P(K-P)}dP=\int\alpha dt$ となる．左辺の積分は，部分分数分解（例題 6.23 の 2）参照）により

$$\int\frac{K}{P(K-P)}dP = \int\left(\frac{1}{P}+\frac{1}{K-P}\right)dP = \log|P| - \log|K-P| = \log\left|\frac{P}{K-P}\right|$$

と計算されるから，右辺の積分定数を C_1 として，$\log\left|\frac{P}{K-P}\right|=\alpha t+C_1$ となる．よって $\frac{P}{K-P}=\pm e^{C_1}e^{\alpha t}$ となる．そこで $C=\pm e^{C_1}$ として，$\frac{P}{K-P}=Ce^{\alpha t}$．これを P について解いて，一般解は，$P(t)=\dfrac{KCe^{\alpha t}}{1+Ce^{\alpha t}}$ となる．

P の 0 での値は $P(0)=\frac{KC}{1+C}$，また $\lim_{t\to\infty}P(t)=K$ である．この K による定数関数 $P(t)=K$ はこの微分方程式の特異解になっている．$P>0$ の解達のグラフは右図のようになる．◈

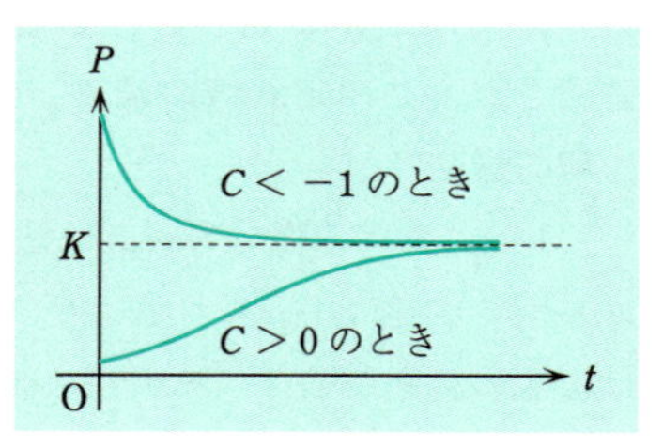

7.3　1 階線形微分方程式

$y=y(x)$ を未知関数をとする方程式

$$(\star)\qquad \frac{dy}{dx} = p(x)y + q(x)$$

を**1 階線形微分方程式**という．x が変数で，$p(x)$，$q(x)$ は変数 x の範囲で定義された（既知の）連続関数である．（★）の形の特性は，右辺が y の 1 次関数になっている点にある．たとえば，$\frac{dy}{dx}=y+x$ は 1 階線形であるが $\frac{dy}{dx}=y^2+x$ は 1 階線形ではない．

---

* 数理生態学者のベルハルスト（P. F. Verhulst: 1804～1849）による 1845 年のモデル．ベルハルストモデルとかロジスティックモデルといわれる．K は環境収容力とよばれる．

1階線形微分方程式の一般解は，つぎの公式によって求められる．

❑ 公式 7.4（1階線形微分方程式の解の公式）

$$y(x) = e^{\int p(x)dx}\left(\int e^{-\int p(x)dx} q(x)\,dx + C\right)$$

ただし，C は任意定数．

この公式の意味は，つぎの定理に要約される．

❑ 定理 7.5　公式 7.4 で定義される関数 $y(x)$ は，1階線形微分方程式（★）をみたす．逆に，（★）には特異解はなく，そのすべての解は，公式 7.4 の形に表される．

〔証 明〕　関数 $z(x)$ を，つぎで定義する．

$$z(x) = e^{-\int p(x)dx}\,y(x) - \int e^{-\int p(x)dx}\,q(x)\,dx$$

このとき，公式 7.4 は $z(x)=C$（定数関数）と同値である．ところが，合成関数の微分公式（公式 5.14）より $(e^{-\int p(x)dx})' = -p(x)\,e^{-\int p(x)dx}$ であるから

$$z'(x) = e^{-\int p(x)dx}(y' - p(x)\,y - q(x))$$

したがって，つぎが成り立つ[*1]．

y が（★）の解 $\Longleftrightarrow$ $z'(x)=0$ $\Longleftrightarrow$ $z(x)=C$ $\Longleftrightarrow$ y が公式 7.4 の形　▣

❑ 例題 7.6　つぎの微分方程式[*2]の一般解を求めよ．また，初期条件 $y(1)=1$ をみたす解を求めよ．

1) $y'=-2y+x$　　2) $xy'+y=e^{-x}$　ただし，$x\neq 0$　　3) $y'=2xy+1$

〔解 答〕　1)（★）で $p(x)=-2$，$q(x)=x$ の場合であるから，公式 7.4 より

$$y(x) = e^{-2x}\left(\int xe^{2x}dx + C\right) = e^{-2x}\left(\frac{x}{2}e^{2x} - \frac{1}{4}e^{2x} + C\right)$$

---

*1　この証明から公式 7.4 の積分の中の $e^{-\int p(x)dx}$ は $e^{\int p(x)dx}$ の逆数という意味であることがわかります．よって，この二つの積分 $\int p(x)\,dx$ は同じものでなければなりません．

*2　以下では，しばしば，$\dfrac{dy}{dx}$ を y' と，また $\dfrac{d^2y}{dx^2}$ を y'' と略記します．

が一般解となる．$y(1)=\frac{1}{2}-\frac{1}{4}+Ce^{-2}=1$ より C は $C=\frac{3}{4}e^2$ となるから，$y(1)=1$ をみたす解は $y=\frac{1}{2}x-\frac{1}{4}+\frac{3}{4}e^{2-2x}$

2) 方程式は，$y'=-\frac{1}{x}y+\frac{e^{-x}}{x}$ と書き直せるから，(★) で $p(x)=-\frac{1}{x}$，$q(x)=\frac{e^{-x}}{x}$ の場合である．$\int\left(-\frac{1}{x}\right)dx=-\log|x|$ から

$$
\begin{aligned}
y(x) &= e^{-\log|x|}\left(\int e^{\log|x|}\frac{e^{-x}}{x}dx+C\right) = \frac{1}{|x|}\left(\int|x|\frac{e^{-x}}{x}dx+C\right) \\
&= \pm\frac{1}{x}\left(\int\pm x\frac{e^{-x}}{x}dx+C\right) = -\frac{e^{-x}}{x}\pm C\frac{1}{x}
\end{aligned}
$$

よって，$\pm C$ を C と書き直して，一般解は $y(x)=-\frac{e^{-x}}{x}+\frac{C}{x}$ である．初期条件 $y(1)=1$ から $C=1+\frac{1}{e}$ と定まるから，$y(1)=1$ をみたす解は $y(x)=-\frac{e^{-x}}{x}+\left(1+\frac{1}{e}\right)\frac{1}{x}$ となる．ただし，この解の定義域は $x>0$ に制限される．この制限の原因は $p(x)=-\frac{1}{x}$，$q(x)=\frac{e^{-x}}{x}$ が $x=0$ で不連続なことにある．

3) 公式 7.4 および定理 6.9 より，一般解は

$$
\begin{aligned}
y(x) &= e^{\int 2xdx}\left(\int e^{\int -2xdx}dx+C\right) = e^{x^2}\left(\int e^{-x^2}dx+C\right) \\
&= e^{x^2}\left(\int_1^x e^{-t^2}dt+C\right)
\end{aligned}
$$

で与えられる．この最後の不定積分は初等関数の範囲では求められない（6.3 節の末尾参照）* のでこのままにしておくと，一般解は $y(x)=e^{x^2}\left(\int_1^x e^{-t^2}dt+C\right)$ と表される．このとき，$y(1)=eC=1$ より $C=\frac{1}{e}$ となる．ゆえに，$y(1)=1$ をみたす解は，

$$
y(x)=e^{x^2}\left(\int_1^x e^{-t^2}dt+\frac{1}{e}\right)
$$
◈

ここで，公式 7.4 がどのようにして導き出されたのか，その導出法を解説しよう．まず，(★) の $q(x)$ を取り払った

(★★)
$$
\frac{dy}{dx} = p(x)y
$$

を解く．これは，7.2 節の変数分離形で，$\int\frac{dy}{y}=\int p(x)\,dx$，すなわち $\log|y|=\int p(x)\,dx+C_1$ と解かれ，これより $y=\pm e^{C_1}e^{\int p(x)dx}$．この $\pm e^{C_1}$ を C と書くことで一般解 $y(x)=Ce^{\int p(x)dx}$ が得られる．ここで，C は任意定数であるが，これを関数 $C(x)$ とした

* ガウスの誤差関数（p. 187 参照）です．

$$y(x) = C(x)e^{\int p(x)dx}$$

の形で（★）の解を探す．このとき

$$y'(x) = p(x)C(x)e^{\int p(x)dx} + C'(x)e^{\int p(x)dx} = p(x)y + C'(x)e^{\int p(x)dx}$$

と（★）を見比べて $C'(x)e^{\int p(x)dx}=q(x)$ となればよいことがわかる．この両辺を，$e^{\int p(x)dx}$ で割って，積分すると

$$C(x) = \int e^{-\int p(x)dx}q(x)\,dx + C$$

これを $y(x)=C(x)e^{\int p(x)dx}$ に代入して公式 7.4 が導出される．

上の導出法は，“（★）に代えて（★★）を考え，その一般解の任意定数 C を関数として（★）を解く”と要約される*．この方法を**定数変化法**という．定数変化法は，後に学ぶ2階あるいはさらに高階や連立の微分方程式に対しても，有効な方法である．

1階線形微分方程式の応用例を挙げよう．

例題 7.7 汚染物質を1リットルあたり a グラム含む地下水が毎秒 b リットルの割合で総量 B リットルの貯水池に流入し，よく混ざった後に，同じ割合で流出する．時刻 t における汚染物質の濃度を1リットルあたり $x(t)$ グラムとするとき，$x(t)$ を求めよ．ただし，初期時刻 $t=0$ における濃度を x_0（ここで，$x_0<a$）とする．

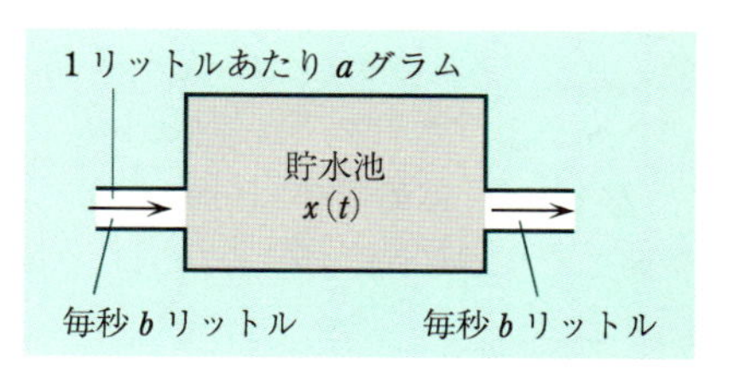

〔解 答〕 短時間 Δt の間に $ab\,\Delta t$ グラム汚染物質が流入し，$x(t)\,b\,\Delta t$ グラム汚染物質が流出していくから，$x(t)B+ab\,\Delta t-x(t)\,b\,\Delta t$ が $t+\Delta t$ における貯水池内の汚染物質の量となる．よって，

$$x(t+\Delta t) = \frac{x(t)B+ab\,\Delta t-x(t)\,b\,\Delta t}{B} = x(t) + \frac{ab-b\,x(t)}{B}\Delta t$$

となる．これより

$$\frac{x(t+\Delta t)-x(t)}{\Delta t} = -\frac{b}{B}x(t) + \frac{ab}{B}$$

である．ここで $\Delta t\to 0$ とすると左辺の極限が導関数の定義（p. 116 参照）であることから

$$\frac{dx}{dt} = -\frac{b}{B}x(t) + \frac{ab}{B}$$

---

* これさえ覚えておけば，公式 7.4 を忘れても大丈夫！

が得られる[*1].

これは1階線形微分方程式であり，その一般解は，公式7.4より

$$x(t) = e^{-\int\frac{b}{B}dt}\left(\int e^{\int\frac{b}{B}dt}\frac{ab}{B}dt + C\right) = e^{-\frac{b}{B}t}\left(\frac{ab}{B}\int e^{\frac{b}{B}t}dt + C\right)$$
$$= e^{-\frac{b}{B}t}(ae^{\frac{b}{B}t} + C) = a + Ce^{-\frac{b}{B}t}$$

と求められる．初期条件 $x(0)=x_0$ より $C=x_0-a$ となるから，解は

$$x(t) = a-(a-x_0)e^{-\frac{b}{B}t}$$

で与えられる．そのグラフは右図のようになる．◈

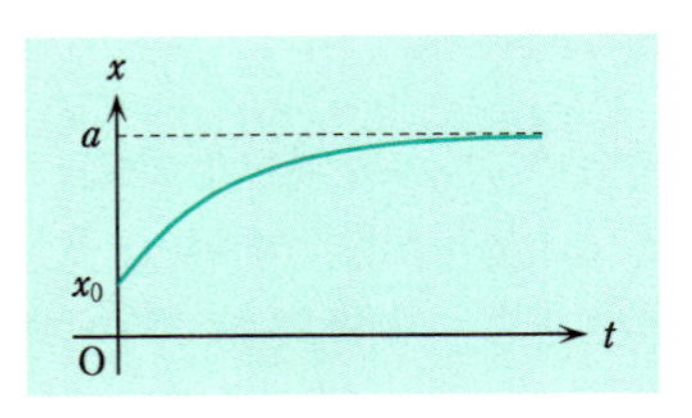

運動の法則から得られる1階線形微分方程式を例示する．

例題 7.8　モーターボートが一定方向に走行する．モーターの力を $f=f(t)$ とし，水の抵抗の大きさが速さ $v=v(t)$ に比例する（比例定数を k とする）ものとするとき，$v(t)$ を求めよ．ただし，モーターボートと乗員の質量の和を m とし，モーターボートの初速は0であるとする．

〔解答〕　運動の第2法則（質量×加速度＝力）を用いる．加速度は $\frac{dv}{dt}$（p. 131参照）で与えられ，力は $f=f(t)$ と走行方向と逆に働く $kv(t)$ である．したがって，運動は $m\dfrac{dv}{dt}=f(t)-kv(t)$ で記述される．これは，$v=v(t)$ に関する微分方程式であり，

$$\frac{dv}{dt} = -\frac{k}{m}v(t) + \frac{1}{m}f(t)$$

として，1階線形微分方程式（★）の形になる．ゆえに，その一般解は公式7.4より

$$v(t) = e^{-\int\frac{k}{m}dt}\left(\int e^{\int\frac{k}{m}dt}\frac{f(t)}{m}dt + C\right) = e^{-\frac{k}{m}t}\left(\int e^{\frac{k}{m}t}\frac{f(t)}{m}dt + C\right)$$

で与えられる．この不定積分を，積分の下端を0として，$\int_0^t e^{\frac{k}{m}s}\frac{f(s)}{m}ds$ で与えると $v(t)=e^{-\frac{k}{m}t}\left(\frac{1}{m}\int_0^t e^{\frac{k}{m}s}f(s)\,ds + C\right)$ と書き直せる[*2]．ここで，$t=0$ とすると，

＊1　このように微分方程式を立てるためには導関数の定義に立ち戻る必要があります．実は，このような必要性が微分法創出の一つの大きな動機となっており，歴史的に，微分方程式の概念は微分法に先んじています．ニュートンが微分法を流率法とよんでいたころの話ですが．

＊2　下端を決めても不定積分は定数差が生じるだけなので，C はやはり任意定数です．

$v(0)=C$ であるが，初期条件 $v(0)=0$ より $C=0$ となる．したがって，

$$v(t) = \frac{1}{m}e^{-\frac{k}{m}t}\int_0^t e^{\frac{k}{m}s}f(s)\,ds$$ ◈

1階線形微分方程式ではないが，未知関数を変換することで，1階線形微分方程式に帰着できる方程式がある．魚の成長過程を表すモデル*1 を例に挙げる．

例題 7.9 初期時刻 $t=0$ において誕生した魚の時刻 t における体重を $V(t)$ とする．体重の増加速度は（栄養分の吸収によるもので）魚の体表面積 $S(\propto V^{\frac{2}{3}})$ に比例し，体重の減少速度は（エネルギー消費によるもので）体重に比例すると考える*2．こうして得られるつぎの方程式を解け．

$$\frac{dV}{dt} = aV^{\frac{2}{3}} - bV, \quad V(0) = 0 \qquad \text{ただし，}a, b\text{は正定数}$$

〔**解 答**〕 $V^{\frac{1}{3}}=L$ とおくと，$V=L^3$ である．微分方程式の左辺は $\frac{dV}{dt}=3L^2\frac{dL}{dt}$，右辺は $aV^{\frac{2}{3}}-bV=aL^2-bL^3$ となるから，方程式は $3L^2\dfrac{dL}{dt}=aL^2-bL^3$ すなわち $\dfrac{dL}{dt}=-\dfrac{b}{3}L+\dfrac{a}{3}$ と変換される．この方程式の一般解は例題 7.7 と同じ計算によって，$L(t)=\frac{a}{b}+C_1e^{-\frac{b}{3}t}$ となる．したがって，$V=L^3$ でもとへ戻すと，$V=\left(\frac{a}{b}+Ce^{-\frac{b}{3}t}\right)^3$ が微分方程式の一般解となる．定数 C は初期条件 $V(0)=0$ から $C=-\frac{a}{b}$ と決定されるから，$V=\left(\frac{a}{b}\right)^3\left(1-e^{-\frac{b}{3}t}\right)^3$ ◈

〔**補 足**〕 例題 7.9 では，$V(x)\equiv 0$（常に 0 である定数関数）も与えられた微分方程式と初期条件をみたす．よって，例題 7.9 は，同じ微分方程式と同じ初期条件をみたす解が，複数個存在する例となっている．

1階の微分方程式であっても，積分演算だけで解の具体的な表示が得られるものは前節の変数分離形，本節の1階線形，およびそれらに変換される方程式などに限られる*3．そこで，どのような微分方程式なら解が存在するのかという根源的な問いに答えておきたい．

---

*1 フォン・ベルタランフィー（L. von Bertalanffy: 1901～1972）のモデル（1938年）．
*2 一般に，A が B に比例することを，A∝B と書きます．
*3 しかし，重要な微分方程式を，特に応用上興味深い方程式を数多く含みます．

これまで学んできた微分方程式を一般的に書いて

(★★★)
$$\frac{dy}{dx} = h(x, y)$$

の形に表す．このとき

❏ **定理 7.10**　$h(x, y)$ が連続関数[*1]となっている領域D内の点 (a, b) を通る，すなわち初期条件 $y(a)=b$ をみたす $y'=h(x, y)$ の解が存在する．

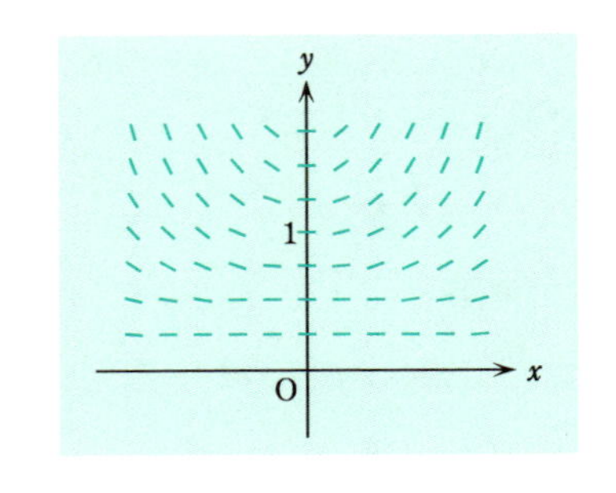

この定理の状況は微分方程式と解のグラフを幾何学的に捉えることで説明できる．微分方程式を規定する $h(x, y)$ は求めるべき解の平面上の各点における傾きを与えており，それは，右図のように方向の場を与えることに対応する．そして，微分方程式 $y'=h(x, y)$ を初期条件 $y(a)=b$ のもとで解くことは，点 (a, b) を通り，各点 x での微分係数がちょうどこの点における方向に一致するような曲線を求めることに対応する[*2]．

直観的には，この方向場が連続，すなわち傾きが点(x, y) に対し連続的に変化するならば，解が存在することが予想できよう．この直観の数学的具現が定理 7.10 である[*3]．

ただし，例題 7.2 の 1) のように解は爆発しうるから，解がどの範囲で存在しうるかは定理 7.10 の保証するところにない．その意味で，定理 7.10 は**局所存在**定理といわれる．この点からすると線形の微分方程式（★）は，際立った特徴をもつ．すなわち，解は公式 7.4 の形で尽きており，すべての解は $p(x)$，$q(x)$

＊1　xy 平面内の領域 D のすべての点 (a, b) に対して $\lim_{(x, y)\to(a, b)} h(x, y)=h(a, b)$ が成り立つとき，$h(x, y)$ は領域 D で連続といいます．

＊2　上図の方向場は例題 7.2 1) のものです．点 $(0, 1)$ を通る解がどのようなものになるか，図に書き入れれば，解の概要がみえます．ただし，借りている本なら，想像だけに願います．

＊3　定理を厳密に証明する方法（折れ線法）を与えたコーシーの名をとり，コーシー（p. 71 の脚注参照）の定理といわれます．微分方程式（★★★）の解の存在定理としては，この定理のほかにピカール（C. E. Picard : 1856〜1941）によるものがよく知られています．

が連続である限りどこまでも存在する．また，同じ微分方程式と同じ初期条件をみたす解は，ただ一つである．

7.4 2階線形微分方程式

$y=y(x)$ を未知関数とする2階の微分方程式

$$(\bigstar) \qquad a\frac{d^2y}{dx^2}+b\frac{dy}{dx}+cy=0$$

を**定数係数2階線形微分方程式**という．ただし，a, b, c は実数で $a\neq 0$ とする．

この微分方程式の解の公式は，つぎの2次方程式の解を用いて与えられる．

$$a\lambda^2+b\lambda+c=0$$

これを（★）の**特性方程式**という．特性方程式は定理2.18にしたがって三つのケースをもつ．

（ケース1） 異なる二つの実数解 λ_1，λ_2 をもつ

（ケース2） 実数の重解 λ をもつ

（ケース3） 共役な虚数解 $p\pm qi$ をもつ

❏ **公式 7.11** **（定数係数2階線形微分方程式の解の公式）** （★）の一般解は上の場合分けに対応して，C_1，C_2 を任意定数として，つぎで与えられる．

（ケース1） $y(x) = C_1e^{\lambda_1 x}+C_2e^{\lambda_2 x}$

（ケース2） $y(x) = C_1e^{\lambda x}+C_2xe^{\lambda x}$

（ケース3） $y(x) = C_1e^{px}\cos qx+C_2e^{px}\sin qx$

（★）の一般解は，方程式が2階であることを反映して，二つの任意定数をもつ．この定数を定めるための条件として，通常，初期条件 $y(x_0)=y_0$，$y'(x_0)=y_1$ が用いられる．

❏ **例題 7.12** つぎの微分方程式の一般解を求めよ．また，初期条件 $y(0)=1$，$y'(0)=2$ をみたす解を求めよ．

1） $y''+y'-12y=0$　　2） $y''+2y'+3y=0$

〔解答〕 1） 特性方程式の解は，$\lambda^2+\lambda-12=(\lambda+4)(\lambda-3)=0$ より $\lambda_1=-4$，$\lambda_2=3$ となる．よって，一般解は $y(x)=C_1e^{-4x}+C_2e^{3x}$．初期条件から $y(0)=C_1+C_2=1$，$y'(0)=-4C_1+3C_2=2$．これより，$C_1=\frac{1}{7}$，$C_2=\frac{6}{7}$ となる

ので，初期条件をみたす解は，$y(x)=\frac{1}{7}e^{-4x}+\frac{6}{7}e^{3x}$

2) $\lambda^2+2\lambda+3=0 \iff \lambda=-1\pm\sqrt{2}i$ より，ケース3の解の公式から，一般解は $y(x)=C_1e^{-x}\cos\sqrt{2}x+C_2e^{-x}\sin\sqrt{2}x$．よって，$y(0)=C_1=1$ であり，また，$y'(x)=(-C_1+\sqrt{2}C_2)e^{-x}\cos\sqrt{2}x-(\sqrt{2}C_1+C_2)e^{-x}\sin\sqrt{2}x$ より $y'(0)=-1+\sqrt{2}C_2=2$ ゆえに $C_2=\frac{3}{\sqrt{2}}$ となるから，初期条件をみたす解は，$y(x)=e^{-x}\cos\sqrt{2}x+\frac{3}{\sqrt{2}}e^{-x}\sin\sqrt{2}x$ ◈

公式 7.11 は，(★) の解を $y(x)=e^{\lambda x}$ の形で探すことによって導出される．すなわち，$y(x)=e^{\lambda x}$ が方程式 (★) をみたすことを期待して，$y=e^{\lambda x}$，$y'=\lambda e^{\lambda x}$，$y''=\lambda^2e^{\lambda x}$ を $ay''+by'+cy=0$ に代入する．このとき，$e^{\lambda x}(a\lambda^2+b\lambda+c)=0$ が得られるので，$e^{\lambda x}\neq 0$ より，$y=e^{\lambda x}$ が (★) をみたすための λ の条件は，$a\lambda^2+b\lambda+c=0$ で与えられる．これは，特性方程式であり，これが二つの実数解 λ_1，λ_2 をもつ場合，(ケース1) には，このようにしてみつけた微分方程式 (★) の二つの解 $e^{\lambda_1 x}$，$e^{\lambda_2 x}$ を定数 C_1，C_2 で結合[*1] して，公式 7.11 のケース1の式が得られる．ケース2の λ は特性方程式の重解 $\lambda=-\frac{b}{2a}$ であり，ケース1の λ_1 を λ と書くとき，$y=e^{\lambda x}$ と共に $y=xe^{\lambda x}$ が (★) をみたすことがわかる．

公式 7.11 のケース3の式は，オイラーの公式 $e^{i\theta}=\cos\theta+i\sin\theta$ (5.7 節末尾参照) から，$\lambda=p+qi$ に対し

$$e^{\lambda x} = e^{(p+qi)x} = e^{px}e^{iqx} = e^{px}(\cos qx + i\sin qx)$$

となることにより，ケース1の式から導出される．すなわち，ケース1の式 $y=C_1e^{\lambda_1 x}+C_2e^{\lambda_2 x}$ に，$\lambda_1=p+qi$，$\lambda_2=p-qi$ として得られる

$$e^{\lambda_1 x}=e^{px}(\cos qx+i\sin qx),\quad e^{\lambda_2 x}=e^{px}(\cos qx-i\sin qx)$$

を代入すると

$$y(x) = C_1e^{\lambda_1 x} + C_2e^{\lambda_2 x} = (C_1 + C_2)e^{px}\cos qx + i(C_1 - C_2)e^{px}\sin qx$$

となる．ここで，C_1+C_2，$i(C_1-C_2)$ を改めて C_1, C_2 とおいたものがケース3の式である．いい換えれば，複素数 λ に対する $e^{\lambda x}$ が $e^{\lambda x}=e^{px}(\cos qx+i\sin qx)$ となる[*2] ことによって，ケース3はケース1と統一的に扱うことができる．

---

*1 $e^{\lambda_1 x}$，$e^{\lambda_2 x}$ の**線形結合**といいます．線形結合の一般的な定義は，p. 243 の脚注4を参照して下さい．

*2 この等式から $(e^{\lambda x})'=\lambda e^{\lambda x}$ であることを確認してみてください．$i^2=-1$ のありがたみがわかるかも．

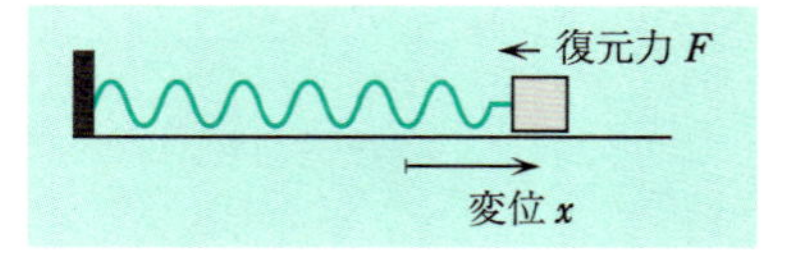

例題 7.13 壁に固定したばねの先端にとりつけた質量 m の物体の水平運動を考える．ばねが伸縮を受けずに物体が静止しているときの位置（自然長）を原点とし，そこからの変位を $x=x(t)$ とする．小物体に働く復元力 F が変位に比例する*1 ときの物体の運動方程式を記せ．また，この運動方程式を解いて，物体の運動を説明せよ．ただし，摩擦は十分小さく，無視できるものとする．

〔解答〕 力 F はつりあいの位置に向かって働くので $F=-kx$（k は正定数）である．

よって，運動の第2法則（質量×加速度＝力）より，運動方程式は

$$m\frac{d^2x}{dt^2} = -kx, \quad \text{すなわち} \quad m\frac{d^2x}{dt^2} + kx = 0$$

で与えられる．これは，t を変数，$x=x(t)$ を未知関数とする定数係数2階線形微分方程式である．この方程式の特性方程式は $m\lambda^2+k=0$ であり，$\lambda=\pm i\sqrt{\frac{k}{m}}$ と解かれる．公式 7.11 のケース3から，$\omega=\sqrt{\frac{k}{m}}$ とおいて，この微分方程式の一般解は $x(t)=C_1\cos\omega t+C_2\sin\omega t$ である．

物体の初期位置を x_0，初速を v_0 とする．この初期条件 $x(0)=x_0$，$\frac{dx}{dt}(0)=v_0$ をみたす解は $x(0)=C_1=x_0$，$\frac{dx}{dt}(0)=C_2\omega=v_0$ から

$$x(t) = x_0\cos\omega t + \frac{v_0}{\omega}\sin\omega t$$

となる．$x_0=v_0=0$ のときは，$x(t)$ は恒等的に0であり，これは物体が静止したままであることを意味する．それ以外のときは

$$A = \sqrt{x_0{}^2+\left(\frac{v_0}{\omega}\right)^2}, \quad \frac{1}{A}x_0 = \cos\alpha, \quad \frac{1}{A}\frac{v_0}{\omega} = -\sin\alpha$$

とおいて単振動合成すると

$$\begin{aligned} x(t) &= A(\cos\alpha\cos\omega t - \sin\alpha\sin\omega t) \\ &= A\cos(\omega t + \alpha) \end{aligned}$$

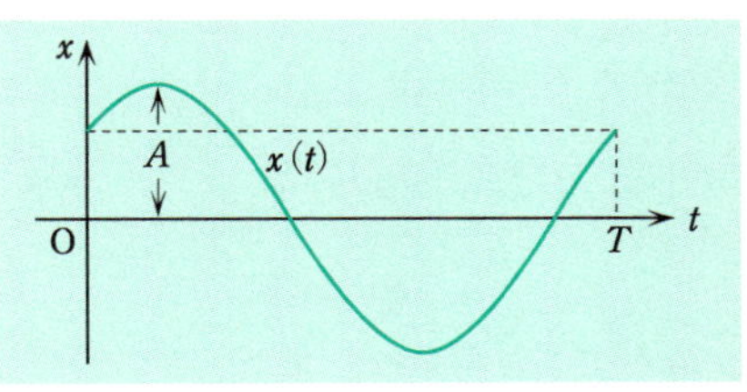

となる．このグラフは右図のようになり単振動運動を表す．A を振幅，$\omega t+\alpha$ を位相という．また，$\omega t=2\pi$ から定まる $T=\frac{2\pi}{\omega}$ を周期*2，そして周期の逆数 $\frac{\omega}{2\pi}$ を振動数という．これ

*1 フック（R. Hooke: 1635～1703）の法則．比例定数をばね定数といいます．
*2 一往復に要する時間です．

らは，振動や波動の運動における重要な量である．◆

より一般に，定数係数 2 階線形微分方程式の係数 a, b, c を関数 $a(x), b(x), c(x)$ としたつぎの微分方程式を考えよう．

(★★)　$$a(x)\frac{d^2y}{dx^2} + b(x)\frac{dy}{dx} + c(x)y = 0$$

(★★) は $y_1(x), y_2(x)$ を解とするとき，その線形結合も解になるという特性をもつ．このため，(★★) を **2 階線形微分方程式**という．(★★) は，$a(x), b(x), c(x)$ が定数であるときや変換によってそれに帰着される場合を除くと，積分演算だけで解を求めることはできない．しかし，理論的な側面からは，定数係数の場合と同様の取扱いが可能である．以下，$a(x), b(x), c(x)$ が区間 I で連続な関数で，I において $a(x) \neq 0$ として，この意味を説明する．

❑ 定理 7.14

$y_1(x)$，$y_2(x)$ が (★★) の解で $y_1(x)y_2'(x) - y_1'(x)y_2(x) \neq 0$ をみたすとき，(★★) のすべての解は，その線形結合 $C_1y_1(x) + C_2y_2(x)$ で表される．

定理における $y_1(x)y_2'(x) - y_1'(x)y_2(x)$ を $W(x)$ と書く．これは，行列式（公式 9.25 参照）を用いて表すと見やすい．

$$W(x) = y_1(x)y_2'(x) - y_1'(x)y_2(x) = \begin{vmatrix} y_1(x) & y_2(x) \\ y_1'(x) & y_2'(x) \end{vmatrix}$$

これを**ロンスキー行列式**という．また，$W(x) \neq 0$ をみたす (★★) の解 y_1, y_2 の組を (★★) の**基本解系**という．定理 7.14 は，y_1, y_2 が基本解系であれば，(★★) の一般解 $y(x)$ はその線形結合であり，解はこれで尽きていることを意味する．定理の仮定 $W(x) \neq 0$ は，任意の $x \in I$ においてか，ある $x \in I$ においてかを明記していないが，つぎのことから，どちらでも同じことであることがわかる．

❑ 例題 7.15　$y_1(x)$，$y_2(x)$ を (★★) の解とするとき，$W(x)$ は微分方程式

$$W'(x) = -\frac{b(x)}{a(x)}W(x)$$

をみたすことを示せ．また，この微分方程式を解いて，$W(x)$ は I において 0 になることはないか，常に 0 であるかのいずれかであることを示せ．

〔解 答〕　$W(x)$ を微分して，$W'(x) = y_1y_2'' + y_1'y_2' - y_1'y_2' - y_1''y_2 = y_1y_2'' - y_1''y_2$

を得る．これに $a(x)$ を掛けて，$y_1(x)$，$y_2(x)$ が（★★）の解であることを用いると，$a(x)W'(x)=y_1(-b(x)y_2'-c(x)y_2)-(-b(x)y_1'-c(x)y_1)y_2=-b(x)W(x)$ となる．これを，$a(x)$で割って，例題の微分方程式を得る．この微分方程式は1階線形だから，公式7.4より，$W(x)=Ce^{-\int\frac{b(x)}{a(x)}dx}$ と解かれる．ゆえに，$W(x)$ は $C\neq 0$ のときは0になり得ず，$C=0$ のときは，恒等的に0である． ◈

❏ **例題 7.16**　公式7.11の解の組は，いずれのケースにおいても，基本解系であることを示せ．

〔**解答**〕　いずれも（★）の解であるから，$W(0)\neq 0$ を確かめればよい．ケース1では，$y_1(x)=e^{\lambda_1 x}$，$y_2(x)=e^{\lambda_2 x}$ は $y_1(0)=y_2(0)=1$，$y_1'(0)=\lambda_1$，$y_2'(0)=\lambda_2$ だから，$W(0)=y_1(0)y_2'(0)-y_1'(0)y_2(0)=\lambda_2-\lambda_1\neq 0$ である．同様にして，ケース2では，$W(0)=1\neq 0$，ケース3では，$W(0)=q\neq 0$ となる． ◈

本節の最後に，定理7.14を証明しておこう．関数$y(x)$ に対し，恒等式

$$y(x)=\frac{y(x)y_2'(x)-y'(x)y_2(x)}{y_1(x)y_2'(x)-y_1'(x)y_2(x)}y_1(x)+\frac{y_1(x)y'(x)-y_1'(x)y(x)}{y_1(x)y_2'(x)-y_1'(x)y_2(x)}y_2(x)$$

が成立することに注意する．よって

$$C_1(x)=\frac{y(x)y_2'(x)-y'(x)y_2(x)}{y_1(x)y_2'(x)-y_1'(x)y_2(x)},\quad C_2(x)=\frac{y_1(x)y'(x)-y_1'(x)y(x)}{y_1(x)y_2'(x)-y_1'(x)y_2(x)}$$

とおけば，$y(x)=C_1(x)y_1(x)+C_2(x)y_2(x)$ となる．$C_1(x)$ の分子 $W_1(x)$ は $y(x)$ と $y_2(x)$ によるロンスキー行列式であるから，$y(x)$ を（★★）の解とすると，例題7.15より，$W_1'(x)=-\frac{b(x)}{a(x)}W_1(x)$ が成り立つ．よって $C_1(x)=\frac{W_1(x)}{W(x)}$ を微分して

$$\begin{aligned}C'_1(x)&=\frac{W_1'(x)W(x)-W_1(x)W'(x)}{W(x)^2}\\&=\frac{-\frac{b(x)}{a(x)}W_1(x)W(x)+\frac{b(x)}{a(x)}W_1(x)W(x)}{W(x)^2}=0\end{aligned}$$

となる．よって，$C_1(x)$ は定数関数である．同様にして，$C_2(x)$ も定数関数であるから，定数 C_1，C_2 によって，$y(x)=C_1y_1(x)+C_2y_2(x)$．以上により，定理7.14の証明が完了した．

7.5 非斉次2階線形微分方程式

本節では，つぎの形の微分方程式について考える．

(★)
$$a(x)\frac{d^2y}{dx^2}+b(x)\frac{dy}{dx}+c(x)y = f(x)$$

これは，前節の2階線形微分方程式の右辺が，与えられた関数 $f(x)$ である方程式で，非斉次2階線形微分方程式といわれる．応用上は，$f(x)$ は外力を表すことが多く，このため（★）の右辺は，外力項とよばれる．以下では，$\frac{b(x)}{a(x)}$，$\frac{c(x)}{a(x)}$，$\frac{f(x)}{a(x)}$ は変数 x の範囲 I において連続と仮定する．

方程式（★）の右辺を取り払った

(★★)
$$a(x)\frac{d^2y}{dx^2}+b(x)\frac{dy}{dx}+c(x)y = 0$$

を（★）の斉次方程式という．（★）の一般解は，斉次方程式（★★）の基本解系をもとにして，つぎの公式で与えられる．

❑ 公式 7.17　（非斉次2階線形微分方程式の解の公式）　$y_1(x)$，$y_2(x)$ を（★★）の基本解系，すなわち，$W(x)=y_1(x)y_2'(x)-y_1'(x)y_2(x)\neq 0$ とする．このとき（★）の一般解は，C_1，C_2 を任意定数として，つぎで与えられる．

$$y(x) = \left(-\int\frac{y_2(x)}{a(x)W(x)}f(x)\,dx+C_1\right)y_1(x) + \left(\int\frac{y_1(x)}{a(x)W(x)}f(x)\,dx+C_2\right)y_2(x)$$

❑ 例題 7.18　$y''-2y'-3y=e^x$ の一般解を求めよ．

〔解答〕　はじめに，斉次方程式 $y''-2y'-3y=0$ を解く．この特性方程式は，$\lambda^2-2\lambda-3=0$ だから，解は $\lambda=3, -1$ である．よって，公式7.11より，斉次方程式の解として，$y_1(x)=e^{3x}$，$y_2(x)=e^{-x}$ とすると，$W(x)=-e^{3x}e^{-x}-3e^{3x}e^{-x}=-4e^{2x}\neq 0$ となる．よって公式7.17から

$$\begin{aligned}
y(x) &= \left(-\int\frac{e^{-x}}{-4e^{2x}}e^x dx + C_1\right)e^{3x} + \left(\int\frac{e^{3x}}{-4e^{2x}}e^x dx + C_2\right)e^{-x}\\
&= \left(\frac{1}{4}\int e^{-2x}dx + C_1\right)e^{3x} + \left(-\frac{1}{4}\int e^{2x}dx + C_2\right)e^{-x}\\
&= \left(-\frac{1}{8}e^{-2x} + C_1\right)e^{3x} + \left(-\frac{1}{8}e^{2x} + C_2\right)e^{-x}\\
&= -\frac{1}{4}e^{x} + C_1e^{3x} + C_2e^{-x}
\end{aligned}$$
◈

公式7.17は，1階線形（7.3節）のときと同様に，定数変化法で導出される*．

* 公式7.17はそれなりに煩雑な形ですので，実際に（★）を解く際には，この導出法をなぞる方がよいのかも．

すなわち，(★) の基本解系，$y_1(x)$，$y_2(x)$ を利用して $y(x)=C_1(x)y_1(x)+C_2(x)y_2(x)$ の形で求める．このとき，これを微分して

$$y'(x) = C_1(x)y_1'(x) + C_2(x)y_2'(x) + C_1'(x)y_1(x) + C_2'(x)y_2(x)$$

となるが，ここで，$C_1'(x)y_1(x)+C_2'(x)y_2(x)=0$ となるように，$C_1(x)$，$C_2(x)$ をとることにする．このとき $y'(x)=C_1(x)y_1'(x)+C_2(x)y_2'(x)$ であり，これを微分して

$$y''(x) = C_1(x)y_1''(x) + C_2(x)y_2''(x) + C_1'(x)y_1'(x) + C_2'(x)y_2'(x)$$

となる．これらを (★) の左辺に代入して整理すると

$$\begin{aligned}&a(x)y'' + b(x)y' + c(x)y\\ &= C_1(x)(a(x)y_1''+b(x)y_1'+c(x)y_1)+C_2(x)(a(x)y_2''+b(x)y_2'+c(x)y_2)\\ &\quad + a(x)(C_1'(x)y_1' + C_2'(x)y_2')\end{aligned}$$

が得られる．ところが，$y_1=y_1(x)$，$y_2=y_2(x)$ は (★★) の解だから，$y=y(x)$ が (★) をみたすためには，$C'_1(x)y_1'+C_2'(x)y_2'=\frac{f(x)}{a(x)}$ であればよい．これと前に課した $C_1'(x)y_1(x)+C_2'(x)y_2(x)=0$ が $C_1'(x)$，$C_2'(x)$ の条件となる*1．行列 (9.1節参照) で書けば

$$\begin{pmatrix} y_1(x) & y_2(x) \\ y_1'(x) & y_2'(x) \end{pmatrix}\begin{pmatrix} C_1'(x) \\ C_2'(x) \end{pmatrix} = \begin{pmatrix} 0 \\ \frac{f(x)}{a(x)} \end{pmatrix}$$

である．この行列の行列式 (9.3節参照) が $W(x)$ であり，仮定により，$W(x)\neq 0$ だから，これを解いて

$$C_1'(x) = -\frac{y_2(x)}{W(x)}\frac{f(x)}{a(x)}, \quad C_2'(x) = \frac{y_1(x)}{W(x)}\frac{f(x)}{a(x)}$$

が得られる．これを積分して，$C_1(x)$，$C_2(x)$ を積分で表し（積分定数を付して）$y(x)=C_1(x)y_1(x)+C_2(x)y_2(x)$ に代入したのが，公式7.17である．

例題7.18の答における $\frac{1}{4}e^x$ は（$C_1=C_2=0$ としたときの解だから）例題の微分方程式 $y''-2y'-3y=e^x$ の解である．このように一般解の任意定数を具体的に（あるいは初期条件を課して）定めて得られる個々の解を，微分方程式の**特解**という*2．一方，答における $C_1e^{3x}+C_2e^{-x}$ は，この微分方程式の斉次方程式 $y''-2y'-3y=0$ の一般解である．ゆえに

---

*1 $C_1'(x)$，$C_2'(x)$ がこの条件をみたせば $y(x)=C_1(x)y_1(x)+C_2(x)y_2(x)$ は (★) の解となります．これは上の議論を逆にたどることで確認できます．

*2 英語では，particular solution．特解といっても特快のように特別なものではありません．個々解という用語を使いたいくらいですが，そんな用語を使うのはどこかい？ここかい？になってしまいます．

非斉次方程式の一般解 ＝ 非斉次方程式の特解 ＋ 斉次方程式の一般解

となっている．この解の構造は，すべての非斉次線形方程式に対し成り立つ．

❏ **定理 7.19**　$y_0(x)$ を非斉次方程式（★）の特解とし，$y_1(x)$，$y_2(x)$ をその斉次方程式（★★）の基本解系とするとき，（★）の一般解 $y(x)$ は，C_1，C_2 を任意定数として

$$y(x) = y_0(x) + C_1 y_1(x) + C_2 y_2(x)$$

〔**証 明**〕　$y_0(x)$ を（★）の特解とするすると，（★）の解 $y(x)$ から $y_0(x)$ を減じた $z(x)=y(x)-y_0(x)$ は $a(x)z''+b(x)z'+c(x)z=0$ をみたすから，$z(x)$ は（★★）の解である．よって，定理 7.14 より，$z(x)$ は $z(x)=C_1 y_1(x)+C_2 y_2(x)$ と表される．ゆえに，$y(x)-y_0(x)=C_1 y_1(x)+C_2 y_2(x)$ となる．これより，定理の式を得る．■

定理 7.19 から，非斉次方程式（★）の解は，一つみつかりさえすればあとは斉次方程式を解くことですべて手に入る*．換言すれば，公式 7.17 に付随する面倒な積分計算を経ることなく，（★）を解くことができる．一般には特解をみつけることは技巧を要するが，物理や工学における重要な方程式では（微分方程式の特性に基づく）この技巧が功を奏すことが少なくない．

❏ **例題 7.20**　$m\frac{d^2x}{dt^2}+kx=F\cos\nu t$ の一般解を求めよ．ただし m, k, F, ν は正定数．

〔**解 答**〕　特解を $x(t)=A\cos\nu t$ の形で探す．すなわち $m\frac{d^2x}{dt^2}=-Am\nu^2\cos\nu t$，$kx=Ak\cos\nu t$ を例題の微分方程式に代入して，整理すると

$$(k-m\nu^2)A\cos\nu t = F\cos\nu t$$

が得られる．よって $(k-m\nu^2)A=F$ となるように A をとればよい．$k-m\nu^2\neq 0$ のときは，これは可能であり，$A=\frac{F}{k-m\nu^2}$ とすればよい．こうして，特解 $x_0(t)=\frac{F}{k-m\nu^2}\cos\nu t$ が得られる．一方，この例題の斉次方程式の一般解は，例題 7.13 より，$\omega=\sqrt{\frac{k}{m}}$ として $x(t)=C_1\cos\omega t+C_2\sin\omega t$ である．$k-m\nu^2=m(\omega^2-\nu^2)$ から，条件 $k-m\nu^2\neq 0$ は $\nu\neq\omega$ と同値である．ゆえに，$\nu\neq\omega$ の場

---

*　一言でいえば，芋づる式．そこで定理 7.19 の式を“芋づる式”と命名したいんですけど，どうかな？

合には，$m\frac{d^2x}{dt^2}+kx=F\cos\nu t$ の一般解は

$$x(t) = \frac{F}{m(\omega^2-\nu^2)}\cos\nu t + C_1\cos\omega t + C_2\sin\omega t, \quad \omega = \sqrt{\frac{k}{m}}$$

この条件がくずれた場合，すなわち $\nu=\omega$ のときは，残念ながら，上の形では特解は得られない．公式 7.17 に立ち戻って積分計算をすれば得られるが，ここでは，つぎのように工夫してみよう．上の $\nu\neq\omega$ の場合の一般解から，一つの解

$$\frac{F}{m(\omega^2-\nu^2)}(\cos\nu t - \cos\omega t) = -\frac{F}{m(\nu+\omega)}\frac{\cos\nu t - \cos\omega t}{\nu-\omega}$$

を抽出する．この解は，一般解で $C_1=-\frac{F}{m(\omega^2-\nu^2)}$，$C_2=0$ として得られる．ここで，この関数の $\nu\to\omega$ のときの極限をとる．この極限計算は，定数の分を除けば，$\cos\nu t$ を ν の関数とみて $\nu=\omega$ における微分係数を求める計算であるから

$$\lim_{\nu\to\omega}\frac{F}{m(\omega^2-\nu^2)}(\cos\nu t - \cos\omega t) = \frac{F}{2m\omega}t\sin\omega t$$

となる．こうして，$\nu=\omega$ のときの特解 $x_0(t)=\frac{F}{2m\omega}t\sin\omega t$ が得られる*．ゆえに，$\nu=\omega$ の場合には，$m\frac{d^2x}{dt^2}+kx=F\cos\nu t$ の一般解は

$$x(t) = \frac{F}{2m\omega}t\sin\omega t + C_1\cos\omega t + C_2\sin\omega t, \quad \omega = \sqrt{\frac{k}{m}}$$ ◈

上の例題は，**共鳴**とよばれる振動現象を説明する最も単純なモデルである．解における $C_1\cos\omega t+C_2\sin\omega t$ の部分は，振動数 $\frac{\omega}{2\pi}$（固有振動数）の単振動である．これに，振幅 F，振動数 $\frac{\nu}{2\pi}$（強制振動数）の外力が加わるとき，ν が ω から離れていれば，振幅は増幅されるとしても，外力が加わったことによる変化はほとんどみられない．しかし，ν が ω に近くなるにしたがって振幅は大きくなり，$\nu=\omega$ のときには，その振幅は $\frac{F}{2m\omega}t$ で，時間が経つにつれ，際限なく増幅される（右図）．これは固有振動数に近い強制振動数で外力が加わる際には大きな振幅の振動が励起され，システムが破壊されることを示唆する．実際に建造物や橋，船，飛行機のような振動する機械系におい

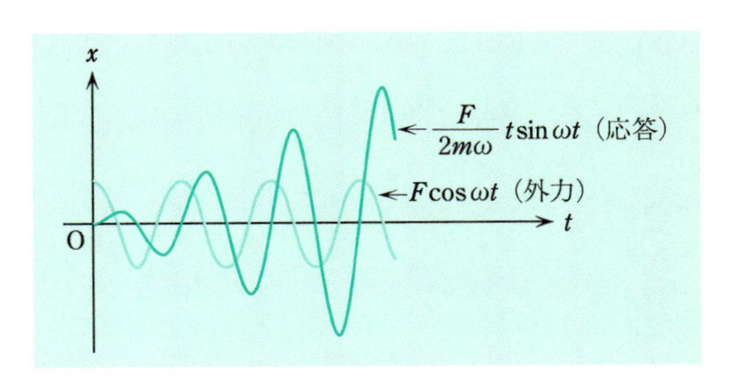

---

* これが $m\frac{d^2x}{dt^2}+kx=F\cos\omega t$ をみたすことは，計算で確かめられますので，ヨロシク．

ては固有振動数を（想定される）強制振動数から離れるように設定する対策が講じられる.

7.6 非線形2階微分方程式

線形微分方程式と異なり，非線形微分方程式には，系統的な解の構成法はなく，しかも多くのものは解析的に解くことができない[*1]. 本節では，2階微分方程式に対する感覚を養うために，積分演算だけで解ける二つの例題を解く.

例題 7.21　質量 m の物体が，高さ H の空中から初速0で落下する．落下速度の2乗に比例する空気抵抗（比例定数を K とする）が働くときの運動方程式をたてよ．また，これを解いて，この物体が地表に落下した瞬間の速さを，m，H，K，および重力加速度 g で表せ.

〔解答〕　地表からの高さを $h=h(t)$ とする．このとき，物体に働く力は重力 mg（鉛直下向き）と $K\left(\frac{dh}{dt}\right)^2$（鉛直上向き）の二つである．よって，運動の第2法則より，運動方程式は

$$m\frac{d^2h}{dt^2} = -mg + K\left(\frac{dh}{dt}\right)^2, \quad h(0) = H, \quad \frac{dh}{dt}(0) = 0$$

で与えられる．これは2階の微分方程式であるが，$\frac{dh}{dt}$ に関しては1階の微分方程式である．そこで，落下の速さを $v=v(t)$ として，$v=-\frac{dh}{dt}$ の1階の微分方程式に書き直すことができる．こうして，v に関する1階の微分方程式 $\frac{dv}{dt}=g-\frac{K}{m}v^2$ が得られるが，さらに，$\frac{dv}{dt}=\frac{K}{m}\left(\frac{mg}{K}-v^2\right)$ と書き直し，$c=\sqrt{\frac{mg}{K}}$ とおくことによって $\frac{dv}{dt}=\frac{K}{m}(c^2-v^2)$ の形に表される．これは，変数分離形であり，公式7.1より

$$\int\frac{dv}{c^2-v^2} = \frac{K}{m}\int dt, \quad \text{すなわち} \quad \frac{1}{2c}\int\left(\frac{1}{c+v}+\frac{1}{c-v}\right)dv = \frac{K}{m}t + C_1$$

となるから，左辺の積分計算を実行して

$$\frac{1}{2c}\log\left|\frac{c+v}{c-v}\right| = \frac{K}{m}t + C_1, \quad \text{ゆえに} \quad \frac{c+v}{c-v} = \pm e^{2cC_1}e^{\frac{2cK}{m}t}$$

となる．よって，$C=\pm e^{2cC_1}$，$\lambda=\frac{cK}{m}\left(=\sqrt{\frac{gK}{m}}\right)$ として，$\frac{c+v}{c-v}=Ce^{2\lambda t}$ を得る[*2]. 定数 C は，初期条件 $v(0)=0$ より $C=1$ と決定されるから，$\frac{c+v}{c-v}=e^{2\lambda t}$ となり，

＊1　実は，解析的に解ける非線形微分方程式の発見は，きわめて豊饒な数学の探求につながります.

＊2　ここの計算は例題7.3の解答と似たりよったり．もとの微分方程式が，例題7.3のロジスティックモデルと同じタイプなので当然ですが.

これを v について解くと，tanh（例題 4.23 参照）を用いて，$v(t)=c\tanh\lambda t$ となる*1．これを積分して，公式 6.16 より，運動方程式の解 $h(t)$ は，

$$h(t) = h(0)-\int_0^t v(s)\,ds = H-\frac{c}{\lambda}\int_0^t \frac{(\cosh\lambda s)'}{\cosh\lambda s}ds$$
$$= H-\frac{c}{\lambda}\log\cosh\lambda t$$

で与えられる．

ここで，地表に到達するのに要する時間を T とすると $h(T)=0$ から，$T>0$ は $\cosh\lambda T=e^{\frac{\lambda}{c}H}$ で定められる．このとき，$v=v(T)$ は $\tanh^2 x=1-\mathrm{sech}^2 x$ より

$$v(T) = c\tanh\lambda T = c\sqrt{1-\frac{1}{\cosh^2\lambda T}} = c\sqrt{1-e^{-\frac{2\lambda}{c}H}}$$

となる．ゆえに，$\dfrac{\lambda}{c}=\dfrac{K}{m}$ と $c=\sqrt{\dfrac{mg}{K}}$ より，求める速さは $\sqrt{\dfrac{mg}{K}}\sqrt{1-e^{-\frac{2K}{m}H}}$ ◈

例題 7.22 重力と振り子を支える糸の張力のつりあいだけで運動が支配される振り子を，**単振り子**（右図）という．単振り子の鉛直からの振れ角を $\theta=\theta(t)$ とするとき，θ の微分方程式を導け．また，単振り子の，周期 T と振幅 A の関係式を求めよ．

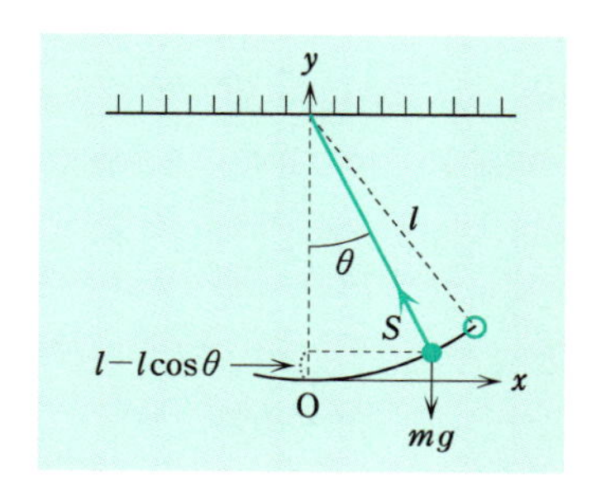

〔**解答**〕 振り子のおもり（質点）の質量を m，振り子の糸の長さを l とする．質点が静止しているときの位置を原点とし，時刻 t のときの質点の位置を $(x(t), y(t))$ とすると，$x(t)=l\sin\theta$，$y(t)=l(1-\cos\theta)$ である．よって

$$\frac{dx}{dt} = l\cos\theta\frac{d\theta}{dt}, \qquad \frac{d^2x}{dt^2} = l\cos\theta\frac{d^2\theta}{dt^2} - l\sin\theta\left(\frac{d\theta}{dt}\right)^2,$$
$$\frac{dy}{dt} = l\sin\theta\frac{d\theta}{dt}, \qquad \frac{d^2y}{dt^2} = l\sin\theta\frac{d^2\theta}{dt^2} + l\cos\theta\left(\frac{d\theta}{dt}\right)^2$$

である．ゆえに，質点の質量 m と加速度ベクトル $\vec{a}=\left(\frac{d^2x}{dt^2}, \frac{d^2y}{dt^2}\right)$ との積は*2

---

*1 したがって，$v(t)$ のグラフは p. 97 の tanh のグラフの 1 を c としたものになります．このことから，$c=\sqrt{\dfrac{mg}{K}}$ を終速度といいます．

*2 ベクトルについては 9.2 節を参照して下さい．

$$m\vec{a} = \left(ml\cos\theta\frac{d^2\theta}{dt^2} - ml\sin\theta\left(\frac{d\theta}{dt}\right)^2,\ ml\sin\theta\frac{d^2\theta}{dt^2} + ml\cos\theta\left(\frac{d\theta}{dt}\right)^2\right)$$

となる．一方，質点に働く力 $\vec{F}$ は重力と糸の張力 $\vec{S}$ である．張力の大きさを S とすると，$\vec{S}=(-S\sin\theta, S\cos\theta)$ より $\vec{F}=(-S\sin\theta, S\cos\theta-mg)$ となる．したがって，運動の第2法則 $m\vec{a}=\vec{F}$ より

$$\begin{cases} ml\cos\theta\frac{d^2\theta}{dt^2} - ml\sin\theta\left(\frac{d\theta}{dt}\right)^2 = -S\sin\theta \\ ml\sin\theta\frac{d^2\theta}{dt^2} + ml\cos\theta\left(\frac{d\theta}{dt}\right)^2 = S\cos\theta - mg \end{cases}$$

が得られる．ここから，S を消去するために，第1式×$\cos\theta$＋第2式×$\sin\theta$ を計算すると，$ml\frac{d^2\theta}{dt^2}=-mg\sin\theta$ となる．この両辺を ml で割って，つぎの単振り子の運動方程式が得られる．

$$(\star)\qquad \frac{d^2\theta}{dt^2} = -\frac{g}{l}\sin\theta,\quad \text{すなわち}\quad \frac{d^2\theta}{dt^2} + \frac{g}{l}\sin\theta = 0$$

これは2階の微分方程式であり，非線形ではあるが，積分演算だけで解析できる．まず，方程式（★）の両辺に $2\frac{d\theta}{dt}$ を掛ける．このとき，

$$2\frac{d\theta}{dt}\frac{d^2\theta}{dt^2} = -\frac{2g}{l}\sin\theta\frac{d\theta}{dt} = \frac{2g}{l}\frac{d}{dt}\cos\theta$$

である．この左辺は，合成関数の微分公式より，$2\frac{d\theta}{dt}\frac{d^2\theta}{dt^2}=\frac{d}{dt}\left(\frac{d\theta}{dt}\right)^2$ となるから

$$\frac{d}{dt}\left(\frac{d\theta}{dt}\right)^2 = \frac{2g}{l}\frac{d}{dt}\cos\theta\quad \text{ゆえに}\quad \frac{d}{dt}\left(\left(\frac{d\theta}{dt}\right)^2 - \frac{2g}{l}\cos\theta\right) = 0$$

が得られる．これより $\left(\frac{d\theta}{dt}\right)^2-\frac{2g}{l}\cos\theta=C$（定数）である*．振り子の振幅（すなわち振れ角 θ の最大値）を A（$0<A\leqq\frac{\pi}{2}$）とすると，$\theta=A$ のときに $\frac{d\theta}{dt}=0$ となることから，C は $C=-\frac{2g}{l}\cos A$ と決定される．よって，$1-\cos\theta=2\sin^2\frac{\theta}{2}$，$1-\cos A=2\sin^2\frac{A}{2}$（公式4.8）より

$$\left(\frac{d\theta}{dt}\right)^2 = \frac{2g}{l}\cos\theta - \frac{2g}{l}\cos A = \frac{4g}{l}\left(\sin^2\frac{A}{2} - \sin^2\frac{\theta}{2}\right)$$

となる．ここで，$k=\sin\frac{A}{2}$（$0<k\leqq\frac{1}{\sqrt{2}}$）とおけば

$$\left(\frac{d\theta}{dt}\right)^2 = \frac{4g}{l}\left(k^2 - \sin^2\frac{\theta}{2}\right)$$

が得られる．よって，$\frac{d\theta}{dt}=\pm2\sqrt{\frac{g}{l}}\sqrt{k^2-\sin^2\frac{\theta}{2}}$ となるが，この符号は，θ が大き

---

*　ここまでの計算は，振り子の運動方程式から，そのエネルギー保存則を演繹する計算に対応しています．実際，この式に $\frac{1}{2}ml^2$ を掛けると，振り子のエネルギー保存則が得られます．

くなるとき，すなわち振り子が反時計回りに振れるときは＋，逆のときは－にとる．前者の場合を考えて，振り子が原点から θ （$0<\theta\leqq A$）まで動くのに要する時間を求めよう．このときは，$\theta=\theta(t)$ は時刻 t について単調（増加）だから，その逆関数 $t=t(\theta)$ の導関数は，公式5.16より，$\frac{dt}{d\theta}=\frac{1}{2}\sqrt{\frac{l}{g}}\frac{1}{\sqrt{k^2-\sin^2\frac{\theta}{2}}}$ となる．これを積分して，$t(0)=0$ より

$$t(\theta) = \frac{1}{2}\sqrt{\frac{l}{g}}\int_0^\theta \frac{d\varphi}{\sqrt{k^2-\sin^2\frac{\varphi}{2}}}$$

を得る．この積分を $\sin\frac{\varphi}{2}=ku$ で置換積分すると，$\cos\frac{\varphi}{2}d\varphi=\sqrt{1-k^2u^2}\,d\varphi=2kdu$ および φ：$0\to\theta \Longleftrightarrow u$：$0\to\frac{1}{k}\sin\frac{\theta}{2}$ から

$$t(\theta) = \frac{1}{2}\sqrt{\frac{l}{g}}\int_0^\theta \frac{d\varphi}{\sqrt{k^2-\sin^2\frac{\varphi}{2}}} = \sqrt{\frac{l}{g}}\int_0^{\frac{1}{k}\sin\frac{\theta}{2}} \frac{du}{\sqrt{(1-u^2)(1-k^2u^2)}}$$

となる[*1]．

周期 T は，$T=4t(A)$ であり，このとき $k=\sin\frac{A}{2}$ より，この積分の上端は1となる．この上端を1とした積分を $u=\sin x$ で置換積分して，つぎを得る．

$$(\bigstar\bigstar) \qquad T = 4\sqrt{\frac{l}{g}}\int_0^{\frac{\pi}{2}} \frac{dx}{\sqrt{1-k^2\sin^2 x}}, \quad k = \sin\frac{A}{2}$$

この積分を $K(k)$（第1種完全楕円積分という）で表すと，$T=4\sqrt{\frac{l}{g}}K(k)$ ◈

ばねの運動の周期 $T=\frac{2\pi}{\omega}$ は振幅 A によらない（例題7.13）．これを**等時性**という．一方，単振り子の周期 $T=T(A)$ は A の増加関数であり A による（下図）．すなわち，単振り子は等時性をもたない．

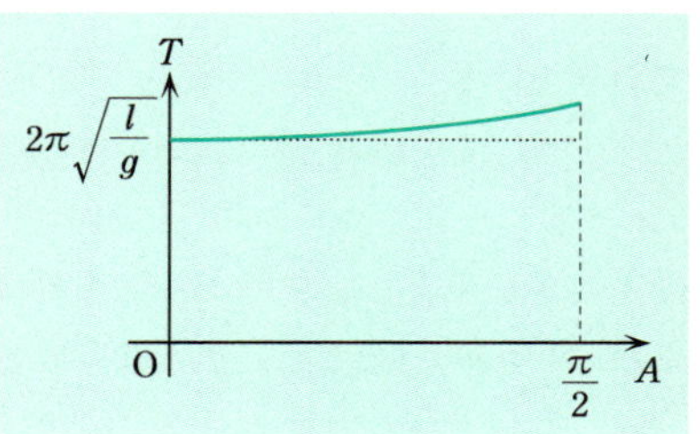

単振り子の方程式（★）を解くためには，楕円積分（楕円関数）が必要となる．このため，（★）を $\frac{d^2\theta}{dt^2}=-\frac{g}{l}\theta$ と線形近似[*2]してすませる計算もあるが，これは（★★）で $k=0$ として，単振り

*1 $w=\int_0^z \frac{du}{\sqrt{(1-u^2)(1-k^2u^2)}}$ を第1種楕円積分といいます．この楕円積分の逆関数は $\mathrm{sn}(w,k)$（あるいは単に $\mathrm{sn}\,w$）で表され，$\mathrm{cn}\,w=\sqrt{1-\mathrm{sn}^2 w}$，$\mathrm{dn}\,w=\sqrt{1-k^2\mathrm{sn}^2 w}$ とともに**ヤコビの楕円関数**（C. G. Jacobi: 1804〜1851）とよばれます．これを使えば，$\theta=2\sin^{-1}\left(k\,\mathrm{sn}\left(\sqrt{\frac{g}{l}}t, k\right)\right)$，$k=\sin\frac{A}{2}$ です．

*2 テイラー展開，例題5.51の2）の1次近似のことです．

子の周期を $T=2\pi\sqrt{\frac{l}{g}}$ で近似する計算* に相当しており，非線形振動を解析するうえでは安易に過ぎる．非線形現象を明晰に理解するために，線形近似の呪縛から解放される，そんな科学の時代がすでに到来しているのだから．

問　題

問 7.1　1)　微分方程式 $\dfrac{dy}{dx}=\dfrac{y^2}{1+x}$ の一般解を求めよ．また，初期条件 $y(0)=-1$ をみたす解を求めよ．

2)　微分方程式 $\dfrac{dy}{dx}=\dfrac{e^{-y}}{x}$ の一般解を求めよ．また，初期条件 $y(1)=0$ をみたす解を求めよ．

問 7.2　容器内で微生物を培養する．容器内の栄養塩濃度 S と栄養塩の（微生物による）取込み速度 v の間に $v=\frac{bS}{a+S}$（ただし，a, b は正定数）の関係があるとき，栄養塩濃度の単位時間あたりの減少分が取込み速度であると考えて $S=S(t)$ の微分方程式をたてよ．また，初期時刻 $t=0$ での栄養塩濃度を S_0 とするとき，栄養塩濃度がその半分となる時刻 t を a, b, S_0 で表せ．

問 7.3　1)　微分方程式 $\dfrac{dy}{dx}-2y=e^{-x}$ の一般解を求めよ．また，初期条件 $y(0)=0$ をみたす解を求めよ．

2)　微分方程式 $\dfrac{dx}{dt}=-2tx+t$ の一般解を求めよ．また，初期条件 $x(1)=2$ をみたす解を求めよ．

問 7.4　ロープの先につながった質量 m の物体を一定の力 F で引き上げる．シリンダーとロープの間の摩擦力が物体の速度 v に比例して，運動方向とは逆の方向に働く（比例定数を $k>0$ とする）とき，つぎの問いに答えよ．ただし，変位は鉛直方向上向きを正とし，したがって上昇においては $v>0$ とする．また，$F>mg$（ただし，g は重力加速度）とする．

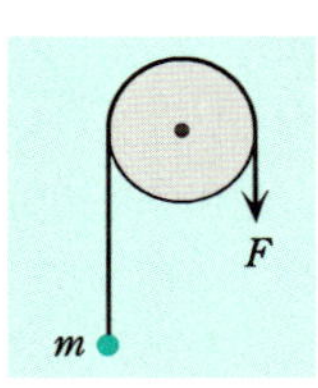

1)　働いている力は F と重力と摩擦力の三つだけと考えて v の微分方程式をつくれ．

---

*　つまり，$K(k)$ のテイラー展開

$$K(k) = \frac{\pi}{2}\left\{1+\left(\frac{1}{2}\right)^2k^2+\left(\frac{1\cdot3}{2\cdot4}\right)^2k^4+\left(\frac{1\cdot3\cdot5}{2\cdot4\cdot6}\right)^2k^6+\cdots\right\}, \quad -1<k<1$$

の2次以上の項をすべて省いてしまったわけで，円周率 π を3で近似するに匹敵する暴挙（？）です．

2)　$v(0)=0$ であるとき，$v(t)$ を求めよ．

問 7.5　つぎの微分方程式の一般解を求めよ．また，初期条件 $y(0)=2$, $y'(0)=1$ をみたす解を求めよ．

1) $y''+2y'+10y=0$　　2) $y''-4y'+4y=0$

問 7.6　例題 7.13 において，速度 v に比例する大きさの摩擦力 $-\gamma v$（ただし，$0<\gamma<2\sqrt{mk}$ とする）が働くときの微分方程式をたてよ．また，その一般解を求めよ．

問 7.7　質量 m の電子がポテンシャルエネルギー $V(x)$ の場を直線運動する．電子のエネルギーを E としたときの，定常波動関数 ψ のシュレディンガー方程式

$$\frac{d^2\psi}{dx^2}+\frac{2m^2}{\hbar^2}(E-V(x))\psi = 0, \quad \text{ただし，} \hbar = \frac{h}{2\pi}\ (h\text{はプランク定数})$$

の 0 でない解 $\psi_1(x)$, $\psi_2(x)$ が両方とも $\lim_{x\to\infty}\psi(x)=\lim_{x\to\infty}\psi'(x)=0$ をみたすとき，$\psi_1(x)$ は $\psi_2(x)$ の定数倍であることを示せ．

問 7.8　つぎの微分方程式の一般解を求めよ．

1) $y''+y'-2y=e^{-x}$　　2) $y''+y=\sin x$

問 7.9　質量 m，断面積 S の円柱形のブイが軸を鉛直にして密度 ρ の水中に浮いている．水の粘性による摩擦力がブイの運動の速さに比例して働く（比例定数を γ とする）とき，ブイを少し軽く沈めた際の運動方程式（ブイの水面からの変位 $x=x(t)$ の微分方程式）をたて，その一般解を求めよ．ただし，$\gamma^2<4m\rho Sg$（ここで，g は重力加速度）とする．

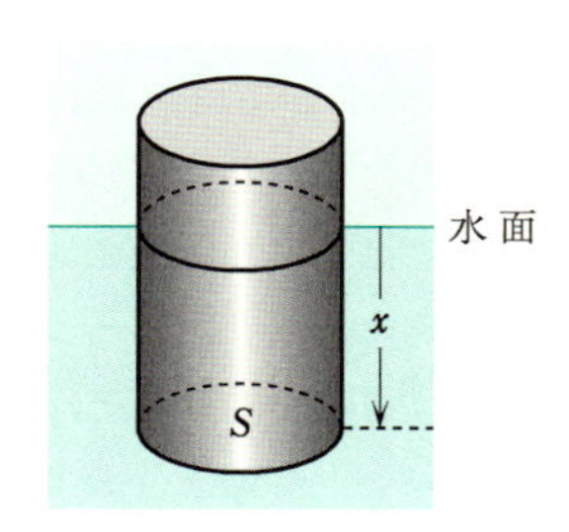

問 7.10　微分方程式 $\dfrac{d^2y}{dx^2}=\left(\dfrac{dy}{dx}\right)^2$ の $y(1)=0$, $y'(1)=1$ をみたす解を求めよ．

問 7.11　微分方程式

$$\frac{d^2y}{dx^2}+(6\,\mathrm{sech}^2 x-4)y = 0$$

について，つぎの問いに答えよ．

1)　$y_1(x)=\mathrm{sech}^2 x$ が特解であることを示せ．

2)　$y(x)=y_1(x)z(x)$ とおいて z の方程式を導き，それを解いて，一般解を求めよ．

8. 座 標 と 図 形

8.1 座　　標

平面（あるいは空間）内の点Pの位置を数値の組で表す方法を**座標**という．まず直交座標について考える．平面の直交座標についてはすでに4.1節で学んだが，その復習をするとともに空間の直交座標を定義しておく．

❏ 定義 8.1（直交座標）　平面内の二つの数直線を次ページの図(a)のように1点Oで互いに垂直に交わるようにして，それぞれ $\boldsymbol{x}$ **軸**，$\boldsymbol{y}$ **軸**という．また，これらをまとめて**座標軸**といい，平面を $\boldsymbol{xy}$ **平面**，座標軸の交わる点Oを**原点**という．xy 平面内の点Pから x 軸，y 軸に下した垂線の足の値をそれぞれ点Pの $\boldsymbol{x}$ **座標**，$\boldsymbol{y}$ **座標**という．また，これらをまとめて**直交座標**という．点Pの x 座標が a，y 座標が b のとき，Pを $\mathrm{P}(a, b)$ あるいは (a, b) と表す．したがって，特に原点Oは $\mathrm{O}(0, 0)$ あるいは $(0, 0)$，さらには，数の0と混同されない場合には単に0と表される．

同様に，空間内の三つの数直線を図(b)のように1点Oで互いに垂直に交わるようにして，それぞれ $\boldsymbol{x}$ **軸**，$\boldsymbol{y}$ **軸**，$\boldsymbol{z}$ **軸**という．また，これらをまとめて**座標軸**といい，空間を $\boldsymbol{xyz}$ **空間**，座標軸の交わる点Oを**原点**という．xyz 空間内の点Pから x 軸，y 軸，z 軸に下した垂線の足の値をそれぞれ点Pの $\boldsymbol{x}$ **座標**，$\boldsymbol{y}$ **座標**，$\boldsymbol{z}$ **座標**という．また，これらをまとめて**直交座標**という．点Pの x 座標が a，y 座標が b，z 座標が c のとき，Pを $\mathrm{P}(a, b, c)$ あるいは (a, b, c) と表す．したがって，特に原点Oは $\mathrm{O}(0, 0, 0)$ あるいは $(0, 0, 0)$，さらには，単に0と表される．

上の定義のもとで，**$\boldsymbol{xy}$ 平面は $\boldsymbol{xyz}$ 空間内の $\boldsymbol{z=0}$ の部分とみることができる．このようにみるとき，$\boldsymbol{xyz}$ 空間内の点 $\mathbf{P}(\boldsymbol{a}, \boldsymbol{b}, \mathbf{0})$ は $\boldsymbol{xy}$ 平面内の点 $\mathbf{P}(\boldsymbol{a}, \boldsymbol{b})$ と同一視される．**

xyz 空間内の点 $\mathrm{P}(a, b, c)$ から xy 平面に下した垂線の足をQ，点Qから x 軸に下した垂線の足をRとすると，三角形PQRを含む平面は x 軸に垂直であるから，直線 PR は x 軸に垂直である．したがって，点 P から x 軸に下した垂線の足は R であり，その値が点 P の x 座標であるから，点 Q の x 座標は点 P の x 座標と同じく a である．同様に，点 Q の y 座標は点 P の y 座標と同じく b である．点 Q の z 座標は 0 であるから，したがって，$\mathrm{Q}=(a, b, 0)$ である．これは $\mathrm{Q}(a, b)$ という xy 平面上の点と同一視される（図 c 参照）．

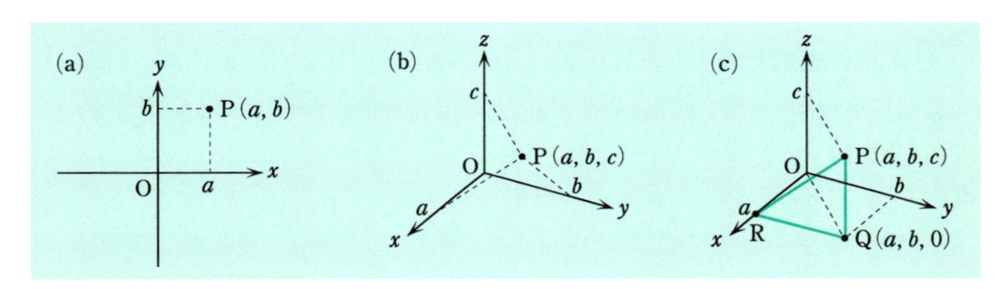

直交座標以外の座標もある．

❏ 定義 8.2（平面極座標）　平面内の任意の点 $\mathrm{P}(x, y)$ に対して右図のように原点 O から P までの距離を $r\,(0 \leqq r)$，x 軸の正の方向からの OP の偏角を θ $(0 \leqq \theta \leqq 2\pi)$ とおけば，平面上のすべての点の位置は実数の組 (r, θ) によって定まる．この (r, θ) を**平面極座標**という．平面極座標 (r, θ) と直交座標 (x, y)* の間にはつぎの関係があることが右図からわかる．

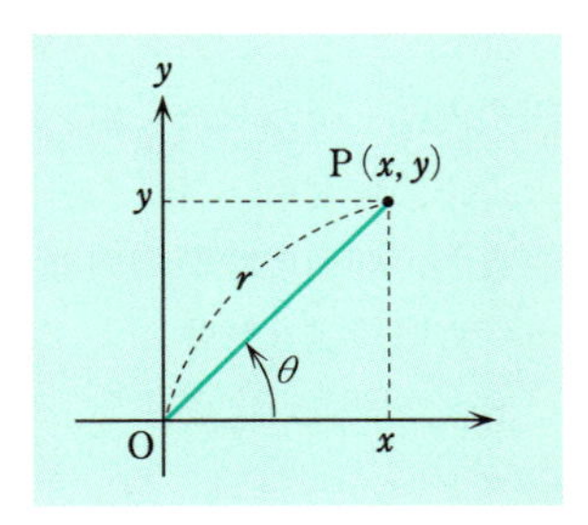

❏ 公式 8.3（平面極座標と直交座標の変換公式）

$$
\begin{aligned}
x &= r\cos\theta \\
y &= r\sin\theta
\end{aligned}
\qquad (0 \leqq r,\ \ 0 \leqq \theta \leqq 2\pi)
$$

xyz 空間内の 2 点 A, B の直交座標をそれぞれ $\mathrm{A}(x_1, y_1, z_1)$，$\mathrm{B}(x_2, y_2, z_2)$ とするとき，A, B の間の**距離**，すなわち，線分 AB の**長さ**が

$$
\mathrm{AB} = \sqrt{(x_1-x_2)^2+(y_1-y_2)^2+(z_1-z_2)^2}
$$

---

*　直交座標，極座標以外にも座標の取り方は無数にあります．それぞれの場合に応じて最も便利な座標を使えることが大切です．

で与えられる．特に，xy 平面内の 2 点 $\mathrm{A}(x_1, y_1)$，$\mathrm{B}(x_2, y_2)$ に対して

$$\mathrm{AB} = \sqrt{(x_1-x_2)^2+(y_1-y_2)^2+(0-0)^2} = \sqrt{(x_1-x_2)^2+(y_1-y_2)^2}$$

となる．

❍ 注意 8.4 上記の平面極座標を用いて第 4 章で証明した余弦定理（定理 4.13）の別証明が得られる．実際，三角形 ABC の頂点 A を原点とし，頂点 B，C の平面極座標による表示をそれぞれ (r, θ)，(ρ, φ) とすれば，直交座標による表示はそれぞれ $\mathrm{B}(r\cos\theta, r\sin\theta)$，$\mathrm{C}(\rho\cos\varphi, \rho\sin\varphi)$ となるから，公式 4.6（加法公式）より

$$\begin{aligned}\mathrm{BC}^2 &= (r\cos\theta-\rho\cos\varphi)^2+(r\sin\theta-\rho\sin\varphi)^2\\ &= r^2(\cos^2\theta+\sin^2\theta)+\rho^2(\cos^2\varphi+\sin^2\varphi)-2r\rho(\cos\theta\cos\varphi+\sin\theta\sin\varphi)\\ &= r^2+\rho^2-2r\rho\cos(|\theta-\varphi|) = \mathrm{AB}^2+\mathrm{AC}^2-2\mathrm{AB}\cdot\mathrm{AC}\cos\angle\mathrm{A}\end{aligned}$$

となる．

“円”という場合には**円周**，すなわち，曲線としての円を表す場合と，円周と円の内部を合わせたものを表す場合がある．この混乱を避けるために後者を**円盤**とよぶ．同様に，“球”という場合には**球面**，すなわち，曲面としての球を表す場合と，球面と球面の内部を合わせたものを表す場合がある*．この混乱を避けるために後者を**球体**とよぶ．

xyz 空間内の定点 $\mathrm{T}(a, b, c)$ と正の定数 R に対して中心 T，半径 R の球面上の点 $\mathrm{P}(x, y, z)$ は，線分 PT の長さが R であることより，つぎの式をみたす．

$$(x-a)^2+(y-b)^2+(z-c)^2 = R^2$$

これが中心 T，半径 R の**球面の方程式**となる．また，中心 T，半径 R の**球体の方程式**は

$$(x-a)^2+(y-b)^2+(z-c)^2 \leqq R^2$$

となる．同様に，xy 平面内の定点 $\mathrm{T}(a, b)$ と正の定数 R に対して中心 T，半径 R の円周上の点 $\mathrm{P}(x, y)$ は

$$(x-a)^2+(y-b)^2 = R^2$$

---

* たとえば，“地球”は表面と内部を合わせたものを表すことが多いのに対し，“地表面”は地球の表面のみを表します．

をみたし，これが中心T，半径 R の**円周の方程式**となる．また，中心T，半径 R の**円盤の方程式**は

$$(x-a)^2+(y-b)^2 \leqq R^2$$

となる．これらは球面・球体の式で，$z=c=0$ とおいたものと同じである．

つぎに xyz 空間内の平面 τ の方程式を求めよう．$\mathrm{A}(a_1, a_2, a_3)$ を τ 上の点，$\mathrm{B}(a_1+\alpha, a_2+\beta, a_3+\gamma)$ を τ 上にはない（したがって，α, β, γ のうちの少なくとも一つは0ではない）点として，線分ABは τ に垂直とする．このとき，τ 上の点 $\mathrm{P}(x, y, z)$ に対して角PABが直角であるから三平方の定理より，つぎが成り立つ．

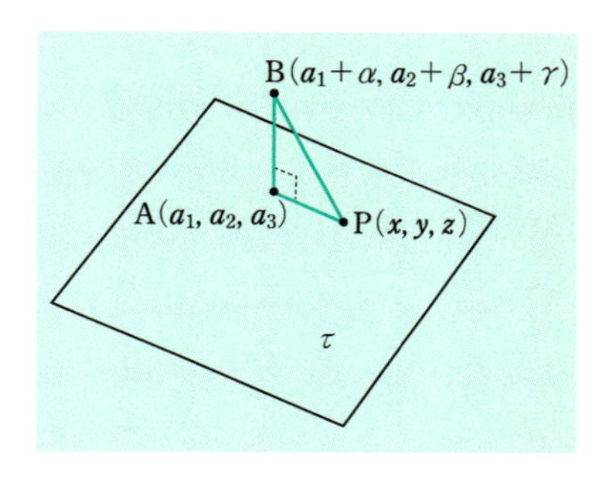

$$\begin{aligned}0 &= \mathrm{AP}^2+\mathrm{AB}^2-\mathrm{BP}^2\\ &= \{(x-a_1)^2+(y-a_2)^2+(z-a_3)^2\}+\{\alpha^2+\beta^2+\gamma^2\}\\ &\quad -\{(x-a_1-\alpha)^2+(y-a_2-\beta)^2+(z-a_3-\gamma)^2\}\\ &= 2\{\alpha(x-a_1)+\beta(y-a_2)+\gamma(z-a_3)\}\end{aligned}$$

これより，平面の方程式はつぎの形となる．

平面の方程式　$\alpha(x-a_1)+\beta(y-a_2)+\gamma(z-a_3)=0$

これは $\delta=\alpha a_1+\beta a_2+\gamma a_3$ とおいて，つぎのようにも書ける．

平面の方程式（別表記）　$\alpha x+\beta y+\gamma z=\delta$

8.2 曲　　線

xyz 空間内の点Pが変数 t によって変化する動点のとき $\mathrm{P}(t)$ とも表す．このとき，$\mathrm{P}(t)=(x(t), y(t), z(t))$，すなわち，$x=x(t)$，$y=y(t)$，$z=z(t)$ とすれば，t をある範囲 $a \leqq t \leqq b$ の間で動かすことによって曲線が得られる*．特に，すべての t に対して $z(t)=0$ のとき $\mathrm{P}(t)=(x(t), y(t))$ は xy 平面内の曲

---

* このように，動点（特に，天体）が描く曲線を**軌道**（orbit）といいます．

線を表す．t を曲線の**媒介変数**あるいは**パラメーター**という*．パラメーターが消去できるときにはパラメーターを用いずに曲線を表すこともできる．

❏ 例題 8.5　R, ω が正の定数のとき，$\mathrm{P}(t)=(a+R\cos\omega t,\ b+R\sin\omega t)$ はどのような曲線を表すか調べよ．

〔**解 答**〕　$\mathrm{P}(t)=(a+R\cos\omega t,\ b+R\sin\omega t) \iff \begin{cases} x = a+R\cos\omega t \\ y = b+R\sin\omega t \end{cases}$

は中心 (a, b)，半径 R の円上を速さ ω で回転する動点（右図参照）を表す．したがって，中心 (a, b)，半径 R の円を表す．

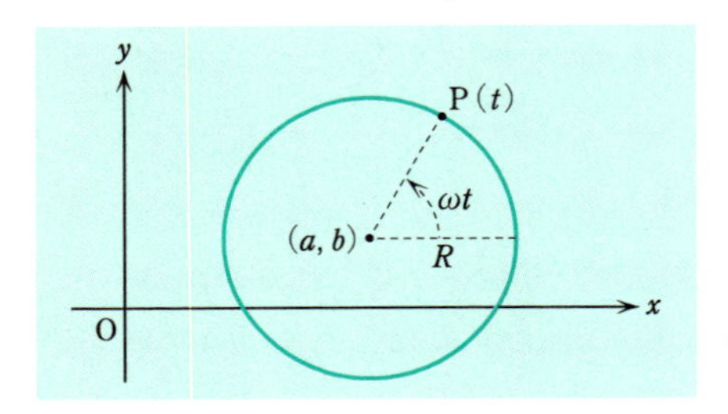

◈

例題 8.5 の $\mathrm{P}(t)$ のパラメーター t を $\cos^2\omega t+\sin^2\omega t=1$ を用いて消去すると

$$\left(\frac{x-a}{R}\right)^2+\left(\frac{y-b}{R}\right)^2=1 \iff (x-a)^2+(y-b)^2=R^2$$

となる．これも中心 (a, b)，半径 R の円を表すが，このようにパラメーターを消去してしまうと“動き”は表せなくなる．

$F(x, y)=(x-a)^2+(y-b)^2-R^2$ とおくと，上で述べたことより，$F(x, y)=0$ は xy 平面内において点 (a, b) 中心，半径 R の円を表す．同様にして，$F(x, y, z)=(x-a)^2+(y-b)^2+(z-c)^2-R^2$ とおけば，$F(x, y, z)=0$ は xyz 空間内において点 (a, b, c) 中心，半径 R の球面を表す．このように，一般に，xy 平面内においては x 座標と y 座標の関係式により曲線が与えられ，xyz 空間内においては x 座標と y 座標と z 座標の関係式により曲面が与えられる．例を挙げる．

❏ 例 8.6　$F(x, y)=x^2-1=0$ とすると，$x=\pm1$ であれば任意の y に対して $F(x, y)=0$ が成り立つ．したがって，$F(x, y)=0$ は xy 平面内の 2 直線 $x=1$,

---

*　t はしばしば time を表します．時間 t の変化と共に空間内の位置が変わる点 $\mathrm{P}(t)$ は曲芸飛行をしている飛行機のようなものです．例題 8.5 の解はそんなアブナイものではなく，観覧車ですけれど．

$x=-1$ を表す．同様に，$F(x,y,z)=x^2+y^2-1=0$ とすると，$x^2+y^2=1$ であれば任意の z に対して $F(x,y,z)=0$ が成り立つ．したがって，$F(x,y,z)=0$ は xy 平面内の原点中心，半径 1 の円を z 軸の上下方向に無限にのばした円柱を表している．

曲線がパラメーターで表示されている場合には，

$$(x(t),y(t),z(t)) \longrightarrow (x(t)+a, y(t)+b, z(t)+c)$$

とすれば，動点 $(x(t),y(t),z(t))$ は x 軸方向に a，y 軸方向に b，z 軸方向に c 平行移動された点に移るから，動点によって描かれる曲線も同じく平行移動される．

このことを用いて，**直線**について考える．α,β を少なくとも一方は 0 ではない定数とするとき，l_0：$(x,y)=(\alpha t,\beta t)$ は xy 平面内の直線を表す．実際，パラメーターを消去すると

$$\alpha\neq 0 \text{ ならば } y=\beta t=\frac{\beta}{\alpha}\alpha t=\frac{\beta}{\alpha}x,\quad \beta\neq 0 \text{ ならば } x=\alpha t=\frac{\alpha}{\beta}\beta t=\frac{\alpha}{\beta}y$$

となり，いずれにしても直線である．ここで，$t=0$ とすると $(x,y)=(0,0)$，$t=1$ とすると $(x,y)=(\alpha,\beta)$ であるから，l_0 は原点と点 (α,β) を通る直線である．ここで，直線 l_0 を x 軸，y 軸方向にそれぞれ a，b 平行移動した

$$(x,y) = (\alpha t+a, \beta t+b)$$

は，$t=0$，1 のとき 2 点 (a,b)，$(\alpha+a,\beta+b)$ を通り l_0 に平行な直線を表す（ただし，(a,b) が l_0 上の点ならばこの直線は l_0 と一致する）．

同様に，α,β,γ のうちの少なくとも一つは 0 ではないとし，原点と点 (α,β,γ) を通る直線を l_0 とすれば，

$$(x,y,z) = (\alpha t+a, \beta t+b, \gamma t+c)$$

は 2 点 (a,b,c)，$(\alpha+a,\beta+b,\gamma+c)$ を通り l_0 に平行な直線を表す（ただし，(a,b,c) が l_0 上の点ならばこの直線は l_0 と一致する）．

上の直線は，$(x,y,z)=(\alpha t+a,\beta t+b,\gamma t+c)$ のパラメーター t を消去して

$$\frac{x-a}{\alpha} = \frac{y-b}{\beta} = \frac{z-c}{\gamma} \quad (=t)$$

とも表せる．（ただし，上式は $\alpha=0$ なら直線上の点の x 座標が常に a に等しいこと，$\beta=0$ なら y 座標が常に b に等しいこと，$\gamma=0$ なら z 座標が常に c に等

しいことを表すものとする.）しかし，このようにパラメーターを消去してしまうと円の場合と同様に“動き”は表せなくなる.

❏ **例題 8.7**　3 点 A$(1,1,-1)$，B$(2,1,-3)$，C$(0,-3,2)$ を通る平面と 2 点 P$(1,-3,1)$，Q$(2,0,-2)$ を通る直線の交点を求めよ.

〔**解 答**〕　平面 $\alpha x+\beta y+\gamma z=\delta$ が A，B，C を通るための条件は $\alpha+\beta-\gamma=\delta$，$2\alpha+\beta-3\gamma=\delta$，$-3\beta+2\gamma=\delta$ である．ここで，第 1 式×4 から第 2 式×2 を引いて，$2\beta+2\gamma=2\delta$ を得る．つぎに，この式から第 3 式を引いて $5\beta=\delta$ を得る．よって，$\beta=\frac{1}{5}\delta$，$\gamma=\frac{4}{5}\delta$ であり，よって第 1 式から $\alpha=\frac{8}{5}\delta$ である．よって，$\frac{8}{5}\delta x+\frac{1}{5}\delta y+\frac{4}{5}\delta z=\delta \Longleftrightarrow 8x+y+4z=5$ が求める平面となる．一方，

$$(x, y, z)=(1(1-t)+2t,\ (-3)(1-t)+0t,\ 1(1-t)+(-2)t)$$
$$=(t+1,\ 3t-3,\ -3t+1)$$

は $t=0,1$ のときにそれぞれ 2 点 P$(1,-3,1)$，Q$(2,0,-2)$ を通る直線となる．この直線と上記の平面の交点は $8(t+1)+(3t-3)+4(-3t+1)=5 \Longleftrightarrow t=4$ より $(5,9,-11)$ である.　◆

曲線を移動したり変形することを考える．xy 平面内の曲線がパラメーターで表示されている場合には，

$$(x(t), y(t)) \longrightarrow (x(t)+a, y(t)+b)$$

とすれば，曲線は x 軸方向に a，y 軸方向に b 平行移動された．曲線が関係式 $F(x,y)=0$ で表示されている場合には，曲線上の点 (x', y') を x 軸方向に a，y 軸方向に b 平行移動した点を (x, y) とすれば，$(x-a, y-b)=(x', y')$ であるから $F(x-a, y-b)=0$ が成り立つ．これが，平行移動された曲線を表す関係式となる.

また，P(x, y) を xy 平面内の点とするとき，これを極座標で表して $(x, y)=(r\cos\alpha, r\sin\alpha)$ とする．この点を原点を中心として反時計回りに θ 回転した点は加法公式（公式 4.6）を用いてつぎのように与えられる.

$$\begin{aligned}&(r\cos(\alpha+\theta), r\sin(\alpha+\theta))\\&\quad=(r\cos\alpha\cos\theta-r\sin\alpha\sin\theta,\ r\cos\alpha\sin\theta+r\sin\alpha\cos\theta)\\&\quad=(\cos\theta\, x-\sin\theta\, y,\ \sin\theta\, x+\cos\theta\, y)\end{aligned}$$

したがって，$F(x,y)=0$ で表される xy 平面内の曲線を原点を中心として反時計回りに θ 回転した曲線上の点を (x, y) とすれば，(x, y) を原点を中心として反時計回りに $-\theta$（すなわち，時計回りに θ）回転した点

$$(\cos(-\theta)\,x-\sin(-\theta)\,y,\ \sin(-\theta)\,x+\cos(-\theta)\,y)$$
$$=(\cos\theta\,x+\sin\theta\,y,\ -\sin\theta\,x+\cos\theta\,y)$$

はもとの曲線上の点であるから $F(\cos\theta\,x+\sin\theta\,y,\ -\sin\theta\,x+\cos\theta\,y)=0$ が成り立つ.

このように考えていくことにより，xy 平面内の曲線の変形に関してつぎがわかる.

❏ 公式 8.8　1) から 5) の変形を表す表示の変化は以下の通りである.

1) **x 軸方向に a，y 軸方向に b 平行移動**
パラメーター表示　$(x(t), y(t)) \longrightarrow (x(t)+a, y(t)+b)$
関係式による表示　$F(x, y)=0 \longrightarrow F(x-a, y-b)=0$

2) **x 軸方向に a 倍，y 軸方向に b 倍拡大**
（ただし，a, b は共に正の数．この値が 1 より小さければ縮小となる）
パラメーター表示　$(x(t), y(t)) \longrightarrow (a\,x(t), b\,y(t))$
関係式による表示　$F(x, y)=0 \longrightarrow F\left(\dfrac{x}{a}, \dfrac{y}{b}\right)=0$

3) **x 軸に関する対称移動**（折り返し）
パラメーター表示　$(x(t), y(t)) \longrightarrow (x(t), -y(t))$
関係式による表示　$F(x, y)=0 \longrightarrow F(x, -y)=0$

4) **y 軸に関する対称移動**（折り返し）
パラメーター表示　$(x(t), y(t)) \longrightarrow (-x(t), y(t))$
関係式による表示　$F(x, y)=0 \longrightarrow F(-x, y)=0$

5) **原点を中心として反時計回りに θ 回転**
パラメーター表示
$$(x(t), y(t)) \longrightarrow (\cos\theta\,x(t)-\sin\theta\,y(t), \sin\theta\,x(t)+\cos\theta\,y(t))$$
関係式による表示
$$F(x, y)=0 \longrightarrow F(\cos\theta\,x+\sin\theta\,y, -\sin\theta\,x+\cos\theta\,y)=0$$

❏ 例題 8.9　曲線 $y=x^2$ のグラフ（次ページの図 a 参照）をつぎの手順で変形せよ.

1) x 軸方向に -1，y 軸方向に 1 平行移動する.
2) 1) で得られたものを x 軸方向に 2 倍拡大する.
3) 2) で得られたものを y 軸に関して折り返す.
4) 3) で得られたものを原点を中心として反時計回りに $\frac{\pi}{4}$ 回転させる.

〔解 答〕　1) 公式 8.8 の 1) より

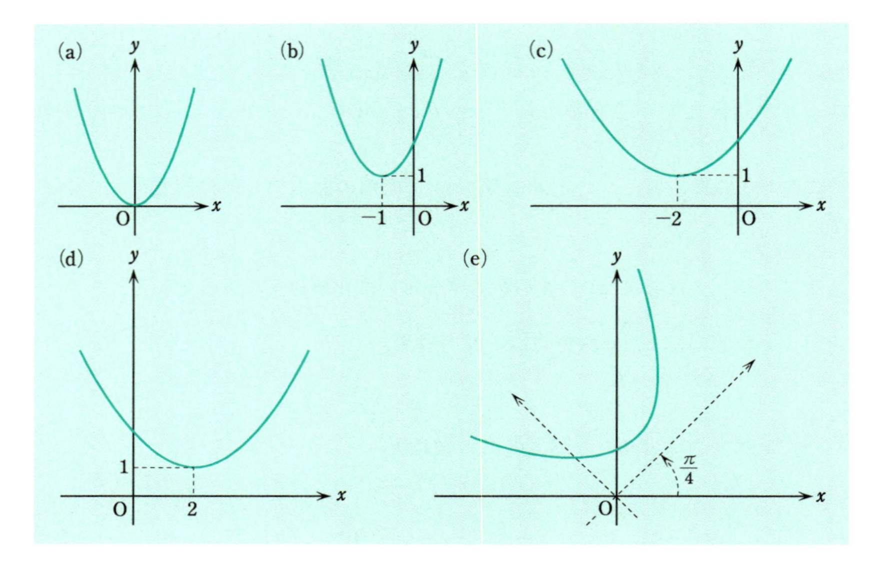

$$(x, x^2) \longrightarrow (x-1, x^2+1) \quad \text{あるいは}$$

$$y-x^2=0 \longrightarrow y-1-(x+1)^2=0 \iff y=(x+1)^2+1$$

となる（図 b 参照）.

2）公式 8.8 の 2）より

$$(x-1, x^2+1) \longrightarrow (2x-2, x^2+1) \quad \text{あるいは}$$

$$y=(x+1)^2+1 \longrightarrow y=\left(\frac{x}{2}+1\right)^2+1 \iff y=\frac{1}{4}(x+2)^2+1$$

となる（図 c 参照）.

3）公式 8.8 の 4）より

$$(2x-2, x^2+1) \longrightarrow (-2x+2, x^2+1) \quad \text{あるいは}$$

$$y=\frac{1}{4}(x+2)^2+1 \longrightarrow y=\frac{1}{4}(-x+2)^2+1 \iff y=\frac{1}{4}(x-2)^2+1$$

となる（図 d 参照）.

4）$\cos\frac{\pi}{4}=\sin\frac{\pi}{4}=\frac{1}{\sqrt{2}}$ であるから，公式 8.8 の 5）より

$$(-2x+2,\ x^2+1) \longrightarrow ((-2x+2-x^2-1)/\sqrt{2},\ (-2x+2+x^2+1)/\sqrt{2})$$

あるいは

$$y=\frac{1}{4}(x-2)^2+1 \longrightarrow -\frac{1}{\sqrt{2}}x+\frac{1}{\sqrt{2}}y=\frac{1}{4}\left(\frac{1}{\sqrt{2}}x+\frac{1}{\sqrt{2}}y-2\right)^2+1$$

$$\iff x^2+2xy+y^2-8\sqrt{2}\,y+16=0$$

となる（図 e 参照）. ◈

8.3　2 次 曲 線

$F(x,y)$ が x,y の 2 次式のとき $F(x,y)=0$ はどのような曲線を表すのであろうか？　たとえば，$F(x,y)=x^2+y^2-a$ とすると，$a>0$ なら $F(x,y)=0$ は原点中心，半径 $\sqrt{a}$ の円を表す．$a=0$ なら $F(x,y)=0$ は原点ただ 1 点となり，曲線を表さない．$a<0$ なら $F(x,y)=0$ となる x,y は一つも存在しないのでやはり曲線を表さない．一方，$F(x,y)=x^2-y^2$ とすると，$F(x,y)=0 \Longleftrightarrow (x-y)(x+y)=0$ は二つの直線 $y=x$，$y=-x$ を表す．

x,y の 2 次式で与えられる曲線，すなわち，

$$F(x,y) = ax^2+bxy+cy^2+px+qy+r = 0$$

で与えられる曲線を **2 次曲線**という．証明は省略するが，2 次曲線について，つぎのことが知られている．

❏ 定理 8.10（**2 次曲線の標準形**）　上記のように点や直線となる場合を除けば，2 次曲線は平行移動と回転によってつぎの 3 種類の曲線のいずれかになる．

1) $\dfrac{x^2}{\alpha^2}+\dfrac{y^2}{\beta^2}=1$　　2) $\dfrac{x^2}{\alpha^2}-\dfrac{y^2}{\beta^2}=1$　　3) $y^2=\alpha x$　（α,β は正の定数）

1), 2), 3) のグラフはそれぞれつぎの図 (a), (b), (c) のようになる．

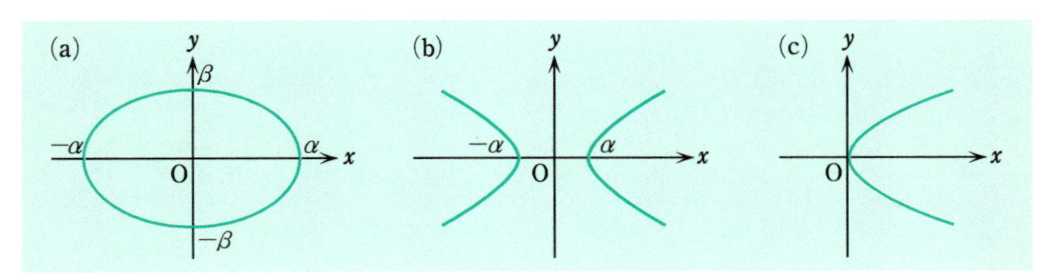

定理 8.10 の 1)～3) を **2 次曲線の標準形**という．そして，平行移動と回転で 1) の形になる 2 次曲線を**楕円**，2) の形になる 2 次曲線を**双曲線**，3) の形になる 2 次曲線を**放物線**という．

❏ 例 8.11　2 次曲線 $x^2+2xy+y^2-8\sqrt{2}\,y+16=0$ は，例題 8.9 の変形を逆にたどることにより，平行移動と回転で $y=\frac{1}{4}x^2$ の表す曲線（すなわち，関数 $y=\frac{1}{4}x^2$ のグラフ）に移る．これを時計回りに $\frac{\pi}{2}$ 回転すると $y^2=4x$（すなわち，標準形の 3) で $\alpha=4$ の場合）に移る．したがって，この 2 次曲線は放物線である．

例題 8.12 2次曲線 $5x^2-4xy+2y^2-18x+12y=0$ の標準形を求め，どのような曲線であるかを判定せよ．

〔解答〕 曲線を x 軸方向に a，y 軸方向に b 平行移動すると，

$$\begin{aligned}&5(x-a)^2-4(x-a)(y-b)+2(y-b)^2-18(x-a)+12(y-b)\\&\quad=5x^2-4xy+2y^2+(-10a+4b-18)x+(4a-4b+12)y\\&\qquad+(5a^2-4ab+2b^2+18a-12b)=0\end{aligned}$$

そこで，

$$\begin{cases}-10a+4b-18=0\\ 4a-4b+12=0\end{cases} \iff \begin{cases}a=-1\\ b=2\end{cases}$$

とおくと，$5a^2-4ab+2b^2+18a-12b=-21$ であるから

$$5x^2-4xy+2y^2-18x+12y=0 \longrightarrow 5x^2-4xy+2y^2=21$$

となる．さらにこの曲線を原点を中心として反時計回りに θ 回転すると，倍角公式より，

$$\begin{aligned}&5(\cos\theta x+\sin\theta y)^2-4(\cos\theta x+\sin\theta y)(-\sin\theta x+\cos\theta y)\\&\qquad+2(-\sin\theta x+\cos\theta y)^2\\&\quad=\left(\frac{3}{2}\cos2\theta+2\sin2\theta+\frac{7}{2}\right)x^2+\left(-\frac{3}{2}\cos2\theta-2\sin2\theta+\frac{7}{2}\right)y^2\\&\qquad+(3\sin2\theta-4\cos2\theta)xy=21\end{aligned}$$

となるから，

$$\begin{aligned}3\sin2\theta-4\cos2\theta&=5\left(\frac{3}{5}\sin2\theta-\frac{4}{5}\cos2\theta\right)\\&=5\sin(2\theta-\alpha)=0\quad\left(\cos\alpha=\frac{3}{5},\sin\alpha=\frac{4}{5}\right)^{*1}\end{aligned}$$

となれば xy の項が消える．そこで，$2\theta=\alpha$ ととれば

$$5x^2-4xy+2y^2-18x+12y=0\longrightarrow 6x^2+y^2=21\iff\frac{x^2}{\left(\sqrt{\frac{21}{6}}\right)^2}+\frac{y^2}{(\sqrt{21})^2}=1$$

となる．これは楕円である． ◆

例題 8.13 1) xy 平面内の定点 $\mathrm{A}(a,0)$ [*2] $(a>0)$ からの距離と y 軸からの距離が等しい xy 平面内の点全体の集合は放物線であることを示せ．

2) 上記の放物線を x 軸のまわりに回転させることによってできる曲面を S_P

---

*1 この変形は例題 4.9 の 2) で学んだ**単振動合成**です．

*2 この点 A を**焦点**（focus）といいます．

とするとき，x 軸に平行に入射して S_P で反射された光は A に集まる* ことを示せ．

〔**解 答**〕 1）条件をみたす点を $\mathrm{P}=\mathrm{P}(x,y)$ とすれば，条件よりつぎが成り立つ．

$$|x| = \sqrt{(x-a)^2+y^2} \iff x^2 = (x-a)^2+y^2 \iff y^2 = 2ax-a^2 = 2a\left(x-\frac{a}{2}\right)$$

これは放物線 $y^2=2ax$ を x 軸方向に $\frac{a}{2}$ 平行移動した放物線である．

2）光が反射された点 P が x 軸上の点の場合は明らかに題意は成り立つから，以下においては P は x 軸上の点ではないとする．上記で示したように P は放物線 $y^2=2ax-a^2$ 上の点であるか，

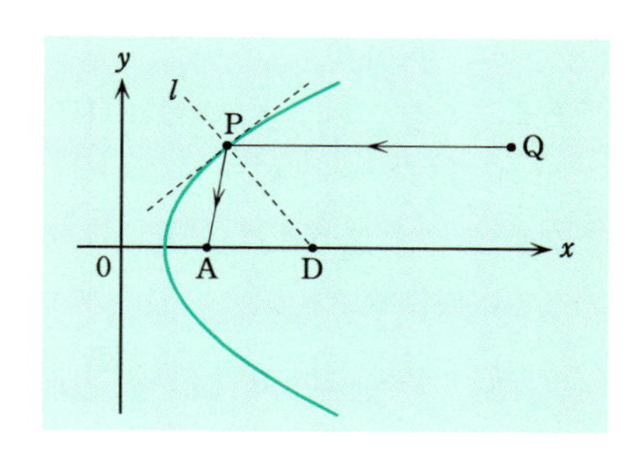

$$\frac{d}{dx}(y^2) = 2y\frac{dy}{dx} = \frac{d}{dx}(2ax-a^2) = 2a$$

より $\dfrac{dy}{dx}=\dfrac{a}{y}$ が点 P における接線の傾きである．よって，$\dfrac{a}{y}=\tan\theta$ として，点 P を通り接線に垂直な直線 l の傾きは

$\tan\left(\theta+\dfrac{\pi}{2}\right) = \dfrac{1}{\tan\theta} = \dfrac{y}{-a}$ となり，$\dfrac{y}{-a}(t-x)+y = 0 \iff t = x+a$ より l と x 軸の交点 $\mathrm{D}(x+a,0)$ となる．よって，$\mathrm{AP}=|x|=\mathrm{AD}$ となり，三角形 ADP は二等辺三角形である（上図参照）．よって，$\angle\mathrm{APD}=\angle\mathrm{ADP}=\angle\mathrm{QPD}$ となるが，これは S_P 上の任意の点 P で反射された光は焦点 A に集まることを示している．◈

極座標 (r,θ) を用いて曲線を表すこともできる．$x=r\cos\theta$，$y=r\sin\theta$ より，$r=f(\theta)$ は θ をパラメーターとする曲線

$$(x,y) = (f(\theta)\cos\theta,\ f(\theta)\sin\theta)$$

を表す．ここで，$r=f(\theta)<0$ でもかまわないものとする．このとき，

$$x^2+y^2 = (f(\theta)\cos\theta)^2+(f(\theta)\sin\theta)^2 = f(\theta)^2 = r^2$$

であるから，$r=f(\theta)=\pm\sqrt{x^2+y^2}$ となる．

---

* BS 放送の電波を受信するパラボラアンテナでも同じです．なお，パラボラ（parabola）は放物線という意味です．

❑ 例題 8.14　d を正の定数，e を 0 または正の定数とするとき

$$r = \frac{d}{1-e\cos\theta}$$

は $0 \leqq e < 1$ ならば楕円（特に，$e=0$ なら円），$e=1$ ならば放物線，$1<e$ ならば双曲線を表すことを示せ．（e を 2 次曲線の**離心率**[*1] という．）

〔解 答〕

$$r = \frac{d}{1-e\cos\theta} \iff r-er\cos\theta = r-ex = d \iff r = ex+d \qquad (☆)$$

である．このとき，$ex+d$ の正負に合わせて $r=\pm\sqrt{x^2+y^2}$ とすれば

$$(☆) \iff x^2+y^2 = (ex+d)^2 \iff (1-e^2)x^2-2dex+y^2 = d^2 \ (★)$$

となる．$e=1$ のときは，(★) は $y^2=2d\left(x+\frac{d}{2}\right)$ と書き直せる．よって，$e=1$ のときは放物線である．一方，$e \neq 1$ のときは

$$(★) \iff (1-e^2)\left(x-\frac{de}{1-e^2}\right)^2 + y^2 = d^2 + \frac{d^2e^2}{1-e^2} = \frac{d^2}{1-e^2} \ (☆)$$

である．$0 \leqq e < 1$ のときは，$a=\frac{d}{1-e^2}$，$b=\frac{d}{\sqrt{1-e^2}}$ とおくと，(☆) は $\frac{(x-ae)^2}{a^2}+\frac{y^2}{b^2}=1$ と書き直せる．よって，$0 \leqq e < 1$ のときは楕円である．（特に，$e=0$ ならば $a=b=d$ となり，円になる．）最後に，$1<e$ のときは，$a=\frac{d}{e^2-1}$，$b=\frac{d}{\sqrt{e^2-1}}$ とおくと，(☆) は $\frac{(x+ae)^2}{a^2}-\frac{y^2}{b^2}=1$ と書き直せる．よって，$1<e$ のときは双曲線である[*2]．　◈

問　題

問 8.1　A(1, 0, 0)，B(0, 1, 2) とするとき，線分 AP と線分 BP との長さの比が 1 対 2 である空間内の点 P はどのような図形を描くか調べよ．

問 8.2　3 点 A(1, 1, −1)，B(1, −1, 1)，C(−1, 2, 4) に対して A，B を通る直線と A，B，C を通る平面を求めよ．

---

*1　慣例にしたがって離心率を e という文字で書きましたが，第 3 章で定義したネピアの数ではありません．太陽系の場合 r は各惑星（すべて $e<1$）と太陽との距離を表しますが，地球の公転軌道は離心率が約 0.0167 のほとんど円に近い楕円です．

*2　2017 年 10 月，人類史上初めて，太陽に近づく双曲線軌道の天体（小惑星？）がハワイの天文台で発見されました．軌道が双曲線ということはこの天体が太陽系外から来たことを意味します．この天体はハワイ語でオウムアムア（初めての遠方からの使い）と名づけられました．

問 8.3　2 次曲線 $xy=1$ の標準形を求め，どのような曲線であるか判定せよ．（ヒント：曲線を原点を中心として時計回りに $\pi/4$ 回転せよ．）

問 8.4　つぎの曲線はどのような曲線か調べよ（a, b は正の定数）．

1）$(x, y) = (a\cos t, b\sin t)$（ただし，$0 \leqq t \leqq 2\pi$）

2）$(x, y) = (a\cosh t, b\sinh t)$（ただし，$-\infty < t < +\infty$）

3）$(x, y) = (t^2, at)$（ただし，$-\infty < t < +\infty$）

問 8.5　xy 平面内の 2 定点 $\mathrm{A}(-a, 0)$，$\mathrm{B}(a, 0)$（$a>0$）についてつぎの問いに答えよ．

1）A からの距離と B からの距離の和が一定値 $2C$（$a<C$）となる xy 平面内の点全体の集合は楕円であることを示せ（図 a 参照）．

2）A からの距離と B からの距離の差が一定値 $2C$（$0<C<a$）となる xy 平面内の点全体の集合は双曲線であることを示せ（図 b 参照）．

（上記の 2 点 A，B を焦点という．下記の 3)，4）においては，上記の楕円と双曲線を x 軸のまわりに回転させることによってできる曲面をそれぞれ S_E，S_H とする．また，P を S_E あるいは S_H 上の点とする．）

3）一方の焦点から発して S_E で反射された光は他方の焦点に集まることを示せ．

4）一方の焦点に向かい S_H で反射された光は他方の焦点に向かうことを示せ．（ヒント：下図において $\dfrac{\mathrm{DB}}{\mathrm{AD}}=\dfrac{\mathrm{PB}}{\mathrm{AP}}$ となることを示せ．）

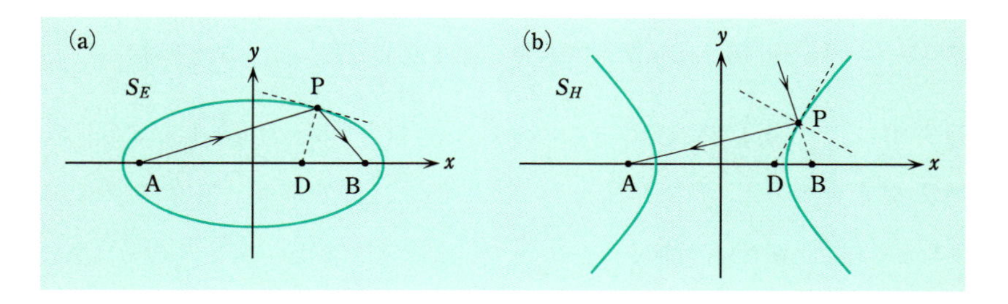

9. 行　　列

9.1 行列とその計算

数* を長方形の碁盤目状に並べてカッコでくくったものを**行列**といい，しばしば1文字で（たとえば A というように）表す．長方形の横の並びを**行**といい，縦の並びを**列**という．行は上から下に順番に，第1行，第2行，…と番号を付け，列は左から右に順番に，第1列，第2列，…と番号を付ける．行列をなす一つ一つの数を行列の**成分**という．特に，第 i 行の第 j 列目にある数を行列の**第 (i, j) 成分**という．m 個の行と n 個の列からなる行列を **$m\times n$ 型行列**という．また特に行数と列数の等しい $n\times n$ 型行列を **n 次正方行列**あるいは **n 次行列**という．二つの行列 A, B の型が同じで対応する成分がすべて等しいとき二つの行列は**等しい**といい，$A=B$ と表す．

この本では行数・列数共に3以下の場合のみ扱うが，一般の場合も同様である．

❑ 例 9.1　2×3 型行列 $A=\begin{pmatrix} -1 & 0 & 0.1 \\ \sqrt{2} & 16 & -1.3 \end{pmatrix}$ の第1行は $(-1\ \ 0\ \ 0.1)$ 第2行は $(\sqrt{2}\ \ 16\ \ -1.3)$ であり，第1列は $\begin{pmatrix} -1 \\ \sqrt{2} \end{pmatrix}$ 第2列は $\begin{pmatrix} 0 \\ 16 \end{pmatrix}$ 第3列は $\begin{pmatrix} 0.1 \\ -1.3 \end{pmatrix}$ となる．また，A の第 $(1, 1)$ 成分は -1，第 $(1, 2)$ 成分は 0，第 $(1, 3)$ 成分は 0.1，第 $(2, 1)$ 成分は $\sqrt{2}$，第 $(2, 2)$ 成分は 16，第 $(2, 3)$ 成分は -1.3 である．さらに，$B=\begin{pmatrix} -1 & 0 & 0.2 \\ \sqrt{2} & 16 & -1.3 \end{pmatrix}$ とすると，A と B の型は共に 2×3 型で等しいが，A の第 $(1, 3)$ 成分の 0.1 と B の第 $(1, 3)$ 成分の 0.2 が異なるから，$A\neq B$ である．

❍ 注意 9.2　$\begin{pmatrix} -1 & & 0.1 \\ \sqrt{2} & 16 & \end{pmatrix}$ というように碁盤目の数が欠けているものや，

---

*　ここではおもに実数の場合を考えるが，複素数でもまったく同じである．

$\begin{pmatrix} -1 & 2 & 0 & 0.1 \\ \sqrt{2} & & 16 & -1.3 \end{pmatrix}$ というように数が碁盤目状になっていないものは行列とはいわない．

$m \times n$ 型行列 A の第(i, j)成分を a_{ij} と表せば，A は

$$A = \begin{pmatrix} a_{11} & a_{12} & \cdots & a_{1n} \\ a_{21} & a_{22} & \cdots & a_{2n} \\ \vdots & \vdots & \ddots & \vdots \\ a_{m1} & a_{m2} & \cdots & a_{mn} \end{pmatrix}$$

と表せる．これをしばしば $A = (a_{ij})$ と略記する．したがって，たとえば，

$$2\text{ 次行列は } \begin{pmatrix} a_{11} & a_{12} \\ a_{21} & a_{22} \end{pmatrix}, \quad 3\text{ 次行列は } \begin{pmatrix} a_{11} & a_{12} & a_{13} \\ a_{21} & a_{22} & a_{23} \\ a_{31} & a_{32} & a_{33} \end{pmatrix}$$

と表される．一方，ここで考えているような行数・列数共に 3 以下の場合には，たとえば，

$$2\text{ 次行列は } \begin{pmatrix} a & b \\ c & d \end{pmatrix}, \quad 3\text{ 次行列は } \begin{pmatrix} a & b & c \\ p & q & r \\ u & v & w \end{pmatrix}$$

というように，下付きの添え字が付かない文字を並べて行列を表すこともできる．どのような行列の表し方をするのがよいかはそれぞれの場合による．

以下この節では行列の計算法について学ぶ．

[1] 行列のスカラー倍

行列と区別するために数を**スカラー**ともいう*．このとき**行列のスカラー倍**が行列のすべての成分にそのスカラーを掛けることによって定義される．たとえば，A を例 9.1 の行列とすると，その -2 倍である $-2A$ はつぎのようになる．

$$-2A = (-2)\begin{pmatrix} -1 & 0 & 0.1 \\ \sqrt{2} & 16 & -1.3 \end{pmatrix} = \begin{pmatrix} 2 & 0 & -0.2 \\ -2\sqrt{2} & -32 & 2.6 \end{pmatrix}$$

特に，0 というスカラーを掛けると

---

* 行列は英語で matrix（メイトリックス，鋳型・母体の意）といいます．実は，行列式の研究の方が古く，行列式の元（＝母）にあたるのは何かという考察から行列の概念が生じたという経緯があります．このために，行列に母を意味する matrix という名称がついたのです．行列の理論や記法が現代のように整備されたのは，20 世紀以降のことです．なお，スカラー（scalar）は scale（物差し）からきていて，英語の発音に近くなるように書けばスケイラーとなります．

$$0\begin{pmatrix} -1 & 0 & 0.1 \\ \sqrt{2} & 16 & -1.3 \end{pmatrix} = \begin{pmatrix} 0 & 0 & 0 \\ 0 & 0 & 0 \end{pmatrix}$$

というようにすべての成分が0である行列ができる．このようにすべての成分が0である $m\times n$ 型行列を $m\times n$ 型の**零行列**といい，O または $O_{m,n}$ または単に数字の0で表す．（この本では O と表す．）たとえば，上記の $\begin{pmatrix} 0 & 0 & 0 \\ 0 & 0 & 0 \end{pmatrix}$ は 2×3 型の零行列 $O_{2,3}$ である．

注意 9.3 つぎは明らかである． $0A = O,\quad 1A = A$

[2] 行列の加法・減法

同じ型の行列どうしの加法・減法が成分どうしの加法・減法によって定義される．たとえば，

$$A = \begin{pmatrix} -1 & 0 & 0.1 \\ \sqrt{2} & 16 & -1.3 \end{pmatrix}, \quad B = \begin{pmatrix} 3 & -2 & 2.2 \\ \sqrt{2} & -7 & 0 \end{pmatrix}$$

とすると，つぎのようになる．

$$A + B = \begin{pmatrix} 2 & -2 & 2.3 \\ 2\sqrt{2} & 9 & -1.3 \end{pmatrix}, \quad A - B = \begin{pmatrix} -4 & 2 & -2.1 \\ 0 & 23 & -1.3 \end{pmatrix}$$

例題 9.4

$$A = \begin{pmatrix} 1 & -2 \\ 2 & 3 \end{pmatrix}, \quad B = \begin{pmatrix} 5 & 1 \\ 0 & -4 \end{pmatrix}, \quad C = \begin{pmatrix} -1 & 6 & 5 \\ 2 & -3 & 0 \\ 4 & 2 & 3 \end{pmatrix}, \quad D = \begin{pmatrix} 1 & 2 & 2 \\ 2 & 1 & 2 \\ 2 & 2 & 1 \end{pmatrix}$$

とするとき，$2A+3B$，$4C-\dfrac{1}{2}D$，$A+C$，$B-D$ を計算せよ．

〔解 答〕 $2A + 3B = \begin{pmatrix} 2 & -4 \\ 4 & 6 \end{pmatrix} + \begin{pmatrix} 15 & 3 \\ 0 & -12 \end{pmatrix} = \begin{pmatrix} 17 & -1 \\ 4 & -6 \end{pmatrix}$

$$4C - \frac{1}{2}D = \begin{pmatrix} -4 & 24 & 20 \\ 8 & -12 & 0 \\ 16 & 8 & 12 \end{pmatrix} - \begin{pmatrix} 0.5 & 1 & 1 \\ 1 & 0.5 & 1 \\ 1 & 1 & 0.5 \end{pmatrix} = \begin{pmatrix} -4.5 & 23 & 19 \\ 7 & -12.5 & -1 \\ 15 & 7 & 11.5 \end{pmatrix}$$

となる．一方，$A+C$，$B-D$ は A と C あるいは B と D の型が異なるので定義できない． ◈

定義からつぎが成り立つことがわかる．

❏ 公式 9.5　A, B, C, O を同じ型の行列（O は零行列），λ, μ をスカラーとするとき

1) $A+O=O+A=A$	2) $A+B=B+A$
3) $(A+B)+C=A+(B+C)$	4) $\lambda(A+B)=\lambda A+\lambda B$
5) $(\lambda+\mu)A=\lambda A+\mu A$	6) $(\lambda\mu)A=\lambda(\mu A)$

[3] 行 列 の 積

行列 $A=(a_{ij})$ の列数と行列 $B=(b_{ij})$ の行数が等しいとき，それを q として

$$AB \text{ の第}(i,j)\text{成分} = \sum_{k=1}^{q} a_{ik}b_{kj} = a_{i1}b_{1j}+\cdots+a_{iq}b_{qj}$$

によって積 AB を定義する．たとえば，2×3 型行列 A と 3×1 型行列 B を

$$A = \begin{pmatrix} 1 & 2 & 3 \\ 4 & 5 & 6 \end{pmatrix}, \quad B = \begin{pmatrix} -2 \\ 1 \\ 5 \end{pmatrix}$$

とすると，A の第$(1,1)$成分$=1\times(-2)+2\times1+3\times5=15$ となる．同様にして

$$AB = \begin{pmatrix} 1 & 2 & 3 \\ 4 & 5 & 6 \end{pmatrix}\begin{pmatrix} -2 \\ 1 \\ 5 \end{pmatrix} = \begin{pmatrix} 1\times(-2)+2\times1+3\times5 \\ 4\times(-2)+5\times1+6\times5 \end{pmatrix} = \begin{pmatrix} 15 \\ 27 \end{pmatrix}$$

（2×1 型行列）となる．このように，一般に $p\times q$ 型行列 A と $q\times r$ 型行列 B の積 AB は $p\times r$ 型行列となる．一方，B の列数 1 と A の行数 2 は異なるから積 BA は定義されない．さらに，たとえば

$$A = \begin{pmatrix} 1 & 2 \\ 3 & 4 \end{pmatrix}, \quad B = \begin{pmatrix} 5 & 6 \\ 7 & 8 \end{pmatrix}$$

とすると，

$$AB = \begin{pmatrix} 1\times5+2\times7 & 1\times6+2\times8 \\ 3\times5+4\times7 & 3\times6+4\times8 \end{pmatrix} = \begin{pmatrix} 19 & 22 \\ 43 & 50 \end{pmatrix}$$

$$BA = \begin{pmatrix} 5\times1+6\times3 & 5\times2+6\times4 \\ 7\times1+8\times3 & 7\times2+8\times4 \end{pmatrix} = \begin{pmatrix} 23 & 34 \\ 31 & 46 \end{pmatrix} \neq AB$$

となる．このように，AB，BA の双方が定義されるとしても $AB=BA$ は一般には**成り立たない***．

---

* このことを積の**非可換性**といいます．ワイシャツを着てからネクタイをしめるのと，ネクタイをしめてからワイシャツを着るのとでは結果が異なるように，世の中のことはたいてい非可換です．

例題 9.6　P, Q, R, A を以下のように定めるとき PA, AQ, RA を求めよ．

$$P = \begin{pmatrix} 0 & 1 \\ 1 & 0 \end{pmatrix}, \quad Q = \begin{pmatrix} 1 & 0 & 0 \\ 0 & \alpha & 0 \\ 0 & 0 & 1 \end{pmatrix}, \quad R = \begin{pmatrix} 1 & \alpha \\ 0 & 1 \end{pmatrix}, \quad A = \begin{pmatrix} a & b & c \\ p & q & r \end{pmatrix}$$

〔解 答〕　$PA = \begin{pmatrix} 0 & 1 \\ 1 & 0 \end{pmatrix}\begin{pmatrix} a & b & c \\ p & q & r \end{pmatrix} = \begin{pmatrix} p & q & r \\ a & b & c \end{pmatrix}$

（すなわち，P を A に左から掛けると行列 A の第 1 行と第 2 行は入れ替わる．）

$$AQ = \begin{pmatrix} a & b & c \\ p & q & r \end{pmatrix}\begin{pmatrix} 1 & 0 & 0 \\ 0 & \alpha & 0 \\ 0 & 0 & 1 \end{pmatrix} = \begin{pmatrix} a & \alpha b & c \\ p & \alpha q & r \end{pmatrix}$$

（すなわち，Q を A に右から掛けると行列 A の第 2 列が α 倍される．）

$$RA = \begin{pmatrix} 1 & \alpha \\ 0 & 1 \end{pmatrix}\begin{pmatrix} a & b & c \\ p & q & r \end{pmatrix} = \begin{pmatrix} a+\alpha p & b+\alpha q & c+\alpha r \\ p & q & r \end{pmatrix}$$

（すなわち，R を A に左から掛けると行列 A の第 2 行の α 倍が第 1 行に加えられる．）　◆

定義 9.7　n 次行列において第 $(1, 1)$ 成分から第 (n, n) 成分へ引いた傾き -1 の直線を n 次行列の**対角線**といい，対角線上にある成分，すなわち，第 (k, k) 成分（$1 \leqq k \leqq n$）を**対角成分**という．対角成分以外の成分がすべて 0 である n 次行列を n 次の**対角行列**という．たとえば

$$A = \begin{pmatrix} 0 & 2 \\ 3 & 0 \end{pmatrix}, \quad B = \begin{pmatrix} -2 & 0 \\ 0 & 1 \end{pmatrix}, \quad C = \begin{pmatrix} 0 & 0 \\ 0 & 5 \end{pmatrix}$$

とすると，A の対角成分は 0 と 0，B の対角成分は -2 と 1，C の対角成分は 0 と 5 である．A は対角行列ではないが，B, C は 2 次の対角行列である．ここで，特に対角成分がすべて 1 である n 次の対角行列を n 次の**単位行列**といい，E_n または E で表す．たとえばつぎのようになる．

$$E_1 = (1), \quad E_2 = \begin{pmatrix} 1 & 0 \\ 0 & 1 \end{pmatrix}, \quad E_3 = \begin{pmatrix} 1 & 0 & 0 \\ 0 & 1 & 0 \\ 0 & 0 & 1 \end{pmatrix}$$

❑ **公式 9.8**　A, A' を $p\times q$ 型行列，B, B' を $q\times r$ 型行列，C を $r\times s$ 型行列とし，λ をスカラーとする．また，単位行列 E は A に左から掛けるときには p 次，右から掛けるときには q 次とする．同じく，零行列 O は A に左から掛けるときには $n\times p$ 型（n は任意），右から掛けるときには $q\times n$ 型とする．このとき，以下が成り立つ．

1) $EA = A \qquad AE = A$　　2) $OA = O \qquad AO = O$
3) $(AB)C = A(BC)$　　4) $(\lambda A)B = A(\lambda B) = \lambda(AB)$
5) $(A+A')B = AB+A'B$　　6) $A(B+B') = AB+AB'$

〔**証明**〕　以下 $p=2$，$q=2$，$r=3$，$s=1$ とする．他の場合も同様である．そこで，つぎのようにおく．

$$A = \begin{pmatrix} a & b \\ c & d \end{pmatrix}, \quad B = \begin{pmatrix} p & q & r \\ s & t & u \end{pmatrix}, \quad C = \begin{pmatrix} x \\ y \\ z \end{pmatrix}$$

1) 定義にしたがって計算して

$$EA = \begin{pmatrix} 1 & 0 \\ 0 & 1 \end{pmatrix}\begin{pmatrix} a & b \\ c & d \end{pmatrix} = \begin{pmatrix} a & b \\ c & d \end{pmatrix} = A = \begin{pmatrix} a & b \\ c & d \end{pmatrix}\begin{pmatrix} 1 & 0 \\ 0 & 1 \end{pmatrix} = AE$$

2) 零行列の成分はすべて 0 であるから明らか．

3)
$$(AB)C = \begin{pmatrix} ap+bs & aq+bt & ar+bu \\ cp+ds & cq+dt & cr+du \end{pmatrix}\begin{pmatrix} x \\ y \\ z \end{pmatrix}$$
$$= \begin{pmatrix} (ap+bs)x+(aq+bt)y+(ar+bu)z \\ (cp+ds)x+(cq+dt)y+(cr+du)z \end{pmatrix}$$
$$= \begin{pmatrix} a(px+qy+rz)+b(sx+ty+uz) \\ c(px+qy+rz)+d(sx+ty+uz) \end{pmatrix}$$
$$= \begin{pmatrix} a & b \\ c & d \end{pmatrix}\begin{pmatrix} px+qy+rz \\ sx+ty+uz \end{pmatrix} = A(BC)$$

4), 5), 6) も同様に定義による計算から得られる．　▣

❍ **注意 9.9**　$AO=OA=O$ であったが，$AB=O$ であっても $A=O$ または $B=O$ とはいえない．たとえば，

$$A = \begin{pmatrix} 1 & 2 \\ -2 & -4 \end{pmatrix}, \quad B = \begin{pmatrix} -4 & -2 \\ 2 & 1 \end{pmatrix}$$

とすると，$A\neq O$，$B\neq O$ にもかかわらず $AB=BA=O$ となる．

注意 9.10　単位行列のスカラー倍 λE を**スカラー行列**という．n 次行列 A がスカラー行列 λE に等しいなら，すべての n 次行列 M に対して

$$AM = (\lambda E)M = \lambda(EM) = \lambda M = \lambda(ME) = M(\lambda E) = MA$$

となり，積の順番を変えても結果は変わらない．逆に，すべての n 次行列 M に対して $AM=MA$ が成り立つ n 次行列 A はスカラー行列 λE しかないことがわかる．実際，$n=2$ のとき，

$$A = \begin{pmatrix} a & b \\ c & d \end{pmatrix} \text{ に対して，} M_1 = \begin{pmatrix} 1 & 0 \\ 0 & 0 \end{pmatrix},\ M_2 = \begin{pmatrix} 0 & 1 \\ 0 & 0 \end{pmatrix}$$

とするとき

$$AM_1 = \begin{pmatrix} a & 0 \\ c & 0 \end{pmatrix} = M_1 A = \begin{pmatrix} a & b \\ 0 & 0 \end{pmatrix} \text{ より }\ b = c = 0$$

$$AM_2 = \begin{pmatrix} 0 & a \\ 0 & c \end{pmatrix} = M_2 A = \begin{pmatrix} c & d \\ 0 & 0 \end{pmatrix} \text{ より }\ a = d$$

となるから，$a=d=\lambda$ とおいて，$A=\lambda E$ であることがわかる．$n \geqq 3$ の場合も同様である．

9.2 線形写像

行列の加法・減法は単に各成分どうしの加法・減法で定義された．一方，前節で学んだように行列の積は各成分どうしの掛け算によっては定義されず，より複雑な方法によって定義されている．これはなぜであろうか？　実は，これからみるように，**“線形写像”**を表すことが行列の大切な役割であるからである．線形写像は $m \times n$ 型行列 A と $n \times 1$ 型行列 X との積 AX で定義される．行列の積が前述のように定義されているから AX という積ができるが，もし，各成分どうしの積で定義されているなら同じ型の行列どうしの積しか定義できなくなる．したがって，AX という積は不可能となり，線形写像を行列で表すことができなくなる．さらに，これから学ぶように線形写像の合成写像も前節で定義された行列の積で表される．

$1 \times n$ 型行列を $\boldsymbol{n}$ **項横ベクトル**，$n \times 1$ 型行列を $\boldsymbol{n}$ **項縦ベクトル**といい，まとめて $\boldsymbol{n}$ **項ベクトル**という．以下においては n 項ベクトルの成分は実数とする．

たとえば，$(-1\ \ 0\ \ 0.1)$ は 3 項横ベクトルであり，xyz 空間内の点 $(-1, 0, 0.1)$ と**同一視**される．また，$\begin{pmatrix} -1 \\ \sqrt{2} \end{pmatrix}$ は 2 項縦ベクトルであり，xy 平面内の点 $(-1, \sqrt{2})$ と同一視される．また，(-1) は 1 項横ベクトルであると同時に 1 項縦ベクトルでもあり，x 軸上の点 -1 と同一視される．このように，1 項ベク

トルは x 軸上の点，2項ベクトルは xy 平面内の点，3項ベクトルは xyz 空間内の点と同一視される．

ここで，n 項ベクトル全体のなす集合を $\boldsymbol{R}^n$ で表し，これを **n 次元実数空間**，あるいは単に **n 次元空間**という．このとき上でみたように，$\boldsymbol{R}^1$, $\boldsymbol{R}^2$, $\boldsymbol{R}^3$ の要素はそれぞれ x 軸上の点，xy 平面内の点，xyz 空間内の点とみなされるから，$\boldsymbol{R}^1$, $\boldsymbol{R}^2$, $\boldsymbol{R}^3$ **はそれぞれ x 軸，xy 平面，xyz 空間と同一視される**．そこで，$\boldsymbol{R}^n$ の要素を点ともみなし，X，Y，…というように1文字で表す．したがって，つぎのようになる．

$$\boldsymbol{R}^1 \ni \mathrm{X} = (x), \quad \boldsymbol{R}^2 \ni \mathrm{X} = (x, y) = \begin{pmatrix} x \\ y \end{pmatrix}, \quad \boldsymbol{R}^3 \ni \mathrm{X} = (x, y, z) = \begin{pmatrix} x \\ y \\ z \end{pmatrix}$$

このとき，零行列である n 項ベクトルは $\boldsymbol{R}^n$ の原点とみなされるのでOとも表す．

$\boldsymbol{R}^n$ から $\boldsymbol{R}^m$ への写像[*1]

$$f:\ \boldsymbol{R}^n \ni \mathrm{X} \longmapsto f(\mathrm{X}) \in \boldsymbol{R}^m$$

は，すべての $\mathrm{X}_1, \mathrm{X}_2 \in \boldsymbol{R}^n$ とすべてのスカラー λ, μ に対して，

$$f(\lambda \mathrm{X}_1 + \mu \mathrm{X}_2) = \lambda f(\mathrm{X}_1) + \mu f(\mathrm{X}_2)$$

となるとき**線形写像**（あるいは**1次写像**）であるといわれる[*2]．

注意 9.11 さらに一般に，加法とスカラー倍が定義されている集合[*3] S から加法とスカラー倍が定義されている集合 T への写像 $f:\ S \longrightarrow T$ があって，S のすべての要素 s_1, s_2 とすべてのスカラー λ, μ に対して

$$f(\lambda s_1 + \mu s_2) = \lambda f(s_1) + \mu f(s_2)$$

が成り立つ[*4]とき，写像 f は線形写像である，あるいは，線形性をもつという．たとえば，S を区間 (a, b) 上微分可能な関数全体のなす集合，T を区間 (a, b) 上の関数全体のなす集合とするとき，$S \ni y = y(x) \longmapsto f_1(y) = \dfrac{dy}{dx}$ は公式 5.12 の 1) より線形写像であるが，$S \ni y = y(x) \longmapsto f_2(y) = \left(\dfrac{dy}{dx}\right)^2$ は線形写像ではな

---

*1 つぎの式の書き方については第4章の初めの部分を参照して下さい．

*2 最も基本的な曲線が直線であるのと同様に，最も基本的な写像は線形写像です．曲線を調べるときに接線という直線が用いられるのと同様に，写像を調べるときに線形写像が用いられます．

*3 これを**線形空間**または**ベクトル空間**といいます．

*4 $\lambda s_1 + \mu s_2$ を s_1 と s_2 の**線形結合**といいます．

い．実際，

$$f_2(y_1+y_2) = \left(\frac{d(y_1+y_2)}{dx}\right)^2 = \left(\frac{dy_1}{dx}\right)^2 + \left(\frac{dy_2}{dx}\right)^2 + 2\frac{dy_1}{dx}\frac{dy_2}{dx}$$
$$\neq f_2(y_1)+f_2(y_2) = \left(\frac{dy_1}{dx}\right)^2 + \left(\frac{dy_2}{dx}\right)^2$$

となり，$f_2(1\cdot y_1+1\cdot y_2) = 1\cdot f_2(y_1)+1\cdot f_2(y_2)$ が成り立たない．

また，7.3 節から 7.5 節で学んだ 1 階，2 階の線形微分方程式において未知関数とその微分で表される項をまとめると，それぞれ $\Phi_1(y)=y'-p(x)y$, $\Phi_2(y)=a(x)y''+B(x)y'+C(x)y$ となる．このとき，上記と同様に，$y\longmapsto\Phi_1(y)$, $y\longmapsto\Phi_2(y)$ はいずれも線形写像となるが，この性質が“線形”微分方程式という名称の由来である．一方，非線形微分方程式の例題 7.21 における $h\longmapsto mh''-K(h')^2$ は上記と同様に線形写像ではない．

$\boldsymbol{R}^n$ の各要素 X に対して $\boldsymbol{R}^n$ の要素 $f(\mathrm{X})$ を $f(\mathrm{X})=\mathrm{X}$ で定めることにより写像 $f:\boldsymbol{R}^n\longrightarrow\boldsymbol{R}^n$ が定義される．この $\boldsymbol{R}^n$ の要素を何の変化も加えず等しく移す写像を $\boldsymbol{R}^n$ の**恒等写像**といい，しばしば I で表す．

❏ 例題 9.12　恒等写像は線形写像であることを示せ．

〔解 答〕　$I(\lambda\mathrm{X}_1+\mu\mathrm{X}_2) = \lambda\mathrm{X}_1+\mu\mathrm{X}_2 = \lambda I(\mathrm{X}_1)+\mu I(\mathrm{X}_2)$ となるから I は線形写像である．◈

❏ 例題 9.13　a, b, c, d を定数とする．このとき，$f:\boldsymbol{R}^2\longrightarrow\boldsymbol{R}^2$ を

$$\boldsymbol{R}^2 \ni \mathrm{X} = \begin{pmatrix} x \\ y \end{pmatrix} \longmapsto f(\mathrm{X}) = \begin{pmatrix} ax+by \\ cx+dy \end{pmatrix} \in \boldsymbol{R}^2$$

で定めれば，これは線形写像であることを示せ．

〔解 答〕　$\boldsymbol{R}^2 \ni \mathrm{X}_1=\begin{pmatrix} x_1 \\ y_1 \end{pmatrix}$, $\mathrm{X}_2=\begin{pmatrix} x_2 \\ y_2 \end{pmatrix}$ に対して $\lambda\mathrm{X}_1+\mu\mathrm{X}_2=\begin{pmatrix} \lambda x_1+\mu x_2 \\ \lambda y_1+\mu y_2 \end{pmatrix}$

であるから，

$$f(\lambda\mathrm{X}_1+\mu\mathrm{X}_2) = \begin{pmatrix} a(\lambda x_1+\mu x_2) + b(\lambda y_1+\mu y_2) \\ c(\lambda x_1+\mu x_2) + d(\lambda y_1+\mu y_2) \end{pmatrix}$$
$$= \lambda\begin{pmatrix} ax_1+by_1 \\ cx_1+dy_1 \end{pmatrix} + \mu\begin{pmatrix} ax_2+by_2 \\ cx_2+dy_2 \end{pmatrix} = \lambda f(\mathrm{X}_1) + \mu f(\mathrm{X}_2)$$

となる．したがって，f は線形写像である．◈

注意 9.14 $f: \boldsymbol{R}^n \longrightarrow \boldsymbol{R}^m$ が線形写像ならば $f(\mathrm{O})=f(0\,\mathrm{X})=0f(\mathrm{X})=\mathrm{O}$ となる．すなわち，線形写像は原点 $\mathrm{O}\in\boldsymbol{R}^n$ を必ず原点 $\mathrm{O}\in\boldsymbol{R}^m$ に移す*.

したがって，たとえば

$$\boldsymbol{R}^2 \ni \mathrm{X}=\begin{pmatrix} x \\ y \end{pmatrix} \longmapsto f(\mathrm{X})=\begin{pmatrix} ax+by+1 \\ cx+dy \end{pmatrix} \in \boldsymbol{R}^2$$

とすると，$f(\mathrm{O}) \neq \mathrm{O}$ であるから，この写像 f は線形写像ではありえない．

一方，原点を原点に移すからといって線形写像とは限らない．

例題 9.15 $\boldsymbol{R}^2 \ni \mathrm{X}=\begin{pmatrix} x \\ y \end{pmatrix} \longmapsto f(\mathrm{X})=\begin{pmatrix} x+y \\ xy \end{pmatrix} \in \boldsymbol{R}^2$ とするとき，つぎを示せ．

1) f は $\boldsymbol{R}^2$ の原点を $\boldsymbol{R}^2$ の原点に移す．

2) f は線形写像ではない．

〔解答〕 1) $x=y=0$ ならば $x+y=xy=0$ であるから明らかである．

2) $$\boldsymbol{R}^2 \ni 2\mathrm{X}=\begin{pmatrix} 2x \\ 2y \end{pmatrix} \longmapsto f(2\mathrm{X})=\begin{pmatrix} 2x+2y \\ 2x2y \end{pmatrix} \neq \begin{pmatrix} 2x+2y \\ 2xy \end{pmatrix}=2f(\mathrm{X})$$

となり，f が線形写像となるための条件は成り立たない． ◈

実は，**$\boldsymbol{R}^n$ から $\boldsymbol{R}^m$ への線形写像はすべて行列の積によって与えられる**．そのことを以下で説明する．以下においては，$\boldsymbol{R}^n$ の要素を n 項縦ベクトルで表す．

このとき，$\boldsymbol{R}^n$ の要素 X と $m\times n$ 型行列 A に対し，行列の積 $A\mathrm{X}$ が定義され，$A\mathrm{X}$ は $\boldsymbol{R}^m$ の要素となる．したがって，$\boldsymbol{R}^n$ から $\boldsymbol{R}^m$ への写像 f_A が

$$\boldsymbol{R}^n \ni \mathrm{X} \longmapsto f_A(\mathrm{X})=A\mathrm{X} \in \boldsymbol{R}^m$$

によって与えられる．この写像 f_A は線形写像である．実際，行列の積の性質（公式 9.8）によりつぎが成り立つ．

$$f_A(\lambda\mathrm{X}_1+\mu\mathrm{X}_2)=A(\lambda\mathrm{X}_1+\mu\mathrm{X}_2)=\lambda A\mathrm{X}_1+\mu A\mathrm{X}_2=\lambda f_A(\mathrm{X}_1)+\mu f_A(\mathrm{X}_2)$$

この線形写像 f_A を**行列 A に対応する線形写像**という．たとえば，$A=\begin{pmatrix} a & b \\ c & d \end{pmatrix}$ とすると，$\boldsymbol{R}^2 \ni \mathrm{X}=\begin{pmatrix} x \\ y \end{pmatrix} \longmapsto f_A(\mathrm{X})=A\mathrm{X}=\begin{pmatrix} ax+by \\ cx+dy \end{pmatrix} \in \boldsymbol{R}^2$ は例題 9.13 で学

* $\mathrm{O}\in\boldsymbol{R}^n$ は $n\times 1$ 型の零行列，$\mathrm{O}\in\boldsymbol{R}^m$ は $m\times 1$ 型の零行列であった（p. 238 参照）ことに注意．

んだように線形写像であった.

このように行列 A から線形写像 f_A がつくられるが，逆に線形写像 f から行列 A_f がつぎのようにつくられ，定理 9.17 でみるように，すべての線形写像 f は行列 A_f の定める線形写像 f_{A_f} と一致する.

まず，$\overrightarrow{e_1}, \overrightarrow{e_2}, \cdots, \overrightarrow{e_n} \in \boldsymbol{R}^n$ をつぎによって定める.

$$\overrightarrow{e_1} = \begin{pmatrix} 1 \\ 0 \\ \vdots \\ 0 \end{pmatrix}, \quad \overrightarrow{e_2} = \begin{pmatrix} 0 \\ 1 \\ \vdots \\ 0 \end{pmatrix}, \quad \cdots, \quad \overrightarrow{e_n} = \begin{pmatrix} 0 \\ 0 \\ \vdots \\ 1 \end{pmatrix}$$

f が $\boldsymbol{R}^n$ から $\boldsymbol{R}^m$ への線形写像のとき，$f(\overrightarrow{e_1}), f(\overrightarrow{e_2}), \cdots, f(\overrightarrow{e_n})$ はいずれも m 項縦ベクトルであるから，これらを左から順番に並べることによって $m \times n$ 型行列 A_f がつくられる．この行列 A_f を**線形写像 $\boldsymbol{f}$ に対応する行列**という.

❏ 例題 9.16　$\boldsymbol{R}^2$ から $\boldsymbol{R}^2$ への恒等写像 I に対応する行列を求めよ.

〔解 答〕

$$\boldsymbol{R}^2 \ni \overrightarrow{e_1} = \begin{pmatrix} 1 \\ 0 \end{pmatrix} \longmapsto I(\overrightarrow{e_1}) = \overrightarrow{e_1} = \begin{pmatrix} 1 \\ 0 \end{pmatrix} \in \boldsymbol{R}^2$$

$$\boldsymbol{R}^2 \ni \overrightarrow{e_2} = \begin{pmatrix} 0 \\ 1 \end{pmatrix} \longmapsto I(\overrightarrow{e_2}) = \overrightarrow{e_2} = \begin{pmatrix} 0 \\ 1 \end{pmatrix} \in \boldsymbol{R}^2$$

から，$I(\overrightarrow{e_1})$，$I(\overrightarrow{e_2})$ を左から順辺に並べるとつぎが成り立つ.

$$\begin{pmatrix} 1 & 0 \\ 0 & 1 \end{pmatrix} = 2 \text{ 次の単位行列 } E$$

すなわち，$\boldsymbol{R}^2$ から $\boldsymbol{R}^2$ への恒等写像に対応する行列は 2 次の単位行列である．（同様に，$\boldsymbol{R}^n$ から $\boldsymbol{R}^n$ への恒等写像に対応する行列は n 次の単位行列となる.）

◈

上で学んだように，行列に対応して線形写像がつくられ，線形写像に対応して行列がつくられたが，つぎの定理からわかるように，**行列は線形写像と 1 対 1 に対応する.**

❏ 定理 9.17

1)　$A_{f_A} = A$　すなわち，行列 A に対応して線形写像 f_A をつくり，その線形写像 f_A に対応して行列 A_{f_A} をつくると，行列 A_{f_A} はもとの行列 A と一致する.

2) $f_{A_f}=f$ すなわち，線形写像 f に対応して行列 A_f をつくり，その行列 A_f に対応して線形写像 f_{A_f} をつくると，線形写像 f_{A_f} はもとの線形写像 f と一致する．

〔証明〕 他の場合も同様であるから，以下 $m=2$，$n=2$ とする．

1) $A=\begin{pmatrix} a & b \\ c & d \end{pmatrix}$ とすると，行列 A_{f_A} および線形写像 f_A のつくり方より，

$$\text{行列 } A_{f_A} \text{ の第1列} = f_A(\overrightarrow{e_1}) = A\overrightarrow{e_1} = \begin{pmatrix} a & b \\ c & d \end{pmatrix}\begin{pmatrix} 1 \\ 0 \end{pmatrix} = \begin{pmatrix} a \\ c \end{pmatrix}$$

$$\text{行列 } A_{f_A} \text{ の第2列} = f_A(\overrightarrow{e_2}) = A\overrightarrow{e_2} = \begin{pmatrix} a & b \\ c & d \end{pmatrix}\begin{pmatrix} 0 \\ 1 \end{pmatrix} = \begin{pmatrix} b \\ d \end{pmatrix}$$

となる．したがって，行列 A_{f_A} は行列 A と一致する．

2) $f(\overrightarrow{e_1})=\begin{pmatrix} p \\ r \end{pmatrix}$，$f(\overrightarrow{e_2})=\begin{pmatrix} q \\ s \end{pmatrix}$ とすると，行列 A_f のつくり方によりつぎが成り立つ．

$$A_f = (f(\overrightarrow{e_1}) \; f(\overrightarrow{e_2})) = \begin{pmatrix} p & q \\ r & s \end{pmatrix}$$

したがって，線形写像 f_{A_f} のつくり方より，すべての $\mathrm{X}=\begin{pmatrix} x \\ y \end{pmatrix}\in \boldsymbol{R}^2$ に対して

$$\begin{aligned} f_{A_f}(\mathrm{X}) &= A_f\mathrm{X} = \begin{pmatrix} p & q \\ r & s \end{pmatrix}\begin{pmatrix} x \\ y \end{pmatrix} = \begin{pmatrix} px+qy \\ rx+sy \end{pmatrix} = x\begin{pmatrix} p \\ r \end{pmatrix} + y\begin{pmatrix} q \\ s \end{pmatrix} \\ &= xf(\overrightarrow{e_1}) + yf(\overrightarrow{e_2}) = f(x\overrightarrow{e_1}+y\overrightarrow{e_2}) = f(\mathrm{X}) \end{aligned}$$

となる．したがって，線形写像 f_{A_f} は線形写像 f と一致する． ■

線形写像 f：$\boldsymbol{R}^n \longrightarrow \boldsymbol{R}^m$ において $n=m$ のとき，すなわち，線形写像 f：$\boldsymbol{R}^n \longrightarrow \boldsymbol{R}^n$ を $\boldsymbol{R}^n$ の**線形変換**（または，**1次変換**）という．$\boldsymbol{R}^n$ の線形変換に対しては n 次行列が対応する．

例題 9.18 xy 平面（$=\boldsymbol{R}^2$）内の X を原点を中心として反時計回りに θ 回転した点 $f(\mathrm{X})$ に移す写像 f は線形変換であることを示し，対応する行列を求めよ．

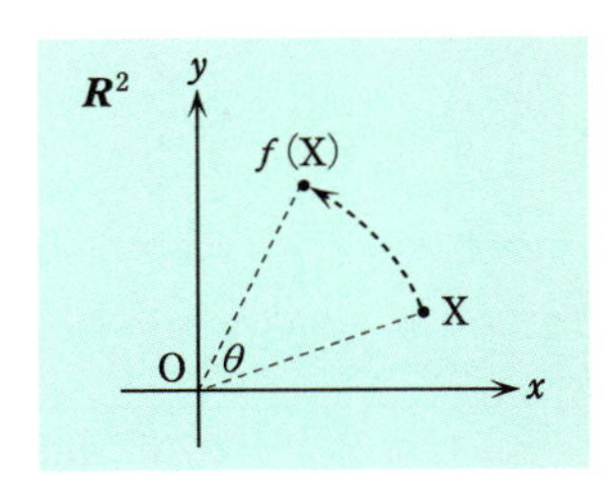

〔解 答〕 $\boldsymbol{R}^2 \ni \mathrm{X} \longmapsto f(\mathrm{X}) \in \boldsymbol{R}^2$ は線形変換であることがつぎのようにわかる．まず，$\mathrm{X}_1=(a, b)$，$\mathrm{X}_2=(c, d) \in \boldsymbol{R}^2$ に対して $\mathrm{X}_1+\mathrm{X}_2=(a+c, b+d) \in \boldsymbol{R}^2$ の表す点を Y とすると，O を原点として，つぎが成り立つ．

$$\mathrm{OX}_1 = \sqrt{a^2+b^2} = \sqrt{(a+c-c)^2+(b+d-d)^2} = \mathrm{X}_2\mathrm{Y}$$

$$\mathrm{OX}_2 = \sqrt{c^2+d^2} = \sqrt{(a+c-a)^2+(b+d-b)^2} = \mathrm{X}_1\mathrm{Y}$$

これは $\mathrm{X}_1, \mathrm{X}_2$ に対して，$\mathrm{Y}=\mathrm{X}_1+\mathrm{X}_2$ は四角形 $\mathrm{OX}_1\mathrm{YX}_2$ が平行四辺形になる点であることを示している．このとき，平行四辺形を回転したものは再び平行四辺形であるから，四角形 $\mathrm{O}f(\mathrm{X}_1)f(\mathrm{Y})f(\mathrm{X}_2)$ は平行四辺形であり（図 a 参照），よって，$f(\mathrm{Y})=f(\mathrm{X}_1)+f(\mathrm{X}_2)$ となる．

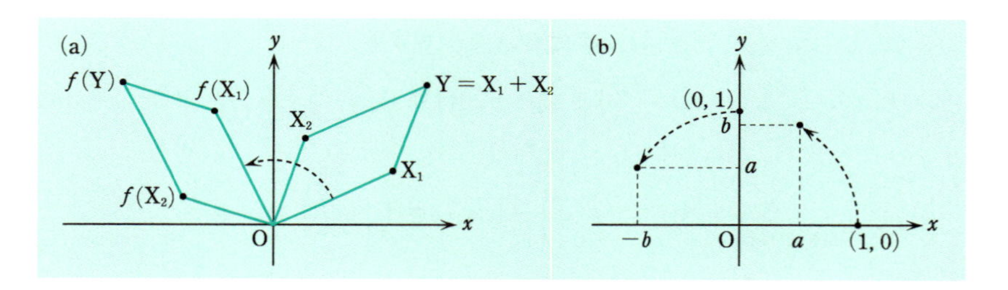

同様に，X をスカラー λ 倍した $\lambda\mathrm{X}$ は原点を中心とする回転 f によって $f(\mathrm{X})$ の λ 倍に移るから，$f(\lambda\mathrm{X})=\lambda f(\mathrm{X})$ も成り立つ．したがって，$f(\lambda\mathrm{X}_1+\mu\mathrm{X}_2)=f(\lambda\mathrm{X}_1)+f(\mu\mathrm{X}_2)=\lambda f(\mathrm{X}_1)+\mu f(\mathrm{X}_2)$ となり，f は線形変換である．ここで，点 $(1, 0)$ が原点を中心とする回転によって点 (a, b) に移ったとすると，点 $(0, 1)$ はこの回転によって点 $(-b, a)$ に移る（図 b 参照）．ここで，回転角を θ とすると $a=\cos\theta$，$b=\sin\theta$ となる．よって

$$f\left(\begin{pmatrix}1\\0\end{pmatrix}\right) = \begin{pmatrix}\cos\theta\\ \sin\theta\end{pmatrix}, \quad f\left(\begin{pmatrix}0\\1\end{pmatrix}\right) = \begin{pmatrix}-\sin\theta\\ \cos\theta\end{pmatrix}$$

となるから，求める行列* はつぎのようになる．

$$R_\theta = \begin{pmatrix}\cos\theta & -\sin\theta\\ \sin\theta & \cos\theta\end{pmatrix}$$ ◈

注意 9.19 上記の回転行列を用いて第 4 章で証明した三角関数の加法公式（公式 4.6）の別証明が得られる．実際，単位円周上の点 $(\cos\varphi, \sin\varphi)$ を原点

* 行列 R_θ を **2 次の回転行列**といいます．

を中心として反時計回りに θ 回転すると点 $(\cos(\theta+\varphi), \sin(\theta+\varphi))$ に移る．一方，上でみたように，この点は点 $(\cos\varphi, \sin\varphi)$ を行列 R_θ の表す線形変換で移した点と同じである．したがって

$$\begin{pmatrix}\cos(\theta+\varphi)\\ \sin(\theta+\varphi)\end{pmatrix}=\begin{pmatrix}\cos\theta & -\sin\theta\\ \sin\theta & \cos\theta\end{pmatrix}\begin{pmatrix}\cos\varphi\\ \sin\varphi\end{pmatrix}=\begin{pmatrix}\cos\theta\cos\varphi-\sin\theta\sin\varphi\\ \sin\theta\cos\varphi+\cos\theta\sin\varphi\end{pmatrix}$$

となる．これから加法公式が直ちに得られる．

f, g が共に $\boldsymbol{R}^n$ から $\boldsymbol{R}^m$ への線形写像のとき，それらの加法・減法 $f\pm g$ がつぎのように定義される．

$$\boldsymbol{R}^n \ni \mathrm{X} \longmapsto (f\pm g)(\mathrm{X}) = f(\mathrm{X})\pm g(\mathrm{X}) \in \boldsymbol{R}^m \quad \text{(複号同順*)}$$

さらに，f のスカラー λ 倍 λf がつぎのように定義される．

$$\boldsymbol{R}^n \ni \mathrm{X} \longmapsto (\lambda f)(\mathrm{X}) = \lambda f(\mathrm{X}) \in \boldsymbol{R}^m$$

❏ **例題 9.20**　線形写像 f, g に対応する $m\times n$ 型行列をそれぞれ A, B とするとき，$f\pm g$，λf はそれぞれ行列 $A\pm B$，行列 λA に対応する線形写像であることを示せ．

〔**解答**〕　1）$(f\pm g)(\mathrm{X})=f(\mathrm{X})\pm g(\mathrm{X})=A\mathrm{X}\pm B\mathrm{X}=(A\pm B)\mathrm{X}$ となる．これは $f\pm g$ が行列 $A\pm B$ に対応する線形写像であることを示している．

2）$(\lambda f)(\mathrm{X})=\lambda f(\mathrm{X})=\lambda(A\mathrm{X})=(\lambda A)\mathrm{X}$ となる．これは λf が行列 λA に対応する線形写像であることを示している．◈

f が $\boldsymbol{R}^p$ から $\boldsymbol{R}^q$ への線形写像で g が $\boldsymbol{R}^q$ から $\boldsymbol{R}^r$ への線形写像のとき，それらの合成写像 $g\circ f$ がつぎのように定義される．

$$\boldsymbol{R}^p \ni X \longmapsto (g\circ f)(\mathrm{X}) = g(f(\mathrm{X})) \in \boldsymbol{R}^r$$

❏ **例題 9.21**　線形写像 f に対応する $q\times p$ 型行列を A，線形写像 g に対応する $r\times q$ 型行列を B とするとき，線形写像 $g\circ f$ は行列 BA に対応する線形写像であることを示せ．

〔**解答**〕　$(g\circ f)(\mathrm{X})=g(f(\mathrm{X}))=g(A\mathrm{X})=B(A\mathrm{X})=(BA)\mathrm{X}$ となる．これは $g\circ f$ が行列 BA に対応する線形写像であることを示している．◈

---

*　$(f+g)(\mathrm{X})=f(\mathrm{X})+g(\mathrm{X})$ および $(f-g)(\mathrm{X})=f(\mathrm{X})-g(\mathrm{X})$ という意味です．

9.3 行列式

線形写像の加法・減法および合成写像にはそれぞれ行列の加法・減法および積が対応した．それでは線形写像の逆写像にはどのような行列が対応するのであろうか？ 行列の商が対応するのか？ もしそうなら，行列の商はどう与えられるのか？ そもそも線形写像の逆写像はどのような条件の下で存在するのか？

この問いに答えるために行列式を定義しよう．行列式の定義は互いに同値で結果が同じになるいくつかの定義があるが，ここではつぎのように行列の次数に関する帰納法で定義する．

定義 9.22　n 次行列 A の**行列式**をつぎの 1), 2) によって定義し，これを $|A|$（または，$\det A$）* と表す．

1) 1 次行列 $A=(a)$ に対して，$|A|=a$.
2) $n \geqq 2$ のとき，

$$|A| = \sum_{j=1}^{n}(-1)^{j+1}a_{j1}|A_{j1}| = a_{11}|A_{11}| - a_{21}|A_{21}| + \cdots + (-1)^{n-1}a_{n1}|A_{n1}|$$

ただし，a_{j1} は A の第 $(j, 1)$ 成分，A_{j1} は A から第 j 行と第 1 列を取り去ってできる $n-1$ 次行列

例 9.23　2 次行列 $A=\begin{pmatrix} a & b \\ c & d \end{pmatrix}$ に対して，第 1 行と第 1 列を取り去ると $A_{11}=(d)$, 第 2 行と第 1 列を取り去ると $A_{21}=(b)$ であるから，上記の定義により

$$|A| = \begin{vmatrix} a & b \\ c & d \end{vmatrix} = a|A_{11}| - c|A_{21}| = ad - bc$$

例 9.24　3 次行列 $A=\begin{pmatrix} a & b & c \\ p & q & r \\ u & v & w \end{pmatrix}$ に対してつぎが成り立つ．

$$\begin{aligned} |A| &= \begin{vmatrix} a & b & c \\ p & q & r \\ u & v & w \end{vmatrix} = a|A_{11}| - p|A_{21}| + u|A_{31}| \\ &= a\begin{vmatrix} q & r \\ v & w \end{vmatrix} - p\begin{vmatrix} b & c \\ v & w \end{vmatrix} + u\begin{vmatrix} b & c \\ q & r \end{vmatrix} \\ &= a(qw-rv) - p(bw-cv) + u(br-cq) \\ &= aqw + bru + cpv - arv - bpw - cqu \end{aligned}$$

---

*　行列式の英語表現 determinant の最初の 3 文字をとったもの．

例 9.23 と例 9.24 をまとめてつぎの公式を得る．

❏ 公式 9.25

$$\begin{vmatrix} a & b \\ c & d \end{vmatrix} = ad-bc, \quad \begin{vmatrix} a & b & c \\ p & q & r \\ u & v & w \end{vmatrix} = aqw+bru+cpv-arv-bpw-cqu$$

❍ 注意 9.26　行列の第(i, j)成分を a_{ij} とすると，つぎのようになる．

$$\begin{vmatrix} a_{11} & a_{12} \\ a_{21} & a_{22} \end{vmatrix} = a_{11}a_{22} - a_{12}a_{21},$$

$$\begin{vmatrix} a_{11} & a_{12} & a_{13} \\ a_{21} & a_{22} & a_{23} \\ a_{31} & a_{32} & a_{33} \end{vmatrix} = a_{11}a_{22}a_{33} + a_{12}a_{23}a_{31} + a_{13}a_{21}a_{32} - a_{11}a_{23}a_{32} - a_{12}a_{21}a_{33} - a_{13}a_{22}a_{31}$$

❏ 例題 9.27　つぎを求めよ．

1) $\begin{vmatrix} 2 & \sqrt{3} \\ -3 & -0.4 \end{vmatrix}$　2) $\begin{vmatrix} 1 & -2 & 3 \\ -4 & 5 & -6 \\ 1 & 2 & 3 \end{vmatrix}$

〔解 答〕　1) $\begin{vmatrix} 2 & \sqrt{3} \\ -3 & -0.4 \end{vmatrix} = 2\cdot(-0.4)-\sqrt{3}(-3)=3\sqrt{3}-0.8$

2) $$\begin{vmatrix} 1 & -2 & 3 \\ -4 & 5 & -6 \\ 1 & 2 & 3 \end{vmatrix} = 1\cdot5\cdot3 + (-2)\cdot(-6)\cdot1 + 3\cdot(-4)\cdot2 - 1\cdot(-6)\cdot2-(-2)\cdot(-4)\cdot3-3\cdot5\cdot1$$

$$= 15+12-24+12-24-15=-24$$

◈

❏ 例 9.28　E を 2 次の単位行列，すなわち，$E=\begin{pmatrix} 1 & 0 \\ 0 & 1 \end{pmatrix}$ とすると，上記公式より $|E|=1\cdot1-0\cdot0=1$ となる．また，3 次の単位行列の行列式が 1 であることも上記公式から直ちにわかる．（さらに，$n \geqq 4$ の場合も単位行列の行列式が 1 であることは，定義 9.22 と数学的帰納法から直ちに示される．）

❏ 定理 9.29

積の行列式は行列式の積に等しい．すなわち，n 次行列 A，B に対して $|AB|=|A||B|$ が成り立つ．

〔証明〕　まず，$n=1$ とする．このときは，上記命題は直接計算からつぎのように示される．$A=(a_{11})$，$B=(b_{11})$ とすると，$AB=(a_{11}b_{11})$ となる．したがって，$|AB|=a_{11}b_{11}=|A||B|$ となる．

つぎに $n=2$ とする．この場合も直接計算からつぎのように示される．

$$A=\begin{pmatrix} a_{11} & a_{12} \\ a_{21} & a_{22} \end{pmatrix},\quad B=\begin{pmatrix} b_{11} & b_{12} \\ b_{21} & b_{22} \end{pmatrix} \text{ とすると，}$$

$$AB=\begin{pmatrix} a_{11}b_{11}+a_{12}b_{21} & a_{11}b_{12}+a_{12}b_{22} \\ a_{21}b_{11}+a_{22}b_{21} & a_{21}b_{12}+a_{22}b_{22} \end{pmatrix}$$

となる．したがって，

$$|AB| = (a_{11}b_{11}+a_{12}b_{21})(a_{21}b_{12}+a_{22}b_{22})-(a_{11}b_{12}+a_{12}b_{22})(a_{21}b_{11}+a_{22}b_{21})$$

となるが，これを展開すると $a_{ij}b_{jk}a_{lm}b_{mn}$ という形の項の足し算・引き算となる．ここで，j, m が相異なる項以外は足し算と引き算で消し合ってすべて消えることがわかる．たとえば，展開の初めに出てくる項 $a_{11}b_{11}a_{21}b_{12}$ は $j=m=1$ であるから，あとで出てくる引き算の項 $a_{11}b_{12}a_{21}b_{11}$ と消し合って消える．そこで，j, m が相異なる項のみを集めると，つぎが成り立つ．

$$\begin{aligned} |AB| &= a_{11}b_{11}a_{22}b_{22}+a_{12}b_{21}a_{21}b_{12}-a_{11}b_{12}a_{22}b_{21}-a_{12}b_{22}a_{21}b_{11} \\ &= (a_{11}a_{22}-a_{12}a_{21})(b_{11}b_{22}-b_{12}b_{21}) = |A||B| \end{aligned}$$

つぎに $n=3$ とする．この場合も直接計算からつぎのように示される．

$$A=\begin{pmatrix} a_{11} & a_{12} & a_{13} \\ a_{21} & a_{22} & a_{23} \\ a_{31} & a_{32} & a_{33} \end{pmatrix},\quad B=\begin{pmatrix} b_{11} & b_{12} & b_{13} \\ b_{21} & b_{22} & b_{23} \\ b_{31} & b_{32} & b_{33} \end{pmatrix} \text{ とすると，}$$

$$AB=\begin{pmatrix} a_{11}b_{11}+a_{12}b_{21}+a_{13}b_{31} & a_{11}b_{12}+a_{12}b_{22}+a_{13}b_{32} & a_{11}b_{13}+a_{12}b_{23}+a_{13}b_{33} \\ a_{21}b_{11}+a_{22}b_{21}+a_{23}b_{31} & a_{21}b_{12}+a_{22}b_{22}+a_{23}b_{32} & a_{21}b_{13}+a_{22}b_{23}+a_{23}b_{33} \\ a_{31}b_{11}+a_{32}b_{21}+a_{33}b_{31} & a_{31}b_{12}+a_{32}b_{22}+a_{33}b_{32} & a_{31}b_{13}+a_{32}b_{23}+a_{33}b_{33} \end{pmatrix}$$

となる．したがって，

$$\begin{aligned} |AB| = &(a_{11}b_{11}+a_{12}b_{21}+a_{13}b_{31})(a_{21}b_{12}+a_{22}b_{22}+a_{23}b_{32})(a_{31}b_{13}+a_{32}b_{23}+a_{33}b_{33}) \\ &+(a_{11}b_{12}+a_{12}b_{22}+a_{13}b_{32})(a_{21}b_{13}+a_{22}b_{23}+a_{23}b_{33})(a_{31}b_{11}+a_{32}b_{21}+a_{33}b_{31}) \\ &+(a_{11}b_{13}+a_{12}b_{23}+a_{13}b_{33})(a_{21}b_{11}+a_{22}b_{21}+a_{23}b_{31})(a_{31}b_{12}+a_{32}b_{22}+a_{33}b_{32}) \\ &-(a_{11}b_{11}+a_{12}b_{21}+a_{13}b_{31})(a_{21}b_{13}+a_{22}b_{23}+a_{23}b_{33})(a_{31}b_{12}+a_{32}b_{22}+a_{33}b_{32}) \\ &-(a_{11}b_{12}+a_{12}b_{22}+a_{13}b_{32})(a_{21}b_{11}+a_{22}b_{21}+a_{23}b_{31})(a_{31}b_{13}+a_{32}b_{23}+a_{33}b_{33}) \\ &-(a_{11}b_{13}+a_{12}b_{23}+a_{13}b_{33})(a_{21}b_{12}+a_{22}b_{22}+a_{23}b_{32})(a_{31}b_{11}+a_{32}b_{21}+a_{33}b_{31}) \end{aligned}$$

となるが，これを展開すると $a_{ij}b_{jk}a_{lm}b_{mn}a_{st}b_{tu}$ という形の項の足し算・引き算となる．ここで，j, m, t が相異なる項以外は足し算と引き算で消し合ってすべて消えることがわかる．たとえば，展開の初めに出てくる項 $a_{11}b_{11}a_{21}b_{12}a_{31}b_{13}$ は $j=m=1$ であるから，あとで出てくる引き算の項 $a_{11}b_{11}a_{21}b_{13}a_{31}b_{12}$ と消し合って消える．そこで，j, m, t が相異なる項のみを集めると，つぎが成り立つ．

$$
\begin{aligned}
|AB| &= (a_{11}a_{22}a_{33}+a_{12}a_{23}a_{31}+a_{13}a_{21}a_{32}-a_{11}a_{23}a_{32}-a_{12}a_{21}a_{33}-a_{13}a_{22}a_{31})\\
&\quad\times(b_{11}b_{22}b_{33}+b_{12}b_{23}b_{31}+b_{13}b_{21}b_{32}-b_{11}b_{23}b_{32}-b_{12}b_{21}b_{33}-b_{13}b_{22}b_{31})\\
&=|A||B|
\end{aligned}
$$

$n\geqq 4$ の場合も同様の考え方で証明されるが，煩雑になるので省略する．■

9.4 逆　行　列

一般に，写像 f：$\boldsymbol{R}^n\longrightarrow\boldsymbol{R}^m$ に対して，写像 g：$\boldsymbol{R}^m\longrightarrow\boldsymbol{R}^n$ が存在して合成写像 $g\circ f$ および $f\circ g$ がいずれも恒等写像となるとき，すなわち，すべての $\mathrm{X}\in\boldsymbol{R}^n$ に対して $g(f(\mathrm{X}))=\mathrm{X}$，すべての $\mathrm{Y}\in\boldsymbol{R}^m$ に対して $f(g(\mathrm{Y}))=\mathrm{Y}$ が成り立つとき，g は f の**逆写像**であるといい，g を f^{-1} と表す．これは第4章の逆写像の定義と同じである．

ここで，f は線形写像とする．このとき，f の逆写像 f^{-1} が存在するならば，逆写像 f^{-1} も線形写像でなければならない．実際，つぎが成り立つ．

$$
\begin{aligned}
f^{-1}(\lambda\mathrm{Y}_1+\mu\mathrm{Y}_2) &= f^{-1}(f(f^{-1}(\lambda\mathrm{Y}_1))+f(f^{-1}(\mu\mathrm{Y}_2)))\\
&= f^{-1}(f(f^{-1}(\lambda\mathrm{Y}_1)+f^{-1}(\mu\mathrm{Y}_2))) = f^{-1}(\lambda\mathrm{Y}_1)+f^{-1}(\mu\mathrm{Y}_2)\\
&= f^{-1}(\lambda f(f^{-1}(\mathrm{Y}_1)))+f^{-1}(\mu f(f^{-1}(\mathrm{Y}_2)))\\
&= f^{-1}(f(\lambda f^{-1}(\mathrm{Y}_1)))+f^{-1}(f(\mu f^{-1}(\mathrm{Y}_2))) = \lambda f^{-1}(\mathrm{Y}_1)+\mu f^{-1}(\mathrm{Y}_2)
\end{aligned}
$$

また，$n=m$ でなければならない．これはつぎのように示される．まず，$n<m$ とする．他の場合も同様であるから，$n=2$，$m=3$ とする．このとき，線形写像 f：$\boldsymbol{R}^2\longrightarrow\boldsymbol{R}^3$ に対応する行列を $A=\begin{pmatrix} a & p\\ b & q\\ c & r\end{pmatrix}$ とし，原点Oと2点 (a, b, c)，(p, q, r) を通る平面を τ：$\alpha x+\beta y+\gamma z=0$（Oを通るから $\delta=0$）とすれば，

$$
\boldsymbol{R}^2 \ni \mathrm{X} = \begin{pmatrix} x\\ y\end{pmatrix} \longmapsto f(\mathrm{X}) = \begin{pmatrix} a & p\\ b & q\\ c & r\end{pmatrix}\begin{pmatrix} x\\ y\end{pmatrix} = \begin{pmatrix} ax+py\\ bx+qy\\ cx+ry\end{pmatrix}
$$

において，$\alpha(ax+py)+\beta(bx+qy)+\gamma(cx+ry)=x(\alpha a+\beta b+\gamma c)+y(\alpha p+\beta q+\gamma r)=0$ となるから，点 $f(\mathrm{X})$ はすべての $\mathrm{X}\in\boldsymbol{R}^2$ に対して平面 τ 上にある．ここで，平面 τ 上にはない空間 $\boldsymbol{R}^3$ 内の点を Y とする．もし，逆写像 f^{-1} が存在すれば，$f^{-1}(\mathrm{Y})$ は $\boldsymbol{R}^2$ の要素であるから，上でみたように $\mathrm{Y}=f(f^{-1}(\mathrm{Y}))$

は平面 τ 上の点となるが，これは矛盾である．$n>m$ の場合も同様であり，逆写像 f^{-1} が存在するときには $n=m$ でなければならない．

線形写像 $f: \boldsymbol{R}^n \longrightarrow \boldsymbol{R}^n$ は逆写像 f^{-1} をもつとする．f に対応する n 次行列を A で表すとき，逆写像 f^{-1} に対応する n 次行列を A^{-1} と表し，A の**逆行列**という．このとき，

$$f \circ f^{-1} = f^{-1} \circ f = I \quad (\text{ここで，} I \text{ は } \boldsymbol{R}^n \text{ の恒等写像})$$

となるが，例題 9.21 および例題 9.16 より上はつぎと同値である．

$$AA^{-1} = A^{-1}A = E \qquad (\text{ここで，} E \text{ は } n \text{ 次の単位行列})$$

ここで，$AB=BA=E$ を満たす n 次行列 B は上記の A^{-1} と一致することに注意する．実際，$B=EB=(A^{-1}A)B=A^{-1}(AB)=A^{-1}E=A^{-1}$ となって必然的に B は A^{-1} と一致する．これは写像 f の逆写像が存在するならばただ一通りである（第 4 章参照）ことに対応する．

逆行列（すなわち，逆写像）はどのような場合に存在するのであろうか？

行列 A の逆行列 A^{-1} が存在するとき行列 A は**正則**[*1] であるという．このとき，上の問いに対する答はつぎのようになる．

❑ 定理 9.30

n 次行列 A が正則であるための必要十分条件は
その行列式 $|A|$ が 0 にならないことである．

より詳しくいうとつぎが成り立つ．

1）$|A|=0$ ならば逆行列 A^{-1} は存在しない．

2）$|A|\neq 0$ ならば逆行列 A^{-1} がつぎのようにつくられる．

まず，n 次行列 A の第 j 行と第 i 列を取り除いてできる $n-1$ 次行列を A_{ji} で表す．ただし，$n=1$ のときは $A_{11}=(1)$ とする．このとき，$(-1)^{i+j}|A_{ji}|$ を第 (i,j) 成分[*2] とする n 次行列（これを A の**余因子行列**という）を $\frac{1}{|A|}$ 倍したものが A の逆行列 A^{-1} となる．すなわち，

$n=1$ の場合　　$A=(a)$ とすると，$A^{-1}=\dfrac{1}{|A|}(|A_{11}|)=\dfrac{1}{a}(1)=\left(\dfrac{1}{a}\right)$

＊1　正則でないとき**非正則**であるという．

＊2　第 (j,i) 成分ではない．

$n=2$ の場合　　$A=\begin{pmatrix} a & b \\ c & d \end{pmatrix}$ とすると,

$$A^{-1}=\frac{1}{|A|}\begin{pmatrix} |A_{11}| & -|A_{21}| \\ -|A_{12}| & |A_{22}| \end{pmatrix}=\frac{1}{|A|}\begin{pmatrix} |(d)| & -|(b)| \\ -|(c)| & |(a)| \end{pmatrix}=\frac{1}{ad-bc}\begin{pmatrix} d & -b \\ -c & a \end{pmatrix}$$

$n=3$ の場合　$A=\begin{pmatrix} a & b & c \\ p & q & r \\ u & v & w \end{pmatrix}$, $|A|=aqw+bru+cpv-arv-bpw-cqu$

として,

$$A^{-1}=\frac{1}{|A|}\begin{pmatrix} |A_{11}| & -|A_{21}| & |A_{31}| \\ -|A_{12}| & |A_{22}| & -|A_{32}| \\ |A_{13}| & -|A_{23}| & |A_{33}| \end{pmatrix}$$

$$=\frac{1}{|A|}\begin{pmatrix} qw-rv & -bw+cv & br-cq \\ -pw+ru & aw-cu & -ar+cp \\ pv-qu & -av+bu & aq-bp \end{pmatrix}$$

〔**証 明**〕　1) A^{-1} が存在するならば, $AA^{-1}=E$ の両辺の行列式をとって,

(★)　　$$|AA^{-1}|=|A||A^{-1}|=|E|=1$$

となる. したがって, $|A|=0$ となることはありえない. よって, $|A|=0$ ならば逆行列 A^{-1} は存在しない.

2) $n=1$ の場合　　$AA^{-1}=(a)\left(\frac{1}{a}\right)=(1)=E$. $A^{-1}A=E$ も同様.

$n=2$ の場合　　$$AA^{-1}=\frac{1}{ad-bc}\begin{pmatrix} a & b \\ c & d \end{pmatrix}\begin{pmatrix} d & -b \\ -c & a \end{pmatrix}$$

$$=\frac{1}{ad-bd}\begin{pmatrix} ad-bc & 0 \\ 0 & ad-bc \end{pmatrix}=\begin{pmatrix} 1 & 0 \\ 0 & 1 \end{pmatrix}=E$$

$A^{-1}A=E$ も同様.

$n=3$ の場合　　$|A|=aqw+bru+cpv-arv-bpw-cqu$ として,

$$AA^{-1}=\frac{1}{|A|}\begin{pmatrix} a & b & c \\ p & q & r \\ u & v & w \end{pmatrix}\begin{pmatrix} qw-rv & -bw+cv & br-cq \\ -pw+ru & aw-cu & -ar+cp \\ pv-qu & -av+bu & aq-bp \end{pmatrix}$$

$$=\frac{1}{|A|}\begin{pmatrix} |A| & 0 & 0 \\ 0 & |A| & 0 \\ 0 & 0 & |A| \end{pmatrix}=\begin{pmatrix} 1 & 0 & 0 \\ 0 & 1 & 0 \\ 0 & 0 & 1 \end{pmatrix}=E$$

$A^{-1}A=E$ も同様. ■

n 次行列 A が正則ならば, 逆行列 A^{-1} に対して, $|AA^{-1}|=|A||A^{-1}|=|E|=1$ より $|A^{-1}|=\dfrac{1}{|A|}$ となる. したがって, 上記の定理より逆行列 A^{-1} も正則

行列であることがわかる．また，n 次行列 B も正則ならば，上記の定理より $|AB|=|A||B|\neq 0$ であるから，やはり上記の定理より積 AB も正則であることがわかる．さらにつぎの定理が成り立つ．

❑ 定理 9.31　n 次行列 A, B に対してつぎが成り立つ．

1) A が正則ならば，その逆行列 A^{-1} も正則で，$(A^{-1})^{-1}=A$ となる．
2) A, B 共に正則ならば，積 AB も正則で，$(AB)^{-1}=B^{-1}A^{-1}$ となる．

〔証 明〕　1) $A^{-1}A=AA^{-1}=E$ であるが，これは A^{-1} も正則で，$(A^{-1})^{-1}=A$ となることを示している．

2) $(B^{-1}A^{-1})(AB)=B^{-1}A^{-1}AB=B^{-1}EB=B^{-1}B=E$ となる．同様に，$(AB)(B^{-1}A^{-1})=E$ であるが，これは AB も正則で，$(AB)^{-1}=B^{-1}A^{-1}$ となることを示している．▣

❑ 例題 9.32　つぎの行列の逆行列が存在するならば，それを求めよ．

1) $A=\begin{pmatrix}1 & 2\\ 3 & 4\end{pmatrix}$　　2) $B=\begin{pmatrix}1 & 2 & 3\\ 4 & 5 & 6\\ -1 & 2 & -3\end{pmatrix}$

〔解 答〕　1) $|A|=1\cdot 4-2\cdot 3=-2$．したがって，

$$A^{-1}=\frac{1}{-2}\begin{pmatrix}4 & -2\\ -3 & 1\end{pmatrix}=\begin{pmatrix}-2 & 1\\ \frac{3}{2} & -\frac{1}{2}\end{pmatrix}$$

2) $|B|=24$ であるから，

$$B^{-1}=\frac{1}{24}\begin{pmatrix}5\cdot(-3)-6\cdot 2 & -2\cdot(-3)+3\cdot 2 & 2\cdot 6-3\cdot 5\\ -4\cdot(-3)+6\cdot(-1) & 1\cdot(-3)-3\cdot(-1) & -1\cdot 6+3\cdot 4\\ 4\cdot 2-5\cdot(-1) & -1\cdot 2+2\cdot(-1) & 1\cdot 5-2\cdot 4\end{pmatrix}$$

$$=\frac{1}{24}\begin{pmatrix}-27 & 12 & -3\\ 6 & 0 & 6\\ 13 & -4 & -3\end{pmatrix}=\begin{pmatrix}-\frac{9}{8} & \frac{1}{2} & -\frac{1}{8}\\ \frac{1}{4} & 0 & \frac{1}{4}\\ \frac{13}{24} & -\frac{1}{6} & -\frac{1}{8}\end{pmatrix}$$ ◈

行列式と図形との関係の一つとして，つぎの定理が成立する．

❑ 定理 9.33　以下においては，$A_2=\begin{pmatrix}a_1 & a_2\\ b_1 & b_2\end{pmatrix}$，$A_3=\begin{pmatrix}a_1 & a_2 & a_3\\ b_1 & b_2 & b_3\\ c_1 & c_2 & c_3\end{pmatrix}$ とする．

1) xy 平面内の3点 $\mathrm{P}=(p_1, p_2)$, $\mathrm{Q}=(p_1+a_1, p_2+a_2)$, $\mathrm{R}=(p_1+b_1, p_2+b_2)$ が一つの直線上にあるための必要十分条件は $|A_2|=0$ が成り立つことである．

2) xyz 空間内の4点 $\mathrm{P}=(p_1, p_2, p_3)$, $\mathrm{Q}=(p_1+a_1, p_2+a_2, p_3+a_3)$, $\mathrm{R}=(p_1+b_1, p_2+b_2, p_3+b_3)$, $\mathrm{S}=(p_1+c_1, p_2+c_2, p_3+c_3)$ が一つの平面上にあるための必要十分条件は $|A_3|=0$ が成り立つことである．

〔証明〕　1) まず，3点 P, Q, R が一つの直線 $(x, y)=(\alpha t+p_1, \beta t+p_2)$ 上にあるとする．このとき，ある t_1, t_2 に対して

$$\begin{cases}(\alpha t_1+p_1, \beta t_1+p_2)=(p_1+a_1, p_2+a_2)\\(\alpha t_2+p_1, \beta t_2+p_2)=(p_1+b_1, p_2+b_2)\end{cases}\Longleftrightarrow\begin{cases}(\alpha t_1, \beta t_1)=(a_1, a_2)\\(\alpha t_2, \beta t_2)=(b_1, b_2)\end{cases}$$

となるから，$|A_2|=a_1b_2-a_2b_1=\alpha t_1\beta t_2-\beta t_1\alpha t_2=0$ となる．

逆に $|A_2|=0 \Longleftrightarrow a_1b_2=a_2b_1$ とする．このとき，$(b_1, b_2)\neq(0, 0)$ ならば，$b_1\neq 0$ のときは $t_0=\frac{a_1}{b_1}$, $b_2\neq 0$ のときは $t_0=\frac{a_2}{b_2}$ とすれば，$t=0, t_0, 1$ のときに直線 $(x, y)=(b_1t+p_1, b_2t+p_2)$ は P, Q, R を通る．また，$(b_1, b_2)=(0, 0)$ ならば，P=R であるから2点 P, Q を通る直線は R も通る．

2) まず，4点 P, Q, R, S が一つの平面 $\alpha(x-p_1)+\beta(y-p_2)+\gamma(z-p_3)=0$ 上にあるとする．この平面は P を通るが，Q, R, S も通るからつぎが成り立つ．

$$\begin{cases}\alpha a_1+\beta a_2+\gamma a_3=0\\\alpha b_1+\beta b_2+\gamma b_3=0\\\alpha c_1+\beta c_2+\gamma c_3=0\end{cases}\Longleftrightarrow A_3\begin{pmatrix}\alpha\\\beta\\\gamma\end{pmatrix}=\mathrm{O},\qquad(\alpha, \beta, \gamma)\neq(0, 0, 0)$$

よって，$|A_3|\neq 0$ ならば定理9.30より逆行列 A_3^{-1} が存在し，$A_3^{-1}\mathrm{O}=\mathrm{O}$ より $\alpha=\beta=\gamma=0$ となり矛盾が生じる．よって，$|A_3|=0$ である．逆に，$|A_3|=0$ とすると，$0=|A_3|=(b_2c_3-b_3c_2)a_1+(b_3c_1-b_1c_3)a_2+(b_1c_2-b_2c_1)a_3$ となるから，$\alpha=b_2c_3-b_3c_2$, $\beta=b_3c_1-b_1c_3$, $\gamma=b_1c_2-b_2c_1$ とすれば，$\alpha a_1+\beta a_2+\gamma a_3=0$ となる．さらに，$\alpha b_1+\beta b_2+\gamma b_3=0$, $\alpha c_1+\beta c_2+\gamma c_3=0$ となることも直接計算からわかる．よって，$(\alpha, \beta, \gamma)\neq(0, 0, 0)$ ならば，4点 P, Q, R, S はいずれも平面 $\alpha(x-p_1)+\beta(y-p_2)+\gamma(z-p_3)=0$ の上にある．また，$(b_1, b_2, b_3)=(0, 0, 0)$ とすると，P=R であり，3点 P, Q, S を通る平面は R も通る．$(\alpha, \beta, \gamma)=(0, 0, 0)$, $(b_1, b_2, b_3)\neq(0, 0, 0)$ の場合は

$$\begin{cases}\alpha=0 \Longleftrightarrow b_2c_3=b_3c_2\\\beta=0 \Longleftrightarrow b_3c_1=b_1c_3\\\gamma=0 \Longleftrightarrow b_1c_2=b_2c_1\end{cases}\text{ より，}\quad\begin{matrix}b_1\neq 0 \text{ ならば } t_0=\frac{c_1}{b_1}\\b_2\neq 0 \text{ ならば } t_0=\frac{c_2}{b_2}\\b_3\neq 0 \text{ ならば } t_0=\frac{c_3}{b_3}\end{matrix}$$

とおけば $(c_1, c_2, c_3,)=(b_1t_0, b_2t_0, b_3t_0)$ となる．よって，$t=0, 1, t_0$ のときに直

線 $(x, y, z)=(b_1t+p_1, b_2t+p_2, b_3t+p_3)$ は P, R, S を通るから，3 点 P, Q, R を通る平面は S も通る． ■

問　題

問 9.1　$A=\begin{pmatrix}1 & 2\\ 3 & 4\end{pmatrix}$，$X=\begin{pmatrix}x & 1\\ y & 1\end{pmatrix}$，$Y=\begin{pmatrix}x & 1\\ 1 & y\end{pmatrix}$ に対して，つぎの問いに答えよ．

1）$AX=XA$ が成り立つときの x, y の値を求めよ．

2）$AY=YA$ はどのような x, y に対しても成り立たないことを示せ．

問 9.2　$A=\begin{pmatrix}1 & -2\\ -2 & 4\end{pmatrix}$，$X=\begin{pmatrix}x & y\\ 1 & 1\end{pmatrix}$ に対して，つぎの問いに答えよ．

1）$AX=O$ が成り立つときの x, y の値を求めよ．

2）$XA=O$ ばどのような x, y に対しても成り立たないことを示せ．

問 9.3　つぎの行列が逆行列をもつための a の条件を求め，逆行列を求めよ．

1）$A=\begin{pmatrix}a & 2\\ 0 & \sqrt{2}\end{pmatrix}$　　2）$B=\begin{pmatrix}-3 & 6\\ a & 4\end{pmatrix}$　　3）$C=\begin{pmatrix}2 & 1 & 3\\ 1 & a & -2\\ -1 & 2 & 1\end{pmatrix}$

問 9.4　以下においては，a, b, c は定数で $c\neq 0$ とする．$\boldsymbol{R}^3\ni \mathrm{V}=(v_1, v_2, v_3)$ に対して $y(x)=v_1x^2+v_2x+v_3$ とし，$ay''(x)+by'(x)+cy(x)=w_1x^2+w_2x+w_3$ のとき，$f(\mathrm{V})=\mathrm{W}=(w_1, w_2, w_3)\in\boldsymbol{R}^3$ とする．

1）f は線形写像であることを示し，対応する行列を求めよ．

2）v_1, v_2, v_3 を a, b, c，w_1, w_2, w_3 で表せ．

問 9.5　1）xy 平面内の 3 点 $\mathrm{P}(-a, 3)$，$\mathrm{Q}(2, 5)$，$\mathrm{R}(1, -1)$ を通る直線が存在するための a の条件を求め，直線を求めよ．

2）xyz 空間内の 3 点 $\mathrm{P}(a, b, 1)$，$\mathrm{Q}(1, -3, 2)$，$\mathrm{R}(2, 3, 4)$ を通る直線が存在するための a, b の条件を求め，直線を求めよ．

3）xyz 空間内の 4 点 $\mathrm{P}(0, 1, -2)$，$\mathrm{Q}(a, 0, 2)$，$\mathrm{R}(0, 2, 0)$，$\mathrm{S}(2, 2, -3)$ を通る平面が存在するための a の条件を求め，平面を求めよ．

10. 確　　率

10.1 確率とその計算

ある事をしたとき（これを**試行**するという）起こりうる出来事を**事象**という．また，起こりうるすべての出来事を**全事象**といい U で表す．たとえば，サイコロを振るという試行を行ったとき，“1の目が出る”，“2の目が出る”，“3の目が出る”，“4の目が出る”，“5の目が出る”，“6の目が出る”ということはそれぞれが一つの事象であり，“1から6のいずれかの目が出る”ということが全事象 U となる．また，“事象 A か事象 B の少なくともいずれか一方が起こる”という事象を A と B の**和事象**といい $A \cup B$ で表し，“事象 A と事象 B のいずれも起こる”という事象を A と B の**積事象**といい $A \cap B$ で表す．同様に，$A_1, A_2, \cdots, A_n$ の和事象 $A_1 \cup A_2 \cup \cdots \cup A_n$，積事象 $A_1 \cap A_2 \cap \cdots \cap A_n$ も定義される．

また，“事象 A は起こらない”という事象を A の**余事象**といい A^c（あるいは $\overline{A}$）で表す．たとえば，“偶数の目が出る”という事象を A，“2または3の目が出る”という事象を B とすると，和事象 $A \cup B$ は“2, 3, 4, 6のいずれかの目が出る”という事象であり，積事象 $A \cap B$ は“2の目が出る”という事象である．また，A の余事象 A^c は“奇数の目が出る”という事象である．

さらに，決して起こらない事象を**空事象**といい ϕ で表す．$A \cap B = \phi$，すなわち，事象 A と事象 B が共に起こることはないとき，A と B は**排反事象**であるという．たとえば，サイコロを振るという試行を行ったとき，“7以上の目が出る”という事象は空事象である．また，“偶数の目が出る”という事象と“奇数の目が出る”という事象が同時に起こることはないから，これらの事象は排反事象である．同様に，事象 $A_1, A_2, \cdots, A_n$ においてある事象が起これば他の事象は起こらない．すなわち，$i \neq j$ ならば $A_i \cap A_j$ が空事象となるとき，$A_1, A_2, \cdots, A_n$ は（互いに）排反，あるいは，排反事象であるという．

❑ **公式 10.1** 事象 A，B，C，D について以下が成り立つ．

$$A\cup U = U,\ A\cap U = A$$
$$A\cup \phi = A,\ A\cap \phi = \phi$$
$$A\cup B = B\cup A,\ A\cap B = B\cap A$$
$$(A\cup B)\cup C = A\cup(B\cup C) = A\cup B\cup C$$
$$(A\cap B)\cap C = A\cap(B\cap C) = A\cap B\cap C$$
$$(A\cup B)\cap C = (A\cap C)\cup(B\cap C)$$
$$(A\cap B)\cup C = (A\cup C)\cap(B\cup C)$$
$$A\cup A^c = U,\ A\cap A^c = \phi,\ (A^c)^c = A$$
$$(A\cup B)^c = A^c\cap B^c,\ (A\cap B)^c = A^c\cup B^c$$

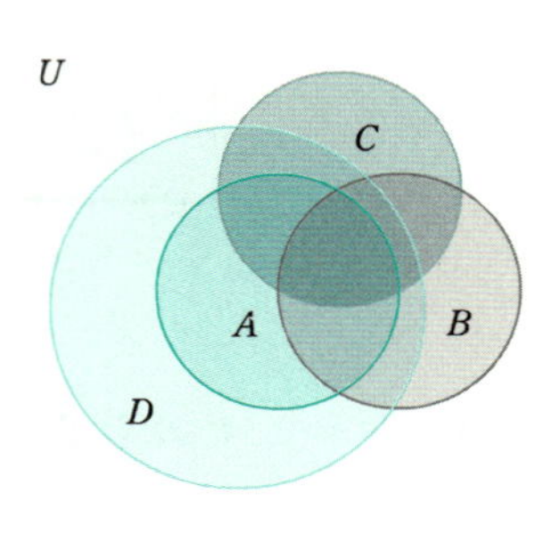

（A が D に含まれることは，A が起これば D が起こることを意味する．）

全事象に対してある事象 A の起こる可能性の比率を**確率*** といい，$P(A)$ で表す．したがって，つぎが成り立つ．

$$P(\phi) = 0 \leqq P(A) \leqq P(U) = 1$$

また，A と B が排反事象ならば，和事象 $A\cup B$ が起こる，すなわち，事象 A か事象 B の少なくともいずれか一方が起こるということは，事象 A が起こって事象 B が起こらないか，あるいは，事象 B が起こって事象 A が起こらないかのいずれかである．したがって，和事象 $A\cup B$ が起こる可能性は事象 A が起こる可能性と事象 B が起こる可能性との和となる．すなわち，つぎが成り立つ．

$$A \text{ と } B \text{ が排反事象ならば，} P(A\cup B) = P(A)+P(B)$$

❑ **例題 10.2** $P(A^c)=1-P(A)$ を示せ．

〔**解 答**〕 A と A^c は互いに排反事象であり，また，和事象 $A\cup A^c$ は全事象であるから，$P(A)+P(A^c)=P(A\cup A^c)=P(U)=1$．したがって，$P(A^c)=1-P(A)$．◈

❑ **例題 10.3** $A_1, A_2, \cdots, A_n$ が互いに排反のとき，つぎが成り立つことを示せ．

$$P(A_1\cup A_2\cup\cdots\cup A_n) = P(A_1)+P(A_2)+\cdots+P(A_n)$$

〔**解 答**〕 n に関する数学的帰納法を用いる．まず，$n=2$ とすれば上で述べたことより主張は成り立つ．そこで，$n=k$ に対して主張は成り立つ，すなわ

* “確率”は英語で probability（起こりそうなこと）といいますが，起こらない確率も考えます．

ち，$A_1, A_2, \cdots, A_k$ が互いに排反なら

$$P(A_1 \cup A_2 \cup \cdots \cup A_k) = P(A_1) + P(A_2) + \cdots + P(A_k)$$

が成り立つと仮定する．このとき，$A_1, A_2, \cdots, A_k, A_{k+1}$ が互いに排反であるとすると，$A_1, A_2, \cdots, A_k$ は互いに排反となるから，帰納法の仮定より

$$P(A_1 \cup A_2 \cup \cdots A_k) = P(A_1) + P(A_2) + \cdots + P(A_k)$$

となる．一方，

$$(A_1 \cup \cdots \cup A_k) \cap A_{k+1} = (A_1 \cap A_{k+1}) \cup \cdots \cup (A_k \cap A_{k+1}) = \phi \cup \cdots \cup \phi = \phi$$

であるから，$A_1 \cup \cdots \cup A_k$ と A_{k+1} は排反事象である．したがって，

$$P(A_1 \cup A_2 \cup \cdots \cup A_k \cup A_{k+1}) = P(A_1 \cup A_2 \cup \cdots \cup A_k) + P(A_{k+1})$$
$$= P(A_1) + P(A_2) + \cdots + P(A_k) + P(A_{k+1})$$

となる．これで $n=k+1$ に対して主張が成り立つことが示されたから，数学的帰納法により，主張はすべての n に対して成り立つ． ◈

起こる可能性が等しい事象は**等確率**[*1] であるという．等確率で互いに排反事象である n 個の事象 $A_1, A_2, \cdots, A_n$ の和事象が全事象であるとき

$$P(A_1) + P(A_2) + \cdots + P(A_n) = P(A_1 \cup A_2 \cup \cdots \cup A_n) = P(U) = 1$$
$$P(A_1) = P(A_2) = \cdots = P(A_n)$$

より，$P(A_1) = P(A_2) = \cdots = P(A_n) = \dfrac{1}{n}$ となる．たとえば，サイコロを振るという試行を行ったとき，“k の目（$k=1, 2, 3, 4, 5, 6$）が出る”という事象を A_k とすれば，$A_1, A_2, A_3, A_4, A_5, A_6$ は互いに排反事象であり，いずれも起こる可能性は等しく[*2]，それらの和事象 $A_1 \cup A_2 \cup A_3 \cup A_4 \cup A_5 \cup A_6$ は全事象となる．したがって，$P(A_1) = P(A_2) = P(A_3) = P(A_4) = P(A_5) = P(A_6) = \dfrac{1}{6}$ となる．また，$P(A_1 \cup A_2 \cup A_3 \cup A_4 \cup A_5 \cup A_6) = 1$ である．

A と B が排反事象とは限らない場合も含めて，つぎが成り立つ．

❑ **定理 10.4（加法定理）** $P(A \cup B) = P(A) + P(B) - P(A \cap B)$

〔**証明**〕 $C = A \cap (A \cap B)^c$，　$D = B \cap (A \cap B)^c$ とすると

$$C \cup (A \cap B) = A$$
$$D \cup (A \cap B) = B$$
$$C \cup D \cup (A \cap B) = A \cup B$$

---

*1 これはある事象が起こる状況と他の事象が起こる状況との間に差がないと思われるときに設定する仮定です．

*2 サイコロはいかさまサイコロではないということが暗黙の仮定となっています．

であり，また

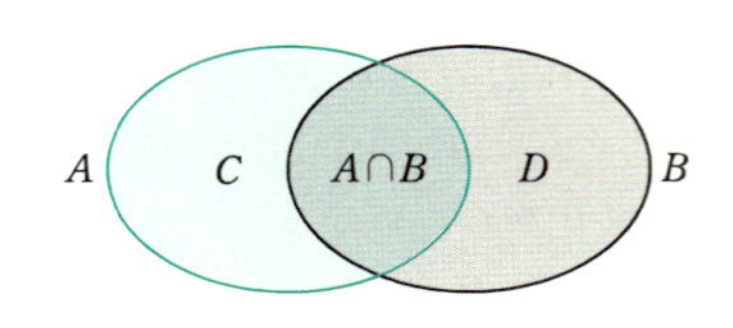

$$C\cap D = \phi$$
$$C\cap(A\cap B) = \phi$$
$$D\cap(A\cap B) = \phi$$

より，$C, D, A\cap B$ は排反事象である．したがって $P(A) = P(C)+P(A\cap B)$，$P(B) = P(D)+P(A\cap B)$ より，

$$\begin{aligned} P(A\cup B) &= P(C) + P(D) + P(A\cap B) \\ &= P(A) - P(A\cap B) + P(B) - P(A\cap B) + P(A\cap B) \\ &= P(A) + P(B) - P(A\cap B) \end{aligned}$$

■

❑ 例題 10.5　1 から 1000 までのすべての自然数が一つずつ書いてある 1000 枚のカードがある．この中から無作為* に 1 枚カードを引き，そこに書いてある数を N とする．このとき，つぎの問いに答えよ．

1) N が 3 の倍数となる確率を求めよ．

2) N が 3 の倍数または 5 の倍数となる確率を求めよ．

3) N が 3 の倍数または 5 の倍数または 7 の倍数となる確率を求めよ．

〔**解 答**〕　以下，N が 3 の倍数という事象を A，N が 5 の倍数という事象を B，N が 7 の倍数という事象を C とする．このとき，N が 3 の倍数または 5 の倍数となるという事象は $A\cup B$，N が 3 の倍数または 5 の倍数または 7 の倍数となるという事象は $A\cup B\cup C$ と表せる．

1) $\frac{1000}{3}=333.\cdots$ より，1 から 1000 までの自然数の中には 3 の倍数が 333 個ある．したがって，$P(A)=\frac{333}{1000}$

2) $\frac{1000}{5}=200$ より，1 から 1000 までの自然数の中には 5 の倍数が 200 個あり，よって，$P(B)=\frac{200}{1000}$ である．また，$\frac{1000}{15}=66.\cdots$ より，1 から 1000 までの自然数の中には 3 の倍数でもあり 5 の倍数でもある数，すなわち，15 の倍数が 66 個あり，よって，$P(A\cap B)=\frac{66}{1000}$ である．以上により

$$P(A\cup B) = P(A) + P(B) - P(A\cap B) = \frac{333}{1000} + \frac{200}{1000} - \frac{66}{1000} = \frac{467}{1000}$$

3) $\frac{1000}{7}=142.\cdots$ より，1 から 1000 までの自然数の中には 7 の倍数が 142 個あり，よって，$P(C)=\frac{142}{1000}$ である．また，$\frac{1000}{21}=47.\cdots$ より $P(A\cap C)=\frac{47}{1000}$，$\frac{1000}{35}=28.\cdots$ より $P(B\cap C)=\frac{28}{1000}$，$\frac{1000}{105}=9.\cdots$ より $P(A\cap B\cap C)=\frac{9}{1000}$ となる．したがって，公式 10.1 と 2) の結果より

---

*　これは確率に影響を与えるような（作為的操作や自然現象などによる）偏りはないであろうという推定です．

$$P(A\cup B\cup C) = P((A\cup B)\cup C) = P(A\cup B) + P(C) - P((A\cup B)\cap C)$$
$$= P(A\cup B) + P(C) - P((A\cap C)\cup(B\cap C))$$
$$= P(A\cup B) + P(C) - \{P(A\cap C)+P(B\cap C)-P((A\cap C)\cap(B\cap C))\}$$
$$= P(A\cup B) + P(C) - P(A\cap C) - P(B\cap C) + P(A\cap B\cap C)$$
$$= \frac{467}{1000}+\frac{142}{1000}-\frac{47}{1000}-\frac{28}{1000}+\frac{9}{1000} = \frac{543}{1000}$$ ◈

$P(A)>0$ である事象 A が起こる（あるいは，起こった）という前提のもとで事象 B が起こる（したがって，積事象 $A\cap B$ が起こる）確率，すなわち，事象 A に対する事象 $A\cap B$ の起こる可能性の比率 $\dfrac{P(A\cap B)}{P(A)}$ を**条件つき確率**といい，$P_A(B)$（あるいは $P(B|A)$）と表す．特に，事象 A が起こることが事象 B の起こる確率に影響を与えない，すなわち，$P_A(B)=P(B)$ が成り立つとき事象 A と事象 B は**独立**であるという．独立でないときは**従属**であるという．条件付き確率の定義からつぎが成り立つ．

❑ **定理 10.6**（**乗法定理**）　$P(A\cap B)=P(A)P_A(B)$　特に，

$$A \text{ と } B \text{ が独立} \iff P(A\cap B) = P(A)P(B)$$

〔**証明**〕　$P(A\cap B)=P(A)\dfrac{P(A\cap B)}{P(A)}=P(A)P_A(B)$　したがって，

$$A \text{ と } B \text{ が独立} \iff P_A(B)=P(B) \iff P(A\cap B)=P(A)P(B)$$ ▣

つぎの定理に示すように，A と B が独立という条件は A と B に関して対称な条件であり，また，A が起こるときの B が起こる確率（B が起こるときの A が起こる確率）が A が起こらないときの B が起こる確率（B が起こらないときの A が起こる確率）と等しいということを表している．

❑ **定理 10.7**　$P(A)>0$，$P(B)>0$ とするとき，つぎが成り立つ．

1) $P(A\cap B) = P(A)P(B) \iff P_A(B) = P(B) \iff P_B(A) = P(A)$
2) $P(A^c)>0$ ならば，$P_A(B) = P(B) \iff P_A(B) = P_{A^c}(B)$
　 $P(B^c)>0$ ならば，$P_B(A) = P(A) \iff P_B(A) = P_{B^c}(A)$

〔**証明**〕　1) $P(A\cap B)=P(A)\frac{P(A\cap B)}{P(A)}=P(B)\frac{P(A\cap B)}{P(B)}$ より $P(A\cap B)=P(A)P_A(B)=P(B)P_B(A)$ であるから

$$P(A\cap B)=P(A)P(B) \iff P_A(B)=P(B) \iff P_B(A)=P(A)$$

2) B は排反事象 $A\cap B$, $A^c\cap B$ の和事象であるから

$$\begin{aligned}P(B) &= P(A\cap B)+P(A^c\cap B) = P(A)P_A(B)+P(A^c)P_{A^c}(B)\\ &= (1-P(A^c))P_A(B)+P(A^c)P_{A^c}(B)\\ &= P_A(B)-P(A^c)\{P_A(B)-P_{A^c}(B)\}\end{aligned}$$

となる．ゆえに，$P(A^c)>0$ ならば $P_A(B)=P(B) \iff P_A(B)=P_{A^c}(B)$ となる．同様にして，$P(B^c)>0$ ならば $P_B(A)=P(A) \iff P_B(A)=P_{B^c}(A)$ ■

❑ 例題 10.8　5個の白球と2個の赤球が入っている箱から無作為に球を1個ずつ2回取り出す．1回目に赤球を取り出すという事象を A，2回目に赤球を取り出すという事象を B とするとき，つぎのことを示せ．

1) 1回目に取り出した球を箱に戻すとき，A と B は独立である．

2) 1回目に取り出した球を箱に戻さないとき，A と B は従属である．

〔**解 答**〕　1) 1回目に取り出した球は箱に戻してあるから，2回目には7個の球のうちの2個が赤球であり，よって，$P(B)=P_A(B)=\frac{2}{7}$ となるから A と B は独立．

2) A が起こったときは箱の中に赤球は1個，A が起こらなかったときは箱の中に赤球は2個あるから，$P_A(B)=\frac{1}{6}\neq P_{A^c}(B)=\frac{2}{6}$ となり，A と B は従属．

◈

❑ 定理 10.9　**（ベイズ* の定理）**　$P(B)>0$ である事象 B が互いに排反な事象 $C_1,\cdots,C_n$ の和事象に含まれるとき，事象 A に対してつぎが成り立つ．

$$P_B(A) = \frac{P(A)P_A(B)}{P(C_1)P_{C_1}(B)+\cdots+P(C_n)P_{C_n}(B)}$$

〔**証 明**〕　仮定より $B=(C_1\cup\cdots\cup C_n)\cap B=(C_1\cap B)\cup\cdots\cup(C_n\cap B)$ となるから，事象 B は互いに排反な事象 $C_1\cap B,\cdots,C_n\cap B$ の和事象となる．よって，

$$P(B) = P(C_1\cap B)+\cdots+P(C_n\cap B) = P(C_1)P_{C_1}(B)+\cdots+P(C_n)P_{C_n}(B)$$

となることが加法定理および乗法定理により示される．また，

$$P(A)P_A(B) = P(A\cap B) = P(B\cap A) = P(B)P_B(A)$$

となることも乗法定理から示される．よって，つぎを得る．

$$P_B(A) = \frac{P(A)P_A(B)}{P(B)} = \frac{P(A)P_A(B)}{P(C_1)P_{C_1}(B)+\cdots+P(C_n)P_{C_n}(B)}$$ ■

---

* T. Bayes (1702〜1761)：英国の数学者．

❑ 例題 10.10 箱の中には白球と赤球がそれぞれ1個以上合わせて7個入っている．この箱から無作為に取り出した1個の球は赤球であった．このとき，(取り出す前の) 箱の中の赤球の個数が2個である確率を求めよ．ただし，箱の中の赤球の個数が k 個であるという事象 C_k $(1 \leqq k \leqq 6)$ は互いに等確率であるとする．

〔**解 答**〕 取り出した1個の球が赤球であるという事象を A とすれば，求める確率は $P_A(C_2)$ である*1．ここで，C_k $(1 \leqq k \leqq 6)$ は互いに等確率な排反事象であり，それらの和事象 C は全事象となる．よって，和事象 C は事象 A を含み $P(C_k)=\dfrac{1}{6}$ $(1 \leqq k \leqq 6)$ となる．したがって，定理 10.9 よりつぎを得る．

$$P_A(C_2) = \frac{P(C_2)P_{C_2}(A)}{\sum_{k=1}^{6} P(C_k)P_{C_k}(A)} = \frac{\frac{1}{6}P_{C_2}(A)}{\sum_{k=1}^{6}\frac{1}{6}P_{C_k}(A)} = \frac{P_{C_2}(A)}{\sum_{k=1}^{6} P_{C_k}(A)} = \frac{\frac{2}{7}}{\sum_{k=1}^{6}\frac{k}{7}} = \frac{2}{21}$$

❑ 例題 10.11 ジョーカーを除いた52枚のトランプから無作為に1枚引き模様を見ないまま横に置き，残った51枚のトランプから無作為にもう1枚引いたところハートの札であった．このとき，横に置いたトランプがハートの札である確率*2 を求めよ．

〔**解 答**〕 初めに引いたトランプの模様がハートであるという事象を A，2枚目に引いたトランプの模様がハートであるという事象を B とする．求める確率は $P_B(A)$ である．このとき，A と A^c は排反事象で全事象 $A \cup A^c$ は B を含むから，定理 10.9 よりつぎを得る．

$$P_B(A) = \frac{P(A)P_A(B)}{P(A)P_A(B) + P(A^c)P_{A^c}(B)}$$

ここで，初めに52枚中13枚あるハートの札を引いた場合には残り51枚中にハートの札は12枚，初めに52枚中39枚あるハート以外の札を引いた場合には残り51枚中にハートの札は13枚あるから，次を得る．

$$P_B(A) = \frac{\frac{13}{52}\frac{12}{51}}{\frac{13}{52}\frac{12}{51}+\frac{39}{52}\frac{13}{51}} = \frac{4}{17}$$ ◈

---

*1 例題 10.8 においては事象 A が起こる確率は $P_{C_2}(A)$ です．したがって，この例題は例題 10.8 の“逆問題”に相当します．

*2 (“誰も見てないときには月は存在しない”と考える物理学の理論がありますが，) 横に置いたトランプの模様はすでに決まっています．このようにすでに起こったことの確率を**事後確率**といいます．

10.2　順列と組合わせ

確率を考える際に重要になる順列や組合わせについて学ぼう．

❑ **定義 10.12**　n 個のものから互いに異なる m 個を取って並べる並べ方を**順列**という．たとえば，A, B, C, D の 4 文字から 2 文字取る順列は

AB, AC, AD, BA, BC, BD, CA, CB, CD, DA, DB, DC

の 12 通りであるが，これは，最初に A から D の 4 文字のどれを取るかで 4 通り，つぎに他の 3 文字のどれを取るかで 3 通りあるから，$4\times3=12$ 通りとなるのである．このように考えると，n 個のものから m 個取る順列の個数は

$$
\begin{aligned}
&(\text{最初の取り方 } n \text{ 通り})\times(2\text{ 番目の取り方 } n-1 \text{ 通り})\\
&\quad\times(3\text{ 番目の取り方 } n-2 \text{ 通り})\times\cdots\times(m\text{ 番目の取り方 } n-m+1 \text{ 通り})\\
&\quad= n(n-1)(n-2)\cdots(n-m+1)\\
&\quad= \frac{n(n-1)\cdots(n-m+1)(n-m)\cdots2\cdot1}{(n-m)\cdots2\cdot1} = \frac{n!}{(n-m)!}
\end{aligned}
$$

となる．これを ${}_n\mathrm{P}_m$ で表す．すなわち，${}_n\mathrm{P}_m = \dfrac{n!}{(n-m)!}$ である．たとえば，上記のように 4 文字から 2 文字を取る順列の個数は ${}_4\mathrm{P}_2 = \dfrac{4!}{(4-2)!} = 12$ となる．一方，n 個のものから同じものを取る重複を許して m 個取って並べる並べ方を**重複順列**という．たとえば，A, B, C, D の 4 文字から 2 文字取る重複順列は

AA, AB AC, AD, BA, BB, BC, BD,
CA, CB, CC, CD, DA, DB, DC, DD,

の 16 通りであるが，これは，最初に A から D の 4 文字のどれを取るかで 4 通り，つぎに再び 4 文字のどれを取るかで 4 通りあるから，$4\times4=16$ 通りとなるのである．このように考えると，n 個のものから m 個取る順列の個数は

$$
\begin{aligned}
&(\text{最初の取り方 } n \text{ 通り})\times(2\text{ 番目の取り方 } n \text{ 通り})\\
&\quad\times(3\text{ 番目の取り方 } n \text{ 通り})\times\cdots\times(m\text{ 番目の取り方 } n \text{ 通り})\\
&\quad= n\cdot n\cdot n\cdots n = n^m
\end{aligned}
$$

となる．これを ${}_n\Pi_m$ で表す．すなわち ${}_n\Pi_m = n^m$ である．たとえば，上記のように 4 文字から 2 文字を取る重複順列の個数は ${}_4\Pi_2 = 4^2 = 16$ となる．特に，n 個のものから n 個取る重複順列の個数は ${}_n\Pi_n = n^n$ となる．

つぎに，並べ方を考慮しないで，n 個のものから互いに異なる m 個取ってくる取り方を**組合わせ**という．たとえば，A, B, C, D の 4 文字から互いに異なる 3 文

字取る組合わせはABC, ABD, ACD, BCDの4通りであるが，これは，4文字から3文字取る$4\times3\times2=24$通りの順列の中で，ABC, ACB, BAC, BCA, CAB, CBAという3文字の順列を同じものとみなしているから$\frac{24}{3!}=\frac{24}{6}=4$通りとなるのである．このように考えると，$n$個のものから$m$個取る組合わせの個数は

$$\frac{n\text{個から}m\text{個取る順列の個数}}{m\text{個から}m\text{個取る順列の個数}} = \frac{{}_nP_m}{{}_mP_m} = \frac{n!}{m!\,(n-m)!} = {}_nC_m$$

となる．ここで，${}_nC_m$は第1章で定義された二項係数である．たとえば，上記のように4文字から3文字を取る組合わせの個数は${}_4C_3=\frac{4!}{3!\,(4-3)!}=4$となる．

一方，n個のものから同じものを取る重複を許してm個取ってくる取り方を**重複組合わせ**という．たとえば，A, B, C, Dの4文字から3文字取る重複組合わせは

AAA, AAB, AAC, AAD, ABB, ABC, ABD, ACC, ACD, ADD,
BBB, BBC, BBD, BCC, BCD, BDD, CCC, CCD, CDD, DDD,

の20通りである．ここで，たとえばAABをAA+B++，ABDをA+B++Dというように，ある文字から他の文字に変わる$4-1=3$箇所に+を用いて表し，さらに文字自体も*で表すと，上記の20通りの重複組合わせは

AAA → * * * + + +　　AAB → * * + * + +　　AAC → * * + + * +
AAD → * * + + + *　　ABB → * + * * + +　　ABC → * + * + * +
ABD → * + * + + *　　ACC → * + + * * +　　ACD → * + + * + *
ADD → * + + + * *　　BBB → + * * * + +　　BBC → + * * + * +
BBD → + * * + + *　　BCC → + * + * * +　　BCD → + * + * + *
BDD → + * + + * *　　CCC → + + * * * +　　CCD → + + * * + *
CDD → + + * + * *　　DDD → + + + * * *

と表される．したがって，その個数は$4-1+3=6$箇所から*を入れる3箇所を取ってくる取り方の個数，すなわち，$4-1+3=6$個から3個取る組合わせの個数${}_{4-1+3}C_3$となる．このように考えると，n個のものからm個取る重複組合わせの個数は

$$n-1+m\text{個から}m\text{個取る組合わせの個数} = {}_{n+m-1}C_m$$

に等しいことがわかる．これを${}_nH_m$で表す．すなわち

$${}_nH_m = {}_{n+m-1}C_m = \frac{(n+m-1)!}{m!\,(n-1)!}$$

である．たとえば，上のように4文字から3文字を取る重複組合わせの個数は${}_4H_3={}_{4+3-1}C_3={}_6C_3=\frac{6!}{3!\,(6-3)!}=20$となる．

いくつかの試行において，どの試行の結果も他の試行の結果に影響を与えないとき，これらの試行は互いに**独立**，あるいは，**独立試行**であるという．したがって，n 個の独立試行 $T_1, T_2, \cdots, T_n$ の結果として起こる事象 $A_1, A_2, \cdots, A_n$ は独立である．たとえば，サイコロを振るという試行を n 回行ったとき，どの試行も他の試行に影響を与えないから，これらの試行は独立であり，したがって，k 回目に 1 の目が出るという事象を A_k とすれば，n 回続けて 1 の目が出る確率は $P(A_1 \cap A_2 \cap \cdots \cap A_n) = P(A_1)P(A_2)\cdots P(A_n) = \dfrac{1}{6^n}$ となる．

❏ **例題 10.13**　サイコロを 4 回振るときの 1 の目が 2 回出る確率を求めよ．

〔**解 答**〕　サイコロを 4 回振るとき 1 の目が出る回数が 2 回なのは

11＊＊，1＊1＊，1＊＊1，＊11＊，＊1＊1，＊＊11

（＊は 1 以外の目）の 6 通りとなる．これは 4 回の試行の中のどの 2 回に 1 が出るかの場合の数が ${}_4C_2=6$ 通りとなるからである．1 以外の目が出る確率（すなわち，1 の目が出るという事象の余事象の確率）は $1-\dfrac{1}{6}$ であり，この 6 通りに対して確率はそれぞれ $\left(\dfrac{1}{6}\right)^2\left(1-\dfrac{1}{6}\right)^{4-2}$ となるから，サイコロを 4 回振るとき 2 回 1 の目が出る確率は ${}_4C_2\left(\dfrac{1}{6}\right)^2\left(1-\dfrac{1}{6}\right)^{4-2}=\dfrac{25}{216}$ となる．◈

これを一般化してつぎが得られる．

❏ **公式 10.14**　1 回の試行において事象 A の起こる確率が p のとき，n 回の独立試行において事象 A がちょうど m 回起こる確率は

$$ {}_nC_m p^m (1-p)^{n-m} = \frac{n!}{m!\,(n-m)!} p^m (1-p)^{n-m} $$

❍ **注意 10.15**　二項定理（定理 1.18）により

$$ \sum_{m=0}^{n} {}_nC_m p^m (1-p)^{n-m} = (1-p+p)^n = 1^n = 1 $$

となる．これは n 回の試行において事象 A が n 回以下起こる確率が 1 であるということに対応している．

例題 10.16 サイコロを順番に5回振り，出た目を順番に m_1, m_2, m_3, m_4, m_5 とするとき以下の問いに答えよ．

1）1の目が3回出る確率を求めよ．

2）1の目が2回，3の目が2回出る確率を求めよ．

3）m_1, m_2, m_3, m_4, m_5 がすべて異なる確率を求めよ．

4）$m_1<m_2<m_3<m_4<m_5$ となる確率を求めよ．

5）$m_1\leqq m_2\leqq m_3\leqq m_4\leqq m_5$ となる確率を求めよ．

〔解答〕 1）公式 10.14 より

$$\text{求める確率} = {}_5C_3\left(\frac{1}{6}\right)^3\left(1-\frac{1}{6}\right)^{5-3} = \frac{5!}{3!\,2!}\left(\frac{1}{6}\right)^3\left(\frac{5}{6}\right)^2 = \frac{125}{3888}$$

2）1の目が出る2回の選び方は ${}_5C_2$ 通り，残りの3回の中で3の目が出る2回の選び方は ${}_3C_2$ 通り．したがって，

$$\text{求める確率} = {}_5C_2\,{}_3C_2\left(\frac{1}{6}\right)^2\left(\frac{1}{6}\right)^2\left(1-\frac{1}{6}-\frac{1}{6}\right)^{5-2-2} = \frac{5}{324}$$

3）6種類の目から異なる五つの数を取ってきて並べる並べ方は ${}_6P_5$ 通り．一方，6種類の目から重複を許して五つの数を取ってきて並べる並べ方は ${}_6\Pi_5$ 通り．したがって，

$$\text{求める確率} = \frac{{}_6P_5}{{}_6\Pi_5} = \frac{6\,!}{1\,!}\frac{1}{6^5} = \frac{5}{54}$$

4）$m_1<m_2<m_3<m_4<m_5$ より，6種類の目から異なる五つの数を取ってくれば，m_1, m_2, m_3, m_4, m_5 がただ1通りに定まる．その取り方は ${}_6C_5$ 通り．したがって，

$$\text{求める確率} = \frac{{}_6C_5}{{}_6\Pi_5} = \frac{6\,!}{5\,!\,1\,!}\frac{1}{6^5} = \frac{1}{1296}$$

5）$m_1\leqq m_2\leqq m_3\leqq m_4\leqq m_5$ より，6種類の目から重複を許して五つの数を取ってくれば，m_1, m_2, m_3, m_4, m_5 がただ1通りに定まる．その取り方は ${}_6H_5$ 通り．したがって，

$$\text{求める確率} = \frac{{}_6H_5}{{}_6\Pi_5} = \frac{{}_{10}C_5}{{}_6\Pi_5} = \frac{10\,!}{5\,!\,5\,!}\frac{1}{6^5} = \frac{7}{216}$$

◈

例題 10.17 2019年* 生まれの者を無作為に5人集めるとき，この5人の中に同じ誕生日をもつ者がいる確率を小数第3位を四捨五入して小数第2位まで求めよ．

＊ 2019年は365日でした．

〔解 答〕　5人の誕生日がすべて異なるとするとき，5人の誕生日を並べると365日から5日を取って並べることになるから，その並べ方は ${}_{365}P_5$ 通りある．そのそれぞれの並び方となる確率は $\left(\frac{1}{365}\right)^5$ であるから，5人の誕生日がすべて異なる確率は

$$ {}_{365}P_5\left(\frac{1}{365}\right)^5 = \frac{365}{365}\frac{364}{365}\frac{363}{365}\frac{362}{365}\frac{361}{365} = 0.972\cdots $$

ゆえに，求める確率は $1-0.972\cdots=0.027\cdots$ より約 0.03(＝3%) となる．◈

注意 10.18　上記例題で5人を40人にすると，上記と同様に

$$ {}_{365}P_{40}\left(\frac{1}{365}\right)^{40} = \frac{365}{365}\frac{364}{365}\cdots\frac{326}{365} = 0.108\cdots $$

が40人の誕生日がすべて異なる確率となり，同じ誕生日をもつ者がいる確率は $1-0.108\cdots=0.891\cdots$（約89％）となる．

例題 10.19　2機の飛行機 P，Q がある．P は四つのエンジン，Q は二つのエンジンをもち，いずれも半分以上のエンジンが動いていることが安全飛行のための必要十分条件である．どのエンジンも t 時間飛行後に確率 $1-(0.999)^t$ で故障して動かなくなる* とするとき，P，Q どちらがより安全かを調べよ．

〔解 答〕　$r=1-(0.999)^t$ とおく．t 時間飛行後に P が安全飛行できないのはエンジンが三つまたは四つ故障する場合だからその確率は

$$ {}_4C_3 r^3(1-r) + r^4 = 4r^3-3r^4 $$

一方，t 時間飛行後に Q が安全飛行できないのは，エンジンが二つとも故障する場合だから，その確率は r^2 である．したがって，P の方が安全なのは

$$ 4r^3-3r^4 < r^2 \iff 3r^2-4r+1>0 \iff (r<1 \text{ より})\ r<\frac{1}{3} $$

$$ \iff \frac{2}{3}<(0.999)^t \quad (0.999<1 \text{ より } f(x)=\log_{0.999}x \text{ は単調減少であるから}) $$

$$ \iff t=\log_{0.999}(0.999)^t < \log_{0.999}\frac{2}{3}\left(=\frac{\log\frac{2}{3}}{\log 0.999}=405.2\cdots\right) $$

の場合である．したがって，$t<\log_{0.999}\frac{2}{3}$ ならば P，$t>\log_{0.999}\frac{2}{3}$ ならば Q がより安全である．◈

---

*　これは整備がまったく行われていない飛行機の話です．怖いですね．

❑ 例題 10.20 A, B, C の 3 名が 2 回続けて勝てば優勝というルールに従って対戦を行う．まず，A が B と対戦し，その勝者が C と対戦する．その勝者が C にも勝てば 2 回続けて勝ったことになるから優勝者となる．しかし，C が勝った場合には C は第 1 回戦での敗者と戦い勝てば優勝，負ければその勝者と他の 1 人が対戦する．これを優勝者が決まるまで繰返したとき，A, B, C それぞれが優勝する確率を求めよ．ただし，各対戦において引き分けはなく，対戦する両者の勝つ確率は等しいとする．

〔**解 答**〕 まず，“いつまでも”優勝者が決まらないという確率を求めよう．これは“ある対戦の勝者がつぎの対戦で負け，その勝者がつぎの対戦で負ける”という事象 E が無限に起こり続ける確率であるが，$P(E)=\left(\frac{1}{2}\right)^2=\frac{1}{4}$ であるから，E が n 回繰返し起こる確率は $\frac{1}{4^n}$ であり，これは $n\to\infty$ のとき 0 に収束する．したがって，最終的に A, B, C が優勝する確率をそれぞれ P_A, P_B, P_C とすると

$$(\bigstar) \qquad P_A + P_B + P_C = 1, \qquad P_A = P_B$$

が成り立つ．ここで，文字 W と L でそれぞれ C の勝ち負けを表し，D で C に勝った者が負けることを表せば，たとえば，“第 1 戦の勝者に第 2 戦で C が勝ち，第 3 戦で C は負け，C に勝った者が第 4 戦で負け，第 5 戦で第 4 戦の勝者に C が勝ち，第 6 戦で再び C が勝つ（したがって C が優勝者になる）”という事象は $WLDWW$ と表される．このとき，“C が最終的な優勝者となる”という事象は互いに排反な事象

$$WW,\ WLDWW,\ WLDWLDWW,\ WLDWLDWLDWW,\ \cdots\cdots$$

の和事象となり，

$$P(WW)=\left(\frac{1}{2}\right)^2,\ P(WLDWW)=\left(\frac{1}{2}\right)^5,\ P(WLDWLDWW)=\left(\frac{1}{2}\right)^8,\ \cdots\cdots$$

であるから，等比級数の和の公式（定理3.32）より $P_C=\dfrac{1}{4}\dfrac{1}{1-\frac{1}{8}}=\dfrac{2}{7}$ となる．ゆえに，(★) より $P_A=P_B=\frac{5}{14}$ である． ◈

確率の計算に第 3 章で学んだ数列の漸化式が利用されることもある．

❑ 例題 10.21 初めに，A さんはジョーカーとスペードのエース，ジャック，クイーン，キングの 5 枚のトランプの札をもち，B さんはハートの 1 から 5 までの 5 枚のトランプの札をもっている．まず，B さんが A さんのもっているトランプから無作為に 1 枚引き，つぎに A さんが B さんのもっているトランプから無作為に 1 枚引く．これで 1 回目を終わりとし，これを繰返す．このとき，以下の問いに答えよ．

1) 1回目が終わったときAさんがジョーカーをもっている確率を求めよ.

2) n 回目が終わったときAさんがジョーカーをもっている確率とBさんがジョーカーをもっている確率をそれぞれ求めよ.

〔解 答〕　n 回目が終わったときAさんがジョーカーをもっている確率を p_n とする.

1) 1回目が終わったときAさんがジョーカーをもっているのは, Bさんがジョーカーを引かなかった場合とBさんがジョーカーを引いて, つぎにAさんがそのジョーカーを引き返した場合であるから, 求める確率は

$$p_1 = \frac{4}{5} + \frac{1}{5} \times \frac{1}{6} = \frac{5}{6}$$

2) n 回目が終わったときAさんがジョーカーをもっているのは, $n-1$ 回目の終わりにAさんがジョーカーをもっていた場合ともっていなかった場合の二つの場合がある. $n-1$ 回目の終わりにAさんがジョーカーをもっていた場合, n 回目の終わりにもAさんがジョーカーをもっている確率は p_1 と同じで $\frac{5}{6}$ となる. 一方, $n-1$ 回目の終わりにAさんがジョーカーをもっていなかった場合, n 回目の終わりにAさんがジョーカーをもっている確率はBさんのもっているジョーカーを引く確率 $\frac{1}{6}$ である. したがって, つぎの漸化式が成り立つ.

$$p_1 = \frac{5}{6}, \quad p_n = \frac{5}{6}p_{n-1} + \frac{1}{6}(1-p_{n-1}) = \frac{2}{3}p_{n-1} + \frac{1}{6} \quad (n=2, 3, \cdots)$$

この漸化式は例題3.7と同様につぎのように解かれる.

$$p_n = \frac{2}{3}p_{n-1}+\frac{1}{6} \iff p_n-\frac{1}{2} = \frac{2}{3}\left(p_{n-1}-\frac{1}{2}\right)$$

$$\iff p_n-\frac{1}{2} = \left(\frac{2}{3}\right)^{n-1}\left(p_1-\frac{1}{2}\right) = \frac{1}{3}\left(\frac{2}{3}\right)^{n-1} \iff p_n = \frac{1}{2}+\frac{1}{3}\left(\frac{2}{3}\right)^{n-1}$$

よって, n 回目が終わったときAさんがジョーカーをもっている確率は $\frac{1}{2}+\frac{1}{3}\left(\frac{2}{3}\right)^{n-1}$, Bさんがジョーカーをもっている確率は $\frac{1}{2}-\frac{1}{3}\left(\frac{2}{3}\right)^{n-1}$ となる*. ◈

10.3 期　待　値

全事象が互いに排反な n 個の事象 $A_1, A_2, \cdots, A_n$ からなり (n は無限個でもかまわない), 各事象 A_i に対して数値 $X(A_i)$ が対応しているとき,

$$E(X) = \sum_{i=0}^{n} P(A_i)\cdot X(A_i) \qquad \left(n\text{ が無限個なら } E(X) = \sum_{i=0}^{\infty} P(A_i)\cdot X(A_i)\right)$$

を変量 X の**期待値**という. たとえば, サイコロを振るという試行を行うとき,

---

* $n\to\infty$ とすると, ともに $\frac{1}{2}$ になる.

出た目の数の 10 倍が得点として与えられるとすると，その期待値は

$$\frac{1}{6}\cdot 10 + \frac{1}{6}\cdot 20 + \frac{1}{6}\cdot 30 + \frac{1}{6}\cdot 40 + \frac{1}{6}\cdot 50 + \frac{1}{6}\cdot 60 = \frac{1}{6}\cdot 210 = 35$$

となる．

❑ 例題 10.22 箱の中の 20 枚の札から 100 円を払って 1 枚札を引くくじがある．20 枚の札の中には 500 円が当たる札が 1 枚，200 円が当たる札が 2 枚含まれている．300 円払ってこのくじを 3 枚引くとき，以下の問いに答えよ．(ただし，引かれた札は箱に戻さないとする．)

1) 300 円以上の賞金を受け取れる確率を求めよ．

2) 受け取る賞金の期待値を求めよ．

〔解 答〕 20 枚の札から 3 枚取ってくる取り方は ${}_{20}C_3=1140$ 通り．一方，500 円の札を n 枚，200 円の札を m 枚，よって，はずれの札を $3-n-m$ 枚取ってくる取り方は ${}_1C_n\cdot{}_2C_m\cdot{}_{17}C_{3-n-m}$ 通りである．したがって，500 円の札を n 枚，200 円の札を m 枚，はずれの札を $3-n-m$ 枚取ってくるという事象を $A(n, m, 3-n-m)$ とし，その確率を $P(n, m, 3-n-m)$ で表せば，つぎが成り立つ．

$$P(1,2,0) = \frac{{}_1C_1\cdot{}_2C_2\cdot{}_{17}C_0}{{}_{20}C_3} = \frac{1\cdot 1\cdot 1}{1140} = \frac{1}{1140}$$

$$P(1,1,1) = \frac{{}_1C_1\cdot{}_2C_1\cdot{}_{17}C_1}{{}_{20}C_3} = \frac{1\cdot 2\cdot 17}{1140} = \frac{34}{1140}$$

$$P(1,0,2) = \frac{{}_1C_1\cdot{}_2C_0\cdot{}_{17}C_2}{{}_{20}C_3} = \frac{1\cdot 1\cdot 136}{1140} = \frac{136}{1140}$$

$$P(0,2,1) = \frac{{}_1C_0\cdot{}_2C_2\cdot{}_{17}C_1}{{}_{20}C_3} = \frac{1\cdot 1\cdot 17}{1140} = \frac{17}{1140}$$

$$P(0,1,2) = \frac{{}_1C_0\cdot{}_2C_1\cdot{}_{17}C_2}{{}_{20}C_3} = \frac{1\cdot 2\cdot 136}{1140} = \frac{272}{1140}$$

$$P(0,0,3) = \frac{{}_1C_0\cdot{}_2C_0\cdot{}_{17}C_3}{{}_{20}C_3} = \frac{1\cdot 1\cdot 680}{1140} = \frac{680}{1140}$$

1) $(n, m)\neq(n', m')$ ならば $A(n, m, 3-n-m)$ と $A(n', m', 3-n'-m')$ は排反事象であるから，300 円以上の賞金が受け取れる確率は

$$\begin{aligned} & P(1,2,0) + P(1,1,1) + P(1,0,2) + P(0,2,1) \\ &= \frac{1}{1140} + \frac{34}{1140} + \frac{136}{1140} + \frac{17}{1140} = \frac{188}{1140} = \frac{47}{285} \end{aligned}$$

2) 求める期待値 $= \sum_{n=0}^{1}\left\{\sum_{m=0}^{2} P(n, m, 3-n-m)\cdot(500n+200m)\right\}$

$$= P(0,0,3)\cdot 0 + P(0,1,2)\cdot 200 + P(0,2,1)\cdot 400 + P(1,0,2)\cdot 500 + P(1,1,1)\cdot 700 + P(1,2,0)\cdot 900$$

$$= \frac{272}{1140}\cdot 200 + \frac{17}{1140}\cdot 400 + \frac{136}{1140}\cdot 500 + \frac{34}{1140}\cdot 700 + \frac{1}{1140}\cdot 900$$

$$= \frac{153900}{1140} = 135(\text{円})$$

◆

例題 10.23　2人でジャンケンをするとき，以下の問いに答えよ.

1) n 回目のジャンケンで勝者が決まる確率を求めよ.

2) 勝者が決まるまでのジャンケンの回数の期待値を求めよ.

〔解 答〕　1) ジャンケンで勝負が決まるのは一方が出した手と異なる手を他方が出すときだから，その確率は $\frac{2}{3}$. よって，引き分ける確率は $\frac{1}{3}$. したがって n 回目のジャンケンで勝者が決まる確率は $\left(\frac{1}{3}\right)^{n-1}\frac{2}{3} = \frac{2}{3^n}$.

2) 求める期待値を E とすれば，1) より $E = \sum_{n=1}^{\infty}\frac{2n}{3^n}$. そこで，$a_n = \frac{2n}{3^n}$ とおけば，$3a_n - a_{n-1} = \frac{2}{3^{n-1}}$ となる. よって，等比数列の和の公式（公式 3.13）より

$$\sum_{n=2}^{N+1}\{3a_n - a_{n-1}\} = 3(a_2+\cdots+a_{N+1}) - (a_1+\cdots+a_N)$$

$$= 2(a_1+\cdots+a_N) + 3a_{N+1} - 3a_1 = 2\sum_{n=1}^{N}a_n + \frac{2(N+1)}{3^N} - 2$$

$$= \sum_{n=2}^{N+1}\frac{2}{3^{n-1}} = \frac{2}{3}\,\frac{1-\left(\frac{1}{3}\right)^N}{1-\frac{1}{3}} = 1-\frac{1}{3^N}$$

したがって

$$2\sum_{n=1}^{N}a_n = 1 - \frac{1}{3^N} + 2 - \frac{2(N+1)}{3^N} = 3 - \frac{2N+3}{3^N}$$

となり，例題 5.42 の 2) の結果より次を得る.

$$E = \lim_{N\to\infty}\sum_{n=1}^{N}a_n = \frac{3}{2} - \frac{1}{2}\lim_{N\to\infty}\frac{2N+3}{3^N} = \frac{3}{2}$$

ゆえに，求める期待値は 1.5（回）

◆

問　題

問 10.1　1 から 100 までの自然数が書いてあるカードから無作為に 1 枚引くとき，そこに書いてある数が 2 の倍数であるという事象を A，3 の倍数であるという事象を B，5 の倍数であるという事象を C とする．このとき，A と B，A と C，B と C がそれぞれ独立か従属かを判定せよ．

問 10.2　10 個のサイコロのうちの 1 個は $\frac{1}{2}$ の確率で 6 の目が出るように改造されている．この 10 個のサイコロの中から 1 個取り出し，そのサイコロを n 回振ったらすべて 6 の目が出た．このサイコロが改造されたサイコロである確率を求めよ．

問 10.3　良品（規格に合った製品）と不良品（規格に合わない製品）が半分ずつ混在する製品達に対して検査を行い，不良品と判定された製品を排除する．ただし，検査においては良品の 2 割を不良品と誤判定し不良品の 2 割を良品と誤判定する*．この検査を繰返して，良品と判定された製品が実際に良品である確率を 99.9 % 以上にするために必要な最小検査回数を求めよ．（指針：n 回目の検査直前における良品の比率を r_n として，数列 $\left\{\dfrac{1}{r_n}\right\}$ に対する漸化式をつくることによって，r_n を求めよ．）

問 10.4　白球 7 個と赤球 5 個からなる 12 個の球から無作為に 5 個の球を取り出す．

1）5 個とも白球である確率を求めよ．

2）5 個のうち 2 個が赤球で 3 個が白球である確率を求めよ．

3）赤球が 2 個以上含まれる確率を求めよ．

問 10.5　サイコロを n 回振るとき，n 個の出た目の最大公約数の期待値を求めよ．

---

*　もっと検査精度を上げないと大量の良品が不良品として排除されることになります．

問題の略解および指針

問 1.1　指針：数学的帰納法を用いよ．

$1-\frac{1}{(k+1)^2}=\frac{k(k+2)}{(k+1)^2}$ に注意．

問 1.2　$\frac{1+\sqrt{3}\,i}{1+i}=\frac{1+\sqrt{3}}{2}+\frac{\sqrt{3}-1}{2}i$,

$\frac{1+\sqrt{3}\,i}{1+i}=\sqrt{2}\left(\cos\frac{\pi}{12}+i\sin\frac{\pi}{12}\right)$，よって

$\cos\frac{\pi}{12}=\frac{\sqrt{2}+\sqrt{6}}{4}$，$\sin\frac{\pi}{12}=\frac{\sqrt{6}-\sqrt{2}}{4}$

問 1.3　点 -2 を中心とする半径 3 の円（図は略）

問 1.4　指針：例題 1.14 とド・モアブルの定理（定理 1.37）から

$$\begin{aligned}&1+\cos\theta+\cdots+\cos n\theta\\&\quad+i(\sin\theta+\sin 2\theta+\cdots+\sin n\theta)\\&=\frac{1-\cos(n+1)\theta-i\sin(n+1)\theta}{1-\cos\theta-i\sin\theta}\end{aligned}$$

を導き，この式の右辺を，半角の公式（公式 4.8）と加法公式（公式 4.6）を用いて

$$\frac{\sin\frac{(n+1)\theta}{2}\cos\frac{n\theta}{2}}{\sin\frac{\theta}{2}}+i\frac{\sin\frac{(n+1)\theta}{2}\sin\frac{n\theta}{2}}{\sin\frac{\theta}{2}}$$

と変形せよ．

問 2.1　指針：2）は数学的帰納法を用いよ．

問 2.2　1）$\frac{1}{3}$　2）$-1, 2$（2 は 2 重解）

3）$\left(\frac{-1+\sqrt{5}}{2}\right)^{\frac{1}{3}}-\left(\frac{1+\sqrt{5}}{2}\right)^{\frac{1}{3}}$,

$\left(\frac{-1+\sqrt{5}}{2}\right)^{\frac{1}{3}}\omega-\left(\frac{1+\sqrt{5}}{2}\right)^{\frac{1}{3}}\omega^2$,

$\left(\frac{-1+\sqrt{5}}{2}\right)^{\frac{1}{3}}\omega^2-\left(\frac{1+\sqrt{5}}{2}\right)^{\frac{1}{3}}\omega$

ただし，ここで $\omega=-\frac{1}{2}+\frac{\sqrt{3}}{2}i$.

問 2.3　指針：1）は相加相乗平均の不等式より，自然数 k に対し，$2\sqrt{k}\sqrt{k+1}<2k+1$ であることを用いる．　2）は両辺を 2 乗した不等式を証明せよ．

問 3.1　1）$-\frac{1}{2}$　2）3

問 3.2　1）$\frac{1}{6}$　2）発散する　3）$\frac{11}{18}$

問 3.3　指針：定理 3.27 を用いよ．

問 3.4　指針：まず，偶数項の部分和 $\{S_{2n}\}$ が収束することを示せ．

問 4.1　1）$(2x-1)^3$　2）$\frac{9}{x^2+9}$

3）2^{-3x^2}　4）$\frac{1}{(x^2+x+1)^n}$

問 4.2　逆関数はつぎの通り（グラフは略）

1）$\frac{2-x}{2}$　2）$\sqrt[3]{x-1}$

3）$\log(x+2)$　4）$\frac{\sqrt{4x+13}-1}{2}$

問 4.3　$(x, y)=\left(\frac{\pi}{3}, \frac{5\pi}{3}\right)$,

$(x, y)=\left(\frac{5\pi}{3}, \frac{\pi}{3}\right)$

問 4.4　1）$\frac{\pi}{4}$　2）$-\frac{\pi}{3}$　3）$\frac{5\pi}{6}$

4）$\frac{3}{\sqrt{10}}$　5）$\sqrt{1-x^2}$　6）$\frac{2x}{1-x^2}$

7）-2　8）9

問 4.5　指針：$Y=e^y$ とおいて，$x=\sinh y$ から Y を x で表せ．

問 4.6　正 n 角形の面積$=\frac{n}{2}\sin\frac{2\pi}{n}$，極限値は π，正 n 角形の周長$=2n\sin\frac{\pi}{n}$，極限値は 2π

問 4.7　1）$-1<x<4$ で連続

2）実数全体で連続

3）$x>1$，$x\neq\sqrt{3}$ で連続

4）$a=2$ のとき $x\neq-1$ で連続，$a=-2$ のとき $x\neq1$ で連続，$a\neq\pm2$ のとき $x\neq\pm1$ で連続

問 5.1 1) $-\frac{5}{3}x^{-\frac{8}{3}}$ 2) $-3\sqrt{1-2x}$

3) $-ae^{-ax+b}$ 4) $(\log 7)7^x$ 5) $\frac{3}{3x-1}$

6) $\dfrac{1}{x\log 2}$ 7) $-4\cos(-4x+1)$

8) $\dfrac{x}{(x^2-2)\sqrt{1-x^2}}$

9) $3x^2\log|5-2x|+\dfrac{2x^3}{2x-5}$

10) $-e^{-x}((x-1)\cos 2x+2x\sin 2x)$

11) $\dfrac{2(1-x^2)}{(x^2+1)^2}$ 12) $2ax\,e^{ax^2+b}$

13) $e^{-x}\sin(e^{-x})$ 14) $x^x(\log x+1)$

15) $\dfrac{1}{\sqrt{x^2+a}}$ 16) $\dfrac{1}{x^2+1}$ 17) $\dfrac{4}{x^4-1}$

問 5.2 1) $-\dfrac{2x+ay}{ax+2y}$ 2) $\dfrac{x^2-y}{x-y^2}$

3) $2e^{x^2-xy}-\dfrac{y}{x}$

問 5.3 指針：1)は$(\cosh x)'=\sinh x$を，2)は$(\sinh x)'=\cosh x$を示せ．

問 5.4 1) $6ax-2b$

2) $-a^2\cos(ax+b)$ 3) $-\dfrac{2a(ax^2-b)}{(ax^2+b)^2}$

4) $-3abx(ax^2+b)^{-\frac{5}{2}}$

問 5.5 1) $(x^3)'=3x^2$，$(x^3)''=6x$，$(x^3)'''=6$，$n\geqq 4$に対し$(x^3)^{(n)}=0$

2) $(-2)^ne^{-2x}$ 3) $\dfrac{(-1)^n(2n)!}{2^{2n}n!}x^{-\frac{2n+1}{2}}$

4) n階導関数

$$=\begin{cases} a^{4m}\cos(ax+b) & (n=4m) \\ -a^{4m+1}\sin(ax+b) & (n=4m+1) \\ -a^{4m+2}\cos(ax+b) & (n=4m+2) \\ a^{4m+3}\sin(ax+b) & (n=4m+3) \end{cases}$$

5) $\alpha=0,1,2,\cdots$で$n>\alpha$のとき0，その他のとき$\alpha(\alpha-1)\cdots(\alpha-n+1)(1+x)^{\alpha-n}$

問 5.6 増減表はつぎの通り（グラフは略）

1)

x	$\cdots$	-1	$\cdots$	2	$\cdots$
$f'(x)$	$+$	0	$-$	0	$+$
$f(x)$	↗	極大	↘	極小	↗

2)

x	$\cdots$	a	$\cdots$
$f'(x)$	$+$	0	$-$
$f(x)$	↗	最大	↘

3)

x	$\cdots$	0	$\cdots$	1	$\cdots$
$f'(x)$	$+$	0	$-$	0	$+$
$f(x)$	↗	極大	↘	極小	↗

4)

x	$+0$	$\cdots$	$e^{-\frac{1}{2}}$	$\cdots$	1	$\cdots$
$f'(x)$	0	$-$	0	$+$	$+$	$+$
$f(x)$	0	↘	最小	↗	0	↗

問 5.7 $A=\left(\frac{1}{3}\log 2,\ \sqrt[3]{2}+2\right)$

問 5.8 指針：1)は$f(x)=e^x-(1+x)$の増減を調べ，$f(x)\geqq 0$を示せ．
2)は$f(x)=1+x^2-\log(e+x^2)$の増減を調べ，$f(x)\geqq 0$を示せ．3)は$f(x)=x-n\log x$とおいて$x>n^2$のとき$f(x)>0$であることを示せ．

問 5.9 1) 1 2) $-\frac{1}{6}$

3) $\alpha\geqq 1$のとき$+\infty$，$\alpha<1$のとき0

問 5.10 1) $1-2x+2x^2-\frac{4}{3}x^3$

2) $1+\frac{1}{2}x+\frac{3}{8}x^2+\frac{5}{16}x^3$

3) $(x-1)-\frac{3}{2}(x-1)^2+\frac{11}{6}(x-1)^3$

問 5.11 $f(x)=3\sqrt[3]{1+x}$の$x=0$における2次近似は$3+x-\dfrac{x^2}{3}$．$\sqrt[3]{30}$の近似値は3.107

問 6.1 1) $-\frac{1}{9}(-2x+1)^{\frac{9}{2}}$

2) $\frac{1}{\log 7}7^x$　3) $-\frac{2}{3}\log|1-3x|$

4) $-\frac{1}{2}\cos(2x+1)$　5) $\sin^{-1}\frac{x}{a}$

6) $\log|\sin x|$　7) $\frac{1}{4}e^{2x}(2x^2-2x+1)$

8) $\frac{1}{64}x^8(8\log 7x-1)$

9) $-\frac{1}{10}e^{-x}(\sin 3x+3\cos 3x)$

10) $x\sin^{-1}x+\sqrt{1-x^2}$

11) $-\dfrac{4x+3}{8(2x+3)^2}$

12) $\frac{3}{2}x^2+4x+9\log|x-2|$
$+\frac{1}{3}\log|3x+2|$

13) $-\cos x+\tan^{-1}(\cos x)$

14) $\frac{1}{2}x\sqrt{x^2+1}-\frac{1}{2}\log(\sqrt{x^2+1}+x)$

問 6.2　1) $\frac{1}{2}\log 3$　2) $\frac{3}{2}(1-2^{-\frac{2}{3}})$

3) $\log\frac{5}{2}+\tan^{-1}2+\frac{\pi}{4}$　4) $\frac{1}{2}$

5) $\frac{50\sqrt{2}-20}{9}$　6) $\frac{1}{16}(3e^4+1)$　7) $\frac{\pi}{8}+\frac{1}{4}$

8) $\frac{\pi}{12}+\frac{\sqrt{3}}{2}-1$　9) $\log 3-\frac{\pi}{3\sqrt{3}}$

10) $\dfrac{3\pi}{8}$　11) $\dfrac{\pi}{2}$　12) $\dfrac{\pi^2}{4}$　13) $\dfrac{\pi^2}{2\sqrt{2}}$

問 6.3　1) 0

2) $n\neq m$ のとき 0，$n=m$ のとき π

3) すべての自然数 n に対し $\dfrac{\pi}{2}$

問 6.4　指針：まず，$0\leqq x\leqq\frac{1}{2}$ のとき，
$1\leqq\dfrac{1}{\sqrt{1-x^n}}\leqq\dfrac{1}{\sqrt{1-x^2}}$ となることを示せ．

問 6.5　$\dfrac{\pi}{4}$

問 6.6　1) $\dfrac{1}{2\sqrt{x(1+x^2)}}$

2) $3x^2\sin(x^6)-2x\sin(x^4)$

問 6.7　1) $\dfrac{a^4}{2}$　2) $\frac{25\pi}{2}-25\sin^{-1}\frac{3}{5}-12$

問 6.8　指針：原点を半径 R の球の中心にとるとき，x における球の切り口は半径 $\sqrt{R^2-x^2}$ の円盤となることを用いよ．

問 6.9　50 km

問 6.10　387500π kg

問 7.1　1) 一般解は $y(x)=-\frac{1}{\log|1+x|+C}$ となる．初期条件をみたす解は $y(x)=-\frac{1}{\log(1+x)+1}$

2) 一般解は $y(x)=\log(\log|x|+C)$ となる．初期条件をみたす解は $y(x)=\log(\log x+1)$

問 7.2　$t=\dfrac{a}{b}\log 2+\dfrac{S_0}{2b}$

問 7.3　1) 一般解は $y(x)=Ce^{2x}-\frac{1}{3}e^{-x}$ となる．また，初期条件をみたす解は $y(x)=\frac{1}{3}(e^{2x}-e^{-x})$

2) 一般解は $x(t)=Ce^{-t^2}+\frac{1}{2}$ となる．初期条件をみたす解は $x(t)=\frac{3}{2}e^{1-t^2}+\frac{1}{2}$

問 7.4　1) $m\frac{dv}{dt}=F-mg-kv$

2) $v(t)=\frac{F-mg}{k}(1-e^{-\frac{k}{m}t})$

問 7.5　1) 一般解は $y(x)=C_1e^{-x}\cos 3x+C_2e^{-x}\sin 3x$ となる．初期条件をみたす解は $y(x)=2e^{-x}\cos 3x+e^{-x}\sin 3x$

2) 一般解は $y(x)=C_1e^{2x}+C_2xe^{2x}$．また初期条件をみたす解は $y(x)=e^{2x}(2-3x)$

問 7.6　微分方程式は

$$m\frac{d^2x}{dt^2}+\gamma\frac{dx}{dt}+kx=0$$

一般解は $x(t)=e^{pt}(C_1\cos qt+C_2\sin qt)$ ただし，ここで

$$p=-\frac{\gamma}{2m},\quad q=\frac{\sqrt{4mk-\gamma^2}}{2m}$$

問 7.7　指針：解 $\psi_1(x)$, $\psi_2(x)$ が同じ方程式をみたすことから，$\psi_1\psi_2''-\psi_1''\psi_2=$

0を導く．これは $(\psi_1\psi_2' - \psi_1'\psi_2)' = 0$ と書き直される．

問 7.8

1) $y(x) = -\frac{1}{2}e^{-x} + C_1e^{-2x} + C_2e^x$

2) $y(x) = -\frac{1}{2}x\cos x + \frac{1}{4}\sin x + C_1\cos x + C_2\sin x$

問 7.9 微分方程式は

$$m\frac{d^2x}{dt^2} + \gamma\frac{dx}{dt} + \rho Sgx = mg$$

一般解は，

$p = -\frac{\gamma}{2m}$，$q = \frac{\sqrt{4m\rho Sg - \gamma^2}}{2m}$ として，

$$x(t) = \frac{m}{\rho S} + e^{pt}(C_1\cos qt + C_2\sin qt)$$

問 7.10 $y(x) = -\log(2-x)$

問 7.11 1) 指針：$y_1' = -2\,\mathrm{sech}^2 x\tanh x$
2) 一般解は $y(x) = C_1\mathrm{sech}^2 x + C_2\mathrm{sech}^2 x(3x + 2\sinh 2x + \frac{1}{4}\sinh 4x)$

問 8.1 中心 $\left(\frac{4}{3}, -\frac{1}{3}, -\frac{2}{3}\right)$，半径 $\frac{2\sqrt{6}}{3}$ の球面

問 8.2 A, B を通る直線：$(x, y, z) = (1, -2t+1, 2t-1)$（ここで t は媒介変数），あるいは（t を消去した形で書いて）$\frac{x-1}{0} = \frac{y-1}{-2} = \frac{z+1}{2}$
A, B, C を通る平面：$3x + y + z = 3$

問 8.3 双曲線

問 8.4 1) 楕円 $\frac{x^2}{a^2} + \frac{y^2}{b^2} = 1$

2) 双曲線の片側 $\frac{x^2}{a^2} - \frac{y^2}{b^2} = 1$ $(x > 0)$

3) 放物線 $y^2 = a^2x$

問 8.5 指針：例題 8.13 を参照せよ．

問 9.1 1) $x = -\frac{1}{2}$，$y = \frac{3}{2}$
2) 指針：$AY = YA$ が成り立つための x, y の条件を求めよ．

問 9.2 1) $x = y = 2$ 2) 指針：$XA = O$ が成り立つための x, y の条件を求めよ．

問 9.3 1) $a \neq 0$，$A^{-1} = \frac{1}{\sqrt{2}a}\begin{pmatrix}\sqrt{2} & -2 \\ 0 & a\end{pmatrix}$

2) $a \neq -2$，$B^{-1} = \frac{1}{6a+12}\begin{pmatrix}-4 & 6 \\ a & 3\end{pmatrix}$

3) $a \neq -3$，

$$C^{-1} = \frac{1}{5a+15}\begin{pmatrix}a+4 & 5 & -3a-2 \\ 1 & 5 & 7 \\ a+2 & -5 & 2a-1\end{pmatrix}$$

問 9.4 1) $f = f_A$，$A = \begin{pmatrix}c & 0 & 0 \\ 2b & c & 0 \\ 2a & b & c\end{pmatrix}$

2) $\begin{pmatrix}v_1 \\ v_2 \\ v_3\end{pmatrix} = \begin{pmatrix}c^{-1}w_1 \\ -2bc^{-2}w_1 + c^{-1}w_2 \\ 2(b^2-ac)c^{-3}w_1 - bc^{-2}w_2 + c^{-1}w_3\end{pmatrix}$

問 9.5 1) a の条件は $a = -\frac{5}{3}$，直線は $(x, y, z) = (-t+2, -6t+5)$
2) a, b の条件は $a = \frac{1}{2}$，$b = -6$，直線は $(x, y, z) = (t+1,\ 6t-3,\ 2t+2)$
3) a の条件は $a = -4$，平面の方程式は $3x - 4y + 2z = -8$

問 10.1 A と B および B と C は従属，A と C は独立

問 10.2 $\frac{1}{1+3^{2-n}}$

問 10.3 5回

問 10.4 1) $\frac{7}{264}$ 2) $\frac{175}{396}$ 3) $\frac{149}{198}$

問 10.5 $1 + \frac{1}{2^n} + \frac{2}{3^n} + \frac{8}{6^n}$

本書で使われている数学記号

記　号	意味・解説	参照箇所†	記　号	意味・解説	参照箇所†
$\boldsymbol{N}$	自然数全体の集合	5	$\lim_{x\to a+0}$	右側極限値	103
$\boldsymbol{Z}$	整数全体の集合	5	$\lim_{x\to a-0}$	左側極限値	103
$\boldsymbol{Q}$	有理数全体の集合	5	e	自然対数の底 または ネピアの数	71
$\boldsymbol{R}$	実数全体の集合	3	e	離心率	234
$\boldsymbol{C}$	複素数全体の集合	20	f^{-1}	逆写像，逆関数	79
$a\in A$ または $A\ni a$	a は集合 A の要素	4	$f\circ g$	合成関数	79
$A\subset B$ または $B\supset A$	集合 A は集合 B に含まれる	5	$\sin x$，$\cos x$ $\tan x$，$\cot x$ $\sec x$，$\operatorname{cosec} x$	三角関数（6種類）	83
$A\cup B$	集合 A, B の和集合 事象 A, B の和事象	6 259	$\sin^{-1} x$ または $\arcsin x$ $\cos^{-1} x$ または $\arccos x$ $\tan^{-1} x$ または $\arctan x$	逆三角関数（3種類）	91
$A\cap B$	集合 A, B の共通部分 事象 A, B の積事象	6 259	$\log x$ または $\ln x$	自然対数	96
ϕ	空集合 空事象	6 259	$\log_{10} x$	常用対数	95
A^c または $\bar{A}$	集合 A の補集合 事象 A の余事象	6 259	$\sinh x$，$\cosh x$ $\tanh x$，$\operatorname{sech} x$	双曲線関数（4種類）	97
$\{x\,\vert\,p\}$	条件 p を満たす x 全体のなす集合	4	$f^{(n)}(x)$ または $\dfrac{d^nf}{dx^n}$	関数 f の n 階導関数	131
$[a, b]$，(a, b) $[a, b)$，$(a, b]$	区　間（4種類）	5	$P_n(x)$	テイラー多項式	149
i	虚数単位	17	e^x	実変数指数関数	96
$\mathrm{Re}\ z$	z の実部	17	$e^{i\theta}$	複素変数指数関数	156
$\mathrm{Im}\ z$	z の虚部	17	$\boldsymbol{R}^n$ $\boldsymbol{R}^1$，$\boldsymbol{R}^2$，$\boldsymbol{R}^3$	n 次元実数空間 直線，平面，空間	243
$\bar{z}$	z の共役複素数	18	$\vert A\vert$ または $\det A$	A の行列式	250
$\vert z\vert$	z の絶対値	19	A^{-1}	A の逆行列	254
$\arg z$	z の偏角	22	$\int_a^b f(x)\,dx$	関数 f の定積分	160
$p\Longrightarrow q$	p は q の十分条件 q は p の必要条件	8	$\int_a^x f(t)\,dt$ または $\int f(x)\,dx$	関数 f の不定積分	165, 167
$p\Longleftrightarrow q$	p と q は同値	8	$P(A)$	確　率	260
$\{a_n\}$	数　列	53	$P_A(B)$ または $P(B\vert A)$	条件つき確率	263
$\sum_{n=0}^{\infty} a_n$	級　数	72			
$x\approx y$	x はほとんど y に等しい	148			
$x\propto y$	x は y に比例する	205			
${}_m\mathrm{P}_n$	順列の個数	266			
${}_m\Pi_n$	重複順列の個数	266			
${}_m\mathrm{C}_n$	二項係数 組合わせの個数	13 267			
${}_m\mathrm{H}_n$	重複組合わせの個数	267			

† 定義や詳細は，参照箇所のページに記載されている．

索　　引

あ　行

か　行

さ 行

た　行

な　行

は　行

ま　行

や　行

ら　行

わ　行

上村 豊（かみむら ゆたか）
1953年 東京都に生まれる
1977年 東京大学理学部 卒
東京海洋大学名誉教授
専攻 数学（解析学）
博士（数理科学）

坪井堅二（つぼい けんじ）
1954年 長野県に生まれる
1978年 東京大学理学部 卒
東京海洋大学名誉教授
専攻 数学（幾何学）
理学博士

第1版 第1刷 2002年4月1日 発行
第2版 第1刷 2019年9月10日 発行
　　　 第2刷 2022年5月20日 発行

大学生のための基礎シリーズ 1
数学入門 I. 基礎編（第2版）

著　者　上村　豊
　　　　坪井堅二
発行者　住田六連
発　行　株式会社 東京化学同人
東京都文京区千石3-36-7（〒112-0011）
電話 03-3946-5311・FAX 03-3946-5317
URL：http://www.tkd-pbl.com/

印刷　中央印刷株式会社
製本　株式会社 松岳社

ISBN978-4-8079-0967-4
Printed in Japan

スチュワート
微分積分学
全3巻
James Stewart 著

I. 微積分の基礎
伊藤雄二・秋山　仁 訳

B5判　カラー　504ページ　定価4290円(本体3900円+税)

【主要目次】関数と極限／導関数／微分の応用／積分／積分の応用／付録(数, 不等式, 絶対値／座標幾何学と直線／2次方程式のグラフ／3角法／和の記号Σ／定理の証明)／公式集／解答

II. 微積分の応用
伊藤雄二・秋山　仁 訳

B5判　カラー　536ページ　定価4290円(本体3900円+税)

【主要目次】逆関数: 指数関数, 対数関数, 逆3角関数／不定積分の諸解法／積分のさらなる応用／微分方程式／媒介変数表示と極座標／無限数列と無限級数／付録(2次方程式のグラフ／3角法／複素数／定理の証明)／公式集／解答

III. 多変数関数の微積分
伊藤雄二・秋山　仁 訳

B5判　カラー　456ページ　定価4290円(本体3900円+税)

【主要目次】ベクトルと空間の幾何学／ベクトル関数／偏微分／重積分／ベクトル解析／2階の微分方程式／付録(複素数／定理の証明)／公式集／解答

2022年5月現在